高等学校**材料类新形态**系列教材

钎焊及扩散焊技术与应用

王娟 编著

U0220982

化学工业出版社

·北京·

内 容 简 介

在焊接技术迅速发展的今天，钎焊与扩散焊是应用较为广泛的连接技术之一。随着航空航天、核能国防和电子信息等新技术的飞速发展，以及新材料、复杂结构以及多功能器件的开发，对钎焊与扩散焊连接技术提出了更高的要求。

本书内容共分9章，系统阐述了钎焊与扩散焊的基本原理及方法，介绍了不同钎焊与扩散焊方法的特点及应用场合，总结了各种材料的钎焊与扩散焊工艺要点。书中汇总了焊接生产和科学研究中一些先进的技术成果和成功的实践经验，反映了近年来钎焊与扩散焊技术研究的新进展，特别是一些新方法、新型焊接用材料以及特种材料的钎焊及扩散焊工艺，力求突出科学性、先进性和新颖性。

本书可作为高等学校材料成型及控制工程、材料加工（焊接方向）和焊接技术及相关专业的教材，也可供从事与材料开发和焊接技术相关的工程技术人员、科研院（所）和企事业单位的科研人员参考。

图书在版编目（CIP）数据

钎焊及扩散焊技术与应用 / 王娟编著 . —北京：
化学工业出版社，2022.8（2024.11重印）
高等学校材料类新形态系列教材
ISBN 978-7-122-41854-8

Ⅰ . ①钎… Ⅱ . ①王… Ⅲ . ①钎焊－高等学校－教材
②扩散焊－高等学校－教材 Ⅳ.① TG45

中国版本图书馆 CIP 数据核字（2022）第 125222 号

责任编辑：王清颢 张兴辉　　　　　　　　　文字编辑：袁 宁
责任校对：赵懿桐　　　　　　　　　　　　装帧设计：王晓宇

出版发行：化学工业出版社 （北京市东城区青年湖南街 13 号 邮政编码 100011）
印　　装：北京天宇星印刷厂
710mm×1000mm 1/16 印张 22 字数 584 千字 2024 年 11 月北京第 1 版第 3 次印刷

购书咨询：010-64518888　　　　　　　　　　售后服务：010-64518899
网　　址：http://www.cip.com.cn
凡购买本书，如有缺损质量问题，本社销售中心负责调换。

定　　价：78.00 元　　　　　　　　　　　　版权所有　违者必究

前言 PREFACE

在焊接技术迅速发展的今天，钎焊与扩散焊是应用较为广泛的连接技术之一，它们都属于固相焊。随着新型钎焊材料的不断开发以及钎焊与扩散焊设备的日益先进，钎焊与扩散焊技术以其独有的特点在有色金属、钢铁材料、难熔金属、异质材料及高硬度材料的构件焊接中获得了优质或与母材相匹配的高性能接头，并因此得到了广泛的应用。

随着航空航天、核能国防和电子信息等新技术的飞速发展，以及新材料、复杂结构、多功能器件的开发，对钎焊与扩散焊连接技术提出了更高的要求。钎料品种日益增多、性能涉及面更加广泛，与此同时，钎焊与扩散焊也面临着许多新的技术疑难和问题，如：如何提高接头的结合强度，如何减少接头不良反应产物的生成，如何增加接头结构的适应性……这些必将成为促进其进一步发展和应用，并在各行业领域发挥更大作用的巨大动力。

本书系统阐述了钎焊与扩散焊的基本原理，介绍了不同钎焊与扩散焊方法的特点及应用场合，总结了各种材料的钎焊与扩散焊工艺要点。全书注重科学性、先进性和新颖性，引用了焊接生产和科学研究中一些先进的技术成果和成功的实践经验，内容反映出近年来钎焊与扩散焊技术研究的新进展，特别是一些新方法、新型焊接用材料以及特种材料的钎焊及扩散焊工艺开发等。

本书可供高等学校材料成型及控制工程、材料加工（焊接方向）和焊接技术及相关专业的师生使用，也可供从事与材料开发和焊接技术相关工作的工程技术人员、科研院（所）和企事业单位的科研人员参考。

参加本书撰写和提供信息的其他人员还有：李亚江、魏守征、秦国梁、夏春智、石磊、陈茂爱、马群双、李文娟、刘坤、刘鹏、刘强、吴娜、沈孝芹、黄万群、李嘉宁等。

本书编写过程中参阅了一些文献，在此，谨向这些文献资料的作者表示诚挚的谢意。

由于编著者水平所限，书中不足之处在所难免，敬请广大读者批评指正。

编著者

2022 年 6 月

目录 CONTENTS

第 3 章
钎料与钎剂 {#} 62

第 4 章
钎焊工艺 106

第 5 章
扩散焊原理及工艺 146

第 6 章
有色金属的钎焊　　179

第 7 章
钢铁材料及高温合金的钎焊 227

第 8 章
异种材料的钎焊 259

第 9 章
典型材料的扩散焊　300

参考文献　338

第**1**章

概述

微信扫描封底二维码
即可获取教学视频、配套课件

　　钎焊是依靠钎料的熔化、流动和凝固形成致密焊缝、牢固接头的连接方法，在钎焊过程中仅依靠钎料的熔化与母材结合；扩散焊是依靠被连接母材之间界面原子的相互扩散实现材料结合的精密连接方法。钎焊及扩散焊技术应用广泛，在航空航天、机械工业、汽车制造、核工业、电子电器等领域都得到大量应用。特别是熔焊方法难以焊接的材料，如高硬度材料、热物理性能差别较大的异种材料（如陶瓷与金属、钢与有色金属、金属间化合物等）之间的焊接等，较多采用钎焊和扩散焊技术。

1.1
钎焊的特点及分类

1.1.1　钎焊的特点

　　钎焊是采用比母材熔化温度低的钎料，采取低于母材固相线而高于钎料液相线的焊接温度，通过熔化的钎料将母材连接在一起的焊接技术。钎焊时钎料熔化为液态而母材保持为固态，液态钎料在母材的间隙中或表面上润湿、毛细流动、填充、铺展、与母材相互作用（溶解、扩散或冶金结合），冷却凝

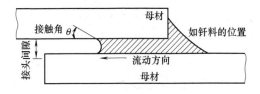

图1.1　钎焊接头示意图

固形成牢固的接头。钎焊接头示意图如图1.1所示。

与熔焊方法最大的不同是，钎焊时工件常被整体加热（如炉中钎焊）或钎缝周围大面积均匀加热，因此工件的相对变形量以及钎焊接头的残余应力都比熔焊小得多，易于保证工件的精密尺寸；并且钎料的选择范围较宽，为了防止母材组织和特性的改变，可以选用液相线温度相对低的钎料进行钎焊。钎焊过程中，只要钎焊工艺选择得当，可使钎焊接头做到无需加工。此外，只要适当改变钎焊条件，还有利于多条钎缝或大批量工件同时或连续钎焊。

由于钎焊反应只在母材数微米至数十微米以下界面进行，一般不改变母材深层的结构，因此特别有利于异种金属之间，甚至金属与非金属、非金属与非金属之间的连接。这也是熔焊方法做不到的。

钎焊还有一个优点，即钎缝可做热扩散处理而加强钎缝的强度。当钎料的组元与母材存在一定的固溶度时，延长保温时间可使钎缝的某些组元向母材深层扩散，提高钎缝与母材间的结合强度。

钎焊的缺点主要是钎料与母材的成分和性质多数情况下不可能非常接近，有时相差较大，例用重金属钎料钎焊铝，这就难免产生接头与母材间不同程度的电化学腐蚀。此外，钎料的选择和界面反应的特点都存在一定的局限，在大多数材料钎焊时，钎焊接头与母材不能达到等强度，只能用增加搭接面积来改善。

钎焊不适于一般钢结构和重载、动载机件的焊接。主要用于制造精密仪表、电气零部件、异种金属构件以及复杂薄板结构，如夹层构件、蜂窝结构等，也常用于钎焊各类异形与硬质合金刀具。钎焊时，对被钎接工件接触表面进行清洗后，以搭接形式进行装配，把钎料放在接合间隙附近或直接放入接合间隙中。当工件与钎料一起加热到稍高于钎料的熔化温度后，钎料将熔化并浸润焊件表面。液态钎料借助毛细管作用，将沿接缝流动铺展。于是被钎接金属和钎料间进行相互溶解、相互渗透，形成合金层，冷凝后即形成钎接接头。

1.1.2　钎焊的分类

钎焊有以下几种分类方法。

① 按照所采用钎料的熔点可将钎焊分为两类，钎料熔点低于450℃时称

为软钎焊，高于450℃时称为硬钎焊。

② 按照钎焊温度的高低可分为高温钎焊、中温钎焊和低温钎焊，温度的划分是相对于母材熔点而言。例如：对钢件来说，加热温度高于800℃称为高温钎焊，加热温度为550～800℃称为中温钎焊，加热温度低于550℃称为低温钎焊；但对于铝合金来说，加热温度高于450℃称为高温钎焊，加热温度为300～450℃称为中温钎焊，加热温度低于300℃称为低温钎焊。

③ 按照热源种类和加热方法的不同可分为火焰钎焊、炉中钎焊、感应钎焊、电阻钎焊、浸渍钎焊、烙铁钎焊及超声波钎焊等。

④ 按照去除母材表面氧化膜的方式可分为钎剂钎焊、无钎剂钎焊、自钎剂钎焊、气体保护钎焊及真空钎焊等。

⑤ 按照接头形成的特点可分为毛细钎焊和非毛细钎焊。液态钎料依靠毛细作用填入钎缝的情况称为毛细钎焊；毛细作用在钎焊接头形成过程中不起主要作用的称为非毛细钎焊。接触反应钎焊和扩散钎焊是最典型的非毛细钎焊过程。

⑥ 按照被连接的母材或钎料的不同，可分为：铝钎焊、不锈钢钎焊、钛合金钎焊、高温合金钎焊、陶瓷钎焊、复合材料钎焊、银钎焊、铜钎焊等。

常用钎焊方法分类、原理及应用见表1.1。

表1.1 常用钎焊方法分类、原理及应用

钎焊方法	分类		原理	应用
火焰钎焊	氧乙炔焰		用可燃气体与氧气（或压缩空气）混合燃烧的火焰来进行加热的钎焊，火焰钎焊可分为火焰硬钎焊和火焰软钎焊	主要用于钎焊钢和铜
	压缩空气雾化汽油火焰或空气液化石油火焰或煤气等			适用于铝合金的硬钎焊
炉中钎焊	空气炉中钎焊		把装配好的焊件放入一般工业电炉中加热至钎焊温度完成钎焊	多用于钎焊铝、铜、铁及其合金
	保护气氛炉中钎焊	还原性气氛	加有钎料的焊件在还原性气氛或惰性气氛的电炉中加热进行钎焊	适用于钎焊碳素钢、合金钢、硬质合金、高温合金等
		惰性气氛		
	真空炉中钎焊	热壁型	使用真空钎焊容器，将装配好钎料的焊件放入容器内，容器放入非真空炉中加热到钎焊温度，然后容器在空气中冷却	钎焊含有Cr、Ti、Al等元素的合金钢、高温合金、钛合金、铝合金及难熔合金
		冷壁型	加热炉与钎焊室合为一体，炉壁做成水冷套，内置热反射屏，防止热向外辐射，提高热效率，炉盖密封。焊件钎焊后随炉冷却	
感应钎焊	高频（150～700kHz）		焊件钎焊处的加热是依靠在交变磁场中产生感应电流的电阻热来实现	广泛用于钎焊钢、铜及铜合金、高温合金等具有对称形状的焊件
	中频（1～10kHz）			
	工频（很少直接用于钎焊）			

钎焊方法	分类		原理	应用
浸渍钎焊	盐浴浸渍钎焊	外热式	多用氯盐的混合物作盐浴，焊件加热和保护靠盐浴来实现。外热式由槽外部电阻丝加热，内热式靠电流通过盐浴产生的电阻热来加热自身并进行钎焊。当钎焊铝及铝合金时应使用钎剂作盐浴	适用于以铜基钎料和银基钎料钎焊钢、铜及其合金、合金钢及高温合金。还可钎焊铝及其合金
		内热式		
	熔化钎料中浸渍钎焊（金属浴）		将经过表面清洗，并装配好的钎焊件进行钎剂处理，再放入熔化钎料中，钎料把钎焊处加热到钎焊温度实现钎焊	主要用于以软钎料钎焊铜、铜合金及钢。对于钎缝多而复杂的产品（如蜂窝式换热器、电机电枢等），用此法优越、效率高
电阻钎焊	直接加热式		电极压紧两个零件的钎焊处，电流通过钎焊面形成回路，靠通电中钎焊面产生的电阻热加热到钎焊温度实现钎焊	主要用于钎焊刀具、电机的定子线圈、导线端头以及各种电子元器件的触点等
	间接加热式		电流或只通过一个零件，或根本不通过焊件。前者钎料熔化和另一零件加热是依靠通电加热的零件向它导热来实现。后者电流是通过并加热一个较大的石墨板或耐热合金板，焊件放置在此板上，全部依靠导热来实现，对焊件仍需压紧	
烙铁钎焊	外热式烙铁		使用外热源（如煤气、气体火焰等）加热	适用于以软钎料钎焊尺寸较小的焊件，广泛应用于无线电、仪表等工业部门
	电烙铁	普通电烙铁	靠自身恒定作用的热源保持烙铁头一定温度	
		带陶瓷加热器		
		可调温度		
	弧焊烙铁		烙铁头部装有碳头，利用电弧热熔化钎料	
	超声波烙铁		在电加热烙铁头上再加上超声波振动，靠净化作用破坏金属表面氧化膜	适用于铝、铝合金（含Mg多的除外）、不锈钢、钴、锗、硅等钎焊
特种钎焊	红外线钎焊	红外线钎焊炉	用红外线灯泡的辐射热对钎焊件加热钎焊	适于钎焊电子元器件及玻璃绝缘子等
		小型红外线聚光灯		连接磁线存储器、挠性电缆等
	氙弧灯光束钎焊		用特殊的反光镜将氙弧灯发出的强热光线聚在一起，得到高能量密度的光束作为热源	适用于钎焊半导体、集成电路底板、大规模集成电路、磁头、晶体振子等小型器件以及其他微型件高密度的插装端子
	激光钎焊		利用原子受激辐射的原理使物质受激而产生波长均一、方向一致以及强度非常高的光束，聚焦到$10^5 W/cm^2$以上的高功率密度的十分微小的焦点，把光能转换为热能实现钎焊	适用于钎焊微电子元器件、无线电、电信器材以及精密仪表等零部件
	气相钎焊		利用高沸点的氟系列碳氢化合物饱和蒸气的冷凝汽化热来实现钎焊	往印刷电路板上钎焊绕接用的接线柱，往陶瓷基板上钎焊陶瓷片或芯片基座外部引线等
	脉冲加热钎焊	平行间隙钎焊法	利用电阻热原理进行软钎焊的方法，以脉冲的方式在短时间内（几毫秒～1s）供给钎焊所需热量	往印刷电路板上装集成电路块及晶体管等元件

钎焊方法	分类		原理	应用
特种钎焊	脉冲加热钎焊	再流钎焊法	通过脉冲电流间接加热的方法在被焊的材料上涂一层钎料或在材料间放入加工成适当形状的钎料，并在其熔化瞬间同时加压完成钎焊	在印刷电路板上装集成电路块、二极管、片状电容等元器件，以及挠性电缆的多点同时钎焊等
		热压头式再流钎焊法	采用了热压头方式，同时吸收了脉冲加热法的优点来实现钎焊	适于将大型的大规模集成电路或漆包线等钎焊到各种基板上
	波峰式钎焊法		钎焊时，印刷电路板背面的铜箔面在钎料的波峰上移动，实现钎焊	作为印刷电路板批量生产的钎焊方法
	平面静止式钎焊法		钎焊时，使印刷电路板沿水平方向移动而同时使钎料槽或印刷电路板做垂直运动来完成钎焊	

1.2
扩散焊原理及分类

1.2.1 扩散焊的原理

扩散焊是指在一定的温度和压力下，被连接表面相互靠近、相互接触，通过使局部发生微观塑性变形，或通过被连接表面产生的微观液相而扩大被连接表面的物理接触，然后结合层原子之间经过一定时间的相互扩散，形成结合界面可靠连接的过程。

一些特殊高性能构件的制造，经常要求把特殊合金或性能差别很大的异种材料，如金属与陶瓷、铝与钢、钛与钢、金属与玻璃等连接在一起，这些难焊材料用传统的熔焊方法难以实现可靠的连接。为了适应这种要求，作为固相连接方法之一的扩散连接技术引起了人们的重视，成为连接领域新的热点。

原子间的相互扩散是实现扩散焊的基础。固态中的扩散有以下几种机制：空位机制、间隙机制、轮转机制、双原子机制等。空位机制、轮转机制、双原子机制的扩散可以形成置换式固溶体；间隙机制可以形成间隙式固溶体，只有原子体积小的元素（如 H、B、C、N 等）才有这种扩散形式。

扩散焊时在外界压力的作用下，被连接界面靠近到距离为 $2 \sim 4nm$，形成物理吸附。加工表面微观有一定的不平度，在外力作用下，表面微观凸起部位形成微区塑性变形，被连接表面的局部区域达到物理吸附，这一阶段被称为物理接触形成阶段。

随着扩散焊时间延长，被连接表面微观凸起变形量增加，物理接触面积进一步增大，在接触界面的某些点形成活化中心，这个区域可进行局部化学反应。当原子间相互作用间距达到 0.1～0.3nm 时，则形成原子间相互作用的反应区域，达到局部化学结合。在界面上完成由物理吸附到化学结合的过渡。在金属材料扩散焊时，形成金属键，而当金属与非金属连接时，此过程形成离子键与共价键。

随着时间的延长，局部的活化区域沿整个界面扩展，最终导致整个结合面出现原子间的结合。连接材料界面结合区中再结晶形成共同的晶粒，接头区由于应变产生的内应力得到松弛，使结合金属的性能得到改善。异种金属扩散焊界面附近可以生成无限固溶体、有限固溶体、金属间化合物或共析组织的过渡区。当金属与非金属扩散焊时，可以在连接界面区形成尖晶石、硅酸盐、铝酸盐及其他反应新相。

1.2.2　扩散焊的分类

可根据不同的准则对扩散焊方法进行分类。一般可分为固相扩散连接和液相扩散连接两大类。固相扩散连接所有的界面反应均在固态下进行，液相扩散连接是在异种材料之间发生相互扩散，使界面组分变化导致连接温度下液相的形成。在液相形成之前，固相扩散连接和液相扩散连接的原理相同，而一旦有液相形成，液相扩散连接实际上就变成钎焊＋扩散焊。也可以按连接时是否添加中间层、连接气氛等来分类。

根据扩散连接的定义，各种材料扩散连接接头的组合可分为如图 1.2 所示的四种类型。

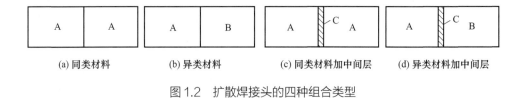

(a) 同类材料　　　(b) 异类材料　　　(c) 同类材料加中间层　　　(d) 异类材料加中间层

图1.2　扩散焊接头的四种组合类型

一般地，扩散焊有两种分类方法（见表 1.2），每类扩散连接的特点如下。

（1）同种材料扩散焊

通常指不加中间层的两种同种金属直接接触的扩散连接。这种类型的扩散连接，一般要求待焊表面制备质量较高，焊接时要求施加较大的压力，焊后扩散接头的化学成分、组织与母材基本一致。对于同种材料来说，Ti、Cu、Zr、Ta 等最易实现扩散连接；铝及其合金，含 Al、Cr、Ti 的铁基及钴基合金则因氧化物不易去除而难以实现扩散焊。

表1.2　扩散连接的分类

分类法	划分依据		类别名称
第一种	按被焊材料的组合形式	无中间层	同种材料扩散焊
			异种材料扩散焊
		加中间层	同种材料扩散焊
			异种材料扩散焊
第二种	按连接过程中接头区是否出现液相或其他工艺变化		固相扩散连接（SDB）
			瞬间液相扩散焊（TLP）
			超塑性成形扩散连接（SPF-DB）
			热等静压扩散焊（HIP）

（2）异种材料扩散焊

指两种不同的金属、合金或金属与陶瓷、石墨等非金属材料的扩散连接。异种金属的化学成分、物理性能等有显著差异。两种材料的熔点、线膨胀系数、电磁性、氧化性等差异越大，扩散连接难度越大。异种材料扩散连接时可能出现的问题如下。

① 由于线膨胀系数不同而在结合面上出现热应力，导致界面附近出现裂纹。

② 在扩散结合面上由于冶金反应产生低熔点共晶或者形成脆性金属间化合物，易使界面处产生裂纹，甚至断裂。

③ 因为两种材料扩散系数不同，可能导致扩散接头中形成扩散孔洞。

（3）加中间层的扩散焊

对于采用常规扩散连接方法难以焊接或焊接效果较差的材料，可在被焊材料之间加入一层过渡金属或合金（称为中间层），这样就可以焊接很多难焊的或冶金上不相容的异种材料，可以焊接熔点很高的同种或异种材料。

（4）固相扩散连接

在扩散连接过程中，母材和中间层均不发生熔化或产生液相的扩散连接方法，是常规的扩散连接方法。固相扩散连接通常在扩散焊设备的真空室中进行。被焊材料或中间层合金中含有易挥发元素时不宜采用这种方法。

（5）瞬间液相扩散焊

瞬间液相扩散焊是指在扩散连接过程中接缝区短时出现微量液相的扩散连接方法。换句话说，是利用在某一温度下待焊异种金属之间会形成低熔点共晶的特点加速扩散过程的连接方法。在扩散焊过程中，中间层与母材发生共晶反应，形成一层极薄的液相薄膜，此液膜填充整个接头间隙后，再使之等温凝固并进行均匀化扩散处理，从而获得均匀的扩散焊接头。微量液相的出现有助于改善界面接触状态，允许使用较低的扩散压力。

获得微量液相的方法主要有两种。

① 利用共晶反应　利用某些异种材料之间可能形成低熔点共晶的特点进行液相扩散连接（称为共晶反应扩散连接）。这种方法要求一旦液相形成应立即降温使之凝固，以免继续生成过量液相，所以要严格控制温度。

将共晶反应扩散连接原理应用于加中间层扩散连接时，液相总量可通过中间层厚度来控制，这种方法称为瞬间液相扩散连接（或过渡液相扩散连接）。

② 添加特殊钎料　采用与母材成分接近但含有少量既能降低熔点又能在母材中快速扩散的元素（如 B、Si、Be 等），用此钎料作为中间层，以箔片或涂层方式加入。与普通钎焊相比，此钎料层厚度较薄，钎料凝固是在等温状态下完成，而普通钎焊时钎料是在冷却过程中凝固的。

（6）超塑性成形扩散连接

这种扩散连接工艺的特点是：扩散连接压力较低，与成形压力相匹配，扩散时间较长，可长达数小时。在高温下具有相变超塑性的材料，可以在高温下用较低的压力同时实现成形和扩散连接。用此种组合工艺可以在一个热循环中制造出复杂的空心整体结构件。采用此方法的条件之一是材料的超塑性成形温度与扩散连接温度接近，该方法在低真空度下完成。在超塑性状态下进行扩散连接有助于焊接接头质量的提高，这种方法已在航空航天工业中得到应用。

根据 SPF-DB 先后顺序不同，将 SPF-DB 工艺分为 3 种形式：一是先扩散连接，再超塑性成形，这种工艺适合扩散连接部位多的大型复杂构件，优点是模具结构简单，可用模腔内充气加压或者模具直接加压，但是在不连接处涂隔离剂，增加了工序数，如果涂层厚度不均、位置不准，还会使得结构件表面产生沟槽，并且要求严格控制扩散连接温度和保温时间，以防止晶粒长大，导致超塑性成形时零件破裂。二是先超塑性成形，再扩散连接，适合小型简单的结构件，超塑性成形部分可以不涂隔离剂，可以用气囊充气加压或加垫板加压，但是模具结构复杂，扩散连接面保护困难，影响连接强度。三是超塑性成形和扩散连接同时进行，这种工艺具有以上二者的特点，并且可提高生产效率，但是工艺复杂，模具结构也复杂。

（7）热等静压扩散焊

在热等静压设备中实现扩散连接。焊前应将组装好的工件密封在薄的软质金属包囊中并将其抽真空，封焊抽气口，然后将整个包囊置于加热室中进行加热，利用高压气体与真空气囊中的压力差对工件施加各向均衡的等静压力，在高温高压下完成扩散连接过程。

由于压力各向均匀，工件变形小。当待焊表面处于两被焊工件本身所构成的空腔内时，可不用包囊而直接用真空电子束焊等方法将工件周围封焊起来。这种方法焊接时所加气压压力较高，可高达 100MPa。当工件轮廓不能充满包囊时应采用夹具将其填满，防止工件变形。这种方法尤其适合于脆性材料的扩散连接。

1.2.3　扩散焊的特点

（1）扩散焊的工艺特点

一些新材料（如陶瓷、金属间化合物、复合材料、非晶态材料及单晶等）采用传统的熔焊方法很难实现可靠的连接。一些特殊的高性能结构件的制造，往往要求把性能差别较大的异种材料（如金属与陶瓷、有色金属与钢、金属与玻璃等）连接在一起，这用传统的熔焊方法难以实现。为了满足上述种种要求，作为固相连接方法之一的扩散连接日益引起人们的重视。

扩散连接是正在不断发展的一种焊接技术，有关其分类、机理、设备和工艺都在不断完善和向前发展。根据被焊材料的组合和连接方式的不同，几种扩散连接方法的工艺特点见表 1.3。

从广义上讲，扩散连接属于压焊的一种，与常用压焊方法（冷压焊、摩擦焊、爆炸焊及超声波焊）相同的是在连接过程中要施加一定的压力。扩散连接与其他焊接方法加热温度、压力及过程持续时间等工艺条件的对比如表 1.3 所示。

表 1.3 扩散焊方法的工艺特点

类型	工艺特点
同种材料扩散焊	是指不加中间层的两同种金属直接接触的一种扩散连接。对待焊表面制备质量要求高，焊时要求施加较大的压力。焊后接头组织与母材基本一致。 氧溶解度高的金属（如 Ti、Cu、Fe、Zr、Ta 等）最易焊，而容易氧化的铝及其合金，含 Al、Cr、Ti 的铁基及钴基合金则难焊
异种材料扩散焊	是指异种金属或金属与陶瓷、石墨等非金属之间直接接触的扩散连接。由于两种材质存在物理和化学等性能差异，焊接时可能出现： ①因线膨胀系数不同，导致结合面上出现热应力 ②由于冶金反应在结合面上产生低熔点共晶或形成脆性金属间化合物 ③因扩散系数不同，导致接头中形成扩散孔洞 ④因电化学性能不同，接头可能产生电化学腐蚀
加中间层的扩散连接	是指在待焊界面之间加入中间层材料的扩散连接。该中间层材料通常以箔片、电镀层、喷涂或气相沉积层等形式使用，其厚度＜ 0.25mm。中间层的作用是：降低扩散焊的温度和压力，提高扩散系数，缩短保温时间，防止金属间化合物的形成等。中间层经过充分扩散后，其成分逐渐接近于母材。此法可以焊接很多难焊的或在冶金上不相容的异种材料
瞬间液相扩散焊（TLP 法）	是一种具有钎焊特点的扩散连接。在焊件待焊面之间放置熔点低于母材的中间层金属，在较小压力下加热，使中间层金属熔化、润湿并填充整个接头间隙成为过渡液相，通过扩散和等温凝固，然后再经一定时间的扩散均匀化处理，从而形成焊接接头，又叫扩散钎焊
超塑性成形扩散连接（SPF-DB）	是一种将超塑性成形与扩散连接组合起来的工艺，适用于具有相变超塑性的材料，如钛及其合金等的焊接。薄壁零件可先超塑性成形然后焊接，也可相反进行，次序取决于零件的设计。如果先成形，则使接头的两个配合面对在一起，以便焊接；如果两个配合面原来已经贴合，则先焊接，然后用惰性气体充压使零件在模具中成形
热等静压扩散焊（HIP）	是利用热等静压技术完成焊接的一种扩散连接。焊接时将待焊件安放在密封的真空盒内，将此盒放入通有高压惰性气体的加热釜中，通过电热元件加热，利用高压气体与真空盒中的压力差对工件施以各向均衡的等静压力，在高温与高压共同作用下完成焊接过程。此法因加压均匀，不易损坏构件，适合于脆性材料的扩散连接。可以精确地控制焊接构件的尺寸

（2）扩散焊的优缺点

1）优点

扩散连接与熔焊方法、钎焊方法相比（表 1.4），在某些方面具有明显的优点，主要表现在以下几个方面。

① 可以进行内部及多点、大端面构件的连接（如异种复合板制造、大端面圆柱体的连接等），以及电弧可达性不好或用熔焊方法不能实现的连接。不存在具有过热组织的热影响区。工艺参数易于精确控制，在批量生产时接头质量和性能稳定。

② 扩散连接是一种高精密的连接方法，用这种方法连接后的工件精度高、变形小，可以实现精密接合，一般不需要再进行机械加工，可获得较大的经济效益。

③ 可以连接用熔焊和其他方法难以连接的材料，如活性金属、耐热合

金、陶瓷和复合材料等。对于塑性差或熔点高的同种材料，或对于不互溶或在熔焊时会产生脆性金属间化合物的异种材料，扩散连接是一种可靠的方法。在扩散连接的研究与实际应用中，70%涉及异种材料的连接。

表1.4　扩散连接与其他焊接方法的比较

工艺条件	扩散连接	熔焊	钎焊
加热	局部、整体	局部	局部、整体
温度	0.5～0.8倍母材熔点	母材熔点	高于钎料熔点
表面准备	严格	不严格	严格
装配	精确	不严格	不严格
焊接材料	金属、合金、非金属	金属、合金	金属、合金、非金属
异种材料连接	无限制	受限制	无限制
裂纹倾向	无	强	弱
气孔	无	有	有
变形	无	强	轻
接头施工可达性	无限制	有限制	有限制
接头强度	接近母材	接近母材	取决于钎料的强度
接头抗腐蚀性	好	敏感	差

2）缺点

① 对零件被连接表面的制备和装配质量的要求较高，特别对接合表面要求严格。

② 连接过程中，加热时间长，在某些情况下会产生基体晶粒长大等副作用。

③ 生产设备一次性投资较大，且被连接工件的尺寸受到设备的限制。

④ 无法进行连续式批量生产。

近年来扩散连接技术仍发展很快，已经被应用于航空航天、仪表及电子、核工业等领域，并逐步扩展到机械、化工、电力及汽车制造等领域。

1.3
钎焊及扩散焊的应用

1.3.1　钎焊及扩散焊的应用领域

（1）在航空航天领域的应用

航空发动机是钎焊应用最广泛的领域之一。航空发动机推力大，燃油温度高，使用的结构材料多为不锈钢、钛合金和铝、钛含量较高的高温合金，特别是高温合金，它们的熔焊性能一般很差，因此，主要依靠真空扩散焊或气体保护钎焊进行连接。例如，发动机导流叶片、高压涡轮导向器叶片、转子叶片、整流器、扩压器、燃烧室燃油喷嘴、高压压气机冠环组件、燃烧室头部转环阶段、发动机下舱、机舱加热器、高压涡轮轴承座等都是采用真空炉中钎焊或扩散焊方法制造的。燃油总管、动力轴、压力机静子环、液压和气压导管等大都采用气体保护感应加热钎焊。

钎焊及扩散焊技术在卫星制造中的应用也很多，包括波导微波器件、卫星姿控系统用来输送液体推进剂和高压气体的钛导管、卫星姿控发动机头部的毛细管等。其中波导微波器件是一种高精度、形状复杂、焊缝精细的部件，过去大多用铜合金或铝合金制造，采用火焰钎焊或盐浴钎焊制备。现在已有相当数量的铜波导被铝波导取代，并且越来越多的波导采用了真空钎焊代替火焰钎焊或盐浴钎焊。钎焊在空间站上主要用于管道系统的接头连接。例如，美国天空实验室的加工车间水管、冷却系统、姿控系统的导管接头均是采用感应钎焊连接的。

钎焊及扩散焊技术在航空航天领域的应用还有很多，例如美国 YF-12 飞机，它采用 Al-Ti 蜂窝芯复合板做机翼蒙皮，由 Al-Ti 上下面板、Ti-3Al-2.5V 蜂窝芯、TC4 框架和加强板四部分经真空钎焊组合而成。美国 GE 公司还采用扩散焊技术成功修复了 50 万件以上的高压涡轮部件，包括各种高、低压涡轮导向器裂纹及磨损等。

（2）在电子工业中的应用

钎焊及扩散焊的发展史，特别是近几十年在电子工业的广泛应用说明，钎焊、扩散焊技术及与之相应的合金的发展长期以来具有优势。其中软钎焊技术由于具有以下几方面的特点使其始终并将继续居于主导地位。

首先，软钎焊具有应力匹配能力。软钎料在室温下通常是塑性优良的自退火合金，能吸收应力、没有加工硬化等问题。这种独特的性能使软钎焊技术能将不同膨胀系数、不同刚度水平和不同强度等级的材料连接在一起。

其次，软钎焊具有显著的经济性、高效性和可靠性。由于连接是在相对较低的温度下进行的，使得许多常规有机高分子材料和电子元件因受热而改变性能或破坏等问题得以有效避免；相对低成本的材料、简单的工具盒和可控的工艺使软钎焊具有特别明显的经济性和高效性；对一般民用产品，在自动化软钎焊操作中，已达到接头返修率低于 1% 的水平，而在北美航空部门，已有每小时钎焊 150 亿个焊点而无失败的报道。这些都充分说明了软钎焊方法高效和可靠的特点。

最后，软钎焊具有制造和修理的方便性。与其他冶金连接方法相比，软钎焊对操作工具要求相对简单，且易于操作，同时由于软钎焊接头是可以拆卸的接头，或者说软钎焊过程是可逆的，因而使软钎焊修补简单方便。

软钎焊主要用于各种不同电子元器件的引线与印刷电路板焊盘的连接，制造不同类型的集成电路器件，如集成电路、芯片载体、多芯片组件和封装件等。硬钎焊广泛用于电真空器件、雷达的波导器件和天线的制造。真空扩散焊主要用于金属与陶瓷、金属与玻璃等的连接，如大功率发射器、同轴磁控管、连续波磁控管高频输出窗、高压真空电容器外壳、磁控管阳极座等都是采用真空扩散连接的典型产品。

（3）在汽车工业中的应用

钎焊技术的发展，特别是气体保护钎焊炉和半连续真空钎焊炉的广泛应用，使采用钎焊方法大批量、低成本地生产结构复杂的汽车部件成为可能。目前钎焊已成为汽车工艺不可缺少的连接技术。例如，用 Nocolok 钎焊炉已能大批量生产汽车的各种铝质蒸发器、冷凝器、中冷器、油冷器、水箱等。

液态氨分解连续钎焊炉已广泛用于汽车不锈钢部件的钎焊，例如，燃油分配器、机油冷却器、散热器等。高纯氮与少量氢的气体保护钎焊也已大量用于碳钢部件的钎焊，例如变速器齿轮、电泵泵架等。真空钎焊和扩散焊主要用于汽车热交换器管路连接，如 U 形弯头、汇集总管、接管与接头体、异径三通、接管与膨胀阀等部位的连接，客车门、铝合金窗框也开始采用火焰钎焊制造。

（4）在家电工业中的应用

钎焊及扩散焊技术对家电工业的发展有着至关重要的作用。电冰箱的压缩机、空调的蒸发器和冷凝器、燃气热水器都离不开钎焊或扩散焊技术。例如冰箱压缩机壳体上的排气管、工艺管和吸气管，其材质为铜管，而壳体材料为低碳钢。管与壳体的接头形式为插接，所焊钎缝外观要求光滑，无裂纹、缩孔和未焊透，目前大多采用多工位转盘式自动火焰钎焊。

计算机、彩电、手机和音响等家电设备的印刷电路板有几万个焊点，印刷电路板与电子元器件的焊接通常采用自动化程度很高的软钎焊，如波峰焊、再流焊，在焊点很少的情况下可采用电烙铁焊接。印刷电路板与电子元器件的焊点质量往往会直接影响这些家电产品的质量，严重的会影响到它们的使用性能。

此外，钎焊及扩散焊技术在家电工业中的应用还有很多，如空调和冰箱压缩机储液器、分液器壳体与铜管的自动火焰钎焊，空调消声器的真空钎焊，空气分选机用铝板翅式换热器的真空扩散焊等。

（5）在石油和煤炭工业中的应用

钎焊及扩散焊技术在石油工业中的应用主要是钎焊各种硬质合金钻头和聚晶金刚石钻头。例如硬质合金刮刀式钻头、聚晶金刚石取芯钻头、聚晶金刚石扩孔钻头、聚晶金刚石与硬质合金复合体钻头，以及聚晶金刚石复合片切削齿钻头等。

钎焊技术在煤炭工业中的主要应用是钎焊采煤工具用的钎头和截煤齿。钎头通常由硬质合金钎刃和钎头体两部分组成。钎刃材料为具有高韧性的硬质合金如 YG15、YG11C、YG8 等。钎头体则用 45 钢、40Cr 和 18CrMnNiMoA 等高强钢制造。焊后对接头要求有较高的钎缝强度及抗疲劳冲击韧性，钎焊过程中应避免硬质合金产生裂纹，并且要求具有较高的生产效率。

对于中小型钎头大多采用高频钎焊；对于大型钎头，则较多采用盐浴浸渍钎焊。采煤机上的截煤齿是机械化采煤作业的主要工具，年消耗量很大。我国生产的采煤机截煤齿有很多形状、尺寸的系列规格。通常截煤齿由齿体和硬质合金刀头两部分组成，一般采用感应钎焊和电阻钎焊两种方法。

（6）在其他行业的应用

钎焊及扩散焊技术在电机的制造中有着十分重要的作用，特别是大型电机，几乎离不开钎焊或扩散焊。例如 12.5 万千瓦和 30 万千瓦双水内冷发电机转子线圈空心铜线与不锈钢引水管的连接；大型发电机转子线圈接头采用了电阻钎焊；600MW 汽轮发电机定子引线水管接头采用中频感应钎焊；水冷发电机磁极线圈铜排使用火焰钎焊连接；超导电动机转子绕组中多股铌钛超导复合扁线的软钎焊连接；全氢冷却 30 万千瓦汽轮发电机静导叶片环采用真空扩散焊等。

此外，钎焊及扩散焊技术在电器及仪表上的应用也很多，如高、低压电器开关，接触器触头，超低温集成稳压器和变压器铜导线等元器件的焊接等。

1.3.2　钎焊技术的发展及应用

钎焊是人类最早使用的材料连接方法之一，在人类尚未开始使用铁器时，就已经发明用钎焊来连接金属。在埃及出土的古文物中，就有用银铜钎料钎焊的管接头，用金钎料连接的护符盒，据考证分别是 5000 年前和近 4000 年前的物品。公元 79 年被火山爆发埋没的庞贝城的废墟中，残存着由钎焊连接的家用水管的遗迹，使用的钎料具有 Sn：Pb=1：2 的成分比，类似现代使用的钎料成分。我国在公元前 5 世纪的战国初期也已经使用锡铅合金钎料，在秦始皇兵马俑青铜器马车中也大量采用了钎焊技术。我国最早记载钎焊的是汉代班固所选《汉书》。1637 年出版的明代宋应星科技巨著《天工开物》中有"中华小焊用白铜末，大焊则竭力挥锤而强合之，历岁之久终不可坚。故大炮西番有锻成者，中国则惟恃冶铸也"。

尽管钎焊技术出现较早，但很长时间没有得到大的发展。进入 20 世纪后，其发展也远落后于熔焊技术。直到 20 世纪 30 年代，在冶金和化工技术发展的基础上，钎焊技术才有了较快发展，并逐渐成为一种独立的工业生产技术。尤其是第二次世界大战后，航空、航天、核能、电子等新技术的发展，新材料、新结构形式的采用，对连接技术提出了更高的要求，钎焊技术因此更受重视，迅速地发展起来，出现了许多新的钎焊方法，其应用也越来越广泛。

（1）无铅软钎焊技术

2003 年，欧洲议会和欧盟委员会公布了《报废电子电气设备指令》和《关于在电子电气设备中禁止使用某些有害物质指令》，要求成员国确保从 2006 年 7 月 1 日开始，投放于市场的新电子和电气设备不包含铅、汞、镉、六价铬、聚溴二苯醚和聚溴联苯等六种有害物质。这一指令的生效在世界范围内引起广泛的响应，全球同步实现无铅电子组装已经是不可逆转的发展趋势。世界范围内已开发出的无铅钎料合金的种类繁多，并且已经申报了九百多种无铅钎料成分专利，这些钎料的成分主要集中在 Sn-Zn、Sn-Ag、Sn-Cu、Sn-Bi、Sn-In 等系列。研究表明，现有的印刷板电路材料可以与上述无铅钎料兼容，现有的电子设备经过适当的改造之后可以适用于无铅电子组装，无铅钎料的力学性能及焊点的热疲劳可靠性亦优于或相当于 Sn-Pb 共晶钎料。无铅钎焊的普及已经是大势所趋，已经有很多大的公司将无铅钎焊技术使用到了产品中，例如爱普生公司、摩托罗拉公司、微软公司等。

（2）接触反应钎焊技术

利用共晶反应原理进行钎焊的工艺称为接触反应钎焊。近年来接触反应钎焊作为一种先进的材料连接工艺得到越来越广泛的应用。例如，为了去除 Al 合金散热器等构件生产中烦琐的复合钎料板加工工序，加拿大 ALCON 公司提出了一种新型的 Al 合金接触反应钎焊技术，在至少一个被连接基体的表面涂覆 Si 粉和氟铝酸钾的混合物作为钎焊材料，然后将焊件在氮气气氛下加热到 600℃左右并保温。加热过程中，钎剂在 562℃首先发生熔化并溶解 Al 基体表面的氧化膜，从而使得 Si 颗粒与干净的 Al 表面发生紧密接触。当温度超过 577℃时，Si 颗粒将迅速溶入 Al 基体并形成一层接近共晶成分的 Al-Si 液相。液相在毛细作用下填充接头间隙形成钎缝和圆角，最后在冷却时凝固形成冶金接头。

（3）熔钎焊新技术

与普通电弧熔化焊相比，熔钎焊电弧热量集中，对薄板及薄壁容器进行钎焊时变形量很小，焊接热影响区小，操作方便，节能高效又易于实现自动化。同时又因其电弧特有的去除氧化膜作用，带电离子、电子的冲击活化作用，可以克服钎剂对母材的腐蚀副作用，焊后不用清洗。因此在生产中得到了广泛应用。

例如奥迪汽车车身框架及零部件制造中使用 MIG 熔钎焊和等离子电弧熔钎焊，不但成形美观，而且解决了镀锌钢板电阻焊电极的粘锌问题和焊核周围锌层的破坏问题。福特公司也使用 MIG 电弧熔钎焊连接镀锌钢板材质的汽车车身、车门，以及车门铰链与车身的连接，并开展了镀锌钢板 MIG 熔钎焊工艺优化和钎焊部件的变形试验及分析。美洲豹汽车公司使用 MIG 熔钎焊和 TIG 熔钎焊连接汽车构件，并用此工艺修复撞坏的汽车车身，还利用此工艺连接用于真空密封的法兰盘。除汽车行业外，国内外还将 MIG 熔钎焊应用于中央空调薄壁镀锌管板连接以及薄壁钢管与波纹管的连接。

（4）新型钎焊材料的开发

随着我国家电工业、汽车工业、电子工业的高速度发展，钎焊技术应用越来越广，使得钎焊材料的产量也以每年 20%～30% 的速度递增。钎焊材料的迅速发展主要体现在钎焊材料的研究、开发机构不断增加，生产厂家逐年增多；钎料的品种增多，钎料年产量逐年增加以及钎焊材料标准化工作取得了很大进展。

① 非晶态技术的新突破。钎料的高度合金化，使部分钎料无法按常规方法加工成丝材或带材，限制了这些钎料的应用范围。20 世纪 70 年代中期非晶态技术在工业发达国家由实验室已走向工业应用，为无法用常规方法加工成形的钎料开辟了新的加工途径。80 年代中期，我国将非晶态钎料应用于生产。近年来在生产技术上有突破，已具备了中小批量生产能力，可以生产出

100mm 宽，0.03 ～ 0.05mm 厚的箔带。目前已有 Ni 基、Cu 基、Cu-P、Al 基及 Sn-Pb 等五大类 30 多个品种的钎料，可以通过非晶态技术生产。

② 粘带钎料研制成功。粘带钎料是将一些无法用常规方法加工成带材的钎料粉，用胶黏剂制备而成的一种像布匹一样具有柔韧性，且带一定黏性的钎料。我国的粘带钎料生产技术，通过选用新的胶黏剂及改进制造工艺，提高了黏结性和使用质保期，特别适合于 Ni 基高温钎料的大面积钎焊。

③ Cu-P 系列钎料的加工成形技术有突破性进展。Cu-P 系列钎料虽然具有良好的钎焊工艺性能，但是在常温下非常脆，长期以来都是以铸棒的形式使用，给钎焊工作带来诸多不便。经过多年研究，20 世纪 80 年代中期，已能拉拔成 ϕ0.5mm 的丝材。目前这项加工工艺逐渐成熟，许多钎料生产厂家都能生产 Cu-P 系列钎料丝材，这一加工技术的突破为 Cu-P 系列钎料的应用拓宽了市场。

④ 膏状钎料的研究与生产取得多项成果。用于电子行业表面组装技术的软钎焊膏以及用于硬钎焊的膏状钎料近年来已有许多单位陆续研制成功，并有少量产品投放市场。这一领域的市场前景也将十分广阔，因为无论是大量使用的移动电话、计算机还是制冷配件行业，都在大量使用膏状钎料。

1.3.3 扩散焊技术现状及应用

扩散焊是在一定的温度和压力下将两种待焊金属件的焊接表面相互接触，通过微观塑性变形或通过焊接面产生微量液相而扩大待焊表面的物理接触，使之距离达 $(1 \sim 5) \times 10^{-5}$mm 以内（这样原子间的引力起作用，才可能形成金属键），再经较长时间的原子相互间的不断扩散、相互渗透，来实现结合的一种焊接方法。其独到之处在于：焊接头的显微组织和性能与母材接近或相同，在焊缝中不存在各种熔化焊缺陷，也不存在具有过热组织的热影响区；可操作性强，工艺参数易控制，质量稳定、合格率高；零件变形小；可焊接大断面接头；可焊接其他焊接方法难以焊接的材料。特别适合应用于陶瓷、金属间化合物、异种材料的连接。

近年来，随着真空扩散焊的技术、装备日近完备，成本大幅下降，真空扩散焊的应用范围日益广泛，如采用超塑成形扩散连接（SPF-DB）技术制造的航空发动机钛合金空心整流叶片，实现了超塑成形工艺与扩散焊技术的结合，该叶片现已累计装机使用百余台。还可以通过在焊接前后适当添加一些辅助工艺更好地实现超塑成形扩散连接，如加氢处理、激光预焊芯板夹层等。TC21 合金在温度 800 ～ 920℃、气压 1.5MPa 时进行 SPF-DB，当氢质量分数为 0.3% 时焊接速率最大，且焊接速率随温度增加而增加；焊接空洞随氢含量增加而减少，并且焊接后得到细晶组织。采用激光预焊芯板夹层，在 920℃、真空度为 $5×10^{-3}$Pa、大气压压力为 1.2MPa 条件下超塑成形 / 扩散连接的舵体零件，其焊合率达 95% 以上，壁厚分布均匀性大于 90%，晶粒尺寸长大控制在 35% 以内。

采用瞬间过渡液相扩散焊（TLP）技术配以镍基中间层合金 KNi9 实现了氧化物弥散强化高温合金 MGH956 材料的有效连接，高温抗拉强度达到基体的 80%，并在此基础上进行了 MGH956 材料的多孔层板结构新型冷却结构的制备。此外，还利用 TLP 扩散焊工艺技术进行了 Ni_3Al 合金涡轮导向叶片的制造，接头的持久强度达到基体的 80% 以上；发动机转子用扩散焊工艺焊接了 0.5mm 厚的铜板，使转子平面与分油盘间摩擦副能处于较好的工作状态；转子柱塞孔也用此工艺焊接铜套，使柱塞与柱塞孔这对摩擦副也能处于较好的工作状态；柱塞座平面也采用了相同的工艺，保证了摩擦副柱塞座与垫板良好的工作。

在扩散焊所具有的独特技术优势的基础上，进一步发展了针对复杂内部结构产品的制造方法，也就是分层实体扩散焊。该方法以层板或薄片做造型，根据设计可在薄板上加工一定的结构，然后将多层薄板叠起装配，连接在一起，从而完成实体制造。该方法对于制备金属材料精密结构零件来说，是一种具有极强造型能力的层板器件方法。例如，目前多数模具冷却水道的制造还是通过钻孔、堵孔的方法完成，针对复杂产品结构，无法对冷却水道进行任意设计，以达到更高的冷却效率。而通过采用分层实体扩散焊制备冷却流道，可以针对产品不同部位的冷却需求，对冷却流道进行有针对性的设计，并通过分层实体扩散焊这一制造方法，完成复杂冷却流道的加工。分层实体扩散焊的技术优势，包括可以基于产品形状及冷却要求，进行任意复杂形状的冷却水路设计及制造；提高温度均匀性和冷却效率；减少成本约15% ～ 60%；提高产品质量，减小废品率；针对复杂形状产品，扩展传统加工方法无法达到的换热区域。

当今，国外该项技术已广泛应用于 F119、F120、F414、GE90 等发动机中。美国 PW 公司从 20 世纪 70 年代开始针对单晶叶片的高性能连接需求，开发出焊接接头性能优异的 TLP 扩散焊技术。欧美、日本针对 TLP 扩散焊的连接机理、技术工艺特点及工程应用等开展深入研究，使 TLP 扩散焊技术达到工程应用水平，焊接的单晶对开叶片、双联（多联）导向叶片、多孔层板结构等高温新结构通过发动机的试车考核。国内扩散焊工艺及应用技术尚有许多问题等待解决。

① 新材料及其构件的扩散焊　随着国内新型航空发动机工作温度的逐步提高，镍铝基金属间化合物、钛铝基金属间化合物和镍基单晶高温合金以及粉末合金、陶瓷和复合材料等难焊材料的连接逐渐增多。扩散焊以其焊接材料范围广且焊接接头强度和成分接近母材而作为首选焊接方法。另外，发动机整体叶盘、单晶对开叶片等新结构的扩散焊需求也越来越强烈。为了迎合当前航空发动机技术的高速发展，开展上述难焊材料和结构的扩散焊工艺与应用研究势在必行。

② 瞬间液相扩散焊用中间层合金的研制开发　国内开展扩散焊的研究时间不是很长，还不具有适用于各种材料 TLP 扩散连接的中间层合金体系，需要较长时间来进行中间层合金的研制开发和技术积淀。

③ 设备能力需要加强　目前，国内大部分扩散焊设备都来自美、德等国家，价格比较昂贵。这些设备基本分布在各大研究院所，且其容积规格仅限于小尺寸构件，对于科研生产型是远远不够的。绝大部分制造企业根本无设备能力，其原因之一是购置设备投资巨大。这种现状不符合现在扩散焊发展的趋势，改变这种现状的最好办法是能够实现扩散焊设备的国产化。

④ 可靠检验方法寻求及扩散焊质量验收标准的建立和完善　目前，扩散焊接头焊接质量检查方法采用随机抽查进行金相检查，并配以超声波等无损检测的手段。现在，尚无可靠的无损检测方法来检查十分紧密接触的，且晶粒生长未穿过界面不良焊合区域的接头。生产和试验中用超高频（≥50MHz）的超声扫描检测装置来检查，只对明显分离的未焊合和尺寸较大的孔洞才有效。因此，必须开展研究，寻求可靠的检测方法。

复习思考题

① 简述钎焊的定义及特点。

② 钎焊的本质是什么？

③ 钎焊方法有哪些？其应用场合是什么？

④ 简述扩散焊的原理及特点。

⑤ 扩散焊方法有哪些？其区别在于什么？

⑥ 钎焊及扩散焊技术的应用领域有哪些？

⑦ 列举钎焊及扩散焊技术制备的典型结构特征。

第**2**章

钎焊原理及方法

　　高质量的钎焊接头，只有在液态钎料能充分地流入并致密地填满全部钎缝间隙，又与母材很好地相互作用的前提下才可能获得。钎焊过程与在固相、液相、气相进行的还原和分解，以及润湿和毛细流动、扩散和溶解、固化和吸附、蒸发和升华等物理、化学现象的综合作用有关。因此，钎焊包含三个过程：一是钎剂的熔化及填缝过程，即预置钎剂在加热熔化后流入母材间隙，并与母材表面氧化物发生物理化学作用，以去除氧化膜，清洁母材表面，为钎料填缝创造条件；二是钎料的熔化及填满钎缝的过程，即随着加热温度的继续升高，钎料开始熔化并湿润、铺展，同时排除钎剂残渣；三是钎料同母材的相互作用过程，即在熔化的钎料作用下，小部分母材溶解于钎料（即母材向液态钎料的扩散），同时钎料扩散进入到母材当中，在固液界面还会发生一些复杂的化学反应。当钎料填满间隙并保温一定时间后，开始冷却凝固形成钎焊接头。由于熔化的钎剂和钎料均系液体，所以液体对固体的润湿以及钎缝间隙的毛细作用是熔化钎剂或钎料填缝的基本条件。

2.1
钎料的润湿与铺展

　　钎焊时，随着加热温度的升高，钎料开始熔化并填缝，钎料在排除钎剂残渣并填入焊件间隙的同时，熔化的钎料与固态母材间发生物理化学作用。当钎料填满间隙，经过一定时间保温后就开始冷却、凝固，完成整个钎焊过程。

2.1.1 钎料的润湿性

熔化的钎料与固态母材接触，液态钎料必须很好地润湿母材表面才能填满钎缝。

将某液滴置于固体表面，若液滴和固体界面的变化能使液 - 固体系自由能降低，则液滴将沿固体表面自动流开铺平，状态如图2.1所示，这种现象称为铺展。图中 θ 称为润湿角。

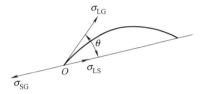

图2.1　气 - 液 - 固界面示意图

σ_{SG}、σ_{LG} 和 σ_{LS} 分别表示固 - 气、液 - 气、液 - 固界面间的界面张力。铺展终了时，在 O 点处这几个力应该平衡，即

$$\sigma_{SG} = \sigma_{LS} + \sigma_{LG} \cos\theta$$
$$\cos\theta = \frac{\sigma_{SG} - \sigma_{LS}}{\sigma_{LG}} \tag{2.1}$$

由式（2.1）可见，润湿角 θ 的大小与各界面张力的数值有关。θ 角大于还是小于90°，须根据 σ_{SG} 与 σ_{LS} 的比较而定。如果 $\sigma_{SG} > \sigma_{LS}$，则 $\cos\theta > 0$，即 $0° < \theta < 90°$，此时认为液体能润湿固体；如果 $\sigma_{SG} < \sigma_{LS}$，则 $\cos\theta < 0$，即 $90° < \theta < 180°$，这种情况称为液体不润湿固体。这两种状态的极限情况是：$\theta=0°$，称为完全润湿；$\theta=180°$，为完全不润湿。因此，润湿角是液体对固体润湿程度的量度。钎焊时希望钎料对母材界面的润湿角小于20°。

2.1.2 钎料的毛细流动

钎焊时，对液态钎料的要求主要是不沿固态母材表面自由铺展，而是填满钎缝的全部间隙。通常钎缝间隙很小，如同毛细管。钎料是依靠毛细作用在钎缝间隙内流动的。因此，钎料能否填满钎缝取决于它在母材间隙中的毛细流动特性。

液体在固体间隙中的毛细流动特性表现为如下的现象：当把间隙很小的两平行板插入液体中时，液体在平行板的间隙内会自动上升到高于液面的一定高度，但也可能下降到低于液面，如图2.2所示。液体在两平行板的间隙中上升或下降的高度可由式（2.2）确定：

$$h = \frac{2\sigma_{LG}\cos\theta}{a\rho g} = \frac{2(\sigma_{SG} - \sigma_{LS})}{a\rho g} \qquad (2.2)$$

式中 a——平行板的间隙，钎焊时即为钎缝间隙；

ρ——液体的密度；

g——重力加速度。

当 $h > 0$ 时，表示液体在间隙中上升；$h < 0$ 时，表示液体下降。

① 当 $\theta < 90°$、$\cos\theta > 0$ 时，$h > 0$，液体沿间隙上升；若 $\theta > 90°$、$\cos\theta < 0$ 时，则 $h < 0$，液体沿间隙下降。因此，钎料填充间隙的好坏取决于它对母材的润湿性。显然，钎焊时只有在液态钎料能充分润湿母材的条件下，钎料才能填满钎缝。

② 液体沿间隙上升的高度 h 与间隙大小 a 成反比。随着间隙的减小，液体的上升高度增大。图2.3是在铜或黄铜板间隙的填缝高度与间隙的关系。从上升高度来看，是以小间隙为佳。因此，钎焊时为使液态钎料能填满间隙，必须在接头设计和装配时保证小的间隙。

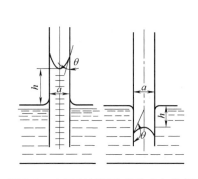

图2.2　在平行板间液体的毛细作用

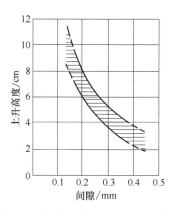

图2.3　钎料上升高度与间隙的关系

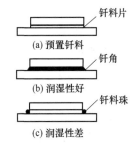

图2.4　钎料预先安置在
间隙内的润湿情况

若钎料是预先安放在钎缝间隙内的，润湿性和毛细作用仍有重要意义，如图2.4所示。当润湿性良好时，钎料填满间隙并在钎缝四周形成圆润的钎角［图2.4（b）］；若润湿性不好，钎缝填充不良，外部不能形成良好的钎角，液态钎料甚至会流出间隙，聚焦成球状钎料珠［图2.4（c）］。

液态钎料在毛细作用下的流动速度 v，可用式（2.3）表示：

$$v = \frac{\sigma_{\mathrm{LG}} a \cos\theta}{4\eta h} \qquad (2.3)$$

式中 η——液体的黏度。

从式（2.3）可以看出，润湿角越小，即 $\cos\theta$ 越大，流动速度就越大。所以，从迅速填满间隙考虑，也以钎料润湿性好为佳；其次，液体的黏度越大，流速越慢；最后，流速 v 又与 h 成反比，即液体在间隙内刚上升时流动快，以后随 h 增大而逐渐变慢。因此，为了使钎料能填满全部间隙，应有足够的钎焊加热保温时间。

上述规律是在液体与固体间没有相互作用的条件下得到的，实际上，在钎焊过程中，液态钎料与母材或多或少地存在相互扩散，致使液态钎料的成分、密度、黏度和熔点等发生变化，从而使毛细填缝现象复杂化。甚至出现这种情况：在母材表面铺展得很好的液态钎料竟不能流入间隙，这往往是由于钎料在毛细间隙外时就已被母材饱和，从而失去了流动能力。

2.1.3 影响钎料润湿性的因素

由式（2.1）可以看出，钎料对母材的润湿性取决于具体条件下固、液、气三相间的相互作用，但不论情况如何，σ_{SG} 增大、σ_{LG} 或 σ_{LS} 减小，都能使 $\cos\theta$ 增大、θ 角减小，即能改善液态钎料对母材的润湿性。从物理概念上说，σ_{LG} 减小意味着液体内部原子对表面原子的吸引力减弱，液体原子容易克服本身的引力趋向液体表面，使表面积扩大，钎料容易铺展。σ_{LS} 减小，表明固体对液体原子的吸引力增大，使液体内层的原子容易被拉向固体-液体界面，即容易铺展。

对钎料润湿性影响较大的因素如下。

（1）钎料和母材的成分

钎料和母材的成分对润湿性的影响存在以下的规律性：如钎料与母材在液态和固态均不相互作用，则它们之间的润湿性很差；若钎料能与母材相互溶解或形成化合物，则液态钎料能较好地润湿母材。属于前一种情况的有 Fe-Ag、Fe-Bi、Fe-Cd、Fe-Pb 等系统，如 Fe-Ag 系统，1125℃条件下液态银与固态铁间的界面张力大于 3.40N/m，致使 $\cos\theta$ 为负值，$\theta > 90°$，故不发生润湿。就物理概念来讲，银和铁在固、液态下均不相互作用，说明铁对银原子的吸引力极小，不足以将银液内的原子拉到银液表面，因此无法扩大其表面积，润湿性差。然而，在 $1000 \sim 1200$℃时银稍溶于镍（溶解度为 3% ～ 4%），银对镍的润湿性比它对铁的润湿性有所改善；779℃时银在铜中的溶解度为

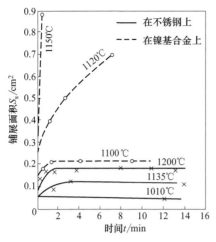

图 2.5 银在不锈钢和镍基合金上
的润湿性

8%，因而银在铜上的润湿性极好。所以，同样以银为钎料，对于不同的母材，随着它们之间相互作用的加强，液-固界面张力减小，润湿性提高。

当母材为合金时也有相似的情况。例如，银在 1Cr18N19Ti 不锈钢和 GH30 镍基合金上的铺展面积如图 2.5 所示。这表明，在相同温度下，银对镍基合金的润湿性比对不锈钢的润湿性好得多。

对同一母材，如果改变钎料成分，也会产生同样的结果。例如，用铜或银来钎焊钢时，因为在钎焊温度下铜中能溶解铁 3% ～ 4%（质量分数），因此液

态铜与铁的界面张力比液态银与铁的界面张力就小得多，润湿性很好。但应指出，并不总是要靠变换钎料成分才能取得改善润湿性的效果。

图 2.6 为锡铅钎料的表面张力在钢上的润湿角与钎料成分的关系。纯铅与钢基本上不形成共同相，故铅对钢润湿性很差，但铅中加入能与钢形成共同相的锡后，钎料在钢上的润湿角减小。含锡量越多，润湿性越好。但从图 2.6 中可以看出，钎料本身的表面张力在加锡后是提高的，这不利于润湿性的改善，然而仍取得了润湿角显著减小的效果，主要是依靠加锡使液态钎料与钢的界面张力 σ_{LS} 得以减小。

图 2.7 为银钯钎料在镍铬合金上的润湿角与钎料含钯量的关系曲线。随着含钯量的提高，润湿角大大减小。这是因为钯与镍能形成固溶体。上述例子说明，对于那些与母材无相互作用因而润湿性差的钎料，在钎料中加入能与母材形成共同相的合金元素，可以改善它对母材的润湿性。

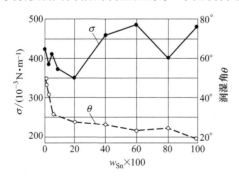

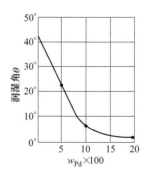

图 2.6 锡铅钎料的表面张力和它在钢上的润湿角　图 2.7 润湿角与银钎料含钯量的关系

为了考察合金元素对提高钎料润湿性的作用强弱，在银铜共晶钎料中加入不同数量的钯、锰、镍、硅、锡、锌等元素，研究钎料对钢表面润湿性的变化，结果见图2.8。

由图2.8可见，上述元素对钎料在钢表面铺展面积的影响具有不同的特点。锌、锡、硅虽可提高钎料的润湿性，但作用较弱；钯、锰则作用很强，添加少量即可得到明显效果；镍含量少时与钯、锰效果相近，但超过一定数量后反而使润湿性变坏。

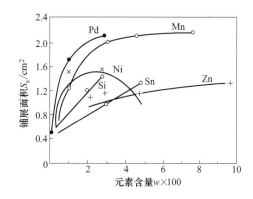

图2.8　合金元素对银铜共晶钎料在钢表面润湿性的影响

合金元素改善钎料润湿性的作用，主要取决于它们对液态钎料与母材界面张力 σ_{LS} 的影响。合金元素与母材存在相互作用时均能使此力减小；但对与母材形成金属间化合物的元素，其减小界面张力的作用有限，故虽有助于提高钎料润湿性，但作用较弱，能与母材无限固溶的合金元素可显著减小此界面张力，从而使钎料润湿性得到明显的改善。至于含镍量高的钎料对润湿性有不利影响，是由于它可使钎料熔点提高。

（2）温度的影响

液体的表面张力 σ 与温度 T 呈下述关系：

$$\sigma A^{2/3} = K\ (T_0 - T - \tau) \tag{2.4}$$

式中　A ——一个摩尔液体分子的表面积；

　　　K ——常数；

　　　T_0 ——表面张力为零时的临界温度；

　　　τ ——温度常数。

由式（2.4）可知，随着温度的升高，液体的表面张力不断减小。图2.9是锡铅钎料的表面张力与温度的关系。温度升高，钎料的表面张力降低，有助于提高钎料的润湿性。图2.10是不同温度下各种钎料在不锈钢上的铺展面积。此图同样表明，随着钎焊温度的提高，钎料的铺展面积显著增大。钎料铺展面积随温度提高而增大的原因，除了钎料本身的表面张力减小外，液态钎料与母材间的界面张力的降低有着较大作用，这两个因素均有助于提高钎料的润湿性。

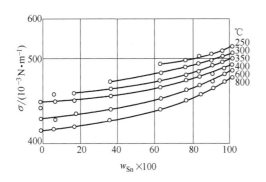
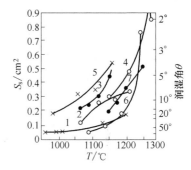

图 2.9　Sn-Pb 钎料的表面张力与温度的关系　图 2.10　各种钎料在不锈钢上的铺展
面积与温度的关系

1—Ag；2—Ag-5Pd；3—Ag-20Pd-5Mn；
4—Ag-33Pd-4Mn；5—Ag-21Cu-25Pd；
6—Cu；7—Ni-15Cr-4.5Si-3.75B-4Fe

为使钎料具有必要的润湿性，选择合适的钎焊温度是很重要的，但并非加热温度越高越好。温度过高，钎料的润湿性太强，往往造成钎料流失，即钎料流散到不需要钎焊的地方去。温度过高还会引起母材晶粒长大、溶蚀等现象。因此，必须全面考虑钎焊加热温度的影响。

（3）金属表面氧化物的影响

金属表面总是存在着氧化物。在有氧化膜的金属表面上，液态钎料往往凝聚成球状，不与金属发生润湿。氧化物对钎料润湿性的这种有害作用是由氧化物的表面张力比金属本身的要低得多所致。$\sigma_{SG} > \sigma_{LS}$ 是液体润湿固体的基本条件。覆盖着氧化膜的母材表面比起无氧化膜的洁净表面，表面张力显著减小，致使 $\sigma_{SG} < \sigma_{LS}$，出现不润湿现象。所以，在钎焊工作中必须十分注意清除钎料和母材表面的氧化物，以改善润湿。

（4）钎剂的影响

钎焊时使用钎剂可以清除钎料和母材的表面氧化膜，改善润湿。当钎料和钎焊金属表面覆盖了一层熔化的钎剂后，它们之间的界面张力发生了变化（图 2.11）。液态钎料终止铺展时的平衡方程为：

$$\sigma_{SF} = \sigma_{LS} + \sigma_{LF} \cos\theta$$
$$\cos\theta = \frac{\sigma_{SF} - \sigma_{LS}}{\sigma_{LF}} \tag{2.5}$$

式中　σ_{SF}——固体同液态钎剂界面上的界面张力；

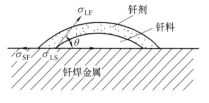

图2.11　使用钎剂时母材表面上的液态钎料所受的界面张力

σ_{LF}——液态钎料与液态钎剂间的界面张力；

σ_{LS}——液态钎料与母材间界面张力。

由此式可看出，要提高润湿性，即减小 θ 角，必须增大 σ_{SF} 或减小 σ_{LF} 及 σ_{LS}。钎剂的作用，除能清除表面氧化物，使 σ_{SF} 增大外，另一重要作用是减小液态钎料的界面张力 σ_{LF}。例如，用锡铅钎料钎焊时常用的一种钎剂是氯化锌水溶液。锡铅钎料同氯化锌界面的界面张力就比钎料本身的表面张力小得多（图2.12），即 $\sigma_{LF} < \sigma_{LG}$。因而有助于提高润湿性。再如以锡作钎料时，在氯化锌中加入氯化铵作钎剂，锡与钎剂的界面张力显著减小。如加入氯化亚锡，界面张力没有明显变化（图2.13）。故使用氯化锌 - 氯化铵二元钎剂比起单独使用氯化锌来，σ_{LF} 又有所降低，润湿性可得到进一步的提高。因此，选用适当的钎剂有助于保证钎料对母材的润湿。

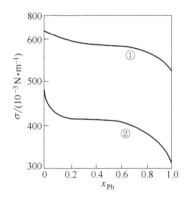

图2.12　锡铅钎料的表面张力①及它同氯化锌接触时的界面张力②（400℃）

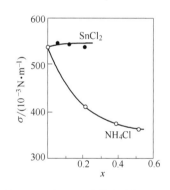

图2.13　锡同混合物钎剂的界面张力

（5）母材表面状态的影响

母材的表面粗糙度在很多情况下都能影响到钎料对它的润湿。例如，将铜和3A21铝合金的圆片分成四等份，分别用下列方法清理表面：抛光、钢刷刷、砂纸打光和化学清洗。然后在铜片中心放上体积为 $0.5cm^3$ 的锡铅钎料HLSnPb58-2，在铝合金片的中心放上同体积的Sn-20Zn钎料。加上钎剂

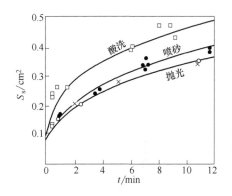

图 2.14 表面处理对 Ag-20Pd-5Mn 钎料在不锈钢上铺展面积的影响（1095℃）

后在炉中加热到各自的钎焊温度，保温 5min。试件冷却后，分别测出钎料在扇形块上的铺展面积。结果表明，钎料在钢刷刷过的铜扇形块上的铺展面积最大，而在抛光的铜扇形块上铺展面积最小。但在铝合金的各扇形块上钎料的铺展面积几乎相同。采用不同方法清理表面后，Ag-20Pd-5Mn 钎料在不锈钢上的铺展面积如图 2.14 所示。在酸洗过的表面上铺展面积大，而在抛光表面上铺展最差。

由此可见，母材的表面粗糙度对与它相互作用较弱的钎料润湿性有明显的影响。这是因为较粗糙表面上的纵横交错的细槽对液态钎料起了特殊的毛细管作用，促进了钎料沿母材表面的铺展，改善了润湿。但是，表面粗糙度的特殊毛细管作用在液态钎料同母材相互作用较强烈的情况下不能表现出来，因为这些细槽迅速被液态钎料溶解而不再存在。

（6）表面活性物质的影响

由物理化学得知，溶液中表面张力小的组分将聚集在溶液表面层呈现正吸附，使溶液的表面自由能降低。凡是能使溶液表面张力显著减小，因而发生正吸附的物质，称为表面活性物质。因此，当液态钎料中加有它的表面活性物质时，它的表面张力将明显减小，对母材的润湿性因而得到改善。表面活性物质的这种有益作用已在生产中加以利用。表 2.1 列举了钎料中应用表面活性物质的某些实例。

表 2.1 钎料中应用的表面活性物质

钎料成分	表面活性物质	表面活性物质含量 /%	母材
Cu	P	0.04 ～ 0.08	钢
Cu	Ag	< 0.6	钢
Cu-37Zn	Si	< 0.5	钢
Ag-28.5Cu	Si	< 0.5	钼、钨
Ag	Cu3P	< 0.02	钢
Ag	Pd	1 ～ 5	钢
Ag	Ba	1	钢
Ag	Li	1	钢
Sn	Ni	0.1	铜
Al-11.3Si	Sb、Be、Br、Bi	0.1 ～ 2	铝

2.2
钎料与母材的相互作用

液态钎料在毛细填缝的同时与母材发生相互扩散作用。这种扩散作用可以归结为两种。一种是母材向液态钎料的扩散，即通常说的溶解，另一种是钎料组分向母材的扩散。这些相互扩散作用对钎焊接头的性能影响很大。

2.2.1 母材向钎料的溶解

钎焊时一般都发生母材向液态钎料的溶解过程。母材向钎料的适量溶解，可使钎料成分合金化，有利于提高接头强度。但是，母材的过度溶解会使液态钎料的熔点和黏度提高、流动性变差，往往导致钎料不能填满钎缝间隙；同时也可能使母材表面出现溶蚀缺陷，即加钎料处或钎角处的母材因过分溶解而产生凹陷，严重时甚至出现溶穿。

母材能否向钎料溶解同它们之间的相图密切相关。若钎料和母材元素在液态和固态时均不互溶，也不形成化合物，则不发生母材的溶解现象。若在合金相图上有液态或固态互溶的，则会发生母材的溶解现象。因此，凡是钎料对母材有好的润湿性，能顺利进行钎焊，母材在液态钎料中都发生一定程度的溶解。为了防止母材溶解过多，必须合理选择钎焊材料和工艺参数。

固态母材在液态钎料中的溶解过程是一个多相反应过程，它经历两个阶段。第一阶段是母材与钎料接触的表面层的溶解，这个反应发生在固-液两相界面上，其实质是液体金属对固体金属的润湿和原子在相界面处的交换，破坏了固体金属晶格内的原子结合，使得液体金属原子与固体金属表面处的原子之间形成新的键，从而完成溶解过程的第一阶段。但也有人认为，液态钎料与固态母材接触时，液体组分首先向固体表面扩散，在厚度约为 10^{-7}mm 的表面层内（液相稳定形核尺寸）达到饱和溶解度，此时固体表面层不需消耗能量即可向液体中溶解。

只有经历了溶解的第一阶段后，才能形成异质原子的扩散。这种扩散导致与母材金属相接触的液态钎料内的化学成分发生变化。应当指出，扩散过程要经过一段时间后方才开始，这个时间即所谓的滞后周期，滞后周期短的金属经过长时间的接触后，在无化学成分改变的条件下，原则上不同金属是可以结合在一起的。但计算表明，熔融金属与固相相互作用时，扩散过程所需要的时间与金属接触的时间相比是很短的，所以在实际钎焊条件下，扩散过程总是能够进行的。

溶解的第二阶段是界面处被溶解的金属原子透过相界面进入液相远处的过程，即被溶解的母材原子从边界扩散层向液态钎料中迁移。母材原子的这种迁移是依靠扩散或对流来实现的。所谓对流，是指被溶解的原子受液体运动过程影响而迁移的现象。对流可以是自然的或强迫的，自然对流时，液体的流动是由其局部的密度变化而引起的，这种密度的变化可以是温度分布不均匀或成分不均匀所造成的，而这些不均匀性在钎焊过程中都是不可避免的。

2.2.2　钎料组分向母材的扩散

液态钎料填满钎缝间隙时，由于钎料组分与母材组分的差别或浓度的差别，必然发生钎料组分向母材扩散的现象。扩散量的大小主要与浓度梯度、扩散系数、扩散面积、温度和保温时间等因素有关。钎料组分向母材的扩散有体积扩散（晶内扩散）和晶界扩散（晶间渗入）两种。体积扩散的产物为固溶体，对钎焊接头性能没有不良影响。晶间渗入的产物为低熔点共晶体，性能较脆，对接头性能有不良影响。

根据扩散定律，钎焊时钎料向母材中的扩散可确定如下

$$d_m = -DS\frac{d_C}{d_x}d_t \tag{2.6}$$

式中　d_m——钎料组分的扩散量；

　　　D——扩散系数；

　　　S——扩散面积；

　　d_C/d_x——在扩散方向上扩散组分的浓度梯度；

　　　d_t——扩散时间。

由上式可见，钎料组分的扩散量与浓度梯度、扩散系数、扩散时间和扩散面积有关。扩散自高浓度向低浓度方向进行，当钎料中某组元的含量比母材中高时，由于存在浓度梯度，就会发生该组元向母材金属中的扩散。浓度梯度越大，扩散量就越多。扩散系数可按前述公式确定。研究表明，原子半径越小，扩散系数就越大。而当合金元素存在，且其与扩散元素的亲和力比与基体金属的亲和力更大时，就可能使扩散系数减小；反之，则可能使扩散系数增大。

用 Cu 钎焊 Fe 时，会发生液态 Cu 向 Fe 中的扩散。1100℃下铜钎焊铁时铜在扩散区中的分布如图 2.15 所示。随着保温时间的延长，不但 Cu 的扩散深度（h）增大，而且扩散层中的 Cu 含量也增多。用 Al-28Cu-6Si 钎料钎焊

铝合金时，也可发现钎料组分向母材铝合金中扩散的现象。在钎缝中靠近界面处的母材上可以看到一条与钎缝平行的明亮条带，它是钎焊时液态钎料中的 Si 和 Cu 向母材铝合金中扩散而形成的固溶体。

上述扩散现象均为体扩散。如果扩散进入母材的钎料组分浓度在饱和溶解度之内，则形成固溶体组织，这对接头的性能没有不良影响。若冷却时扩散区发生相变，则组织会产生相应的变化，并因此而影响到接头的性能。

除了体扩散之外，钎焊时也可能发生

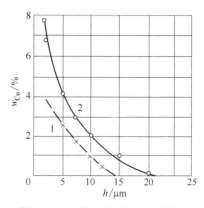

图 2.15　铜钎焊铁时铜在扩散区中的分布

1—保温 1min；2—保温 60min

钎料组分向母材的晶间渗入的情况。晶间渗入的产生是因为在液态钎料与母材的接触中，钎料组分向母材中扩散，由于晶界处空隙较多，扩散速度较快，结果造成了在晶界处首先形成钎料组分与母材金属的低熔点共晶体。由于其熔点低于钎焊温度，这样就在晶界处形成了一层液态层，这就是所谓的晶间渗入。

当采用含硼镍基钎料钎焊不锈钢和高温合金时，就可能发生硼向母材晶间渗入的情况。晶间渗入的产物大都比较脆，会对钎焊接头产生极为不利的影响，尤其是在钎焊薄件时，晶间渗入可能贯穿整个焊件厚度而使接头脆化，因此应尽量避免在接头中产生晶间渗入。

2.2.3　钎缝的成分和组织

由于钎料和母材的相互作用，钎缝的成分和组织同钎料原有成分和组织差别较大，熔态的钎料在母材狭缝中作毛细流动并形成钎缝时，钎缝的结构是不均匀的。特别是熔态钎料作较长距离流动时尤为突出。对于共晶钎料，因为钎焊温度比共晶点高许多，当熔态钎料一旦润湿母材，母材就开始迅速溶解，钎料的成分也会向母材纵深渗透，在钎料流动过程中，这种作用就依次沿流动的方向发展。最终的钎缝是钎料流入处较宽，终了处钎缝较窄。当采用与母材互溶度较小的钎料钎焊时，钎缝两端宽窄不一的现象并不明显，但常出现钎料中的高熔点组元留在钎料的流入端、低熔点的共晶则流至远端的现象。

钎焊接头基本上由三个区域组成（图 2.16）：母材上靠近界面的扩散区、钎缝界面区和钎缝中心区。扩散区组织是钎料组分向母材扩散形成的。界面区组织是母材向钎料溶解、冷却后形成的，它可能是固溶体或金属间化合物。钎缝中心区由于母材的溶解和钎料组分的扩散以及结晶时的偏析，其组织也不同于钎料的原始组织。钎缝间隙大时，该区组织同钎料原始组织较接近，间隙小时，则二者差别可能极大。并且，这三个区域之间的边界有时并不是直线状分隔，如图 2.17 所示。它主要与钎料类型和钎焊工艺参数有关。

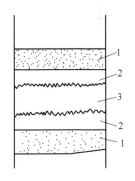

图 2.16　钎缝组织示意图
1—扩散区；2—钎缝界面区；3—钎缝中心区

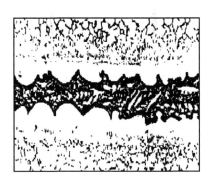

图 2.17　采用 BNi-2 真空钎焊不锈钢
接头组织的不均匀性

　　钎缝界面区组织与其结晶过程密切相关。根据一般的结晶原理，凝固过程取决于两个因素：液相单位容积内晶核的形成速度以及它的生长速度。晶核可以是合金的质点，也可以是外来的质点。在液相内有合金固态质点或合金的某个相存在，就会使晶核形成的自由能减小。钎焊时，同钎缝液态金属接触的母材界面就是现成的晶核。

　　根据结晶条件的不同，钎缝界面区形成的组织类型主要有固溶体、化合物和共晶体。

（1）固溶体

　　如果焊接纯金属，填充材料又是相同的，这时金属晶粒间无界面，即使是焊缝与母材的界面上，金属晶粒间也无界面。钎缝金属后者就随着凝固过程的进行从母材晶粒表面向液态金属继续生长。这种结晶叫作交互结晶。当钎焊纯金属和单相合金时，如果所用的钎料与母材基体相同，本身也是单相合金，只是含一些合金元素，钎焊后钎缝就会出现交互结晶。例如以黄铜钎焊铜时就可看到黄铜晶粒在铜晶粒的基础上连续生成，形成共同晶粒的现象，如图 2.18 所示。

　　如果母材是纯金属和单相合金，钎料与母材的基体相同，但本身是双相和多相组织，则并不总是出现交互结晶。在一定条件下可以出现局部的交互结晶。

在某些情况下，即使母材和钎料不同基，钎料本身也不是单相组织，钎缝也会出现交互结晶。例如用 Ni-19Cr-10Si 钎料钎焊不锈钢，在钎缝间隙相当小的情况下钎缝就出现交互结晶，钎缝和母材完全形成共同晶粒。出现这种组织的原因是：不锈钢虽是铁基，钎料属镍基，但铁和镍均属体心立方点阵，它们的晶格常数又非常

图 2.18　用黄铜钎焊铜时接头的组织

接近，这就为交互结晶创造了条件；其次，Ni-19Cr-10Si 钎料本身虽系多相组织，由 α 固溶体、Ni_5Si_2 和 $Cr_3Ni_5Si_2$ 相组成，但在钎焊过程中钎缝中的硅向母材扩散，其浓度下降到极限浓度以下，成为单一的镍铬固溶体，凝固后在钎缝内就形成完全的交互结晶。

一般说来，在状态图上钎料与母材能形成固溶体，钎焊后在界面区即可能出现固溶体。固溶体组织具有良好的强度和塑性，对接头性能是有利的。

（2）化合物

钎料中一个组元如果含量较大又能与母材生成金属间化合物，则在钎缝中会出现这些化合物的特征。如果这些金属间化合物是固液异分的，在钎焊条件下常常会呈笋状生长，例如用纯锡或含锡量较高的锡合金钎料钎焊铜、银、铁、钴、镍时，均可看到这种生长方式。这种化合物是由一个固相组元（如母材）与液相（钎料）反应生成的，钎焊短时间内生成的化合物都不是纯相，这就减少了作为纯化合物相的属性。此外，这种化合物的笋状生长方式使得它像钉子一样嵌入钎缝，更增加了钎缝的强度。

钎料中一个主要成分组元与母材生成固液同分化合物时，这个化合物往往以层状或连片地生长。这些固液同分化合物通常较脆，又呈层状，会降低钎焊接头强度。选择钎料时需要特别注意，避免生成这类层片状化合物，除非这些化合物能溶入母材，形成组分很宽的固溶体。

因此，当钎料能与母材形成化合物时，为了减薄和防止界面区形成层状化合物，一般可采取以下措施。

① 在钎料中加入既不与母材，又不与钎料形成化合物的组分。例如，以锡铅钎料代替锡钎焊铜时，Cu_6Sn_5 化合物层减薄，当含铅量达到70%以上时，界面区可不出现化合物层。使化合物层消失的含铅量同钎焊温度和保温时间

有关。

② 在钎料中加入能同钎料形成化合物，但不与母材形成化合物的组分，也能使界面上化合物的生成速度显著降低。例如，用锡钎焊铜时，在锡中加入 1% ~ 1.5%Ag 可使界面化合物层厚度大大减薄。

对于合金钎料也存在类似的规律性。如用铜锌钎料钎焊钢时，为了防止锌的蒸发，在钎料中加入质量分数为 0.5% 左右的硅，硅与母材在钎缝界面形成化合物层，使接头塑性下降。如在钎料中再加入质量分数为 2% 的镍，由于硅对镍的亲和力大于它与铁的亲和力，因而钎缝界面上不出现化合物层。

为了减少钎焊时钎料的熔化区间，通常总是尽可能选择熔化温度合适、成分接近共晶点或连续固溶体最低熔点的合金当作钎料，例如：用 Ni-Cr 或 Ni-Cr-Si 共晶；用 Cu-Mn、Ni-Mn 连续固溶体最低熔点成分钎料钎焊不锈钢和高温合金；有时也常用纯金属当钎料，例如用纯铜钎焊碳钢等。

为了改善钎料的各种性能，也会在其中添加一些其他元素。如果熔态钎料和母材之间的反应性很弱，钎焊后的钎缝常会存在和钎料本身相同的结构。如果熔态钎料和母材有共同的主组元或液相有较大的互溶度，则根据温度的高低和钎焊时间的长短而会出现共晶或亚共晶的钎缝。

（3）共晶体

钎缝中的共晶组织可以在以下两种情况下出现：一是在用含共晶组织的钎料钎焊时，如铜磷、银铜、铝硅、锡铅等钎料，均含大量共晶体组织；二是母材与钎料能形成共晶体时。利用钎料和母材接触熔化，形成共晶体接头的钎焊方法，称为接触反应钎焊。

接触反应钎焊的原理是：如金属 A 与 B 能形成共晶或形成低熔固溶体，则在 A 与 B 接触良好的情况下加热到高于共晶温度或低熔固溶体熔化温度以上，依靠 A 和 B 的相互扩散，在界面处形成共晶体或低熔固溶体，从而把 A 和 B 连接起来。

接触反应钎焊过程由以下三个阶段组成：①准备阶段，如在接触的固态金属界面上形成固溶体层或金属间化合物层，如果接触的固态金属在固态下互不作用，此阶段不发生；②形成液相；③固态接触金属向已形成的液相中溶解。

固态金属接触表面形成液相的速度是极高的，例如铋和锡在比它们的共晶熔化温度高 2 ~ 3℃的条件下接触反应熔化时，只要 0.5s 就足以形成液体。所形成的液相活性很大，在接触表面上迅速铺展，开始时形成的液相与接触的固态金属并不处于平衡状态，只有固态金属向液相逐步溶解，以及它们之间相互扩散，固相与液相之间才逐步达到平衡。

接触反应钎焊不仅在可以形成共晶体的纯金属之间进行，还可以在能形成共晶体的纯金属与合金、合金与合金之间进行，但是从它们之间接触加热到开始形成液相的时间要加长。成分越复杂，此时间越长。

接触反应钎焊时，对被连接金属加以一定的压力往往是很重要的。加压的目的是使母材与钎料形成紧密的接触，以利于接触反应熔化的进行。压得越紧，母材之间的接触点越多，液相形成的速度越快，接触面上形成的液相越完全。加压的作用又可使形成的液相从间隙内挤出，以免母材溶解过多，在液相挤出的同时，破碎的氧化物也被挤出间隙，有利于提高接头质量。如果所形成的低熔共晶体比较脆，则把这层液体金属从接头间隙中挤出去有利于提高接头强度。

2.2.4　钎缝的不致密性

所谓钎缝的不致密性是指钎缝中存在夹气、夹渣和未钎透等缺陷。这些缺陷一般处于钎缝的内部，但经机械加工后会暴露于钎缝表面，并对焊件的密封性、导电性和耐蚀性等带来不利的影响。

钎缝中各种不致密性缺陷的产生与钎焊过程中熔化钎料及钎剂的填缝过程有很大的关系。在通常的平行间隙的情况下，液态钎料和钎剂并不是均匀一致地流入间隙的，而是以不同的速度和不规则的路线流入间隙，这是产生不致密性缺陷的根本原因。

当钎料（或钎剂）熔化后从平行间隙的一侧向间隙中填充时，在流动前沿和间隙的侧面边缘处都将出现弯曲液面，因而造成在钎缝边缘处的附加压力比内部大，这使得钎料（或钎剂）沿钎缝外围的流动速度比内部的填缝速度大，因而可能造成钎料对间隙内部的气体或钎剂的大包围现象，如图2.19所示。一旦形成大包围后，所夹住的气体或钎剂残渣就很难从很窄的平行间隙中排除，使钎缝中形成大块的夹气和夹渣缺陷。

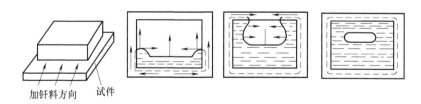

图 2.19　钎缝中大包围缺陷形成示意图

除了大包围会产生不致密性缺陷外，更常见的是由小包围产生的不致密性缺陷。从理论上来说，如果接头间隙均匀，且间隙内部金属的表面状态一致，则液态钎剂或钎料在间隙内部的流动速度应是基本相同的。然而实际上由于间隙内部金属的表面不可能绝对平齐，清洁度也有差异，加上液态钎剂和钎料与母材的物理化学作用等因素的影响，常常造成钎料在间隙内紊乱地流动，流动前沿形似乱云，结果造成小包围现象（图 2.20）。如果大小包围所围住的是气体，则形成夹气缺陷；如果围住的是钎剂，则形成夹渣缺陷；如果因钎料量不足而未能填满间隙，则形成未钎透缺陷。此外，如果钎剂在加热过程中分解出气体，或是母材或钎料中的某些高蒸气压元素的蒸发，及溶解在液态钎料中的气体在钎料凝固时析出，当这些气体在钎料凝固前来不及全部排出钎缝时，就会形成气孔缺陷。

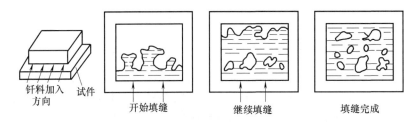

图 2.20　实际填缝过程及小包围缺陷的形成

　　由以上不致密性缺陷产生的原因分析可知，在一般钎焊过程中，要完全消灭这些缺陷是很困难的，但应采取相应的措施来尽可能减少缺陷的产生。例如适当增大钎缝间隙就有助于减少由于小包围现象而形成的缺陷。

　　影响钎缝成分组织均匀性的因素有接头的设计，钎料、钎剂的选择，以及为了获得所要求特性而采取的工艺参数。这些因素主要影响钎焊接头的外观成形和微观结构，实际上决定了接头的特性。

（1）接头设计

　　接头设计的变化对钎焊接头特性的影响充分表现在接头间隙对钎焊接头强度的影响。小的接头间隙，接头强度相当高，钎缝的强度甚至超过母材的强度。接头强度比钎料自身强度高许多的原因是薄的钎料层的截面收缩被抑制。因此，钎料处于非常高的三向应力状态，这将增加它的强度值。但随着接头间隙的增加，抑制收缩的能力减弱或消失，接头强度接近于钎料的自身强度。

（2）钎料

　　钎料是复杂的合金，它的熔点在一个温度范围内。如 Ag-Cu 合金，除共晶成分 72%Ag-28%Cu 外，其他如 50Ag-50Cu 合金的熔点在一个温度范围内，即温度升至 780℃时钎料开始熔化，只有当温度超过 850℃时钎料才能全部熔化。因此，在 780 ~ 850℃温度范围内，有一个液体与固体共存的区域，其润湿和流动性与完全为液体的合金在某种意义上截然不同。当钎料金属处于部分熔化的状态时，流动性降低。而低熔点液相在混合状态下，润湿性和扩散行为导致低熔点相具有从固体成分中分离的趋势。这种不充分或不均匀填充接缝的现象会导致缺陷接头的产生。

除了与钎焊钎料熔化特点有关外，钎焊过程中合金化能够出现在液体钎料和母材之间，钎料的润湿性和流动性明显受到合金化的影响。合金化取决于钎料的熔点、母材被影响的程度以及新相形成的趋势。改变钎料成分，可以改变它的熔化特点，靠近接缝表面钎料元素的扩散也会改变母材有效成分。影响母材合金化程度的因素有钎料元素在母材中的溶解度、时间和温度、固态扩散的动力学、母材的晶粒尺寸以及它的成分。母材与钎料的相互作用影响着其润湿性和接头的力学性能。

（3）残余应力

当必须将两种不同的母材（如碳钢和奥氏体钢、奥氏体钢和陶瓷）钎焊连接在一起时，因为两种材料热膨胀系数的差别，在最终组件中会形成很大的残余应力。从钎焊温度开始冷却时，由于接头中一个组件收缩速度与另一个不同，会产生残余应力。当被连接材料的热膨胀系数存在很大差别时，这些残余应力足以在材料上引起局部变形或裂纹，或引起钎焊组件的变形。残余应力可以通过规范钎焊温度和冷却方式来控制，促进应力松弛。

2.3
常用钎焊方法

钎焊方法通常是以实现钎焊加热所使用的热源来命名的。钎焊方法的主要作用在于创造必要的温度条件，确保匹配适当的母材、钎料、钎剂或气体介质之间进行必要的物理化学过程，从而获得优质的钎焊接头。钎焊方法种类很多，特别是近数十年来，钎焊技术的应用范围不断扩大，随着许多新热源的发现和使用，又陆续出现了不少新的钎焊方法，诸如红外线钎焊、激光钎焊、光束钎焊、蒸气浴钎焊等，本节将着重介绍目前生产中广泛采用的几种主要钎焊方法。

2.3.1 火焰钎焊

火焰钎焊是用可燃气体或液体燃料的汽化产物与氧或空气混合燃烧所形成的火焰进行钎焊加热的。火焰钎焊通用性强，工艺过程简单，又能保证必要的钎焊质量，因此应用广泛，主要用于以铜基钎料、银基钎料钎焊碳钢、低合金钢、不锈钢、铜及其合金等薄壁或小型焊件。

（1）火焰钎焊的特点

火焰钎焊装置简单，钎焊前需对工件进行表面清洗，钎焊后接头也必须进行表面清理，去掉残留在接头上的钎剂和渣壳。钎焊过程中受氧化环境的影响，火焰钎焊适用于活性较小并且不需要专门保护的焊件的连接。

火焰钎焊的特点如下。

① 火焰钎焊在空气中完成，不需要保护气体，通常需要使用钎剂。但在含磷钎料钎焊紫铜的场合，高温下与氧化物结合的磷，防止了自由氧化物的形成，可润湿接头表面，具有自钎剂的作用，因此即使不加钎剂，也可以取得很好的效果。

② 火焰钎焊钎料选择范围广，从低温的银基钎料到高温的铜基、镍基钎料都可以应用。丝状、片状、预成形或膏状钎料也都可以应用于火焰钎焊。

③ 操作方便、灵活，也可以实现自动化操作。对于少量的接头，单人使用手持式焊炬可以操作完成；大批量生产时，可采用半自动或全自动火焰钎焊系统。

④ 火焰钎焊用燃气种类多，来源方便，可根据成本、可获得性和要求加热的数量来选择，并且钎焊温度可以通过气体火焰调整。

⑤ 设备成本低，操作技术容易掌握。便携式设备还可以使用在其他要求火焰加热的应用中，用于氧-燃气焊接的设备也可用于火焰钎焊。

火焰钎焊的缺点是，手工火焰钎焊时加热温度难以精确掌握，因此要求操作人员应具有较多的经验；另外，火焰钎焊是一个局部加热过程，容易在母材中引起应力或变形。

（2）火焰钎焊的应用

火焰钎焊应用广泛，这种钎焊方法不受产品数量的限制，一个接头到几百万个接头都可以采用火焰钎焊进行加工。手工火焰钎焊使用在小批量的生产及需要在多个位置进行局部钎焊的接头中。由于火焰钎焊的操作灵活性较强，在安装和维修现场也常采用火焰钎焊。

大批量生产时，使用半自动或全自动火焰钎焊，在这些场合下，要求达到某种水平的自动化，如中等规模的产品数量能够使用简单的往返系统，采用人工放置构件、钎料和钎剂。大批量的生产可以安排在具有高速加热能力，并且能自动装卸构件、自动添加钎焊材料的旋转台或联机输送带上完成。

在加热器具、空调器和制冷工业常采用火焰钎焊连接大量的管路接点；在压缩机行业，管子与压缩机壳体也可采用手工火焰钎焊或半自动钎焊；在管件工业，大部分黄铜和紫铜水龙头组件是靠自动火焰钎焊连接的。此外，碳素工具钢、汽车零部件、家具配件、阀门等也大量靠火焰钎焊进行加工生产。

火焰钎焊的应用仍受氧化环境、操作技术的影响较大，其限制因素包括：

① 火焰钎焊表面有钎剂和热垢残留，焊后必须彻底清理，否则会引起潜在的腐蚀；

② 手工火焰钎焊质量受操作技术水平影响较大，手工钎焊劳动强度大；

③ 厚重件采用火焰钎焊加热时，钎焊区域的温度很难超过1000℃；

④ 活性较强的材料（如钛、锆等）不适合采用火焰钎焊，采用含镉钎料时，如钎焊温度超过镉的蒸发温度，将危害人体健康。

（3）钎焊火焰的控制

氧-乙炔火焰是乙炔和氧经焊炬混合，由喷嘴喷出后混合燃烧，并发生一系列化学反应所形成的火焰。根据氧和乙炔混合比的不同，氧-乙炔火焰可分为中性焰、碳化焰（也称还原焰）和氧化焰三种，其构造和形状如图2.21所示。

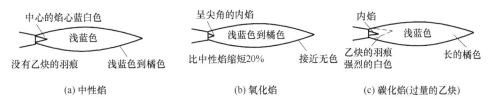

图2.21　氧-乙炔火焰的构造

在焊炬的混合室内，氧与乙炔的体积比（O_2/C_2H_2）为 1～1.1 时，被完全燃烧，无过剩的游离碳或氧，这种火焰称为中性焰。中性焰由焰心、内焰（微微可见）和外焰三部分组成。焰心呈尖锥形，白色而明亮，轮廓清楚

［图 2.21 （a）］。其长度与混合气的流出速度有关，流速快，焰心就长，反之就短。在焰心中发生两种化学反应：

一部分乙炔与氧气化合生成一氧化碳和氢：

$$C_2H_2+O_2 \longrightarrow 2CO+H_2$$

一部分乙炔受热分解成碳和氢：

$$C_2H_2 \longrightarrow 2C+H_2$$

而总的反应式为：

$$2C_2H_2+O_2 \longrightarrow 2CO+2H_2+2C$$

中性焰焰心的光亮就是由炽热的碳微粒发出的。亮度虽然高，但温度并不很高，约有950℃。火焰紧靠焰心末端，呈杏核形，蓝白色，并带深蓝色线条，微微闪动。焰心中分解出的碳就在这一区域内与氧化合而剧烈燃烧，并生成一氧化碳，因此温度很高，其中离开焰心末端3mm左右处温度最高，约3100℃。这部分气氛中2/3是一氧化碳，1/3是氢，所以具有一定的还原氧化物的作用。

中性焰外焰与内焰并无明显界限，一般是从颜色上区别。外焰的颜色从内向外由蓝白色变为浅蓝色和橘色。在外焰中，主要是一氧化碳、氢气与空气中的氧化合而充分燃烧，生成二氧化碳和水蒸气。其化学反应式为：

$$4CO+2H_2+3O_2 \longrightarrow 4CO_2+2H_2O$$

中性焰外焰的温度比焰心高，为1200～2500℃，具有氧化性，二氧化碳对熔池具有保护作用。中性焰的温度沿火焰的轴线而变化，见图2.22。内焰区沿火焰轴线的最高温度是在距焰心2～4mm的范围内，火焰温度为3050～3100℃。离此处越远，火焰温度越低。图示温度为焊嘴孔径1.9mm时的实测值。

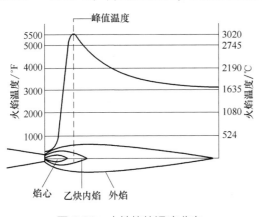

图2.22　中性焰的温度分布

氧与乙炔的混合比（$O_2 : C_2H_2$）大于1.1（一般在1.2～1.7之间）时，混合气燃烧过程加剧，并出现氧过剩，这种火焰称为氧化焰。氧化焰中整个火焰和焰心的长度都明显缩短，只能看见焰心和外焰部分［见图2.21 （b）］。火焰挺直，带有"嘶嘶"的声音。氧的比例越大，火焰则越短，响声也越大。氧化焰的最高温度高于中性焰。由于存在过剩的游离氧，故具有氧化性。

氧与乙炔的混合比（O_2/C_2H_2）小于 1（一般在 $0.85 \sim 0.95$ 之间）时，混合气中的乙炔未完全燃烧，这种火焰称为碳化焰。碳化焰的焰心、内焰和外焰三部分均很明显［见图 2.21（c）］。整个火焰长而软。焰心呈灰白色，也发生乙炔的氧化和分解反应；内焰由一氧化碳、氢和碳微粒组成；外焰呈橘色，除燃烧产物二氧化碳和水蒸气外，还有未燃烧的碳和氢。碳化焰的最高温度低于 3000℃。

改变氧与乙炔的混合比值，可获得不同温度和性能的火焰。为获得理想的钎焊质量，必须根据不同的材料来正确地调节和选用火焰。打开焊炬的乙炔阀门点火后，慢慢地开放氧气阀增加氧气，火焰即由橙黄色逐渐变为蓝白色，直到焰心、内焰和外焰的轮廓清晰地呈现出来，这时的火焰即为碳化焰。

在碳化焰的基础上继续增加氧气，当内焰基本上看不清时，得到的便是中性焰。如发现调节好的中性焰的能率过大需调小时，先减少氧气量，然后将乙炔量调小，直至获得所需要的火焰为止。另外，在焊接过程中由于各种原因，火焰的状态有时会发生变化，要及时注意调整，使之始终保持中性焰。

在中性焰的基础上再增加氧气量，焰心变得尖而短，外焰也同时缩短，并伴有"嘶嘶"声，即为氧化焰。

火焰钎焊一般要求使用稍微还原的火焰。但在钎焊铜时要注意考察铜的生产方式和牌号，对紫铜中的含氧铜如 T1、T2 等，应用稍微氧化的火焰，以防止加热过程中铜的破裂，这是因为纯铜中的氧和还原火焰中的气体的反应能导致金属内部氧化物还原，在金属内部产生蒸气，形成小气阱，高温下蒸气膨胀使得母材断裂。

调节氧-乙炔火焰可根据观察火焰的特点来维持。然而，丙烷气和液化石油气的火焰调节起来比较困难，因为在火焰中没有明显的变化发生，此时，火焰的调节可以通过流量计来实现。火焰钎焊时，要用内焰而不是焰心来加热钎焊件。

正确的火焰加热是偏向高导热性的接头组件，如厚重件和传热快的件，并且避免在热冲击中的应力开裂。钎焊的接头区域是否能在同一时间达到钎焊温度是最重要的，加热时如果能同时将接头各部加热到所需的钎焊温度，将有利于使钎料填满接头，并获得优质接头。尽量不要把火焰直接作用在钎料上以及缝隙处的钎剂上，直接加热钎焊材料容易使它们过热、出现烟气，甚至导致钎焊材料失效。不合适的加热，主要是由于不正确的操作，能够引起裂纹、过量的钎料和母材的相互作用或者母材和钎料的氧化。

2.3.2 感应钎焊

感应钎焊是将焊件的待焊部位置于交变的磁场中，通过电磁感应在工件中产生感应电流来实现工件加热的一种钎焊方法。感应钎焊是一种局部加热钎焊方法，热量由工件本身产生，热传递快，加热迅速，广泛用于结构钢、不锈钢、铜及铜合金、高温合金、钛合金等材料制成的具有对称形状的工件的钎焊，感应钎焊特别适用于管件套接，管与法兰、轴与轴套类零件的连接。

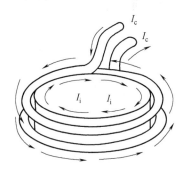

图2.23　焊接工件中出现的
感应电流

I_c—线圈电流；I_i—工件内的感应电流

（1）感应钎焊的特点

感应钎焊是利用高频、中频或工频感应电流作为热源的一种焊接方法，主要特点是依靠工件在交流电的交变磁场中产生感应电流的电阻热来加热。具体是将导电的工件放置在变化的电磁场中，感应加热电源给单匝或者多匝的感应线圈提供变化的电流，从而产生磁场，当工件被放置到感应线圈之间，并进入磁场后，涡流进入工件内部，产生精确可控、局域的热能，如图2.23所示。

感应加热钎焊时，零件的钎焊部分被置于交变磁场中，该部分母材的加热则通过它在交变磁场中产生的感应电流的电阻热来实现。导体内感应电流强度与交流电的频率成正比，随着所用交流电频率的提高，感应电流增大，焊件的加热速度变快。当交流电通过导体时，导体表面处的电流密度较大，导体内部的电流密度较小。当高频电流通过导体时，导体截面上的电流密度差更大，电流主要集中在导体表面，这就是所谓的集肤效应。由于感应加热钎焊采取的是由内而外的加热方式，与激光加热钎焊不同，它的效果不受钎焊位置或接头变化的影响。

感应加热钎焊可以提供比烙铁焊接更快速、均匀的加热效果。烙铁头会磨损并且需要经常更换，而感应线圈因为采用非接触方式，所以几乎是无磨损的。用感应加热替代气体火焰进行钎焊有很多优点，能够在单位面积的材料上传导更多热量，其钎焊的温度通常在几秒就可以达到，从而促使加热周期更快，提高产量。

感应加热钎焊虽与电阻钎焊相似，热量都是电阻放热产生出来的，但是因为感应加热钎焊热是电通过线圈而非母材产生的，因此大部分钎剂可以用于感应过程，而电阻钎焊则需对钎剂绝缘。

感应加热可以有选择地进行，允许使用者在较小的装配量或是不能对工件整体加热的情况下操作。在需要把热量约束在工件上的特定区域进行局部加热时，感应加热钎焊比其他钎焊方法具有更多优势。由于热量高度的局域性，焊点快速达到熔融所需温度而不必冒损坏工件的危险，因此，感应加热钎焊更节约，并且由于其高度可重复性，非常适合自动化、大规模生产工艺。以往感应加热主要用于焊接大型接头；目前，通过使用更精密的感应线圈、非接触式温度测量技术，以及更精确的送丝和填料成形，感应加热被越来越多地用在非常细小的部件上，例如印刷电路板和基底。

感应加热还能够改善工作环境和提高安全性，无需气体，没有明火，无需额外加热。而且所有金属都可以进行感应钎焊。感应加热钎焊允许快速局部加热，以最小的强度损失连接高强度的元件，准确的加热控制可有效地进行持续的焊接。再者感应加热对生产线的适应能力使得工件在装配上可进行更科学的布局，如有需要也可通过电子遥控进行加热和控制。

高频感应钎焊由于频率高，加热迅速，应用广泛。高频感应加热焊接的优点如下。

① 加热速度快、生产效率高　高频感应加热单位功率高达 $500 \sim 1000 \, kW/m^2$，所以加热速度极快，大面积焊接所需时间只要几秒，可大大缩短焊接时间，提高生产率，降低生产成本。

② 热影响区小、对基体损伤小　高频感应加热的集肤效应使得待焊工件的加热深度很浅，甚至不足 $1mm$，仅仅依靠工件传热向芯部导热，工件任一点在进入感应器内时，被急剧加热到熔化温度，离开感应器就进入急剧冷却状态，几乎没有保温时间，加热时间极短，所以热影响区很小，基本不会损伤基体。另外，氧化皮生成极少，即使在空气中加热，坯料表面的氧化、脱碳也非常少。

③ 避免或减少界面脆性化合物的形成，焊接接头力学性能优异　由于感应加热速度快、能量集中、冷却时间短，获得的奥氏体晶粒细，所以感应加热的工件具有非常好的金相组织。用于异种金属焊接则因加热时间极短，可以减少界面脆性化合物的形成，能够有效地提高接头的力学性能。

④ 实现复杂界面的焊接　感应器加热头可以根据不同工件的加热需要设计成相应的形状，而极短的加热时间能够实现局部加热，加热区温度迅速建立，温度过渡区较窄，这样感应器能够沿着复杂界面移动，从而实现复杂界面的焊接。

另外，高频感应加热焊接还具有节能、可重现性、易于自动化生产等优点。但感应钎焊也存在如下缺点。

① 配套系统复杂　尽管通过设计感应器能成功加热几何形状复杂的接头，但包含几个钎焊接头的复杂组件，加热难度很大甚至不可能实现。

② 部件装配难度大　感应钎焊要求将连接部件的装配间隙适当减小。若采用手动送入钎料，可适当增加钎料用量以助于填满装配间隙；但感应钎焊较多是先将钎料预置在接头处，这不同于手动送进，如果使用固液相之间有明显温差的钎料，则钎料流动性较差，间隙变化太大，将阻碍钎缝的填充。

③ 设备初装费用高　感应钎焊设备特别适合半自动或全自动操作，主要包括感应发生器、工件运输系统、冷却系统和辅助装置等。在加工数量较少、没有现成的感应加热设备、不需要特殊要求的情况下，感应钎焊不能作为经济的钎焊方法来选用。

（2）感应钎焊的应用

感应钎焊是靠感应线圈或感应器使接头内部产生感应电能实现加热的。一些产品的零部件可以通过感应钎焊来进行连接，作为最后一道工序完成加工。连接区域的部件，包括将要被连接的部件表面，可以有选择地加热到钎焊温度。近年来，感应钎焊在工业中的应用越来越受到人们的重视，广泛用于工业产品、结构组件、电力和电子产品、微型设备、机器和手工工具以及空间部件等。

高频感应焊接可以节能，这是因为加热能量集中在焊点上。最常见的用途是高速焊管，它充分利用了局部加热和易于控制这两个特点。感应加热钎焊适合于钎焊钢、铝、黄铜、纯铜、铜合金、不锈钢、高温合金、铁和铸铁等具有对称形状的焊件，特别适用于管件的套接，管子和法兰、轴和轴套等接头形式的连接。

高频加热适合于焊接薄壁管件，采用同轴电缆和分合式感应线圈可在远离电源的现场进行钎焊，特别适用于大型构件，如火箭上需要拆卸的管道接头的焊接。而且，至今高频感应钎焊仍是金刚石锯片焊接的主要方法。

根据感应钎焊速度快的工艺优点，还开发出更多的可以采用钎焊连接的材料，如钛、锆、钼、陶瓷和石墨。这些材料通常被使用在控制环境中，即在还原性气氛或真空中，以避免被氧化和挥发。在还原性气氛中的钎焊可以在某些关键的电子件和空间部件装配时不使用钎剂，这样就排除了清除钎剂问题。

图 2.24 所示为使用平板感应器对表面镀锡直径为 $\phi1.9mm$ 的纯铜毛细管与同样镀锡壁厚为 1mm 的温控器钢制膜盒底座的钎焊示意图。这种工艺采用的是二步感应软钎焊。第一步，使用锡铅钎料将毛细管钎焊到底座上，钎料

棒被自动从上部或下部加入；第二步，钎焊铜的膜盒。较高的频率可用来调节循环继续还是停止，这类零件的感应钎焊大约 2s 就可以实现钎焊循环。

图 2.25 所示为冰箱压缩机内部的高压排气管感应电焊过程，在大量生产这种高压排气管时，每套感应钎焊的时间仅为 3 ～ 4s。钢件的钎焊采用铜基钎料，含有铜的焊件则可以采用含银 40% ～ 50% 的银基钎料进行感应钎焊。

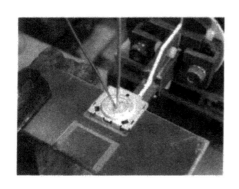

图2.24　温控器膜盒底座的钎焊　　　图2.25　冰箱压缩机高压排气管的感应钎焊

顺序感应钎焊可用于大型电子管组件中一组关键的不使用钎剂的钎焊接头。在顺序钎焊中使用递减熔化温度的钎料，以实现在非常接近的接头上钎焊。图 2.26 所示为电子管组件在无钎剂、控制气氛条件下采用顺序钎焊生产的感应钎焊接头。高度局部加热加上具有逐步降低熔化温度的各种合金的使用，可以生产出牢固的接头，而不破坏已有的钎焊部件。

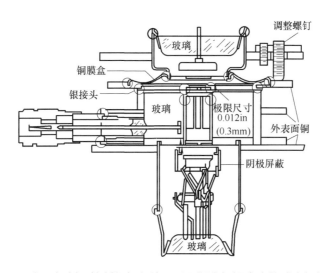

图 2.26　在无钎剂、控制气氛条件下采用顺序钎焊生产的感应钎焊接头

例如，在一种电子管中，顺序感应钎焊通常先使用铜钎料在1093℃下钎焊；下一个接头在1052℃下，用金钎料钎焊；紧随其后的是具有递减熔化温度的银合金钎料在900℃、802℃、749℃等各个温度下钎焊。正确的做法是逐步降低温度，依次进行钎焊，形成完整的接头。

（3）感应钎焊用线圈

感应线圈是感应钎焊设备的重要器件，交流电源的能量是通过它传给焊件而实现加热的。因此，感应线圈的结构是否合理，对于钎焊质量和提高生产效率具有重大影响。正确设计和选用感应线圈的基本原则是：感应线圈应有与焊接工件相适应的外形，尽量减少感应线圈本身和焊件之间的间隙，以便提高加热效率。为了使焊件加热平稳、均匀，防止焊件尖角处发生局部过热，应当合理选择感应线圈的匝数和感应电流的交变频率等参数。

感应线圈的形状和尺寸取决于加热条件、被加热焊件表面的大小和形状、电源的功率和频率。设计感应线圈时，必须考虑单匝和多匝感应线圈、感应线圈节距、感应线圈与焊件耦合、多匝外热式和多匝内热式感应线圈等因素对焊件加热的影响。一般不采用间隙小于2mm的感应线圈，以免感应线圈与焊件形成短路。为避免间隙较小的焊件烧伤，可用石棉绳缠绕感应线圈使之绝缘。钎焊复杂焊件用的感应线圈和内加热式感应线圈可借助氧磁体来控制高频磁场和增加感应线圈的效率。

单匝感应线圈的加热宽度小，多匝感应线圈的加热宽度大。对多匝感应线圈来说，改变节距可使加热形态发生变化。节距小时，加热宽度小，加热深度大；节距大时，正好相反，但节距不能过大。感应线圈与工件的耦合对加热的影响也比较明显。原则上讲，感应线圈与工件的耦合，越紧越好，这时加热效率最高，加热均匀程度也比较好；当感应线圈与工件距离较大，即属于松耦合时，加热均匀程度进一步下降。当感应线圈与工件的距离较大时，改变感应线圈的形状与节距，则能改善加热形态，如增加感应线圈中间圈的直径或采用不等的节距。

对于多匝内热式感应线圈，为改善加热形态，也可用直径变化的感应线圈。对于单匝外热式感应线圈，可采用改变感应线圈面积的方法来达到均匀加热的目的。感应线圈的形式如图2.27所示。

图2.27（a）是能同时钎焊同一焊件上两个不同的接头的单匝感应线圈；图2.27（b）~（d）是可钎焊不同几何形状焊件的多匝感应线圈；图2.27（e）是钎焊硬质合金刀片的感应线圈；图2.27（f）是由铜板加工成的单匝感应线圈，内钻有水冷却孔，其加热宽度比铜管制成的大；图2.27（g）是双位感应

线圈，可同时钎焊两个焊件；图 2.27（h）是扁平式感应线圈，适用于加热平面；图 2.27（i）所示的感应线圈可同时钎焊两个接头；图 2.27（j）是为防止螺纹过热而采用的内热式感应线圈。感应线圈的形状和大小是多种多样的，它们随焊件加热的需要而变化。在卫星和飞机上，有时需要在安装位置钎焊或拆卸导管，因此必须使用钎焊钳。图 2.28 是氩气保护钎焊钛导管的可拆分式钎焊钳。低电阻同轴高频电缆可将高频电流输送到 2 ～ 10m 之外钎焊。

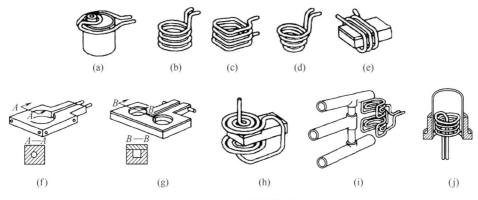

图2.27　感应线圈的形式

感应线圈大部分由铜管制成，工作时内部通以冷却水。感应线圈的节距一般为 1.5 ～ 2.2mm，必要时可根据工件的加热状态来进行适当调整。

在大多数涉及感应钎焊的应用中，需要辅助夹具来实现零件的夹持和定位，并保证零件装配准确以及与感应线圈的相对位置。根据需要，夹具还具有通惰性气体保护焊

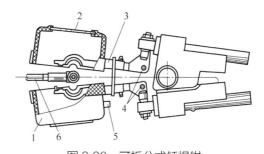

图2.28　可拆分式钎焊钳

1—罩；2—观察窗；3—感应线圈；4—冷却水接管；5—氩气接管；6—被钎焊零件

接区域的功能，它们对于提高生产效率和保证钎焊质量具有重要作用。感应钎焊夹具一般要根据具体零件进行设计，特别是在自动或半自动感应钎焊设备中，夹具已经发展成为一套复杂的装置，并且在很多场合感应线圈与夹具已设计为一体化的结构，加热、定位、保护等功能进一步集成化。

对所有靠近感应线圈的夹具和输送设备的材料还有一些特殊要求。感应线圈所产生的电磁场并不完全包含在该线圈内部，而是伸展到线圈的外部，虽然距离很小。当夹具和辅助设备是电导体或距离线圈很近时，有可能被感

应加热。当金属材料使用在夹具和传输设备上时，应该使用非电磁材料，例如奥氏体不锈钢或铝及铝合金。在夹具上，连接感应线圈的感应连接器或机头中的金属回路应该避免采用封闭式的设计。为了安全应该记住，感应线圈应采用陶瓷铸造包敷或用绝缘材料包缠，裸露的线圈是危险的。

2.3.3 真空炉中钎焊

真空炉中钎焊，又称真空钎焊，是指在真空条件下，不施加钎剂而实现材料连接的一种较为先进的钎焊方法。由于钎焊过程处在真空条件下，可以有效地排除空气对工件的不利影响，得到的接头光亮致密，具有良好的力学性能和抗腐蚀性能。采用真空钎焊方法可以实现那些采用一般钎焊方法难以连接的金属和合金的连接，如铝合金、钛合金、高温合金、难熔金属及陶瓷等。目前，真空钎焊工艺不仅在航空航天、核工业、石油化工、电子电器工业等领域中成为重要的生产手段，而且在船舶、车辆及能源等行业也得到了推广和应用。

（1）真空钎焊接头的形成

真空钎焊时，为了获得优质的钎缝，关键是要使液态钎料能够充分流入并充满接头间隙，与母材充分润湿，很好地进行相互扩散和物理化学作用，从而得到合乎要求的钎焊接头。但在钎焊的高温作用下，母材和钎料的表面均可能很快地生成一层薄氧化膜，阻碍两者的接触和相互作用。为了实现钎焊过程，必须彻底清除并防止继续生成这种氧化膜。在其他钎焊方法中，主要是通过钎剂的化学作用或介质气体的还原作用去除氧化膜。在真空钎焊时，不使用钎剂或气体，去除氧化膜是通过真空条件本身来实现的。

真空钎焊接头的形成，可概括为三个相互关联的过程来实现：真空条件下氧化膜的去除过程，钎料填充接头间隙的过程，钎料与母材相互进行物理化学作用的过程。真空钎焊时钎料填充接头间隙的过程以及液态钎料与母材作用的原理与其他钎焊方法相似，但真空状态下钎缝中氧化膜的去除机制与其他钎焊方法不同。

真空钎焊过程中，不同的母材具有不同的氧化膜去除机制。即使对同一种母材，在不同的钎焊温度下，去膜机制也可能不同。真空条件下氧化膜的去除机制是以下几种作用相互促进与制约的结果。

① 真空状态降低了钎焊区的氧分压，导致了氧化物的分解。根据物理化学理论，任何氧化物的分解将会使它的分解压增高，这只有当其周围气氛中氧的实际分压低于氧化物的分解压时才有可能。而真空状态的实现，正是造

成实际氧分压下降的有力措施。

表 2.2 列举出了一些金属氧化物分解所需要的分解压，通过理论计算可得知，一般金属氧化物分解所需的真空度是非常高的，因此，这一作用不是主要的去膜途径。

表 2.2　某些金属氧化物在 738℃时的分解压

金属氧化物	分解压 /Pa	金属氧化物	分解压 /Pa
CuO	480	Cr_2O_3	10^{-17}
NiO	10^{-3}	MnO	10^{-17}
Fe_2O_3	10^{-7}	B_2O_3	10^{-18}
MoO_2	10^{-7}	V_2O_5	10^{-18}
WO_2	10^{-8}	TiO_2	10^{-22}
SiO_2	10^{-11}	Al_2O_3	10^{-27}

② 金属氧化物及合金元素的挥发，破坏了金属表面的氧化膜。真空状态下，一些氧化物的挥发温度显著低于其在大气中的挥发温度。所以在真空钎焊时，这些氧化物会发生不同程度的挥发，从而对钎焊接头氧化膜产生一定的破坏作用。

③ 表面氧化膜被母材中的合金元素还原而去除。例如，真空钎焊 1Cr18Ni9Nb 不锈钢，当钎焊温度高于 900℃时，不锈钢表面的氧化膜可被碳还原而去除。

④ 氧化膜被母材溶解而去除，例如真空钎焊钛及钛合金，在真空条件下，温度高于 200℃时，钛的氧化膜会强烈地溶解于钛中而被去除。

⑤ 液态钎料的吸附作用使氧化膜强度下降，并由于热物理性能的不同，使氧化膜破碎弥散而被去除。在钎焊铝及铝合金时，Al_2O_3 薄膜的破碎去除就十分典型。另外，碳、镁等元素均能与 Al_2O_3 作用，使其变为低价氧化物，降低其致密性，而有利于破碎去除。

综上所述，真空不仅能够避免因使用钎剂带来的夹渣、焊后清洗、产品腐蚀、污染环境等问题，而且能促成去膜过程的进行，得到很好的去膜效果，消除了其他气体介质钎焊时在钎缝中形成气孔的可能性。因此，真空钎焊往往能比其他钎焊方法获得更好的接头质量。

（2）真空钎焊的特点

真空钎焊技术能够得到迅速的发展和应用，主要是因为它与其他钎焊方法相比，具有一系列优点。

① 真空钎焊过程中，被钎焊工件处于真空条件下（$10^{-4} \sim 67.5$Pa 范围），

不会出现氧化、增碳、脱碳及污染变质等现象，焊接接头的清洁度好，强度较高。

② 钎焊时，钎焊温度低于基体金属的熔点，对基材影响小，零件整体受热均匀，热应力小，可将变形量控制到最小限度，特别适宜于精密产品的钎焊。

③ 基体金属和钎料周围存在的低压，能够排除金属在钎焊温度下释放出来的挥发性气体和杂质，可使基体金属的性能得到改善。

④ 因不用钎剂，所以不会出现气孔、夹渣等缺陷，提高了基体金属的抗腐蚀性，避免污染，可以省掉钎焊后清洗残余焊剂的工序，节省时间，改善了劳动条件，对环境无污染。

⑤ 可将工件热处理工序在钎焊工艺过程中同时完成。选择适当的焊接工艺参数，还可将钎焊安排为最终工序，从而得到性能符合设计要求的钎焊接头。

⑥ 可一次钎焊多道邻近的钎缝，或同炉钎焊多个组件，钎焊效率高。

⑦ 可钎焊的金属种类多，特别适宜钎焊铝及铝合金、钛及钛合金、不锈钢、高温合金等。也适宜于钛、锆、铌、钼、钨、钽等同种或异种金属的钎焊连接。真空钎焊也适用于复合材料、陶瓷、石墨、玻璃、金刚石等材料。

⑧ 开阔了产品的设计途径。可以钎焊带有狭窄沟槽、极小过渡台、盲孔的部件和密闭容器，以及形状复杂的零部件，无需考虑由钎剂等引起的腐蚀、清洗、破坏等问题。

但是，真空钎焊也存在如下缺点。

① 在真空条件下，金属的一些元素易挥发，因此对含易挥发元素的金属和钎料不宜使用真空钎焊。如确需使用，则应采用特殊的工艺措施。

② 真空钎焊对钎焊前零件表面粗糙度、装配质量、配合公差等的影响比较敏感，对工作环境要求高。

③ 真空钎焊设备一次性投资大，维修费用高。

（3）真空钎焊的应用

适于真空钎焊的材料很多，如铝、铝合金、铜、铜合金、不锈钢、合金钢、低碳钢、钛、镍、因康镍等都可以在真空电炉中钎焊，可以根据钎焊器件的用途确定所需的材料，其中铝和铝合金应用最广泛。

铝合金真空钎焊用钎料的强度、钎焊性、母材色泽、抗腐蚀性都非常关键，特别是在进行变质处理之后，可以进一步提高钎焊结构的抗弯度与韧性，在生产过程中能够达到标准要求，适用于熔点相对较高的铝合金。由于钎焊是采用熔化钎料实现焊接，因此不用沸点、熔点过低的元素制作钎料，否则会对真空钎焊炉造成巨大金属污染。有关实践经验表明，钎焊复合板在结构母体金属上单面或双面包裹一层钎焊合金即可满足生产要求，这种复合板在实际应用中非常便捷，实用性强。如果能够降低熔点，会大大提高铝合金体系钎料的应用前景。

由于真空钎焊技术在实际应用中有着极大的适应性，因此所涉及的领域也愈加广泛。对一些航空航天精密构件的钎焊对钎焊温度、加热速率、钎焊时间都有着严格要求，这就需要加强铝合金真空钎焊技术工艺控制。真空钎焊设备主要是由真空炉、真空系统构成，在实际应用当中需要具备足够的抽真空速度和升温速率，并且需要通过先进的电气系统保护，满足强力制冷技能，这样才能够保证钎料热处理质量和减少钎焊周期。将容器抽真空之后送入到炉中，加热钎料，由于缺少隔热材料和加热元件，所以在实际操作当中较为复杂，这就需要同时进行加温和抽真空，从而达到缩短钎焊周期的目的。由于钎焊炉的使用温度不同，这就需要应用不同反射材料，这样是为了避免炉内温度流失，从而提高加热效率。当今，应用最为广泛的是半连续炉，可以有效改善铝合金真空钎焊质量。

对于铝合金真空钎焊技术来说，由于是在普通加热炉中进行操作，这就需要根据生产成本、焊接尺寸、工件形状等合理选择真空炉。在钎焊之前需要做好清洗工作，为了能够更好地去除热处理后所生成的氧化膜，需要进行酸洗工作，将表面残留物清洗干净。由于铝合金钎焊温度差异性不大，这样会导致工件薄壁位置容易集中受热，出现表面熔化等情况，为了避免这一问题的出现，可以采用更大范围的预热，保证焊接温度在达到钎焊温度前均匀受热。

在铝合金真空钎焊技术应用中，关键的工艺参数是真空度，需要对真空设备进行严格的控制。从实际应用情况来说，在加热炉打开时，就会将空气中的水汽吸收进去，导致下次钎焊升温前抽真空的时间更多。如果钎焊设备长时间没有使用，需要先让真空炉预运行几个小时再使用，特别是在批量生产过程中，需要保证两次使用的时间间隔较短，这样才能够更快地达到生产所需要求，提高生产效率，在保证焊接质量的基础上尽可能缩短生产时间。

铝合金之所以稳定性好，是因为在表面有一层非常稳定的氧化膜，但是这也成了熔化钎料湿润母材的阻碍，只依靠简单真空条件无法去除氧化膜，因此可以采用相关的活化技术。很多工业生产部门采用镁活化剂实现去膜，在此过程中镁的作用非常强，能够有效提高钎焊质量。镁活化剂可以破坏氧化膜和母材的结合，使钎料更容易湿润母材，并在母材上铺展，这样表面氧化膜就会浮起去除。

铝合金真空钎焊温度过高会影响产品质量和合格率，并且会给补焊工作带来一定难度；并且，在焊接过程中由于钎焊温度与铝合金固相线温度差不多，会导致母材产生溶蚀问题。如果工件壁厚较大，这就需要对钎焊温度提出限制要求。通过研究发现，无钎剂焊接技术对于复杂构件和大型构件有着良好的适应性，发展前景非常广阔。再加上当今制造业对钎料要求非常高，需要推动钎料向活性化、清洁化、绿色化、非晶化方向发展。

在应用铝合金真空钎焊技术过程中，破除铝合金的氧化膜是保证母料表面湿润和流动性的必要条件。虽然采用钎剂可以有效去除表面氧化物，但是对环境和人体健康会造成一定的影响，钎焊之后的一些残留物会在工件上，严重影响产品外观，同时在一定程度上也会降低工件耐腐蚀性。而采用无钎剂钎焊技术，能够避免钎剂钎焊中出现的不利因素，不仅能够简化工艺、提高产能，还能够提高工件生产质量。

2.3.4 其他钎焊方法

(1) 烙铁钎焊

烙铁钎焊就是利用烙铁工作部（烙铁头）积聚的热量来熔化钎料，并加热钎焊处的母材而完成钎焊接头的。烙铁是一种软钎焊工具，种类多，结构也各不相同。最简单的烙铁只是由一个作为工作部的金属块通过金属杆与手柄相连而成，本身不具备热源，需靠外部热源（如煤火、气体火焰等）加热，因此只能断续地工作。

使用最广的一类烙铁本身具备恒定作用的热源，使烙铁头的温度可保持在一定范围内，可以连续工作。其所装备的热源，除少数（特大型烙铁）为气体火焰外，一般均为电加热元件，这就是当前广泛使用的电烙铁。电烙铁所用的加热元件有两种：一种是绕在云母或其他绝缘材料上的镍铬丝，另一种是陶瓷加热器，是把特殊金属化合物印刷在耐热陶瓷上经烧制而成的，分别称作外热式和内热式。

内热式电烙铁加热器寿命长，热效率和绝缘电阻高，静电容量小，因此在相同功率下内热式电烙铁外形比外热式小巧，特别适于钎焊电子器件。烙铁的工作部为烙铁头，是一金属杆或金属块，它的顶端常呈楔形，便于钎焊时进给钎料及加热母材。通常，烙铁头采用紫铜制作，它具有导热好、易被钎料润湿等优点，但也易被钎料溶蚀，也不耐高温氧化和钎剂腐蚀。

为了克服上述缺点，现在已较多使用镀铁的烙铁头。这种烙铁头仍用铜制作，但表面均匀地镀有一层铁，厚度为 0.2 ～ 0.6mm。由于铁不易溶于锡，因而与一般铜烙铁头相比，这种烙铁头的寿命可延长 20 ～ 50 倍。为了改善对钎料的黏附能力，镀铁烙铁头的工作面常镀银或镀锡。

烙铁钎焊时，选用的烙铁大小（电功率）应与焊件的质量相适应，才能保证必要的加热速度和钎焊质量。由于手工操作，烙铁的重量不能太大，通常限制在 1kg 以下，否则，会造成使用不便。但是，这就使烙铁所能积聚的热量受到限制。因此，烙铁钎焊只适用于以软钎料钎焊薄件和小件，故多应用于电子、仪表等工业部门。用于钎焊电子元器件的烙铁，还应满足漏电流小、静电和电磁作用弱的要求。

用烙铁进行钎焊时，应使烙铁头与焊件间保持最大的接触面积，并首先在此接触处添加少量钎料，使烙铁与母材间形成紧密的接触，以加速加热过程。待母材加热到钎焊温度，钎料常以丝材或棒材形式手工进给到接头上，直至钎料完全填满间隙，并沿钎缝另一边形成圆滑的钎角为止。烙铁钎焊时，一般采用钎剂去膜。钎剂可以单独施用，但在电子工业中多以松香芯焊锡丝的形式使用。

对于某些金属，烙铁钎焊时可采用刮擦和超声波去膜方法。超声波烙铁的烙铁头应由蒙乃尔合金或镍铬钢等制造。与紫铜相比，它们在液态钎料中因空化作用产生的破坏较小。

（2）电阻钎焊

电阻钎焊是将焊件直接通以电流或将焊件放在通电的加热板上利用电阻热进行钎焊的方法。钎焊时对钎焊处应施加一定的压力。

一般的电阻钎焊方法与电阻焊相似，是用电极压紧两个零件的钎焊处，使电流流经钎焊面形成回路 [图 2.29 (a)]，主要靠钎焊面及相连的部分母材中产生的电阻热来加热。其特点是被加热的只是零件的钎焊处，因此加热速度很快。在这种钎焊过程中，要求零件钎焊面彼此保持紧密贴合。否则，将因接触不良，造成母材局部过热或接头严重未钎透等缺陷。

电阻钎焊还可采用间接加热方式，即电流只通过焊件中的一个零件 [图 2.29 (b)]，钎料的熔化和其他零件的加热均靠导热来实现。这种电阻钎焊方法的主要优点是便于钎焊热物理性能差别大的材料和厚度相差悬殊的焊件，使之不会出现加热中心偏离钎焊面的情况。同时，由于电流不需通过钎焊面，因此可以直接使用固态钎剂，而且对零件钎焊面的配合要求也可以适当放宽，简化了工艺。但为了保证装配准确度和改善导热过程，对焊件仍需压紧，并且焊件的加热是一个热传导过程，因此加热速度较慢。

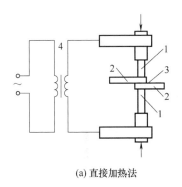
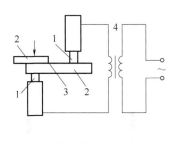

(a) 直接加热法　　　　　　　　(b) 间接加热法

图 2.29　电阻钎焊原理图

1—电极；2—焊件；3—钎料；4—变压器

在某些情况下，例如为了得到更好的压紧状况，焊件的一侧可使用合适的垫板，而把两个电极安排在焊件的同一侧。在微电子产品中，在印刷电路上装连元器件引线时，由于结构原因，也多采用两个电极在同一侧的所谓平行间隙钎焊法，如图 2.30 所示。

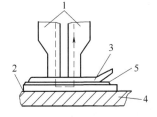

图2.30　平行间隙钎焊法

1—电极；2—金属箔；3—引线；
4—底座；5—钎料

电阻钎焊可采用钎剂和气体介质去膜。但对于这种加热方式，不能使用固态钎剂，因其不导电。因此，如有自钎剂钎料选用是最方便的。当必须采用钎剂时，应以水溶液或乙醇溶液形式使用。

电阻钎焊最适于采用箔状钎料，它可以方便地直接放在零件的钎焊面之间。另外，电子工业中常采用在钎焊面预先镀覆钎料层的工艺措施。若使用钎料丝，应待钎焊面加热到钎焊温度后，将钎料丝末端靠紧钎缝间隙，直至钎料熔化，填满间隙，并使全部边缘呈现平缓的钎角为止。

电阻钎焊适于使用低电压大电流，通常可在普通的电阻焊机上进行，也可使用专门的电阻钎焊设备（电阻钎焊钳或电阻钎焊机）。根据所要求的电导率，电极可采用碳、铜合金、耐热钢、高温合金或难熔金属制造。一般电阻钎焊用的电极应有较高的电导率；相反，用作加热块的电极则需采用高电阻材料。在所有情况下，制作电极的材料应不为钎料所润湿。

为了保证加热均匀，通常电极的端面应制成与钎焊接头相应的形状和大小。电阻钎焊使用的电极压力应比电阻焊使用的低，目的仅在于保证零件钎焊面良好的电接触和从钎缝中排除多余的熔化钎料和钎剂残渣。

电阻钎焊的优点是加热迅速、生产率高、加热十分集中、对周围的热影响小、工艺较简单、劳动条件好，而且过程容易实现自动化。但用于钎焊的接头尺寸不能太大，形状也不能很复杂，这是电阻钎焊应用的局限性。目前主要用于钎焊刀具、带锯、电机的定子线圈、导线端头、各种电触点，以及电子设备中印刷电路板上集成电路块和晶体管等元器件的连接。

（3）浸渍钎焊

浸渍钎焊是把焊件局部或整体浸入熔融的盐混合物或钎料中，依靠这些熔融介质对焊件的加热来实现钎焊过程。根据所使用的熔融介质，浸渍钎焊可分为盐浴钎焊和熔融钎料中的浸渍钎焊。

1）盐浴钎焊

盐浴钎焊时，焊件的加热和保护都是靠盐浴来实现的。因此，盐混合物的成分选择对其影响很大。对盐混合物中成分的基本要求是：要有合适的熔点，对焊件能起保护作用而无不良影响，使用中能保持成分和性能稳定。一般多使用氯盐的混合物。表 2.3 列出一些应用较广的盐混合物成分，适用于以铜基和银基钎料钎焊钢、合金钢、铜及铜合金和高温合金。在这些盐熔液中浸渍钎焊时，需要使用钎剂去除氧化膜。当浸渍钎焊铝及铝合金时，可直接使用钎剂作为盐混合物。

表 2.3　钎焊用盐浴

质量分数 /%				熔点 /℃	钎焊温度 /℃
NaCl	CaCl$_2$	BaCl$_2$	KCl		
30	—	65	5	510	570 ~ 900
22	48	30	—	435	485 ~ 900
22	—	48	30	550	605 ~ 900
—	50	50		595	655 ~ 900
22.5	77.5	—		635	665 ~ 1300
—	—		100	962	1000 ~ 1300

为保证钎焊质量，在使用中必须定期检查盐熔液的组成及杂质含量并加以调整。盐浴钎焊的基本设备是盐浴槽。现在工业上用的盐浴槽大多是电热的。其加热方式有两种。一种是外热式，即由槽外电阻丝加热，它的加热速度慢，且槽子必须用导热好的金属制作，由于不耐盐熔液的腐蚀，因此应用不广。得到广泛采用的是内热式盐浴槽，它靠电流通过盐熔液时产生的电阻热来加热自身并进行钎焊。

内热式盐浴槽的典型结构见图 2.31。其内壁采用耐盐熔液腐蚀的材料制成，一般用高铝砖或不锈钢。铝用盐浴槽使用石墨或铝板。加热电流通过插

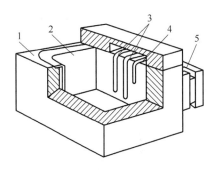

图2.31　内热式盐浴槽的结构
1—炉壁；2—槽；3—电极；4—热电偶；
5—变压器

入盐浴槽中的电极导入。电极材料也视盐熔液成分而定，一般可用碳钢、紫铜。对铝钎焊盐浴槽应采用石墨、不锈钢等。为了保证安全，常使用低电压大电流的交流电工作。

盐浴钎焊时，由于盐熔液的黏滞作用和电磁循环，焊件浸入时零件和钎料可能会发生错位，因此必须进行可靠的定位。在这种条件下，使用敷钎料板是最方便的，其次是使用钎料箔，将其预置于钎缝间隙内。将钎料丝置于间隙外的方式应慎重采用，因除有错位危险外，还可能出现钎料过早熔化的问题。

由于盐熔液的保护作用，盐浴钎焊对焊件去膜的要求有所降低。但仅在用铜基钎料钎焊结构钢时可以不用钎剂去膜。其他仍需使用钎剂。加钎剂的方法是，把焊件浸入熔化的钎剂中或钎剂水溶液中，取出后加热到120～150℃，除去水分。

为了减小焊件浸入时盐熔液温度的下降，以缩短钎焊时间，最好采用两段加热钎焊的方式：先将焊件置于电炉内预热到低于钎焊温度200～300℃，再将焊件进行盐浴钎焊。

对钎缝沿细长孔道分布的焊件，不应使孔道水平地浸入盐熔液，这样会使空气被堵塞在孔道中而阻碍盐液流入，造成漏钎；必须使孔道以一定的倾角浸入。钎焊结束后，焊件也应以一定的倾角取出，以便盐液流出孔道，不致冷凝在里面。但倾角不能过大，以免尚未凝固的钎料流积在接头一端或流失。钎焊前，一切要接触盐液的器具均应预热除水，防止接触盐液时引起盐液猛烈喷溅。

盐浴钎焊有如下缺点：需要使用大量的盐类，特别是钎焊铝时要大量使用含氯化锂的钎剂，成本很高；盐熔液大量散热和放出腐蚀性蒸气，同时遇水有爆炸危险，劳动条件较差；不适于钎焊有深孔、盲孔和封闭型的焊件，因为此时盐液很难流入和排出。

2）熔融钎料中的浸渍钎焊

这种钎焊方法是将经过表面清理并装配好的焊件进行钎剂处理，然后浸入熔化的钎料中。熔化的钎料把零件钎焊处加热到钎焊温度，同时渗入钎缝间隙中，并在焊件提起时保持在间隙内，凝固形成接头。熔融钎料中浸渍钎焊原理如图2.32所示。

焊件的钎剂处理有两种方式。一种是将焊件先浸在熔化的钎剂中，然后再浸入熔融钎料中；另一种方式是熔化的钎料表面覆盖有一层钎剂，焊件浸入时先接触钎剂再接触熔化的钎料。前种方式适用于在熔化状态下不显著氧化的钎料；如果钎料在熔化状态下氧化严重，则必须采用后一种方式。

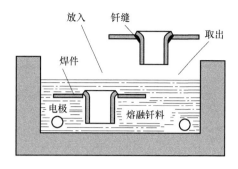

图 2.32　熔融钎料中的浸渍钎焊

这种钎焊方法具有工艺简单、生产率高的优点。其主要缺点是，在焊件浸入部分的全部表面上都涂覆上钎料，这不但大大增加了钎料的消耗，而且钎焊后往往还需花费大量劳动去清除这些钎料。另外，由于表面氧化、浸渍时混入污物以及焊件母材的溶解，槽中钎料很快变脏，需要经常更换。

目前，这种方法主要用于以软钎料钎焊钢、铜及铜合金等。特别是那些钎缝多而密集的产品，诸如蜂窝式换热器、电机电枢、汽车水箱等，用这种方法钎焊比用其他方法优越。

（4）波峰焊与再流焊

波峰焊与再流焊主要用于微电子器件信号引出端（外引线）与印制电路板（PCB）上相应焊盘之间的连接。

① 波峰焊　波峰焊是借助钎料泵把熔融态钎料不断垂直向上地朝狭长出口处涌出，形成 20～40mm 高的波峰。这样可使钎料以一定的速度和压力作用于 PCB 上，充分渗入到待焊接的器件引线与电路板之间，使之完全润湿并进行焊接（图 2.33）。由于钎料波峰的柔性，即使 PCB 不够平整，但只要翘曲度在 3% 以下，仍可得到良好的焊接质量。

② 再流焊　再流焊使用的连接材料是膏状钎料，通过印刷或滴注等方法将膏状钎料涂敷在 PCB 焊盘上，再用专用设备（贴片机）在上面放置表面组装器件，然后加热使钎料熔化，即再次流动，从而实现连接，如图 2.34 所示。各种再流焊方法的区别在于热源和加热方法不同，主要有红外再流焊、气相再流焊、激光再流焊等。

（5）真空扩散钎焊

真空扩散钎焊是在焊件钎焊面预置钎料，或借助于接触反应形成的液相作为钎料，在真空中将焊件在高于钎料固相线温度下持久加热，使钎料成分

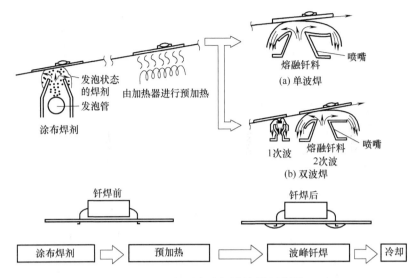

图 2.33　印刷电路板波峰焊示意图

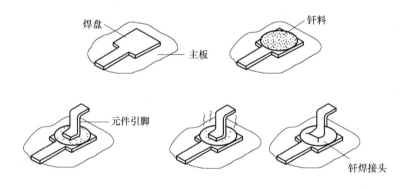

图 2.34　再流焊示意图

与母材相互充分扩散，以获得性能优异的均质钎缝的一种钎焊工艺。这种连接工艺不仅解决了钛及钛合金、高温合金、难熔金属、石墨、陶瓷等材料的高强度连接难题，而且可以满足大平面或难以施加钎料的精密构件、高应力接头等特殊接头的要求，是一种工艺适应性强、高效率的连接方法。

1）真空扩散钎焊的特点

真空扩散钎焊的形成机理实质上是钎缝金属的等温凝固过程，即在钎焊加热保温过程中，间隙中的钎料与母材发生冶金反应，形成不同的低熔点共晶，这些低熔点组元不断扩散或逐渐反应消失，使液相组织的固相线不断升高，当超过钎焊温度时，间隙中的液相凝固为固相，从而形成钎缝。

真空扩散钎焊分为两大类。第一类是不加钎料，直接利用母材之间化学成分的不同，预先将接头压合，然后加热，使之相互发生共晶反应，而在钎焊温度下随保温时间的持续，共晶成分扩散，液态变固态，形成冶金结合的钎缝。电子工业中银与铜的扩散钎焊是这一类的典型代表。第二类是需要在接缝内预置钎料或采用喷涂、蒸发、溅射、电镀等方法向接头施加扩散金属或合金，加热使之处于液相后长时间扩散，使钎缝金属由液相变固相，随之继续延长保温时间，能够完全或局部消除钎料层，得到显微组织、成分、性能等与母材相近的钎焊接头。

扩散钎焊的特征是把钎焊的简易与扩散焊的高质量结合起来，它与真空钎焊的主要区别是：在钎焊温度下保温时间长；钎缝在平衡状态下结晶；不需要降温即可形成接头；钎缝组织均匀，多为单相；无明显的钎料层。它与扩散焊的主要区别是：连接温度低；不需加压或用夹具稍加压力即可；可以加速扩散过程，促进基体金属原子的结合和相互作用；可以降低对连接表面的制备要求；钎缝具有接近母材成分和性能的特点。

真空扩散钎焊只有在钎焊间隙很小（0.02～0.05mm）的情况下，才能保证钎焊接头强度。如间隙过大，则钎缝中的脆性相难以消除。

2）真空扩散钎焊用钎料

真空扩散钎焊时，钎料起着决定性作用。与一般的钎焊方法相比，扩散钎焊用钎料应该满足两个特殊要求：一是含有一定量能够降低钎料熔点的降熔元素，这些元素在扩散钎焊过程中又非常容易地扩散到母材中被母材溶解；二是降熔元素扩散或被溶解后，钎料的强度和性能应能满足设计和使用要求。

扩散钎焊用钎料多为箔状，非晶态镍、钴基钎料箔是最理想的一类。它们一般很薄（20～30μm），能保证两焊件钎焊面贴紧，有利于钎料组元向母材中扩散，钎料量能严格控制。另外，也可使用粘带钎料。

根据母材种类不同，钎料类型也较多。目前扩散钎焊多用于高温合金、难熔金属等，故所用钎料多为镍基、钴基、钛基、钯基、铜基等。

BNi80CrSiBCo 钎料主要用于高温合金、石墨或难熔金属的真空扩散钎焊。用于镍基高温合金时，接头室温强度 $\sigma_b > 500MPa$，$\sigma_\tau > 400MPa$；900℃时 $\sigma_b > 200MPa$，接头重熔温度 > 1230℃。

BNi78CrMoB 钎料和 BNi82CrB 钎料均广泛用于使用温度超过 1000℃的高温合金的真空扩散钎焊。

BCo47CrNiSiW 钎料主要用于钴基高温合金的真空扩散钎焊，接头可耐高于 1000℃的高温。

BTi70CuNi 钎料主要用于钛及钛合金、陶瓷与钢、陶瓷与难熔金属的真空扩散钎焊。接头的抗剪强度可达 150 ～ 550MPa；使用温度高于 500℃，钎缝抗腐蚀性强。

BNi66MnSiCu 钎料是真空扩散钎焊中使用较为广泛的一种钎料，其中锰受热后会从钎料系统离析，使钎料熔化温度升高，钎料重熔温度大于1200℃，主要用于钎焊镍基高温合金及纯镍与石墨或陶瓷的异种材料钎焊接头，获得的接头可在 650 ～ 815℃长期工作。

为了得到韧性好的钎缝，通常希望钎料中所含脆性化合物形成元素尽量少；而为使合金具有更好的工艺性能以适应焊接技术要求，希望钎料合金中含有足够多的降熔元素。在一些特殊情况下，两个方面是相互矛盾的，可通过大量的试验得到能够较好地协调这种矛盾的钎料成分。例如采用含 Si 钎料在真空条件下扩散钎焊 GH188 钴基耐热合金时，Si 元素作为降熔元素必不可少，然而它又能与母材反应形成脆性的硅化物，这种情况下，只能通过试验改进钎料的合金成分。

真空扩散钎焊时降熔元素在焊接温度下的扩散行为，包括扩散速度、扩散距离等，影响焊缝的均质化。降熔元素扩散速度较慢、扩散距离较短时，容易造成降熔元素不能充分固溶在焊缝中，导致元素偏析，降低接头的性能，这时，应该适当提高扩散钎焊温度或适当延长保温时间，使降熔元素能够充分固溶到焊缝组织中，实现焊缝的均匀化。

降熔元素在母材金属中的固溶度以及是否容易形成脆性金属间化合物等，都会直接影响焊缝的性能。降熔元素在母材中的固溶度较小时，应考虑适当减少中间层合金中降熔元素的含量，以免造成元素的局部富集，导致偏析；如果降熔元素容易与母材元素形成脆性的金属间化合物，则易导致焊缝中出现脆性相，导致焊缝性能下降，但若降熔元素含量过低，则会引起焊接温度的提高，钎料工艺性变差。

3）真空扩散钎焊工艺

① 表面制备　焊件的表面制备与真空钎焊工艺大致相同。

② 装配定位　装配定位尽可能采用自重定位或夹具定位，应保证两工件的紧密配合。当间隙小于 0.25mm 时，表现规律与真空钎焊相同，间隙越小，获得接头质量越高。

③ 工艺参数的选择　真空度可比真空钎焊低 0.5 ～ 1 个数量级，因为装配紧密，不容易受到氧化或不纯气氛的侵入；加热速率可适当快些，不会形成钎料飞溅，并可避免合金元素的偏析；扩散钎焊温度通常可比真空钎焊温度稍低，最佳选择是与扩散时间匹配；扩散钎焊时间应保证降熔元素或有意加入的元素来得及扩散和溶解，即完成等温凝固过程。在间隙不变、温度相

同的条件下，不同扩散时间对钎缝组织的影响十分明显；在等温凝固结束后，可以直接充惰性气体并用风扇配合冷却，不考虑气流对钎缝成形的影响。

复习思考题

① 简述钎焊接头的形成过程。

② 如何评价钎料的润湿性？影响钎料润湿性的因素有哪些？

③ 母材向钎料的溶解作用是什么？

④ 钎焊后形成的钎缝组织类型有哪些？各在何种条件下出现？

⑤ 钎缝的不致密性缺陷是如何形成的？其影响因素有哪些？

⑥ 火焰钎焊的特点有哪些？其应用场合是什么？

⑦ 钎焊火焰有哪些类型？如何获得？

⑧ 感应钎焊的特点及应用是什么？

⑨ 真空钎焊接头的形成原理是什么？与其他钎焊方法相比，真空钎焊的特点是什么？

⑩ 何为电阻钎焊？其应用场合有哪些？

⑪ 浸渍钎焊分为哪两种？各有何特点？

⑫ 波峰焊与再流焊的区别是什么？

二维码
见封底

**微信扫码
立即获取**

教学视频
配套课件

第 **3** 章

钎料与钎剂

钎料是钎焊时的填充材料,钎焊件依靠熔化的钎料连接起来,钎料自身的性能及其与母材间的相互作用在很大程度上决定了钎焊接头的性能;钎剂是钎焊过程中用的熔剂,与钎料配合使用,其作用是清除熔融钎料和母材表面的氧化物,保护钎料及母材表面不被继续氧化。钎料与钎剂的合理选用对钎焊接头的质量起关键作用。

3.1
钎料的类型及特点

3.1.1 对钎料的基本要求

钎焊技术是依靠液态钎料的润湿作用填充接头间隙,与母材相互扩散而实现工件的连接。因此,对钎料的基本要求如下。

① 具有适当的熔点。钎料的熔点至少应比母材的熔点低几十摄氏度,二者熔点过分接近会使钎焊过程不易控制,甚至导致母材晶粒过烧或局部熔化。

② 具有良好的润湿性。钎料应能在母材表面充分铺展并填满钎缝间隙。为保证钎料良好润湿和填缝,钎料在流入接头间隙之前就应处于完全熔化状

态。应将钎料的液相线看作钎焊时可采用的最低温度，接头的整个截面必须加热到液相线温度或更高的温度。

③ 能与母材发生溶解、反应、扩散等相互作用，并形成牢固的冶金结合。钎料与母材界面适当的相互作用可以使钎料发生合金化反应，提高钎焊接头的力学性能。

④ 应具有稳定和均匀的成分，在钎焊过程中应尽量避免出现偏析现象和易挥发元素的烧损。

⑤ 得到的钎焊接头应能满足使用要求，如力学性能和物理化学性能等方面的要求。还应考虑钎料的经济性，在满足工艺性能和使用性能的前提下，尽量少用或不用稀有金属和贵金属，降低生产成本。

3.1.2　钎料的型号与牌号

（1）钎料的型号

GB/T 6208—1995《钎料型号表示方法》标准规定，钎料型号由两部分组成，钎料型号两部分之间用短线"-"分开。钎料型号中第一部分用一个大写英文字母表示钎料的类型：首字母"S"表示软钎料，"B"表示硬钎料。钎料型号中的第二部分由主要合金组分的化学元素符号组成。在这部分中第一个化学元素符号表示钎料的基体组分；其他化学元素符号按其质量分数（%）顺序排列，当几种元素具有相同的质量分数时，按其原子序数顺序排列。

软钎料每个化学元素符号后都要标出其公称质量分数；硬钎料仅第一个化学元素符号后标出其公称质量分数。公称质量分数取整数误差 ±1%，若其元素公称质量分数仅规定最低值时应将其取整数。公称质量分数小于 1% 的元素在型号中不必标出，但如该元素是钎料的关键组分一定要标出时，软钎料型号中可仅标出其化学元素符号，硬钎料型号中将其化学元素符号用括号括起来。

每个钎料型号中最多只能标出 6 个化学元素符号。将符号"E"标注在型号第二部分之后用以表示是电子行业用软钎料。对于真空级钎料，用字母"V"表示，以短线"-"与前面的合金组分分开。既可用作钎料又可用作气焊焊丝的铜锌合金，用字母"R"表示，前面同样加一短线。

软钎料型号举例：

S-Sn63Pb37E，表示一种含锡 63%、含铅 37% 的电子工业用软钎料。

硬钎料型号举例：

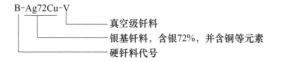

B-Ag72Cu-V
真空级钎料
银基钎料，含银72%，并含铜等元素
硬钎料代号

（2）钎料的牌号

在 GB/T 6208—1995 颁布前，我国另有一套钎焊牌号表示方法，长期使用已成习惯，上述国标颁行后仍常见到。钎料俗称焊料，以牌号"HL×××"或"料×××"表示，其后第一位数字代表不同合金类型（见表 3.1）；第二、三位数字代表该类钎料合金的不同编号。

表 3.1　钎料牌号第一位数字的含义

牌号	合金类型
HL1×× （料 1××）	CuZn 合金
HL2×× （料 2××）	CuP 合金
HL3×× （料 3××）	Ag 基合金
HL4×× （料 4××）	Al 基合金
HL5×× （料 5××）	Zn 基、Cd 基合金
HL6×× （料 6××）	SnPb 合金
HL7×× （料 7××）	Ni 基合金

在已颁布和实施的有关钎料的国标中，钎料型号表示方法未完全按 GB/T 6208 统一起来，例如：GB 4906—85《电子器件用金、银及其合金钎焊料》中用"DHLAgCu28"牌号表示，D 表示电子器件用；GB/T 8012—2013《铸造锡铅焊料》中用"ZHLSnPb60"牌号表示，Z 代表铸造；GB/T 3131—2020《锡铅钎料》中用"S-Sn95PbA"牌号表示。由于我国钎料型号、牌号的表示方法目前在国标中尚不统一，后面表中的钎料型号、牌号随着来源不同，表示方法也不同。

3.1.3　钎料的类型及化学成分

钎料通常按其熔化温度范围分类，熔化温度低于 450℃ 的称为软钎料，高于 450℃ 的称为硬钎料，高于 950℃ 的称为高温钎料。有时根据熔化温度和钎焊接头的强度不同，将钎料分为易熔钎料（软钎料）和难熔钎料（硬钎料）。根据组成钎料的主要元素，软钎料分为铋基、铟基、锡基、铅基、镉基、锌基等；硬钎料分为铝基、银基、铜基、锰基、金基、镍基等。各类钎料的熔化温度范围如表 3.2 所示。

表 3.2　各类钎料的熔化温度范围

软 钎 料		硬 钎 料	
组成	熔点范围 /℃	组成	熔点范围 /℃
Zn-Al 钎料	380 ～ 500	镍基钎料	780 ～ 1200
Cd-Zn 钎料	260 ～ 350	钯钎料	800 ～ 1230
Pb-Ag 钎料	300 ～ 500	金基钎料	900 ～ 1020
Sn-Zn 钎料	190 ～ 380	铜钎料	1080 ～ 1130
Sn-Ag 钎料	210 ～ 250	黄铜钎料	820 ～ 1050
Sn-Pb 钎料	180 ～ 280	铜磷钎料	700 ～ 900
Bi 基钎料	40 ～ 180	银基钎料	600 ～ 970
In 基钎料	30 ～ 140	铝基钎料	460 ～ 630

（1）铝基钎料

铝基钎料适用于火焰钎焊、炉中钎焊、盐浴钎焊和真空钎焊等工艺方法。铝基钎料的分类、型号、形状及熔化温度范围见表 3.3。

表 3.3　铝基钎料的分类、型号、形状及熔化温度范围

分类	钎料型号	固相线温度 /℃	液相线温度 /℃	形状
铝硅	BAl88Si	577	580	丝、带、条、粉
	BAl90Si	577	590	丝、带
	BAl92Si	577	615	丝、带
铝硅铜	BAl67CuSi	525	535	条
	BAl86SiCu	520	585	丝、带、条
铝硅镁	BAl86SiMg	559	579	丝、带
	BAl88SiMg	559	591	丝、带
	BAl89SiMg	559	582	丝、带
	BAl90SiMg	559	607	丝、带

铝基钎料的化学成分应符合表 3.4 规定。丝状、带状、条状等钎料的表面应光洁，不应有影响钎焊性能的油污、夹杂物、起皮、分层和裂纹等缺陷。每批钎料应在不同部位取三个代表性试样进行化学分析，在分析中如发现有其他元素时须做进一步分析。如分析结果不符合表 3.4 规定应加倍取样对该项目进行复验。

（2）银基钎料

银基钎料适用于气体火焰钎焊、电阻钎焊、炉中钎焊、感应钎焊和浸渍钎焊等工艺方法，用途较广泛。根据 GB/T 10046《银钎料》标准规定，银基钎料的分类、型号及熔化温度见表 3.5。

表 3.4　铝基钎料的化学成分　　　　　　　　　单位：%

型号	Al	Si	Cu	Zn	Fe	Mg	Cr	Ti	Mn	其他
BAl88Si	余量	11.0~13.0	<0.30	<0.20		<0.10		—	<0.05	
BAl90Si		9.0~11.0	<0.25	<0.10		<0.15		0.20	<0.05	
BAl92Si		6.8~8.2	2.7~2.9				—		<0.10	
BAl67CuSi		5.5~6.5	3.3~4.7		<0.8	—			<0.15	<0.15
BAl86SiCu		9.3~10.7	—				<0.15	—	<0.15	
BAl86SiMg		11.0~13.0	—	<0.20						
BAl88SiMg		9.0~10.5	—						<0.10	
BAl89SiMg		9.5~11.0	—			0.20~1.0				
BAl90SiMg		6.8~8.2	—			2.0~3.0				

表 3.5　银基钎料的分类、型号及熔化温度范围

分类	钎料型号	固相线温度/℃	液相线温度/℃	钎焊温度/℃
银铜	BAg72Cu	779	779	770~900
银铝	BAg94Al	780	825	825~925
银铜锂	BAg72CuLi	766	766	766~871
	BAg72CuNiLi	780	800	800~850
银铜锌	BAg10CuZn	815	850	850~950
	BAg25CuZn	700	800	800~890
	BAg45CuZn	665	745	745~845
	BAg50CuZn	690	775	775~870
银铜锡	BAg60CuSn	600	720	720~840
银铜锌镉	BAg35CuZnCd	605	700	700~845
	BAg45CuZnCd	—	620	620~760
	BAg50CuZnCd	625	635	635~760
	BAg40CuZnCdNi	595	605	605~705
	BAg50CuZnCdNi	630	690	690~815
银铜锌锡	BAg34CuZnSn	—	730	730~820
	BAg56CuZnSn	620	650	650~760
	BAg40CuZnSnNi	634	640	640~740
	BAg50CuZnSnNi	650	670	670~770
银铜锌锰	BAg20CuZnMn	740	690	790~845
	BAg49CuZnMnNi	625	705	705~850

　　银基钎料的化学成分应符合表 3.6 的规定。钎料表面应光洁，不应有影响钎焊性能的油污、夹杂物、起皮、针孔分层和裂纹等缺陷。钎料应具有良好的钎焊工艺性能。每批钎料应在不同部位取三个代表性试样进行化学分析，在常规分析中如发现有其他杂质时须做进一步分析，杂质元素的总量不得超过 0.15%。

表 3.6　银基钎料的化学成分　　　　　　　　单位：%

型号	Ag	Cu	Zn	Cd	Ni	Sn	Li	Al	Mn
BAg72Cu	71.0~73.0	余量	—	—	—	—	—	—	—
BAg94Al	余量	—	—	—	—	—	—	4.5~5.5	0.7~1.3
BAg72CuLi	71.0~73.0	余量	—	—	—	—	0.3~0.5	—	—
BAg72CuNiLi	71.0~73.0	余量	—	—	0.8~1.2	—	0.4~0.6	—	—
BAg10CuZn	9.0~11.0	52.0~54.0	32.0~36.0						
BAg25CuZn	24.0~26.0	40.0~42.0	33.0~35.0						
BAg45CuZn	44.0~46.0	29.0~31.0	23.0~27.0						
BAg50CuZn	49.0~51.0	33.0~35.0	14.0~18.0						
BAg60CuSn	59.0~61.0	余量	—	—		9.5~10.5			
BAg35CuZnCd	34.0~36.0	25.0~29.0	19.0~23.0	17.0~19.0					
BAg45CuZnCd	44.0~46.0	14.0~16.0	14.0~18.0	23.0~25.0					
BAg50CuZnCd	49.0~51.0	14.5~16.5	14.5~18.5	17.0~19.0					
BAg40CuZnCdNi	39.0~41.0	15.5~16.5	17.3~18.5	25.1~26.5	0.1~0.3	—			
BAg50CuZnCdNi	49.0~51.0	14.5~16.5	13.5~17.5	15.0~17.0	2.5~3.5	—			
BAg34CuZnSn	33.0~35.0	35.0~37.0	25.0~29.0			2.5~3.5			
BAg56CuZnSn	55.0~57.0	21.0~23.0	15.0~19.0			4.5~5.5			
BAg40CuZnSnNi	39.0~41.0	24.0~26.0	29.5~31.5		1.30~1.65	2.7~3.3			
BAg50CuZnSnNi	49.0~51.0	20.5~22.5	26.0~28.0		0.30~0.65	0.7~1.3			
BAg20CuZnMn	19.0~21.0	39.0~41.0	33.0~37.0						4.5~5.5
BAg49CuZnMnNi	48.0~50.0	15.0~17.0	余量		4.0~5.0				6.5~8.5

（3）铜基钎料

铜基钎料适用于气体火焰钎焊、电阻钎焊、炉中钎焊、感应钎焊和浸渍钎焊等工艺方法，用途较广泛。铜基钎料分为纯铜钎料、铜锌钎料和铜磷钎料，其型号见表3.7。

表3.7 铜基钎料的分类和型号

分类	钎料标准型号	样本牌号
铜钎料	BCu	—
铜锌钎料	BCu54Zn	料103 或 HL103
	BCu58ZnMn	料105 或 HL105
	BCu60ZnSn-R	丝221
	BCu58ZnFe-R	丝222
	BCu48ZnNi-R	—
	BCu57ZnMnCo	—
	BCu62ZnNiMnSi-R	—
铜磷钎料	BCu93P	料201 或 HL201
	BCu92PSb	料203 或 HL203
	BCu86SnP	—
	BCu91PAg	—
	BCu89PAg	—
	BCu80PAg	料204 或 HL204
	BCu80SnPAg	—

铜基钎料的化学成分应符合表3.8和表3.9的规定。丝状、带状、条状的钎料表面应光洁，不应有影响钎焊性能的油污、夹杂物、起皮、分层和裂纹等缺陷。每批钎料应在不同部位取三个代表性试样进行化学分析，在分析中如发现有其他元素时须做进一步分析，以确定杂质总量是否超过规定的要求。铜基钎料的熔化温度范围见表3.10。

表3.8 铜和铜锌钎料的化学成分 单位：%

型号	化学成分										
	Cu	Zn	P	Sn	Si	Fe	Mn	Ni	Al	Pb	Co
BCu	99.9	—	0.075	—	—	—	—	—	0.01*	0.02	—
BCu54Zn	53.0 ~ 55.0	余量	—	—	—	—	—	—	—	0.015*	—
BCu58ZnMn	57.0 ~ 59.0		—	—	0.15		3.7 ~ 4.3	—	—	0.015*	—
BCu60ZnSn-R	59.0 ~ 61.0		—	0.8 ~ 1.2	0.15 ~ 0.35	—		—	—	0.10*	—
BCu58ZnFe-R	57.0 ~ 59.0		—	0.7 ~ 1.0	0.05 ~ 0.15	0.35 ~ 1.20	0.03 ~ 0.09	—	0.10*	0.20*	—

型号	化学成分										
	Cu	Zn	P	Sn	Si	Fe	Mn	Ni	Al	Pb	Co
BCu48ZnNi-R	46.0～50.0	余量	0.25	—	0.04～0.25			9.0～11.0	0.10*	0.05*	—
BCu57ZnMnCo	56.0～58.0		—				1.5～2.5		—		1.5～2.5
BCu62ZnNiMnSi-R	61.0～63.0		—	0.1	0.1～0.3		0.1～0.3	0.3～0.5	—		—

注：1. 表中单值数表示最大值。

2. 杂质总量：BCu ≤ 0.10%，铜锌钎料 ≤ 0.50%。杂质总量包括有星号（*）元素的含量。

表3.9　铜磷钎料的化学成分　　　　　单位：%

型号	化学成分							杂质总量
	Cu	Sb	P	Ag	Sn	Si	Ni	
BCu93P	余量	—	6.8～7.5	—	—	—	—	≤0.15
BCu92PSb		1.5～2.5	5.8～6.7	—	—		—	
BCu86SnP		—	4.8～5.8	—	7.0～8.0		0.4～1.2	
BCu91PAg		—	6.8～7.2	1.8～2.2	—		—	
BCu89PAg		—	5.8～6.7	4.8～5.2	—		—	
BCu80PAg		—	4.8～5.3	14.5～15.5	—		—	
BCu80SnPAg		—	4.8～5.8	4.5～5.5	9.5～10.5		—	

表3.10　铜基钎料的熔化温度范围

型号	固相线温度/℃	液相线温度/℃
BCu	—	1083
BCu54Zn	885	888
BCu58ZnMn	880	909
BCu60ZnSn-R	890	905
BCu58ZnFe-R	865	890
BCu48ZnNi-R	921	935
BCu57ZnMnCo	890	930
BCu62ZnNiMnSi-R	853	870
BCu93P	710	800
BCu92PSb	690	800
BCu86SnP	620	670
BCu91PAg	645	790
BCu89PAg	645	815
BCu80AgP	645	800
BCu80SnPAg	560	650

（4）锰基钎料

锰基钎料适用于气体保护的炉中钎焊、感应钎焊和真空钎焊等工艺方法。根据 GB/T 13679《锰基钎料》标准规定，锰基钎料的分类、型号、熔化温度和钎焊温度见表 3.11。

表 3.11　锰基钎料的分类、型号、熔化温度及钎焊温度

分类	钎料型号	熔化温度 /℃	钎焊温度 /℃
锰镍铬	BMn70NiCr	1035 ～ 1080	1140 ～ 1180
	BMn40NiCrCoFe	1065 ～ 1135	1160 ～ 1200
锰镍钴	BMn68NiCo	1050 ～ 1070	1120
	BMn65NiCoFeB	1010 ～ 1035	1040 ～ 1100
锰镍铜	BMn52NiCuCr	1000 ～ 1010	1060
	BMn50NiCuCrCo	1010 ～ 1035	1080
	BMn45NiCu	920 ～ 950	1000

锰基钎料的化学成分应符合表 3.12 规定。带状及丝状钎料表面应光洁，不应有影响钎焊性能的油污、氧化膜、夹杂物、分层和裂纹等缺陷。每批钎料不超过 200kg，应在不同部位随机抽取三个试样进行化学分析，在分析中如发现有其他杂质元素时须做进一步分析。如分析结果不符合表 3.12 规定应加倍取样对该项目进行复验。

表 3.12　锰基钎料的化学成分　　　　　单位：%

型号	Mn	Ni	Cu	Cr	Co	Fe	B	C	S	P	其他
BMn70NiCr	余量	24.0 ～ 26.0	—	4.5 ～ 5.5	—	—	—	≤ 0.10	≤ 0.20	≤ 0.20	≤ 0.30
BMn40NiCrCoFe		40.0 ～ 42.0	—	11.0 ～ 13.0	2.5 ～ 3.5	3.5 ～ 4.5	—				
BMn68NiCo		21.0 ～ 23.0	—	—	9.0 ～ 11.0	—	—				
BMn65NiCoFeB		15.0 ～ 17.0	—	—	15.0 ～ 17.0	2.5 ～ 3.5	0.01 ～ 0.02				
BMn52NiCuCr		27.5 ～ 29.5	13.5 ～ 15.5	4.5 ～ 5.5	—	—	—				
BMn50NiCuCrCo		26.5 ～ 28.5	12.5 ～ 14.5	4.0 ～ 5.0	4.0 ～ 5.0	—	—				
BMn45NiCu		19.0 ～ 21.0	34.0 ～ 36.0	—	—	—	—				

（5）镍基钎料

镍基钎料适用于炉中钎焊、感应钎焊和电阻钎焊等工艺方法。根据 GB/T 10859《镍基钎料》标准规定，镍基钎料的分类、型号和钎焊温度见表 3.13。

表 3.13　镍基钎料的分类、型号和钎焊温度

类别	钎料型号	固相线温度/℃	液相线温度/℃	钎焊温度/℃
镍铬硅硼	BNi74CrSiB	975	1040	1065～1205
	BNi75CrSiB	975	1075	1075～1205
	BNi82CrSiB	970	1000	1010～1175
镍铬钨硼	BNi68CrWB	970	1095	1150～1250
镍硅硼	BNi92SiB	980	1040	1010～1175
	BNi93SiB	980	1065	1010～1175
镍铬硅	BNi71CrSi	1080	1135	1150～1250
镍磷	BNi89P	875	875	925～1025
镍铬磷	BNi76CrP	890	890	925～1040
镍锰硅铜	BNi66MnSiCu	980	1010	1010～1095

镍基钎料的化学成分应符合表 3.14 规定。钎料可以棒状、箔带状、粉状等形式供货，棒状钎料应表面光洁，没有影响钎焊性能的夹杂物及氧化皮等缺陷。粉状钎料外观应呈金属光泽，不得有其他夹杂物和油污。钎料应具有良好的钎焊工艺性能。在合适的钎焊工艺条件下，钎缝表面不应有未熔化的残留物。

表 3.14　镍基钎料的化学成分　　　　　　单位：%

型号	Ni	Cr	B	Si	Fe	C	P	W	Mn	Cu	其他
BNi74CrSiB	余量	13.0～15.0	2.75～3.50	4.0～5.0	4.0～5.0	0.60～0.90	0.02	—	—	—	0.50
BNi75CrSiB	余量	13.0～15.0	2.75～3.50	4.0～5.0	4.0～5.0	0.06					
BNi82CrSiB	余量	6.0～8.0	2.75～3.50	4.0～5.0	2.5～3.5	0.06					
BNi68CrWB	余量	9.5～10.5	2.20～2.80	3.0～4.0	2.0～3.0	0.30～0.60		11.5～12.5			
BNi92SiB	余量	—	2.75～3.50	4.0～5.0	0.5	0.06					
BNi93SiB	余量	—	1.50～2.20	3.0～4.0	1.5	0.06					
BNi71CrSi	余量	18.5～19.5	0.03	9.75～10.50	—	0.10					
BNi89P	余量	—	—	—	0.20	0.10	10.0～12.0				
BNi76CrP	余量	13.0～15.0	0.01	0.10	—	0.08	9.7～10.5		0.04		
BNi66MnSiCu	余量	—	—	6.0～8.0	—	0.10	0.02		21.0～24.5	4～5	

注：除规定外，单个值表示最大值质量分数；如果测定钴，最大值为 1.0%。

（6）膏状钎料

膏状钎料是由钎料合金粉末、钎剂及黏结剂构成的膏体。使用膏状钎料的优点在于容易实现钎料用量的控制，便于复杂结构的装配和易于实现钎焊过程的自动化。在实际生产过程中，经常会遇到需要将粉末状钎料与钎剂混合并用溶剂调成糊状来使用，这也可称为膏状钎料。近年来随着微电子组装技术的发展和推广应用，人们对膏状钎料的需求量越来越大。

膏状钎料（也称钎料膏）通常由钎料粉和钎料载体（软钎剂、溶剂、活化剂和调节流变特性的介质等）组成。钎料粉是钎缝金属的主要来源，钎料粉的形状以球形为主，粉末的颗粒度要均匀一致。颗粒度一般取 149μm（100 目）、74μm（200 目）、63μm（250 目）、46μm（300 目）和 45μm（325 目）等几级，以适应不同的涂覆方式。钎料膏中钎料粉的质量分数通常为 75% ～ 90%，为了获得钎焊后较高的金属沉积量，常取质量分数为85% ～ 90%。

钎料载体在室温下应是液体或凝胶体，在 85℃以下迅速干燥，并在钎焊温度下维持其活性。载体主要由松香或树脂、溶剂、活化剂和流变改性剂组成。松香是钎剂的主体，常用水白松香。活化剂可以是有机胺、有机酸或氨基盐酸盐等，根据其活性程度可分为"R"级（无活性）、"RMA"级（中度活性）、"RA"级（完全活性）和"OA"级（较高活性）等几个级别。"RA"级和"OA"级因具有较高的腐蚀性而很少用于微电子领域。溶剂主要用于调节液体的流动性和黏度，为保证钎料膏长期使用，溶剂可选用单种或多种有机物系统。

根据钎料合金粉末的成分，可将钎料膏进行分类，其中常用的钎料膏如下。

① 锡铅系钎料膏　应用最广泛，尤其以 60Sn/40Pb 和 63Sn/37Pb 的应用最多。5Sn/95Pb 及 10Sn/90Pb 用于较高温度的钎焊，因为其富含铅而比较便宜。

② 锡铅银系钎料膏　主要用于镀银材料的钎焊，钎料中添加银是为了减小厚膜中银的溶解。常用的有 62Sn/36Pb/2Ag 和 5Sn/93.5Pb/1.5Ag。

③ 锡银系钎料膏　典型的为 95Sn/5Ag 和 96.5Sn/3.5Ag，其优点在于接头强度高，抗热疲劳性能好。

调制膏状钎料时，用陶瓷器皿盛装适量钎料粉，缓缓倒入黏结剂，边倒边搅拌，直到稀稠程度合适为止。如果太稀，不易控制注射量，且易漫流散失；加之黏结剂含量高，加热后大量挥发，会引起钎料剧烈飞溅，出现因钎料不足引起的缺陷。如果太稠，不易注射，附着性差，干燥后容易脱落。稀稠程度的辨别可用搅拌的玻璃棒将钎料膏蘸起来，下垂连续长度约

15 ～ 20mm 即可。

可采用尼龙注射器注射钎料膏，注射量根据接头尺寸和间隙而定。推荐注射的膏状钎料体积应为接头装配间隙最大容积的 4 倍。注射好的钎料膏，根据所用黏结剂种类，分别在室温下干燥或干燥箱中干燥。对于一次未用完或黏附于容器、注射器、搅拌棒等处的膏状钎料，要进行回收，溶解于丙酮中，反复过滤，直到黏结剂被全部清除，然后烘干收藏，下次再用。

为了限制液态钎料的随意流动，防止组件间相互熔结在一起以及组件与钎焊夹具之间的钎接，有时需要使用阻钎剂。阻钎剂是一种能够阻止液态钎料流动的有机溶剂。其基本成分是一些对钎焊无害的非常稳定的氧化物，如氧化铝、氧化钛、氧化镁和某些稀土氧化物，或与钎料不能润湿的非金属物质（如石墨、白垩等），将这些物质用适当的黏结剂调成糊状或液体，钎焊前预先涂在接头附近。在钎焊温度下，附着在工件表面的残留物可阻止钎料的溢流，钎焊后再将残留物去除。

表 3.15 列出几种常用阻钎剂的成分和使用范围。这几种阻钎剂在钎焊过程中，热稳定性好，涂覆性能也好，化学稳定性优良，对工件无腐蚀作用。

表 3.15 常用阻钎剂的成分及使用范围

序号	溶剂	阻钎剂组分		使用范围 /℃
		黏结剂	填充物	
1	甲苯	有机硅树脂	TiO_2、SiO_2	600 ～ 1200
2	乙醇	水玻璃	Al_2O_3	300 ～ 1100
3	乙醇	醇溶性树脂	陶土、膨润土	300 ～ 1000
4	水	—	Cr_2O_3、石墨	800 ～ 1200

（7）非晶态钎料

非晶态钎料是近年来发展起来的一种新型钎料。所谓"非晶态"是相对于晶态而言的，其特征是保留了液态金属的原子无序排列的结构和各向异性，但原子之间仍以金属键结合。获取非晶态金属的最常用的方法是快速急冷技术，对于硬而脆，无法用压延方式成形的金属或合金，可将其加热熔化，然后浇到高速旋转的铜质水冷飞轮上，使其以极高的速度冷却，即可得到非晶态合金箔。

国内已开发的非晶态钎料有 7K301（镍基钎料）、7K701（Cu-Si-Ni 系钎料）、7K702（Cu-Ni-Sn-P）和 7K703（Cu-Ag-Sn-P）四个系列，其他一些非晶态钎料也时有报道。国外已经开发出铜基、铜磷基、钯基、锡基、铅基、铝基、钛基、钴基等系列非晶态钎料。

非晶态钎料具有以下几方面的特点。

① 化学成分均匀，杂质含量少，纯度高，钎料各组分不分离，能显著改善钎焊接头的强度。

② 不含黏结剂，加热速率不受限制，钎缝无非金属夹渣，钎焊接头质量高。

③ 钎料可按工件结构需要冲剪成各种精确的形状，从而能严格控制钎料的用量和抑制液态钎料的溢流。

④ 由于非晶态钎料箔通常是预置在钎焊间隙内的，因此对其填充间隙的能力要求不高，为较大面积平面接头的钎焊提供了较高的可靠性。

⑤ 与含黏结剂的钎料相比，不受存储时间和存储条件的限制。

镍基和铜基非晶态钎料的化学成分和熔化温度见表 3.16 和表 3.17。

表 3.16　非晶态镍基钎料的化学成分和熔化温度

钎料编号	化学成分 /%								固相线温度/℃	液相线温度/℃
	Ni	C	B	Cr	Fe	Si	Co	其他		
QGNi-1001	余量	0.03	2.0~3.5	—	—	4.2~4.6	—	—	980	1050
QGNi-1002	余量	0.02	2.3~2.6	—	—	5.4~7.6	—	—	980	1010
QGNi-1003	余量	0.02	1.3~1.7	18~19.5	—	6.0~8.0	—	—	1020	1075
QGNi-1004	余量	0.02	2.4~3.0	—	—	3.8~4.5	18.5~20.0	—	970	1087
QGNi-1005	余量	0.01	3.3~4.2	14.5~16	—	—	—	—	1025	1080
QGNi-1006	余量	0.04	2.7~3.5	13.0~15.0	4.0~5.0	4.0~5.0	—	—	1010	1100
QGNi-1007	余量	0.04	2.5~3.2	12.0~14.0	3.5~5.0	0~5	<1.0	—	1005	1100
QGNi-1008	余量	0.02	2.7~3.5	6.5~7.5	2.5~3.0	3.0~5.0	—	—	972	1000
QGNi-1009	余量	0.02	3.5~4.0	9.7~10.7	5.3~5.7	—	22.5~23.5	Mo 6.7~7.3	1015	1075
QGNi-1010	余量	0.02	2.0~2.5	11.0~12.2	3.9~4.9	1.2~1.7	—	W 7.5~8.5	1060	1110
QGNi-1011	余量	0.02	1.5~2.0	4.5~5.5	2.0~2.5	5.6~6.0	3.0	Cu 5.0~6.0 Mn 4.5~5.5	948	976
QGNi-1012	余量	0.02	1.5~2.0	—	—	5.0~6.0	—	Cu 5.0~6.0 Mn 19~21	980	960

表 3.17　非晶态铜基钎料的化学成分和熔化温度

钎料编号	化学成分 /%					固相线温度 /℃	液相线温度 /℃
	Cu	Ni	Sn	P	In		
QGCu-200B	余量	—	19 ～ 21	—	—	730	925
QGCu-200C	余量	1.5 ～ 2.5	19 ～ 21	—	1.5 ～ 2.5	775	880
QGC-2001	余量	9.0 ～ 10.0	9.5 ～ 10.5	6.5 ～ 7.1	—	585	660
QGC-2002	余量	9.0 ～ 10.0	4.0 ～ 5.0	7.2 ～ 7.8	—	601	630
QGC-2003	余量	13.0 ～ 15.0	9.0 ～ 10.0	6.5 ～ 7.1	—	533	640
QGC-2005	余量	4.8 ～ 5.8	9.0 ～ 10.0	6.5 ～ 7.0	—	553	630

3.2
钎料的特性及选用

3.2.1　常用钎料的特性

（1）软钎料

1）锡基钎料

软钎料中应用最广的是锡铅钎料。当锡铅合金中锡的质量分数为 61.9% 时，形成熔点为 183℃ 的共晶。

纯锡强度为 23MPa，加铅后强度提高，在共晶成分附近抗拉强度达 52MPa，抗剪强度为 39MPa，硬度也达到最高值，电导率则随含铅量的增大而降低。所以，可以根据不同要求，选择不同的钎料成分。

有些锡铅钎料中加有少量锑，用以减少钎料在液态时的氧化，提高接头的热稳定性。锑的质量分数一般控制在 3% 以下，以免增加其脆性。在锡铅钎料中有时也加入银，是为了提高其高温性能，同时又不显著提高钎料的熔点。锡铅钎料的特性及主要用途见表 3.18。

锡铅钎料的工作温度一般不高于 100℃。另外，锡在低温会发生同素异形变化，产生体积膨胀而导致脆性破坏。但铅在低温下无冷脆现象，所以当钎料组织中若以铅固溶体为主，锡固溶体量少且弥散分布时，冷脆现象不严重。钎焊低温工作的工件，应采用这种含锡量低的钎料，如 HLSnPb80-2 钎料，但这种钎料的润湿性较差。

2）铅基钎料

纯铅不宜用作钎料，因为它不能很好润湿铜、铁、铝、镍等常用金属。通用的铅基钎料是在铅中添加银、锡、镉、锌等合金元素组成的，其化学成分和性能如表 3.19 所示。其中 HLAgPb97 为共晶成分，加入银使钎料能润湿铜及铜合金，并降低它的熔化温度。这种钎料对铜的润湿性和填缝能力较差，为了改善这些性能，可在钎料中加入锡，如 HLAgPb 92-5.5、HLAgPb83.5-15 等钎料。

铅基钎料一般用于钎焊铜及铜合金，它们的耐热性比锡铅钎料好，可在 150℃ 以下工作温度使用。但用这类钎料钎焊的铜和黄铜接头在潮湿环境中的耐腐蚀性较差，必须涂敷防潮涂料保护。

表 3.18　锡铅钎料的特性及用途

钎料牌号	化学成分 /%			熔化温度/℃	抗拉强度/MPa	伸长率/%	电阻率 /(Ω·cm²·m⁻¹)	用途
	Sn	Sb	Pb					
HL600 (HLSnPb39)	59～61	≤0.8	余量	183～185	46	34	0.145	是共晶型钎料，熔点最低，流动性好，用于无线电零件、计算机零件及易熔金属制件、热处理（淬火）件的钎焊
HL601 (HLSnPb80-2)	17～18	2.0～2.5	余量	183～277	27	67	0.22	熔点较高，适宜于钎焊低温工作的工件
HL602 (HLSnPb68-2)	29～31	1.5～2.0	余量	183～256	32	—	0.182	用作钎焊电缆护套、铅管摩擦钎焊等，应用较广
HL603 (HLSnPb58-2)	39～41	1.5～2.0	余量	183～235	37	63	0.170	应用最广的锡铅钎料，可钎焊散热器、计算机零件及发动机过滤器等
HL604 (HLSnPb10)	89～91	≤0.15	余量	183～222	42	25	0.12	因含铅量低，特别适宜于食品器皿及医疗器材的钎焊
HL608	52～58	Ag 2.2～2.8	余量	295～305	34	—	—	具有较高的高温强度，用于铜及铜合金、钢的烙铁钎焊及火焰钎焊
HL610	59～61	≤0.8	余量	183～185	46	—	—	化学成分、力学性能及熔化温度与 HL600 相同，是一种含松香弱活性料芯的锡焊丝
HL613 (HLSnPb50)	49～51	≤0.8	余量	183～210	37	32	0.156	用于钎焊铜、黄铜、镀锌或镀锡铁皮等

注：括号内为原冶金部部标钎料牌号。

表 3.19　铅基钎料的化学成分及性能

钎料	化学成分 /%			熔化温度范围/℃	抗拉强度 /MPa	伸长率/%
	Pb	Ag	Si			
HLAgPb97	97.0	3.0	—	300～305	30.4	4.5
HLAgPb97.5-1.0	97.5	1.5	1.0	305～310	—	—
HLAgPb92-5.5	92.0	2.5	5.5	295～305	34	—
HLAgPb83.5-15	83.5	1.5	15.0	265～270	—	—

3）镉基钎料

镉基钎料是软钎料中耐热性最好的一种，工作温度可达 250℃，并具有较好的耐腐蚀性。镉基钎料的化学成分和性能如表 3.20 所示。

表 3.20　镉基钎料的化学成分和性能

钎料	化学成分 /%			熔化温度范围 /℃	抗拉强度 /MPa
	Cd	Ag	Zn		
HL503	95.0	5.0	—	338 ～ 393	113
HLAgCd96-1	96.0	3.0	1.0	300 ～ 325	111
Cd79ZnAg	79.0	5.0	16.0	270 ～ 285	200
HL508	92.0	5.0	3.0	320 ～ 360	—

镉基钎料中当银含量超过 5% 后，合金的液相线温度迅速上升，同时结晶温度范围变大，所以镉基钎料的含银量不宜过多。HL503 钎料的抗拉强度比锡基和铅基钎料的强度都要高。若加入少量的锌，可以减轻钎料在熔化状态下的氧化，并使钎料的熔点有所下降，如 HLAgCd96-1 钎料。Cd79ZnAg钎料主要用来钎焊铜及铜合金，其特点是钎缝能电镀。

用镉基钎料钎焊铜时，如加热温度稍高或加热时间过长，钎缝界面上将生成脆性铜镉化合物，降低接头性能，所以必须采用快速加热的钎焊方法，如电阻钎焊。

4）无铅钎料

无铅钎料的主要合金体系是 Sn-Ag、Sn-Bi、Sn-Zn 等，应用较多的是96.5Sn3.5Ag、96.5Sn3.0Ag0.5Cu 和 99.3Sn0.7Cu。前两者用于钎料膏和波峰焊，后者用于波峰焊。这些无铅合金体系的屈服强度、抗拉强度、塑性性能、弹性模量等力学性能指标接近甚至远远超过 63Sn37Pb，但不足之处是：除Sn-Bi 外，大部分合金熔点高于 63Sn37Pb，比热容也增加 20% ～ 30%，这意味着回流温度和时间都需增加，对元器件、板卡、生产设备及制程都是一个考验。此外，其润湿性也不及 63Sn37Pb，带来新的可焊性问题。

无铅钎料的化学成分和特性见表 3.21。

Sn-Ag 系钎料在抗蠕变特性、强度、耐热疲劳等力学性能方面要优于传统的 Sn-Pb 共晶钎料。以抗拉强度为例，前者可达后者的 1.5 ～ 2 倍。但浸润性则比 Sn-Pb 共晶钎料稍差些。一般情况下，Sn-Pb 共晶钎料的浸润性系数在 90% 以上，而 Sn-Ag 系钎料为 70% ～ 80%。与共晶钎料熔点相比，Sn-Ag系钎料的熔点要高出 35 ～ 40℃，这对某些电子器件和印制板来说，由于耐热性较差而不能承受。

表 3.21　无铅钎料的化学成分和特性

钎料	化学成分 /%			熔化温度 /℃	特性	
	Sn	Ag	其他		优点	缺点
SnAgBiCuIn	85.2	4.1	Bi 2.2；In 8；Cu 0.5	193～199	润湿性与可焊性好、熔点低、强度高	焊角翘起、对铅敏感、疲劳性能对环境敏感
	82.3	3	Bi 2.2；In12；Cu 0.5	183～193		
SnAgBi	92.0	3.3	Bi4.7	210～215		
SnAgBiCu	93.3	3.1	Bi 3.1；Cu 0.5	209～212		
SnAgBiIn	90.0	3.3	Bi 3.0；In3.7	206～211		
	91.5	3.5	Bi 1.0；In 4.0	208～213		
	87.5	3.5	Bi 1.0；In 8.0	203～206		
SnAgCuIn	88.5	3.0	In 8.0；Cu 0.5	195～201	可焊性和可靠性好、对铅含量不敏感、强度高	熔点偏高、成本高、有时焊点出现裂纹
SnCuInGa	93.0	—	In 6.0；Cu 0.5；Ga 0.5	210～215		
SnAgCu	93.6	4.7	Cu1.7	217		
	95.4	3.1	Cu1.5	216～217		
SnAgCuSb	96.2	2.5	Cu0.8；Sb0.5	216～219		
SnAg	96.5	3.5	—	221	可靠性高、力学性能好、比 SnCu 可焊性好	熔点偏高、成本高
SnCu	99.3	—	Cu 0.7	227	成本低、来源丰富、对焊盘铜的溶解小	熔点偏高、力学性能差

Sn-Ag-Cu 系无铅钎料，是适用性很强的无铅钎料。可以在回流焊、波峰焊、手工焊组装时使用，对多层基板的高密度组装，从可靠性方面考虑多选用这种钎料。Sn-Ag-Cu 系钎料具有优异的耐热疲劳特性，其在 125℃放置时的抗蠕变特性，与原来的 Sn-Pb 系钎料相比，对应 Sn-Pb 钎料的 1h，Sn-Ag-Cu 钎料相应的值可达到 4h。

Sn-Cu 系无铅钎料从应用成本来说具有较强的优越性，一般在单面印制板的波峰焊接工艺中用得较多。为防止使用过程中产生的氧化，可在钎料中加入微量的 Ni、P 或 Ge 等元素。

Sn-Zn 系钎料可以实现与 Sn-Pb 共晶钎料最接近的熔点，其力学性能也好，而且便宜。Sn-Zn 共晶的熔融温度为 199℃。因此，这种钎料的最大优点是可以仍参照原来 Sn-Pb 系钎料的应用标准加以使用。但 Zn 为反应性强的金属，容易氧化致使浸润性变差。Sn-Zn 系钎料钎焊系统的保存性较差，长期放置会引起结合强度变低，特别是对于 150℃高温放置极为敏感。为克服容易氧化的问题，可在氮气等非活性气氛中进行回流焊，从而可确保良好的浸润性。

Sn-Bi 系钎料最大特征是熔融温度只有139℃，适合于大多数耐热性差的片式元件的组装，采用这种钎料可以降低对电子器件及印制板耐热性的过高要求。Sn-Bi 系钎料膏不存在随时间变化及浸润性变差等问题，钎焊材料本身的抗拉强度也较高。但是，该钎料一旦发生塑性变形，由于伸长率低而表现为脆性。而且还有因偏析引起的熔融现象，会产生耐热性变差的失效问题。Bi 系钎料组织的粗大化发生在 80 ～ 125℃之间，其粗大化程度远大于 Sn-Pb 共晶钎料，并且晶粒粗大化造成钎料强度降低、脆性增加。

（2）硬钎料

1）铝基钎料

铝基钎料主要用来钎焊铝及铝合金。用来钎焊其他金属时，钎料表面的氧化物不易去除，另外铝容易同其他金属形成脆性化合物，影响接头质量。

铝基钎料主要以铝和其他金属的共晶为基础。铝虽同很多金属形成共晶，但这些共晶合金的大多数由于各自的原因，不宜用作钎料。因此，铝基钎料主要以铝硅共晶和铝铜硅共晶为基础，有时加入一些其他元素组成。铝基钎料的特性及用途列于表 3.22。

HLAlSi12 钎料基本上属于铝硅共晶成分，它具有良好的润湿性和流动性，钎焊接头的抗腐蚀性很好，钎料具有一定的塑性，可加工成薄片，所以是应用最广的一种钎料。缺点是熔点较高，操作必须注意安全。

表 3.22　铝基钎料的特性及用途

钎料牌号	化学成分 /%					熔化温度范围 /℃	特点和用途
	Al	Si	Cu	Mg	其他		
HLAlSi7.5	余量	6.8 ～ 7.2	0.25	—	—	577 ～ 613	流动性差，对铝的溶蚀小。制成片状用于炉中钎焊和浸渍钎焊
HLAlSi10	余量	9 ～ 11	0.3	—	—	577 ～ 591	制成片状用于炉中钎焊和浸渍钎焊，钎焊温度比 HLAlSi7.5 低
HLAlSi12	余量	11 ～ 13	0.3	—	—	577 ～ 582	是一种通用钎料，适用于各种钎焊方法，具有极好的流动性和抗腐蚀性
HLAlSi10Cu（HL402）	余量	9.3 ～ 10.7	3.3 ～ 4.7	—	—	521 ～ 583	适用于各种钎焊方法，钎料的结晶温度间隔较大，易于控制钎料流动
Al12SiSrLa	余量	10.5 ～ 12.5	—	—	Sr 0.03 La 0.03	572 ～ 597	铈、镧的变质作用使钎焊接头塑性优于用 HLAlSi12 钎料钎焊的接头塑性
HL403	余量	10	4	—	Zn 10	516 ～ 560	适用于火焰钎焊，熔化温度较低，容易操作。钎焊接头的抗腐蚀性低于铝硅钎料

钎料牌号	化学成分 /%					熔化温度范围 /℃	特点和用途
	Al	Si	Cu	Mg	其他		
HL401	余量	5	28	—	—	525～535	适用于火焰钎焊，熔化温度较低，容易操作。钎料性脆，接头抗腐蚀性比用铝硅钎料钎焊低
B62	余量	3.5	20	—	Zn 25 Mn 0.3	480～500	用于钎焊固相线温度低的铝合金，钎焊接头的抗腐蚀性低于铝硅钎料
Al60GeSi	余量	4～6	—	—	Ge 35	440～460	铝基钎料中熔点最低的一种，适用于火焰钎焊、性脆、价贵
HLAlSiMg 7.5-1.5	余量	6.6～8.2	0.25	1～2	—	559～607	真空钎焊用片状钎料，根据不同的钎焊温度要求选用
HLAlSiMg 10-1.5	余量	9～10	0.25	1～2	—	559～579	
HLAlSiMg 12-1.5	余量	11～13	0.25	1～2	—	559～569	真空钎焊用片状、丝状钎料，钎焊温度比 HLAlSiMg7.5-1.5 和 HLAlSiMg10-1.5 钎料低

HL401 钎料接近铝铜硅三元共晶合金，熔点较低，操作比较容易，故在火焰钎焊时应用广泛。但它很脆，难以加工成丝或片，只能以铸棒使用。另外，由于含有较多的铜，会形成 $CuAl_2$ 化合物，使接头的抗腐蚀性下降，不如用铝硅钎料钎焊的好。

HL402 钎料在铝硅合金基础上加入了质量分数为 4% 左右的铜，使钎料的固相线温度降到 521℃ 左右，因而具有较宽的熔化温度间隔，容易控制钎料的流动。由于钎料含铜量不高，塑性仍较好，可以加工成片和丝，使用方便，接头的抗腐蚀性比铝硅钎料钎焊的也降低不多。钎焊接头的强度也比较高。因此也是一种应用广泛的钎料，适用于各种钎焊方法。

HL403 钎料是在 HL402 钎料中加入质量分数为 10% 的锌，使其熔点有所下降，其他性能相近。但其接头的抗腐蚀性比用 HL402 钎料钎焊的差。另外，因含锌量高，容易产生溶蚀，必须控制加热温度。

2）铜基钎料

铜的熔点为 1083℃。用它作钎料时钎焊温度为 1100～1150℃。为了防止钎焊时焊件氧化，纯铜作为钎料时，多半在还原性气氛、惰性气氛和真空条件下钎焊低碳钢、低合金钢。由于铜对钢的润湿性和填满间隙能力很好，以它作钎料时要求接头间隙很小（0～0.05mm）。所以应对零件的加工和装配提出严格的要求。

为了降低铜基钎料的熔点，可在其中加入锌。根据 Cu-Zn 状态图（图 3.1），随着 Zn 含量的增加，合金组织中可出现 α、β、γ 等相。其中 α 为强度和塑性良好的固溶体相；β 是强度高、塑性低的化合物相；γ 是极脆的 Cu_2Zn_3 化合物相。因此，在添加锌降低钎料熔点时应考虑含锌量对其性能的影响。

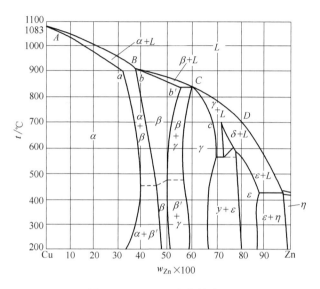

图 3.1 Cu-Zn 合金状态图

铜和铜锌钎料的特性及用途列于表 3.23。

H62 钎料即 H62 黄铜，为 α 固溶体组织，具有良好的强度和塑性，是应用最广的铜锌钎料。可用来钎焊受力大、需要接头塑性好的铜、镍、钢制零件。

黄铜钎料在钎焊时锌很容易挥发。其结果是钎料熔点增高，接头中产生气孔，破坏钎缝的致密性。此外，锌蒸气有毒，不利于工人的健康。为了减少锌的挥发，可在黄铜中加入少量的硅。

图 3.2 是 800℃和 1000℃时黄铜钎料中锌的挥发和含硅量的关系。由图可见，1000℃时硅的加入显著降低了锌的挥发。这是由于钎焊时硅氧化，同钎剂中的硼酸盐形成低熔点的硅酸盐，浮在液态钎料表面，防止了锌的挥发。但是，硅能显著降低锌在铜中的溶解度，促使生成 β 相，使钎料变脆，另外，含硅量高会形成过量的氧化硅，不易去除，因此 Si 含量不宜超过 0.5%。此外，黄铜钎料中加入锡可提高钎料的铺展性，但锡同样会降低锌在铜中的溶解度，故 Sn 含量不宜超过 1.0%。如 BCu60-ZnFe-R 和 BCu60ZnSn-R 黄铜钎料，它们工艺性好，所得钎缝的致密性高，可取代 H62 钎料。

表 3.23　铜和铜锌钎料的特性及用途

钎料型号	钎料牌号	化学成分/% Cu	Sn	Si	Fe	Mn	Zn	其他	熔化温度/℃	抗拉强度/MPa	用途
BCu	—	≥99	—	—	—	—	—	—	1083	—	主要用于还原性气氛、惰性气氛和真空条件下钎焊低碳钢、低合金钢、不锈钢、镍、钨等
BCu54Zn	H62	62±1.5	—	—	—	—	余量	—	900~905	314	应用最广泛的铜锌钎料，用来钎焊受力大的铜、镍、钢制零件
	H1CuZn46（HL103）	54±2	—	—	—	—	余量	—	885~888	254	钎料塑性较差，主要用来钎焊不受冲击和弯曲的铜及其合金零件
	H1CuZn52（HL102）	48±2	—	—	—	—	余量	—	860~870	205	钎料相当脆，主要用来钎焊不受冲击和弯曲的铜合金
BCu48Zn	H1CuZn36（HL101）	64±2	—	—	—	—	余量	—	800~823	29	钎料极脆，钎焊接头性能差，主要用于黄铜的钎焊
	Cu-Mn-Zn-Si	余量	—	0.2~0.6	—	24~32	14~20	—	825~831	412	用于硬质合金的钎焊
	HLD2	余量	—	—	—	6~10	34~36	2~3	830~850	377	代替银钎料用于带铝的钎焊
BCu60ZnFe-R	丝222	60±1	0.85±0.15	0.1±0.05	0.8±0.4	0.06±0.03	余量	—	860~900	333	与BCu60ZnSn-R钎料相同
BCu60ZnSn-R	丝221	60±1	1±0.2	0.25±0.1	—	—	余量	—	890~905	343	可取代H62钎料以获得更致密的钎缝，也可作为气焊黄铜的焊丝
BCu58ZnMn	HL105	58±1	—	—	0.15	4±0.3	余量	—	880~909	304	锰可提高钎料的强度，塑性和对硬质合金的润湿能力，广泛用于硬质合金刀具、模具及采掘工具的钎焊
BCu48ZnNi-R	—	48±2	—	0.15±0.1	—	—	余量	Ni 10±1	921~935	—	用于有一定耐热要求的低碳钢、铸铁、镍合金零件的钎焊，对硬质合金工具也有良好的润湿能力

铜磷钎料是生产上广泛使用的空气自钎剂钎料。在铜中加磷起两种作用：一是磷能显著地降低合金的熔点，当 P 含量为 8.38% 时，铜与磷形成熔点为 714℃的低熔共晶；另一作用是钎焊铜时起自钎剂作用。磷在钎焊过程中能还原氧化铜：

$$5CuO+2P=P_2O_5+5Cu$$

还原产物 P_2O_5 与 CuO 形成复合化合物，在钎焊温度下呈液态覆盖在母材表面，可防止母材氧化。

铜磷钎料的特性及用途列于表 3.24。

用铜磷系钎料钎焊铜时可以不用钎剂。但钎焊铜合金（如黄铜）时，因为磷不能充分还原锌的氧化物，还需使用钎剂。这些含磷钎料主要用于钎焊铜及铜合金、银、钼等金属，但不能用于钎焊钢、镍及其合金，因为在钎缝界面区会形成脆硬的磷化物。

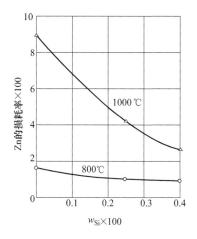

图 3.2 黄铜钎料中 Zn 的损耗与 Si 含量的关系

3）银基钎料

银熔点为 960℃，室温强度高，塑性和加工性能好，导热、导电性能优良，有良好的抗腐蚀性能，但用纯银作钎料存在着钎焊温度高、高温强度低、对黑色金属润湿性能差等缺点。因此银基钎料是弥补纯银钎料的如上不足而研制的。

银基钎料中，由于铜能显著降低银的熔点，银铜合金的金相组织由固溶体和共晶体组成，所以银铜共晶钎料在电子工业中钎焊铜及铜合金、钛及钛合金、可伐合金等得到了广泛的应用。但是，这种钎料对黑色金属、不锈钢及高温合金等润湿性很差。为此，在银铜合金中加入镉、磷、锡、铟、镍、硼、钛、锰、锂等元素，形成一系列熔点较低、强度较高、润湿性能好的钎料。

4）镍基钎料

镍具有极好的抗氧化性和耐腐蚀性能，有良好的塑性及中等的强度，纯镍作为钎料主要用于钎焊钼、钨等难熔金属。但是，镍熔点高（1452℃），热强度不足。为此常加入其他元素，主要有铬、硼、硅、钨、锰、磷、铜、碳、金和钯等。

但镍基钎料一般是复杂的多相结构，蒸气压低，特别适宜在真空气氛中钎焊。主要用于钎焊在高温下或腐蚀介质中工作的零件，是真空钎焊中使用最为广泛的一类钎料。

表 3.24 铜磷钎料的特性及用途

钎料型号	钎料牌号	化学成分 /%					熔化温度范围 /℃	抗拉强度 /MPa	用途
		Cu	P	Ag	Sn	其他			
BCu95P	—	余量	5±0.3	—	—	—	710~899	—	制成片状使用，流动性低，特别适宜于电阻钎焊
BCu93P	HL201	余量	7±0.4	—	—	—	710~793	470	流动性极好，可以流入间隙很小的接头，钎料不受冲击载荷的铜和黄铜零件。主要用于机电和仪表工业，钎料脆
BCu92PSb	HL203	余量	6±0.4	—	—	Sb 1.5~2.5	690~800	305	流动性稍差，用途与BCu93P相仿
BCu91PAg	HL209	余量	7±0.2	2±0.2	—	—	645~810	—	钎料中的银改善了它的塑性，在较大温度范围内能充填接头间隙，用于电冰箱、空调器、电机和仪表的制造
BCu89PAg	HL205	余量	5.8~6.7	5±0.2	—	—	650~800	519	钎料塑性和导电性得到提高，流动性低，适宜于钎焊间隙较大的零件
BCu80PAg	HL204	余量	4.8~5.3	15±0.5	—	—	640~815	503	钎料塑性和导电性进一步改善。用于钎焊要求比BCu89PAg钎料高的场合
BCu80PSn-Ag	—	余量	5±0.3	5±0.5	10±0.5	—	560~650	—	用于要求钎焊温度低的铜及铜合金零件
—	H1 AgCu70-5	余量	5±0.5	25±0.5	—	—	650~710	—	塑性和导电性是铜磷银钎料中最好的一种，用于钎焊要求高的电气接头
—	HlCuP6-3	余量	6±0.3	—	3.5±0.5	—	640~680	—	流动性好，钎焊接头性能与BAg25CuZn钎料钎焊铜的接头性能相当，可部分代替银钎料钎焊铜和铜磷银钎料钎焊的合金
BCu86SnP	—	余量	5±0.5	—	7.5±0.5	Ni0.8±0.4	—	—	用途与HlCu6-3相似，Ni的加入使钎料脆性增大，但流动性提高
—	HL206	余量	6~10	2~10	3~10	—	620~660	—	用途与HlCuP6-3相似，但钎焊温度更低

5）锰基钎料

锰的熔点较高（1314℃），蒸气压也较高（1020℃时为13Pa），不宜在高真空中使用。锰与镍能够形成一系列固溶体。当镍含量为3.95%时，锰镍合金的熔点为1005℃。为了进一步降低熔点，改善抗热性和抗腐蚀性，加入铬、钴、铜、铁、硼等合金元素，能形成一系列性能各异的锰基钎料。

锰基钎料具有较高的室温强度和高温强度，中等抗氧化性能和较好的耐低温、耐腐蚀性能，对不锈钢无明显的溶蚀及晶间渗入现象，适宜钎焊薄壁构件。锰基钎料钎焊工艺性能好，能填充较大的接头间隙，主要用于钎焊碳钢、合金钢、不锈钢及高温合金。其钎缝在500℃左右能够长期使用。采用锰基钎料进行钎焊时，真空度不宜过高，同时加热速率要尽量快些，以防止锰的过量挥发而改变钎料组分及熔化温度，通常真空度为$10^{-2} \sim 10^{-1}$Pa。

6）钴基钎料

钴的熔点高（1495℃），钴-铬、钴-镍均能形成固溶体，综合力学性能优良，因此，钴基钎料多是以Co-Cr-Ni固溶体为基体加入其他元素组成的。

Co-Cr-Ni固溶体熔化温度较高，加入硼能大幅降低熔化温度。但硼易与钴形成Co_3B脆性化合物。为了减少Co_3B的生成，常常加入硅来降低钎料的熔化温度。此外，加入钨能够进一步提高钎料的高温性能。常用钴基钎料的化学成分及熔化温度见表3.25，这类钎料蒸气压低，溶蚀性小，具有很好的高温性能，特别适合于钎焊钴基合金。

表3.25　常用钴基钎料的化学成分及熔化温度

钎料牌号	化学成分（质量分数）/%	熔化温度/℃	钎焊温度/℃
BCo47CrNiSiW	Cr18 ～ 20；Ni16 ～ 18；Si7.5 ～ 8.5；W3.5 ～ 4.5；Fe1.0；B0.7 ～ 0.9；C0.35 ～ 0.45	1105 ～ 1150	1150 ～ 1230
BCo70CrWBSi	Cr20 ～ 22；W4 ～ 5；B2 ～ 3；Si1.2 ～ 1.6	1118 ～ 1230	1230 ～ 1250

7）金基钎料

金具有强度高、塑性好、电性能优良以及蒸气压低等优点，可广泛用于钎焊金属及其合金。但金价格昂贵，熔点较高，致使其应用受到限制。为了降低熔点、改善润湿性、增加热强性及节约贵金属，常常在其中加入镍、铜等元素，组成各种金基钎料，如表3.26所示。由于金基钎料成本高，主要用于钎焊电子器件及钨、钼等难熔金属。

金基钎料的共同特点是：①钎缝组织不形成金属间化合物，对钎焊间隙不敏感，形成的接头塑性好；②钎缝中合金元素不发生偏聚，对钎焊加热及冷却速率没有特殊要求；③抗氧化性能与镍铬钎料接近，在650℃以下具有良好的抗氧化性；④熔点适宜，钎焊不锈钢时，既能满足母材的固溶处理要求，又不会引起晶粒长大。

表 3.26　金基钎料的化学成分及熔化温度

名称	牌号	化学成分（质量分数）/%	熔化温度 /℃	钎焊温度 /℃
金铜钎料	BAu80Cu	Cu19.5 ~ 20.5	910	890 ~ 1010
	BAu72Cu	Cu27.5 ~ 28.5	930 ~ 940	940 ~ 1060
	BAu63Cu	Cu36.5 ~ 37.5	930 ~ 980	1000 ~ 1080
	BAu50Cu	Cu49.5 ~ 50.5	950 ~ 975	975 ~ 1050
	BAu80CuFe	Cu18.5 ~ 19.5；Fe0.8 ~ 1.2	905 ~ 910	910 ~ 1000
金铜镍钎料	BAu82CuNi	Cu16 ~ 17；Ni 1.9 ~ 2.2	910 ~ 925	950 ~ 1060
金铜银钎料	BAu75CuAg	Cu22.5 ~ 23.5；Ag1.2 ~ 1.5	885 ~ 895	895 ~ 950
	BAu60CuAg	Cu19.5 ~ 20.5；Ag19.5 ~ 20.5	835 ~ 845	850 ~ 950
金镍钎料	BAu82Ni	Ni17.5 ~ 18.5	950	950 ~ 1005
	BAu75Ni	Ni24.5 ~ 25.5	950 ~ 990	1020 ~ 1080
	BAu65Ni	Ni34.5 ~ 35.5	977 ~ 1075	1075 ~ 1150
金钯钎料	BAu92Pd	Pd7.5 ~ 8.5	1200 ~ 1240	1240 ~ 1280
金钯镍钎料	BAu50PdNi	Pd24.5 ~ 25.5；Ni24.5 ~ 25.5	—	—

8）钛基钎料

钛的比强度高，耐腐蚀性能优良，属于活性金属，对陶瓷、石墨等非金属有非常强的活化作用。蒸气压低，但熔点高（1690℃）。钛与铜能形成多种低熔点共晶。当镍在钛中含量达到 30% 时，也能形成 955℃的钛镍共晶。这些共晶钎料熔点低、流动性好，但塑性差。为了改善钎料性能，提高强度，在钛中加入锆、铍、锰、钴、铬等元素形成如表 3.27 所示的一系列钛基钎料。这些钎料抗氧化性能强，耐腐蚀性能优异，润湿性好，对大部分金属和部分非金属都能润湿，广泛用于钛及钛合金、钨、钼、钽、铌、石墨、陶瓷、宝石等材料的真空钎焊、扩散钎焊和封接。

表 3.27　钛基钎料的化学成分及熔化温度

名称	牌号	化学成分（质量分数）/%	熔化温度 /℃	钎焊温度 /℃
钛铜钎料	BTi92Cu	Cu7 ~ 9	790	790 ~ 850
	BTi75Cu	Cu24 ~ 26	870	870 ~ 920
	BTi50Cu	Cu49 ~ 51	955	955 ~ 1020
钛镍钎料	BTi72Ni	Ni28 ~ 29	955	965 ~ 1020
钛铜镍钎料	BTi70CuNi	Cu14 ~ 16；Ni14 ~ 16	900 ~ 940	950 ~ 980
钛锆铍钎料	BTi48ZrBe	Zr47 ~ 49；Be3 ~ 5	890 ~ 900	940 ~ 1050
钛铜铍钎料	BTi49CuBe	Cu48 ~ 50；Be1 ~ 3	900 ~ 955	997 ~ 1020
钛锆镍铍钎料	BTi43ZrNiBe	Zr40 ~ 42；Ni1.2 ~ 1.5；Be2 ~ 4	800 ~ 815	850 ~ 1050
钛钯钎料	BTi53Pd	Pd46 ~ 48	1080	1100 ~ 1150

9）钯基钎料

钯是贵金属，熔点高（1550℃），蒸气压极低。钯能够完全溶于银、铜、镍中形成固溶体，这是钯基钎料的基础。但是这些固溶体熔化温度较高，为了降低熔化温度，改善性能，可加入锰、硅、硼、金等合金元素，形成如表 3.28 所示一系列钯基钎料。

表 3.28　钯基钎料的化学成分及熔化温度

名称	牌号	化学成分（质量分数）/%	熔化温度 /℃	钎焊温度 /℃
钯钴钎料	BPd65Co	Co34～36	1230～1235	1235～1250
钯镍钎料	BPd60Ni	Ni39～41	1238	1240～1250
钯镍金钎料	BPd34NiAu	Ni35～37；Au29～31	1135～1166	1166～1200
钯镍硅铍钎料	BPd55NiSiBe	Ni44～45；Si 0.48～0.5；Be 0.25	1150～1160	1166～1200
钯银硅钎料	BPd81AgSi	Ag14～15；Si4.5～4.8	705～760	760～790

钯基钎料具有良好的塑性和加工性能，能以各种形式使用；强度和抗腐蚀性能中等；对母材溶蚀性低；润湿性极好，能够润湿和漫流于多种金属和陶瓷等非金属表面。钯的蒸气压比金还要低，特别适应在真空中钎焊密封组件，多用于电子工业及原子能等工业领域的高温部件。

3.2.2　钎料的工艺性能

钎料的工艺性能直接影响钎缝的形成和接头的性能。目前，钎料工艺性能的评定方法有多种，本书仅介绍国内几种常用的评定方法。

（1）钎料对母材的润湿性

钎料对母材的润湿性试验所选的钎焊温度即为钎料的流动温度，保温 5～20min 后冷却出炉，如图 3.3 和图 3.4 所示，测定润湿角或铺展面积。

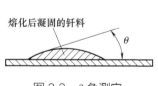

图 3.3　θ 角测定

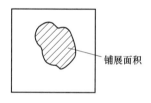

图 3.4　铺展面积示意图

θ 角测定方法是切取金相试样，在金相显微镜下测定其大小，θ 角越小表明润湿性越好。铺展面积法也可以采用如图 3.5 所示的钎料放置方法，放入钎焊炉中加热保温，取出试件后测定实际三维空间的垂直部分和水平部分的铺展面积 [图 3.5 (d)]，润湿铺展性能可用两部分面积之和表示。铺展面积之和越大，钎料的润湿性越好。

（2）钎料的流动性能

通常用 1～2g 钎料，放置于如图 3.6 所示的 T 形试样上，两端用钨极氩弧焊定位，为避免间隙不均匀可以采用金属丝捆扎固定的方法使钎焊间隙保

(a) 近圆柱形钎料

(b) 颗粒状钎料

(c) 粉末状钎料

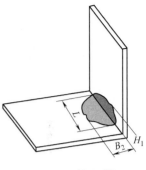
(d) 铺展面积

图3.5　钎料放置示意图

持较小。模拟真空钎焊工艺，试样出炉后测量钎料的流动长度，据此判断钎料的流动性能。

（3）钎料的填隙性能

通常用 1 ～ 2g 钎料，放置于如图 3.7 所示的不等间隙的 T 形试样一端，根据选定的工艺参数进行真空钎焊，试样出炉后在最大间隙处切取金相试样，以在显微镜下测定钎缝宽度值来评定钎料的填隙性能。

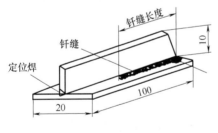

图 3.6　流动性能试样

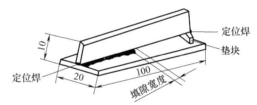

图 3.7　填隙性能试样

（4）钎料流动温度的测定

通常用 1 ～ 2g 钎料，放置于厚度为 1 ～ 3mm，长 × 宽为 40mm×40mm 的平板上，在真空炉中高于钎料熔化温度后分段升温，并保持基本相同的工作真空度，通过观察孔观察试样上的钎料是否完全熔化并流动，记录此时的温度即为钎料的流动温度。试样出炉后，进一步观察并核实钎料的流动情况，当炉内、炉外观察结果相差较大时应重复试验。

（5）飞溅率

溅射试验方法是评定真空级钎料熔化过程中钎料飞溅改变钎缝形态及影响钎缝周围状态的主要手段。测量与熔化钎料主体不相连的飞溅钎料质量 M_s，评定飞溅出去的钎料质量比和飞溅率 δ。

$$\delta = M_s/M_o = (M_o - M_c)/M_o \times 100\% \tag{3.1}$$

式中　　M_s——与熔化钎料主体不相连的飞溅钎料质量；

M_o——原始钎料质量；

M_c——残留主体钎料质量。

（6）钎料对母材的溶蚀性

溶蚀性试验可直接从图 3.6 或图 3.7 试样上切取不同部位的金相试样，在显微镜下测量钎料流布区边缘对母材造成的凹陷深度，来评定钎料溶蚀性的大小。如果采用上述方法结果不明显时，可采用以下方法。

将 1～2g 钎料，放置于厚度为 0.1mm，长 × 宽为 40mm×40mm 的平板试样上，模拟钎焊工艺过程，出炉后检查试样是否溶穿，以溶穿面积的大小来评定钎料的溶蚀性。

3.2.3　钎料的选用原则

钎料的种类繁多，使用过程中的影响因素也很多。从原则上来说，选用钎料应从以下几个方面来考虑。

① 钎料与母材的匹配　对于确定的母材，所选用的钎料应具有适当的熔点，对母材有良好的润湿性和填缝能力；与母材相互作用能产生有益的结果，能避免形成脆性的金属间化合物，尽量选择主要成分与母材主要成分相同的钎料；钎料的液相线要低于母材固相线 40～50℃；钎料的熔化区间要尽可能小，温差过大时，容易引起熔析。

② 钎料与钎焊方法的匹配　不同的钎焊方法对钎料性能的要求不同，如采用火焰钎焊时，钎料的熔点应与母材的熔点相差尽可能大，避免可能产生的母材局部过热、过烧或熔化等问题；采用电阻钎焊方法时，希望钎料的电阻率比母材的电阻率大一些，以提高加热效率；炉中钎焊时钎料中易挥发元素的含量应较少，保证在相对较长的钎焊时间内不会因为合金元素的挥发而影响到钎料的性能。

③ 保证满足使用要求　不同产品在不同的工作环境和使用条件下对钎焊接头性能的要求不同，这些要求可能涉及导电性、导热性、工作温度、力学

性能、密封性、抗氧化性、耐腐蚀性等，选择钎料时应着重考虑其最主要的使用要求。钎焊接头最常见的使用要求是强度、抗氧化性和耐腐蚀性，有疑问时可取些试样通过实验来确定接头是否满足必要的工作时间、温度和强度的要求。

④ 钎焊结构要求　钎焊结构的复杂性有时需要将钎料预先加工成形，如制成环状、垫圈、垫片状、箔材和粉末等形式，预先放置在钎焊间隙中或其附近。因此，在选用钎料时要充分考虑其加工性能是否可以制成所需要的形式。

⑤ 生产成本　包括钎料的成本、成形加工成本、钎焊方法及设备投资等方面的成本。生产批量不大时，优先考虑产品的性能和质量；大批量生产中钎料成本的降低具有重要的经济意义。

正确地选用钎料是保证获得优质钎焊接头的关键，应从钎料和母材的相互匹配、钎焊件的使用工况要求、现有设备条件以及经济性等方面进行综合考虑来确定。表3.29列出了根据生产实践总结出的钎料与母材的匹配优先选用的顺序。

表 3.29　钎料与母材的匹配及选用顺序

母 材	铝基钎料	铜基钎料	银基钎料	镍基钎料	钴基钎料	金基钎料	钯基钎料	锰基钎料	钛基钎料
铜及铜合金	3	1	2	6	—	4	—	5	7
铝及铝合金	1	—	—	—	—	—	—	—	—
钛及钛合金	2	4	3	—	—	5	6	7	1
碳钢及合金钢	—	1	2	6	8	4	5	3	7
马氏体不锈钢		6	7	1	5	2	4	3	—
奥氏体不锈钢		3	7	1	6	5	4	2	—
沉淀硬化高温合金	—	2	8	1	3	4	5	6	7
非沉淀硬化高温合金	—	6	7	4	5	1	2	3	8
硬质合金及碳化钨	—	1	5	6	7	4	3	2	8
精密合金及磁性材料	—	2	1	6	7	3	5	4	8
陶瓷、石墨及氧化物	—	3	2	7	8	4	6	5	1
难熔金属	—	7	8	6	5	4	2	3	1
金刚石聚晶、宝石	—	8	6	4	5	1	2	7	3
金属基复合材料	1	4	3	8	9	5	6	7	2

注：表中 1～9 表示由先到后的匹配及选用顺序。

从工况情况考虑，主要是依据焊件的工作温度和载荷大小选择，一般选用原则如下。

① 300℃以下低载荷接头，优先选用铜基钎料。对于长接头，要求改善间隙填充性能时，可选用在铜中加入少量硼的 Cu-Ni-B 钎料。

② 在 300 ～ 400℃之间工作的低载荷接头，一般选用铜基钎料和银基钎料，其中铜基钎料比较便宜，应优先选用。

③ 在 400 ～ 600℃之间工作的抗氧化、耐腐蚀、高应力的接头，一般选用锰基、钯基、金基或镍基钎料。在重要部件上最好选用 Au-22Ni-6Cr 或 Au-18Ni 钎料，钎焊工艺性能好，钎焊温度适中（980 ～ 1050℃），获得的接头综合力学性能佳。

④ 在 600 ～ 800℃之间工作的接头，选用钯基、镍基、钴基钎料。优先使用流动性好的 Ni-Cr-B-Si 系钎料。但因这种钎料含硼量较高，不适用于厚度小于 0.5mm 的零件。

⑤ 在 800℃以上工作的接头，可选用镍基钎料和钴基钎料；但其中含磷的镍基钎料和 Ni-Cr-B-Si 系钎料不宜选用，因其强度和抗氧化性能难以满足要求。

另外，从接头的特定使用要求出发，可做如下选择。

① 耐腐蚀、抗氧化接头，通常选用金基、银基、钴基、钯基、镍基或钛基钎料。

② 从接头要求强度考虑，一般由高到低的顺序是：钴基、镍基、钯基、钛基、金基、锰基、铜基、银基、铝基。

③ 从电性能方面考虑，通常选用金基、银基、铜基、铝基钎料。在均能满足要求的前提下，优先选用价格便宜的铜基钎料。

④ 对于有特殊要求的焊件，要根据具体要求选用钎料。例如在核工业中使用的钎料不允许含硼，因为硼对中子有吸收作用。

钎料的选用须从使用要求（如力学性能、工作温度、耐蚀性、导电性等）、钎料与母材的匹配、钎料温度和加热方法，以及经济性等方面综合考虑。各种材料组合时所适用的钎料列于表 3.30。

表 3.30　各种材料组合时所适用的钎料

	Al 及其合金	Be、V、Zr 及其合金	Cu 及其合金	Mo、Nb、Ta、W 及其合金	Ni 及其合金	Ti 及其合金	碳钢及低合金钢	铸铁	工具钢	不锈钢
Al 及其合金	Al-① Sn-Zn Zn-Al Zn-Cd									
Be、V、Zr 及其合金	不推荐	无规定								
Cu 及其合金	Sn-Zn Zn-Cd Zn-Al	Ag-	Ag-Cd- Cu-P Sn-Pb							

	Al 及其合金	Be、V、Zr 及其合金	Cu 及其合金	Mo、Nb、Ta、W 及其合金	Ni 及其合金	Ti 及其合金	碳钢及低合金钢	铸铁	工具钢	不锈钢
Mo、Nb、Ta、W 及其合金	不推荐	无规定	Ag-	无规定						
Ni 及其合金	不推荐	Ag-	Ag-Au-Cu-Zn	Ag-Cu-Ni-	Ag-Ni-Au-Pb-Cu-Mn-					
Ti 及其合金	Al-Si	无规定	Ag-	无规定	Ag-	无规定				
碳钢及低合金钢	Al-Si	Ag-	Ag-Sn-Pb Au Cu-Zn Cd	Ag-Cu Ni-	Ag-Sn-Pb Au-Cu-Ni-	Ag-	Ag-Cu-Zn Au-Ni-Cd-Sn-Pb Cu			
铸铁	不推荐	Ag-	Ag-Sn-Pb Au Cu-Zn Cd	Ag-Cu Ni-	Ag-Cu② Cu-Zn③ Ni-	Ag-	Ag-Cu-Zn Sn-Pb	Ag-Cu-Zn Ni- Sn-Pb		
工具钢	不推荐	不推荐	Ag-Cu-Zn Ni-	不推荐	Ag-Cu Cu-Zn Ni-	不推荐	Ag-Cu Cu-Zn Ni-	Ag-Cu-Zn Ni-	Ag-Cu Cu-Ni-	
不锈钢	Al-Si	Ag-	Ag-Cd-Cu-Sn-Pb Cu-Zn	Ag-Cu Ni-	Ag-Ni-Au-Pb-Cu-Sn-Pb Mn-	Ag-	Ag-Sn-Pb Au-Cu-Ni-	Ag-Cu-Ni-Sn-Pb	Ag-Cu Ni-	Ag-Ni-Au-Pb-Cu-Sn-Pb Mn-

① Al- 为铝基钎料；
② Cu 为纯铜钎料；
③ Cu-Zn 为铜锌钎料。

3.3
钎剂

3.3.1 钎剂的作用及组成

（1）钎剂的作用

母材表面存在氧化膜时，液态钎料难以润湿母材。同样，若液态钎料为氧化膜包裹，也不能在母材表面铺展。因此，要得到质量好的钎焊接头，母材和钎料表面的氧化膜必须被彻底清除。常用的金属中，铜、镍、铁等的氧化膜比较容易去除；铝、镁、钛、铬的氧化膜难以去除，合金材料表面氧化膜的情况要更复杂一些。

利用钎剂去膜是目前应用最广的一种方法。钎剂的作用通常可归结为：清除母材和钎料表面的氧化物；以液态薄层覆盖母材和钎料表面，抑制母材及钎料再氧化；起界面活性剂作用，改善钎料的润湿性。

要完成上述作用，钎剂的性能应尽量满足以下要求。

① 钎剂的熔点和最低活性温度比钎料低，在活性温度范围内有足够的流动性。在钎料熔化之前钎剂就应熔化并开始起作用，去除钎缝间隙和钎料表面的氧化膜，为液态钎料的铺展润湿创造条件。

② 应具有良好的热稳定性，在加热过程中钎剂保持其成分和作用稳定不变。一般说来钎剂应具有不小于100℃的热稳定温度范围。

③ 能很好地溶解或破坏钎焊金属和钎料表面的氧化膜。钎剂中各组分的汽化（蒸发）温度比钎焊温度高，以避免钎剂挥发而丧失作用。

④ 在钎焊温度范围内钎剂应黏度小、流动性好，能很好地润湿钎焊金属、减小液态钎料的界面张力。

⑤ 熔融钎剂及清除氧化膜后的生成物密度应较小，有利于上浮，呈薄膜层均匀覆盖在钎焊金属表面，有效地隔绝空气，促进钎料的润湿和铺展，不致滞留在钎缝中形成夹渣。

⑥ 熔融钎剂残渣不应对钎焊金属和钎缝有强烈的腐蚀作用，钎剂挥发物的毒性小。

（2）钎剂的组成

依据所要清除的氧化物的物理化学性能，可采用不同的无机物或有机物作为钎剂组分。一般来说，复杂成分的钎剂主要由下列三类组分组成。

① 钎剂基体组分　主要作用是使钎剂具有需要的熔点；作为钎剂其他组分及钎剂作用产物的溶剂；在铺展时形成致密的液膜，覆盖钎焊金属和钎料表面，防止空气的有害作用。现有钎剂的基体组分大多采用热稳定的金属盐或金属盐系统，如硼化物，碱金属和碱土金属的氯化物。在软钎剂中还采用了高沸点的有机溶剂。

② 去膜剂　起溶解母材和钎料的表面氧化膜的作用。碱金属和碱土金属的氟化物具有溶解金属氧化物的能力，因此常用作钎剂的去膜剂。

③ 活性剂　由于钎剂中去膜剂的添加量受到限制，有时氧化膜的溶解相

当缓慢，以致不能完全去除氧化膜。在这种情况下，必须添加活性剂以加速氧化膜的清除并改善钎料的铺展。常用的活性剂物质有重金属卤化物、氯化锌等，它们能与一些钎焊母材作用，从而破坏氧化膜与母材的结合，析出纯金属，促进钎料的铺展。

3.3.2 钎剂的型号与牌号

（1）钎剂型号

硬钎焊用钎剂型号由字母"FB"和根据钎剂的主要组分划分的四种代号"1，2，3，4"及钎剂顺序号表示；型号尾部分别用大写字母 S（粉末状、粒状）、P（膏状）、L（液态）表示钎剂的形态。钎剂主要化学组分的分类见表 3.31。

表 3.31　钎剂主要化学组分的分类

钎剂主要组分分类代号	钎剂主要组分	钎焊温度 /℃
1	硼酸＋硼砂＋氟化物≥90%	550～850
2	卤化物≥80%	450～620
3	硼砂＋硼酸≥90%	800～1150
4	硼酸三甲酯≥60%	＞450

钎剂型号举例：

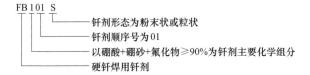

（2）钎剂牌号

钎剂牌号前加字母"QJ"表示钎焊熔剂；牌号第一位数字表示钎剂的用途，其中 1 为银钎料钎焊用，2 为钎焊铝及铝合金用；牌号第二、三位数字表示同一类型钎剂的不同牌号。

钎剂牌号举例：

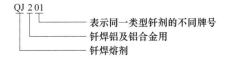

钎剂的品种很多，应根据钎焊温度及钎焊工艺要求合理选用。常用钎焊熔剂的牌号及用途见表 3.32。

表 3.32　常用钎焊熔剂的牌号及用途

牌　号	名称	用途
QJ101	银钎焊熔剂	在 550～850℃范围钎焊各种铜及铜合金、钢及不锈钢等
QJ102	银钎焊熔剂	在 600～850℃范围钎焊各种铜及铜合金、钢及不锈钢等，活性极强
QJ103	特制银钎焊熔剂	在 550～750℃范围钎焊各种铜及铜合金、钢及不锈钢等
QJ104	银钎焊熔剂	在 650～850℃范围钎焊各种铜及铜合金、钢及不锈钢等
QJ201	铝钎焊熔剂	在 450～620℃范围钎焊铝及铝合金，活性极强
QJ203	铝电缆钎焊熔剂	在 270～380℃范围钎焊铝及铝合金、铜及铜合金、钢等
QJ207	高温铝钎焊熔剂	在 560～620℃范围钎焊铝及铝合金

3.3.3　钎剂的类型及特性

钎剂的组成物质主要取决于所要清除氧化物的物理化学性质。构成钎剂的组成物质可以是单一组元（如硼砂、氯化锌等），也可以是多组元系统。多组元系统通常由基体组元、去膜组元和活性组元组成。

钎剂的分类与钎料分类相适应，通常分为软钎剂、硬钎剂、铝用钎剂等，分别适用于不同的场合。此外，根据使用状态的特点，还可分出一类气体钎剂。各种钎焊熔剂和气体钎剂的分类见表 3.33。

表 3.33　各种钎焊熔剂和气体钎剂的分类

钎剂分类		物质分类	物质组成
软钎剂	无机软钎剂（腐蚀性钎剂）	无机酸	盐酸、氢氟酸、磷酸
		无机盐	氯化锌、氯化铵、氯化锌 - 氯化铵
	有机软钎剂（弱腐蚀和无腐蚀）	弱有机酸	乳酸、硬脂酸、水杨酸、油酸
		有机胺盐	盐酸苯胺、磷酸苯胺、盐酸肼、盐酸二乙胺
		胺和酰胺类	尿素、乙二胺、乙酰胺、二乙胺、三乙醇胺
		天然树脂	松香、活化松香
硬钎剂	硼砂或硼砂基		
	硼酸或硼酐基		
	硼砂 - 硼酸基		
	氟盐基		
铝用钎剂	铝用软钎剂	铝用有机软钎剂（QJ204）	
		铝用反应钎剂（QJ203）	
	铝用硬钎剂	氯化物	
		氧化物 - 氟化物	
		氟化物	

钎剂分类	物质分类	物质组成
气体钎剂	炉中钎焊用气体钎剂 活性气体	氯化氢、氟化氢、三氟化硼
	低沸点液态化合物	三氯化硼、三氯化磷
	低升华固态化合物	氟化铵、氟硼酸铵、氟硼酸钾
	火焰钎焊用气体钎剂 硼酸甲酯蒸气	
	(硼有机化合物蒸气) 硼甲醚酯蒸气	

（1）软钎剂

软钎剂是指在 450℃ 以下钎焊用的钎剂，由成膜物质、活化物质、助剂、稀释剂和熔剂等组成。软钎剂按其成分可分为无机软钎剂和有机软钎剂两类；按其残渣对钎焊接头的腐蚀作用可分为腐蚀性、弱腐蚀性和无腐蚀性的三类。无机软钎剂均系腐蚀性钎剂，有机软钎剂属于后两类。常用软钎剂的成分和性能见表 3.34。

表 3.34 常用软钎剂的成分和性能

类别	钎剂名称（或型号）	化学成分/%	钎焊温度/℃	特点
无机盐软钎剂	氯化锌溶液（FS312A）	$ZnCl_2$ 40，H_2O 60	290～350	$ZnCl_2$ 去除氧化膜的作用在于形成络合酸而溶解氧化物，氯化铵为活化剂，可提高钎焊性能，但去除氧化膜的能力有限，故主要是锡铅钎料钎焊钢、铜及铜合金时使用
	氯化锌 - 氯化铵溶液（FS311A）	$ZnCl_2$ 40，H_2O 55，NH_4Cl 5	180～320	
	钎剂膏	$ZnCl_2$ 20，凡士林 75，NH_4Cl 5	180～320	
	氯化锌盐酸溶液（FS322A）	$ZnCl_2$ 25，H_2O 50，HCl 25	180～320	有较强的去除氧化物能力。当锡铅钎料钎焊铬钢、不锈钢、镍铬合金时应选用这类钎剂或 $ZnCl_2$-NH_4Cl-HCl 溶液钎剂
	钎剂 205	$ZnCl_2$ 50，NaF 5，NH_4Cl 15，$CdCl_2$ 30	250～400	是在 $ZnCl_2$-NH_4Cl 钎剂基础上加入 $CdCl_2$ 和 NaF 而成，可提高钎剂的熔点，配合镉基、锌基钎料钎焊铝青铜、铝黄铜等
无机酸软钎剂	磷酸（FS321）	H_3PO_4 40～60，水 60～40	—	无机酸钎剂有磷酸、盐酸和氢氟酸等，通常以水溶液或酒精溶液形式使用，也可与凡士林调成膏状使用 磷酸使用起来方便、安全，具有较强的去除氧化物的能力，钎焊铝青铜、不锈钢等合金时最为有效，也是最常用的无机酸软钎剂。盐酸、氢氟酸，能强烈腐蚀金属，析出有害气体，故很少单独使用，一般仅作钎剂的添加成分

类别	钎剂名称（或型号）	化学成分/%	钎焊温度/℃	特点
水溶性有机软钎剂	FS213	乳酸 15，水 85（活性温度 180～280℃）盐酸肼 5，水 95（活性温度 150～330℃）	—	水溶性有机软钎剂的组成物质包括有机酸（如乳酸、水杨酸、柠檬酸等）、有机胺和酰胺类（如乙二胺、乙酰胺等）、氨基盐酸盐（盐酸乙二胺等）、醇类（如乙二醇、丙三醇）和水溶性树脂及其他一些附加成分等 有机酸和有机铵盐类有机软钎剂去除氧化物能力强，热稳定性尚好，残渣有一定的腐蚀性，属弱腐蚀性钎剂，主要用于电气零件的钎焊
松香类有机钎剂	松香（FS111B）FS111A	松香 100；松香 25，酒精 75	150～300	松香是一种天然树脂，能溶于酒精、甘油、丙酮苯等而不溶于水，在温度高于150℃时，能溶解银、铜、锡的氧化物，适用于铜、镉、锡、银的钎焊
	FS113A	松香 30，水杨酸 2.8，三乙醇胺 1.4，酒精余量	150～300	适用于铜及铜合金的焊接
	RJ12	松香 30，氯化锌 3，氯化氨 1，酒精 66	290～360	适用于铜、铜合金、镀锌铁及镍等的钎焊
	FS112A	松香 24，三乙醇胺 2，盐酸二乙胺 4，酒精 70	200～350	

1）无机软钎剂

这类钎剂具有很高的化学活性，去除氧化物的能力强，能显著地促进液态钎料对母材的润湿。其组分为无机盐和无机酸。可用作钎剂的无机酸有盐酸、氢氟酸和磷酸等。通常以水溶液或酒精溶液的形式使用，也可与凡士林调成膏状使用。去除金属氧化物的反应如下：

$$MeO+2HCl \longrightarrow MeCl_2+H_2O$$
$$MeO+2HF \longrightarrow MeF_2+H_2O$$
$$3MeO+2H_3PO_4 \longrightarrow Me_3(PO_4)_2+3H_2O$$

盐酸与氢氟酸能强烈腐蚀钎焊金属，并在加热中析出有害气体，很少单独使用，只在某些钎剂中作为添加组分。磷酸有较强的去氧化物能力，使用时较前两种方便和安全。钎焊铝青铜和不锈钢等合金时，可用磷酸溶液作为钎剂。

在无机盐中氯化锌是组成这类钎剂的基本成分。它呈白色，熔点 262℃，易溶于水和酒精，吸水性极强，敞放于空气中即迅速与空分中的水分结合而形成水溶液。这类钎剂的活性取决于溶液中氯化锌的浓度。当缺少氯化锌时可把锌放入盐酸中直接使用。

不论是氯化锌还是氯化锌与氯化铵的水溶液钎剂，用来钎焊铬钢、不锈钢或镍铬合金，其去除氧化物的能力都是不够的，此时可使用氯化锌盐酸溶液或氯化锌＋氯化铵＋盐酸溶液。

氯化锌钎剂在钎焊时往往发生飞溅，引起腐蚀；另外，还可能析出有害气体。为了消除上述缺点及便于使用，可将其与凡士林制成膏状钎剂。

无机软钎剂由于去除氧化物的能力强，热稳定性好，能较好地保证钎焊质量，适应的钎焊温度范围和材料种类也较宽，一般的黑色金属和有色金属，包括不锈钢、耐热钢和镍合金等都可使用。但它的残渣有强烈的腐蚀作用，钎焊后必须清除干净。

2）有机软钎剂

这类钎剂主要使用 4 类有机物：弱有机酸，如乳酸、硬脂酸、水杨酸、油酸等；有机胺盐，如盐酸苯胺、磷酸苯胺、盐酸肼、盐酸二乙胺等；胺和酰胺类有机物，如尿素、乙二胺、乙酰胺、三乙醇胺等；天然树脂，主要是松香类的钎剂。

近年来有机软钎剂发展极其迅速，用作钎剂组分的有机物种类也更加广泛，如氟碳化合物、脂类有机物等。有机软钎剂中应用最广的是松香类钎剂，但松香去除氧化物能力较差，常加入硼酸、盐酸、谷氨酸等活化物质配成活性松香钎剂，以提高其去除氧化物的能力。在电气和无线电工程中被广泛应用于铜、黄铜、磷青铜、银、镉零件的钎焊。

3）铝用软钎剂

铝用软钎剂按其去除氧化物方式的不同通常分为有机钎剂和反应钎剂两类，有机钎剂主要组分为三乙醇胺，为提高活性可加入氟硼酸或氟硼酸盐，这类钎剂在温度超过 275℃后由于三乙醇胺迅速碳化而丧失活性，因此使用这类钎剂时，应采用快速加热的方法，并应避免钎剂过热。有机钎剂活性较小，钎料也不易流入接头间隙，但钎剂残渣的腐蚀性小。铝用软钎剂的成分及钎焊温度见表 3.35。

表 3.35　铝用软钎剂的成分及钎焊温度

类别	牌号	名称	化学成分 /%	钎焊温度 /℃	特点及用途
	QJ204 FS212-BAl	—	三乙醇胺 82.5 氟硼酸胺 5 氟硼酸镉 10 氟硼酸锌 2.5	180～275	铝用有机钎剂是以三乙醇胺作熔剂加入几种氟硼酸盐组成，可在 180～270℃温度下破坏 Al_2O_3 膜，残渣对焊件有一定的腐蚀性，主要用于钎焊铝及铝合金，也可用于钎焊铝青铜和铝黄铜
	FS212-BAl	—	三乙醇胺 83 氟硼酸 10 氟硼酸镉 7		

类别	牌号	名称	化学成分/%	钎焊温度/℃	特点及用途
有机软钎剂	1060X	—	三乙醇胺 62 乙醇胺 20 Zn (BF$_4$)$_2$ 8 Sn (BF$_4$)$_2$ 5 NH$_4$BF$_4$ 5	250	铝用有机钎剂是以三乙醇胺作熔剂加入几种氟硼酸盐组成，可在180～270℃温度下破坏 Al$_2$O$_3$ 膜，残渣对焊件有一定的腐蚀性，主要用于钎焊铝及铝合金，也可用于钎焊铝青铜和铝黄铜
	1160U	—	三乙醇胺 37 松香 30 Zn (BF$_4$)$_2$ 10 Sn (BF$_4$)$_2$ 8 NH$_4$BF$_4$ 15	250	
反应软钎剂	FS311-BAL	—	ZnCl$_2$ 90 NaF 2 NH$_4$Cl 8	300～400	反应钎剂主要组成为 Zn、Sn 等重金属氯化物。为提高活性，添加了少量锂、钠、钾的卤化物。一般都含 NH$_4$Cl 或 NH$_4$Br 以改善润湿性及降低熔点。当温度大于 270℃时能有效地破坏 Al$_2$O$_3$ 膜，其作用是重金属氯盐渗过氧化铝膜裂缝，并发生反应而破坏氧化铝与铝的结合。极易吸潮而失去活性，应密封保存。主要用于钎焊铝及铝合金，也可用于铜及铜合金、钢件等
	QJ203	铝电缆钎焊用钎剂	ZnCl$_2$ 53～58 SnCl$_2$ 27～30 NH$_4$Br 13～16 NaF 1.7～2.3	270～380	

反应钎剂含有大量锌、锡等重金属的氯化物，如 ZnCl$_2$、SnCl$_2$、NH$_4$Cl 等，加热时这些重金属氯盐渗过氧化铝膜的裂缝，破坏膜与母材的结合，并在铝表面析出锌、锡等金属，大大提高钎料的润湿能力。有时常加入一些氟化物以溶解氧化铝膜，加快对膜的清除。反应钎剂极易吸潮，且吸潮后会形成氯氧化物而丧失活性。

（2）硬钎剂

硬钎剂是指在 450℃以上钎焊用的钎剂。现有硬钎剂主要是以硼砂、硼酸及它们的混合物作为基体，为了得到合适的熔点和增强其去除氧化物的能力，添加各种碱金属或碱土金属的氟化物、氟硼酸盐。

硼酸 H$_3$BO$_3$ 为白色六角片状晶体，可溶于水和酒精，加热时分解，形成硼酐 B$_2$O$_3$，硼酐的熔点为 580℃，具有很强的酸性，能与铜、锌、镍和铁的氧化物形成较易熔的硼酸盐，硼酸盐在低于 900℃温度下不易溶于硼酐而形成不相混的二层液体，因此，去除氧化物的效果不好。同时在 900℃以下硼酐的黏性很大。故只有在温度高于 900℃（相当于铜基钎料的钎焊温度）钎焊时才具有较大的活性。

硼砂 Na$_2$B$_4$O$_7$·10H$_2$O 是单斜类白色透明晶体，能溶于水，加热到 200℃以上时，所含的结晶水全部蒸发，结晶水蒸发时硼砂发生猛烈的沸腾，降低保护作用，因此应脱水后使用。硼砂在741℃熔化，在液态下分解成硼酐和偏硼酸钠。硼砂去除氧化物的作用仍是基于硼酐与金属氧化物形成易熔的硼酸盐，但分解形成的偏硼酸钠能进一步与硼酸盐形成熔点更低的混合物，有效地清除氧化物，因此作为钎剂，硼砂的去氧化物能力比硼酸强。实际上，单独作为钎剂采用的只是硼砂。但硼砂的熔点比较高，且在800℃以下黏性较大，流动性不够好，只适于800℃以上的钎焊温度使用。

在硼砂 - 硼酸系钎剂中加入氟化钙，提高了钎剂去除氧化物的能力，使钎剂可用于钎焊不锈钢及高温合金。但氟化钙熔点很高，对降低钎剂活性温度不起作用。添加氟化钾不仅提高了钎剂的去氧化物能力，且能降低钎剂的熔点及表面张力，使其活性温度降至650～850℃。钎剂中加入氟硼酸钾，它在530℃熔化，随后分解，生成的氟化硼比氟化钾的去氧化物能力更强，同时使钎剂活性温度继续降低。

应该注意的是，含氟量高的钎剂在熔化状态下与钎焊金属能强烈作用，腐蚀钎焊金属，并可能在钎缝中形成气孔。同时钎焊时产生大量的含氟蒸气，对人体健康有害。特别是含大量氟硼酸钾的钎剂，温度高于750℃时迅速分解，最好在低于750℃、通风良好的条件下使用。另外，它们也不适用于炉中钎焊。上述钎剂残渣均有腐蚀性，钎焊后必须仔细清除。

常用硬钎剂的成分、特点及用途见表3.36。其中FB102钎剂是应用最广泛的通用钎剂；FB103钎剂的钎焊温度最低，特别适用于银铜锌镉钎料；FB104钎剂不含KBF_4，钎剂不易挥发，在加热速度较慢情况下仍可保持较长时间的活性。

表 3.36　常用硬钎剂的成分、特点及用途

牌　号	化学成分 /%		熔　点 /℃	钎焊温度 /℃	特点及用途
YJ-1	硼砂 100		741	850～1150	现有硬钎剂主要是以硼砂、硼酸以及它们的混合物作基体，为了得到合适的熔点，增强去除氧化物的能力，添加各种碱金属或碱土金属的氟化物、氟硼酸盐等，硼砂或硼砂与硼酸的混合物主要用于铜基钎料钎焊铜及铜合金、碳素钢等
YJ-2	硼砂 25，硼酸 75		766		
YJ-6	硼砂 15，硼酸 80，CuF_2 5		—		
YJ-7	硼砂 50，硼酸 35，KF 15		—	650～850	
QJ101	H_3BO_3 KBF_4	29～32 68～71	500	550～850	是银基钎料钎焊铜及铜合金、合金钢、不锈钢和高温合金等的钎剂，能有效地清除各种氧化物，促进钎料漫流，但易吸潮。钎焊后用质量分数为15%的柠檬酸水溶液刷洗钎焊的接头处，以防止残余钎剂的腐蚀
QJ102	KF（脱水） B_2O_3 KBF_4	40～44 33～37 21～25	550	600～850	
QJ103	KBF_4 > 95　　K_2CO_3 < 5		530	550～750	

牌 号	化学成分 /%		熔 点 /℃	钎焊温度 /℃	特点及用途
QJ104	$Na_2B_4O_7$ H_3BO_3 KF	49～51 34～36 14～16	650	650～850	银基钎料炉中钎焊铜及铜合金、钢和不锈钢等。能有效地清除各种金属的氧化物，促进钎料漫流，但易吸潮
FB101	硼酸 30，氟硼酸钾 70			550～850	银钎料钎剂
FB102	无水氟化钾 40，氟硼酸钾 25，硼酐 35			600～850	应用最广的银钎料钎剂
FB103	氟硼酸钾＞95，碳酸钾＜5			550～750	用于银铜锌镉钎料
FB104	硼砂 50，硼酸 35，氟化钾 15			650～850	银基钎料炉中钎焊

（3）铝用硬钎剂

铝用硬钎剂通常分为氯化物钎剂和氟化物钎剂两类。

氯化物基硬钎剂是目前应用较广的一类钎剂，它的基本组分是碱金属及碱土金属的氯化物，它使钎剂具有合适的熔化温度和黏度。为了进一步提高钎剂的活性，可加入氟化物如 LiF、NaF。但氟化物的加入量必须控制，否则会使钎剂熔点升高，表面张力增大，反而使钎料铺展变差。为此，可再加入一种或几种易熔重金属氯化物，如 $ZnCl_2$、$SnCl_2$ 等。钎焊时 Zn、Sn 等被还原析出，沉积在母材表面，促进去膜和钎料的铺展。

氟化物钎剂是近些年开发出的一种新型铝用硬钎剂。它不含氯化物，由两种氟化物组成，它们各自的质量分数接近于它们的共晶成分。这种钎剂的流动性相当好，具有较强的去膜能力。钎剂本身不论是固态还是熔化状态都不同铝发生相互作用，钎剂及其残渣不水解，不吸潮。更可贵的是，铝用氟化物钎剂对铝和铝合金没有腐蚀作用。只是该钎剂熔点较高，热稳定性较差，缓慢加热将导致其失效。

铝用硬钎剂的成分及用途列于表 3.37。

表 3.37　铝用硬钎剂成分及用途

牌 号	名 称	化学成分 /%		熔点 /℃	钎焊温度 /℃	特点及用途
QJ201	铝钎剂	LiCl KCl $ZnCl_2$ NaF	31～35 47～51 6～10 9～11	420	450～620	极易吸潮，能有效地去除氧化铝膜，促进钎料在铝合金上漫流。活性极强，适用于在 450～620℃温度范围火焰钎焊铝及铝合金，也可用于某些炉中钎焊，是一种应用较广的铝钎剂，工件须预热至 550℃左右

牌号	名称	化学成分/%		熔点/℃	钎焊温度/℃	特点及用途
QJ202	铝钎剂	LiCl 40～44 KCl 26～30 ZnCl₂ 19～24 NaF 5～7		350	420～620	极易吸潮，活性强，能有效地除 Al₂O₃ 膜，可用于火焰钎焊铝及铝合金，工件须预热至 450℃左右
QJ206	高温铝钎剂	LiCl 24～26 KCl 31～33 ZnCl 7～9 SrCl₂ 25 LiF 10		540	550～620	高温铝钎焊钎剂，极易吸潮，活性强，适用于火焰或炉中钎焊铝及铝合金，工件须预热至 550℃左右
QJ207	高温铝钎剂	KCl 43.5～47.5 CaF₂ 1.5～2.5 NaCl 18～22 LiF 2.5～4.0 LiCl 25～29.5 ZnCl 1.5～2.5		550	560～620	与 Al-Si 共晶类型钎料相配，可用于火焰或炉中钎焊纯铝、防锈铝及锻铝等，能取得较好效果。极易吸潮，耐腐蚀性比 QJ201 好，黏度小，润湿性强，能有效地破坏 Al₂O₃ 氧化膜，焊缝光滑
Y-1 型	高温铝钎剂	LiCl 18～20 KCl 45～50 NaCl 10～12 ZnCl 7～9 NaF 8～10 AlF₃ 3～5 PbCl₃ 1～1.5		—	580～590	氟化物-氯化物型高温铝钎剂。去膜能力极强，保持活性时间长，适用于氧-乙炔火焰钎焊。可顺利地钎焊工业纯铝、防锈铝、锻铝、铸铝等，也可钎焊超硬铝等较难焊的铝合金，若用煤气火焰钎焊，效果更好
No.17 (YT17)	—	LiCl 41，KCl 51， KF·AlF₃ 8		—	500～560	适用于浸渍钎焊
		LiCl 34，KCl 44， NaCl 12，KF·AlF₃10		—	550～620	
QF	氟化物共晶钎剂	KF 42，AlF₃ 58（共晶）		562	＞570	具有"无腐蚀"的特点，纯共晶（KF-AlF₃）钎剂可用于普通炉中钎焊，火焰钎焊纯铝或 LF21 防锈铝
—	氟化物钎剂	KF 39，AlF₃ 56， ZnF₂ 0.3，KCl 4.7		540	—	活性时间为 30s，耐腐蚀性好。可为粉状，也可调成糊状，适用于手工、炉中钎焊
129A	—	LiCl-NaCl-KCl- ZnCl₂-CdCl₂-LiF		550	—	可用于防锈铝合金的火焰钎焊
171B	—	LiCl-NaCl-KCl- TiCl-LiF		490	—	

注：1. 钎焊时，焊前应将工件钎焊部分洗刷干净，工件还应预热。

2. 钎剂不宜蘸得过多，一般薄薄一层即可，焊缝宜一次钎焊完。

3. 钎焊后接头必须用热水反复冲洗或煮沸，并在 50～80℃的质量分数为 2% 的酪酐（Cr₂O₃）溶液中保持 15min，再用冷水冲洗，以免发生腐蚀。

（4）气体钎剂

气体钎剂是一种特殊类型的钎剂，按钎焊方法可分为炉中钎焊用气体钎剂和火焰钎焊用气体钎剂。这类钎剂最大的优点是钎焊后没有钎剂残渣，钎焊接头不需清洗。但这类钎剂及其反应物大多有一定的毒性，使用时应采取相应的安全措施。常用气体钎剂的种类和用途见表 3.38。

表 3.38　常用气体钎剂的种类和用途

气体	适用方法	钎焊温度 /℃	适用材料
三氟化硼	炉中钎焊	$1050 \sim 1150$	不锈钢、耐热合金
三氯化硼	炉中钎焊	$300 \sim 1000$	铜及铜合金、铝及铝合金、碳钢及不锈钢
三氯化磷	炉中钎焊	$300 \sim 1000$	
硼酸甲酯	火焰钎焊	$\geqslant 900$	碳钢、铜及铜合金

在炉中钎焊中可用作钎剂的气体主要是气态的无机卤化物，包括氯化氢、氟化氢、三氟化硼、三氯化硼和三氯化磷等气体。氯化氢和氟化氢对母材有强烈的腐蚀性，一般不单独使用，只在惰性气体保护钎焊中添加少量来提高去膜能力。

三氟化硼是最常用的炉中钎焊用气体钎剂，特点是对母材的腐蚀作用小，去膜能力强，能保证钎料有较好的润湿性，可用于钎焊不锈钢和耐热合金。但去膜后生成的产物熔点较高，只适合于高温钎焊（$1050 \sim 1150$℃）。三氟化硼可以由放在钎焊容器中的氟硼酸钾在 $800 \sim 900$℃完全分解产生，并添加在惰性气体中使用，其体积分数应控制在 $0.001\% \sim 0.1\%$ 的范围内。

三氯化硼和三氯化磷气体对氧化物有更强的活性，且反应生成的产物熔点较低或易挥发，可在包括高温和中温的较宽温度范围（$300 \sim 1000$℃）进行碳钢及不锈钢、铜及铜合金、铝及铝合金的钎焊。该气体钎剂也应添加到惰性气体中使用，并使体积分数控制在 $0.001\% \sim 0.1\%$ 的范围内。

火焰钎焊时，可采用硼有机化合物的蒸气作为气体钎剂，如硼酸甲酯蒸气等。该蒸气在燃气中供给，并在火焰中与氧反应生成硼酐，从而起到钎剂作用，可在高于 900℃的温度钎焊碳钢、铜及铜合金等。

3.3.4　钎剂与钎料的搭配

（1）钎剂的选择

钎剂的功能部分可以分为基质、去膜剂和界面活性剂。有的钎剂这三部分功能可以明显划分，如铝钎剂。多数钎剂的功能部分并不明显划分，但确实存在。基质是钎剂的主要成分，它控制着钎剂的熔点。基质熔化后覆盖在焊接部位的表面起到隔绝空气的作用。同时它又是钎剂中其他功能组元的熔剂。为了配合钎料的熔点，钎剂的熔点应低于钎料熔点 $10 \sim 30℃$。特殊应用情况下，也可采用钎剂的熔点稍高于钎料的熔点。

去膜剂的作用是通过物理化学的过程去除、破碎或松脱母材的表面膜，使得熔化的钎料能够润湿新鲜的母材表面。界面活性剂的作用是进一步降低熔化钎料与母材间的界面张力，使熔化钎料得以在母材表面铺展。

钎剂的选择一般根据氧化膜的性质决定。偏碱性的氧化膜（如 Fe、Ni、Cu 等的氧化物）常使用酸性的含硼酸酐（B_2O_3）的钎剂；偏酸性的氧化膜（如 SiO_2）常采用含碱性 Na_2CO_3 的钎剂，使其生成易熔的 Na_2SiO_3 而进入熔渣。

钎焊含 Cr、Ti、Mo、W 等元素的合金钢或耐热钢时，由于这些元素的氧化物是酸性的，而基体元素 Fe 的氧化物是偏碱性的，因此常在硼酸酐中加入部分强碱性的碱金属或碱土金属的氟化物，使钎剂具有某种双重性能而提高钎剂的活性。为了同时调节钎剂的熔点，在 $850℃$ 以下常添加 LiF、NaF 或 KF，而在 $850℃$ 以上常添加 CaF_2。钎焊结构钢、耐蚀钢和耐热钢以及铜、银、金等合金时有时希望在较低温度下钎焊，则常在硼酸酐中加入氟硼酸钾或氟硼酸钠。

铝合金和镁合金钎焊用钎剂主要由氯化物、氟化物和一些重金属离子构成。但这类钎剂钎焊后清洗比较困难，稍有不慎便会引起腐蚀。对于较大面积的搭接，钎缝中的夹渣很难避免，容易形成蚁窝状缺陷。近 20 余年发展的 Nocolok 钎剂，因为不溶于水、不吸潮而成为无腐蚀性的钎剂。其主要是由 AlF_3 和 KF 系中两个中间化合物 K_3AlF_6 和 $KAlF_4$ 共晶熔盐构成。近年来又发展了 AlF_3-CsF 和 AlF_3-CsF-KFAlF 钎剂，含 CsF 成分的钎剂去除镁氧化膜的能力较强，适合钎焊 Mg 含量较高的铝合金和镁合金。

钛合金钎剂主要由碱金属、碱土金属的氯化物和氟化物组成，但由于钛的氧化膜更难以去除，其界面活性剂常用活性更高的 AgCl 和 $SnCl_2$。

（2）钎剂与钎料的搭配

钎焊时钎料最好在钎剂完全熔化后 $5 \sim 10s$ 即开始熔化，这时正是钎剂的活性高峰。这种时间间隔主要取决于钎剂以及钎料本身的熔化温度，也可以通过加热速度来进行一定的调节。快速加热将缩短钎剂和钎料的熔化温度时间间隔，缓慢加热则延长二者的时间间隔。

对于升温速度缓慢的工件，钎剂的熔化温度要选择较高者，升温越慢应选择钎剂熔化温度越高者，有时甚至选择的钎剂熔化温度略超过钎料液相线的温度。钎剂过早地熔化将使钎料熔化时赶不上钎剂的活性高峰。对于熔化温度区间大的钎料，即钎料的固相线和液相线的温度相隔较远，钎焊时需要快速加热，否则开始熔化的低熔部分随钎缝流失而产生熔析，留下一个不熔的钎料瘤，这时钎剂开始的熔化温度应当选择较高者，设置接近或略高于钎料的固相线以推迟钎剂活性高峰到来的时间，从而避免钎料中低熔部分的过早流失。

钎焊温度下如果钎料与母材的液相互溶度很大，钎料熔化后不宜停留较长时间，以免引起严重的溶蚀。应当控制钎剂熔化的时间，使钎剂的活性高峰在钎料熔化时正好达到，以保证钎料熔化后瞬时流走。

钎剂和钎料熔化温度区间的控制，炉中钎焊时需要根据具体情况设置升温程序。有时需要快速升温甚至将炉温烧至高温，远超过母材的熔点，送入工件，完成钎焊过程后立即出炉。有时工件质量或体积较大，传热需要一定的时间，则常常采用加快炉内气氛的流动以加速工件升温的方法。

复习思考题

① 钎焊时，对钎料的要求有哪些?

② 钎料与钎剂的型号和牌号如何表示?

③ 根据不同的划分依据，钎料各有哪些类型?

④ 常用的软钎料有哪些? 其特性有何区别?

⑤ 如何评定钎料的工艺性能?

⑥ 钎料的选用原则是什么? 分别从工况和使用性能方面来看，选用钎料应注意的问题有哪些?

⑦ 钎焊过程中，钎剂的作用有哪些?

⑧ 软钎剂和硬钎剂的区别是什么? 其组成部分各有哪些?

⑨ 氟化物铝用硬钎剂的特性有哪些?

⑩ 钎焊时，钎剂的选择如何与钎料相互匹配?

二维码
见封底

 微信扫码
立即获取

 教学视频
配套课件

第**4**章

钎焊工艺

钎焊工艺是实施钎焊和保证钎焊质量的技术措施，其程序包括钎焊接头设计、工件的表面处理、装配和固定、钎料及钎剂的配置、钎焊工艺参数的选择、钎焊后的清洗等，必要时钎缝连同整个工件还要进行焊后镀覆、热处理等，这些工序对各种钎焊母材对象是不同的。

4.1
钎焊接头设计

4.1.1　钎焊接头的基本形式

（1）常见的钎焊接头形式

钎焊结构对接头的基本要求之一就是应与被连接零件具有相等的承受外力的能力。钎焊接头的承载能力与许多因素有关，包括接头形式、选用的钎料强度、钎缝间隙值、钎料和母材间相互作用的程度、钎缝的钎着率等，其中，接头形式起着相当重要的作用。

对接接头具有均匀的受力状态，并能节省材料、减轻结构重量，因此，成为熔焊连接的基本接头形式。但在钎焊连接中，由于钎料的强度大多比母材的强度低，接头（钎缝）的强度往往也就低于母材的强度，因而对接接头常不能保证与焊件相等的承载能力。加之对接接头形式要保持对中和间隙大小均匀较困难，故一般不推荐使用。

传统的 T 形接头、角接接头形式同样难以满足相等承载能力的要求，而搭接接头依靠增大搭接面积，可以在接头强度低于母材强度的条件下达到接头与焊件具有相等的承载能力的要求。另外，它的装配要求也相对较为简单，因此，成为钎焊连接的基本接头形式。

在具体结构中，需要钎焊连接零件的相互位置是各式各样的，不可能全都符合典型的搭接形式。为了提高接头的承载能力，接头设计时的基本处理方法是尽可能使接头局部搭接化。图 4.1 示出典型的钎焊接头形式。

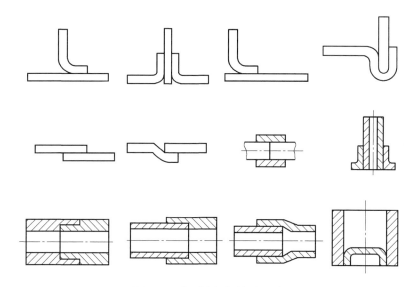

图 4.1　典型的钎焊接头形式

（2）接头搭接长度的确定

当采用搭接接头形式时，钎焊接头的搭接长度（L）可根据保证接头与焊件承载能力相等的原则通过计算确定。对于几种典型结构形式，其具体计算方法如下。

板件搭接钎焊时，可按下式计算：

$$L = \frac{\sigma_b}{\tau} H$$

式中，σ_b 为焊件材料的抗拉强度；τ 为钎焊接头的抗剪强度；H 为焊件材料的厚度。

在套接的管结构中，计算公式如下：

$$L = \frac{F\sigma_b}{2\pi R\tau}$$

式中，F 为管件的横截面积；R 为管件的半径。

对于圆杆件（图 4.2），通常要求焊缝宽度不小于圆杆的半径，由此可推出如下公式：

$$L = \frac{\pi\sigma_b}{2\tau}D \tag{4.1}$$

式中，D 为圆杆的直径。

圆杆与板件钎焊时（图 4.3），按检验要求钎缝宽度应不小于圆杆的直径。此时可出现以下两种情况。

① 在结构中杆件承载能力较弱时：

$$L = \frac{\pi\sigma_b}{4\tau}D \tag{4.2}$$

② 如板件承载能力较弱，则为：

$$L = \frac{\sigma_b WH}{\tau D} \tag{4.3}$$

式中，W 为板件的宽度。

同样，在上述其他几类计算中，也均应以结构中承载能力较弱的零件为对象。

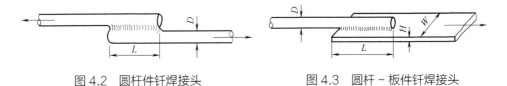

图 4.2　圆杆件钎焊接头　　　　　图 4.3　圆杆－板件钎焊接头

但在实际生产中，一般不是通过公式计算，而是根据经验确定。例如，对于板件，搭接长度取此接头零件中薄件厚度的 2 ～ 5 倍；对使用银基、铜基、镍基等高强度钎料的接头，搭接长度通常不超过薄件厚度的 3 倍；对用锡铅等低强度钎料钎焊的接头，可取薄件厚度的 5 倍。但除特殊需要外，推荐搭接长度值不大于 15mm。搭接长度过大，既耗费材料、增大结构重量，又难达到相应提高承载能力的要求。因为搭接长度过大时，钎缝很难被钎料全部填满，往往产生大量缺陷。同时，搭接接头主要靠钎缝的外缘承受剪切力，中心部分不承受大的力，而随搭接长度增加的却正是钎缝的中心部分。

上面讨论的钎焊接头都是用于结构中的承力接头。除此之外，钎焊连接也广泛用于电路中，此时接头的主要作用是传导电流。在导电接头的设计中，要考虑的主要因素是导电性。正确的接头设计不应使电路的电阻有明显增大。虽然一般钎料的电阻率要比紫铜的大得多，但由于钎缝的厚度与电路的长度相比是极微小的，因此一般不会对电路的电阻产生大的影响。尽管如此，但就钎焊接头本身来说，仍可能因大电阻而引起过度发热的问题。为排除这种现象，接头设计的基本要求是应保证钎缝的电阻值与所在电路的同样长度的铜导体的电阻值相等。从这一原则出发，对上述板 - 板、圆杆 - 圆杆、圆杆 - 板形式的搭接接头，其搭接长度 L 的计算公式分别为：

$$L = \frac{\rho_\mathrm{f}}{\rho_\mathrm{c}} H$$

$$L = \frac{\pi \rho_\mathrm{f}}{2 \rho_\mathrm{c}} D$$

$$L = \frac{\pi \rho_\mathrm{f}}{4 \rho_\mathrm{c}} D$$

式中，ρ_f 为钎料的电阻率；ρ_c 为导体的电阻率。

4.1.2 钎缝间隙的控制

钎缝间隙是两待焊零件的钎焊面之间的距离。钎缝间隙值对钎焊接头的性能有极大的影响，这种影响对于各种形式的接头以及它们的各方面性能都普遍存在。间隙对接头性能的影响是其对以下诸过程影响的综合结果：钎料的毛细填缝过程；钎料从间隙中排出钎剂残渣及气体的过程；母材与填缝钎料的相互扩散过程；母材对钎缝合金层受力时塑性流动的机械约束作用。因此，正确选定钎缝间隙值是获得优质接头的重要前提。

通常存在着某一最佳间隙值范围，在此间隙值范围内接头具有最大强度值，并且它往往高于原始钎料的强度。大于或小于此间隙值时，接头强度均随之降低。因此常以此间隙值范围作为生产中推荐使用的间隙值。在此间隙值范围内接头强度出现上述特性是由于它保证了钎料充分而致密地填缝、母材对填缝钎料良好的合金化作用以及母材对钎缝合金层的足够支承作用。间隙偏小时，接头强度随之下降，往往是由于钎料填缝变得困难，间隙内的气体、钎剂残渣也越来越难排出，在钎缝内造成未钎透、气孔或夹渣。间隙偏大时，毛细作用减弱，也使钎料不能填满间隙，母材对填缝钎料中心区的合金化作用消失，钎缝结晶生成柱状铸造组织和枝晶偏析以及受力时母材对钎缝合金层的支承作用减弱。这些因素都将导致接头强度降低。钎焊接头强度与钎缝间隙之间的关系如图 4.4 和图 4.5 所示。

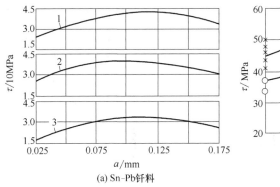
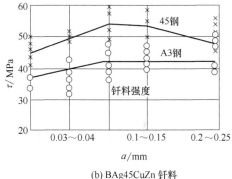

(a) Sn-Pb钎料　　　　　　　　(b) BAg45CuZn钎料

图 4.4　钎焊接头抗剪强度与钎缝间隙值的关系

1—低碳钢；2—黄铜；3—铜

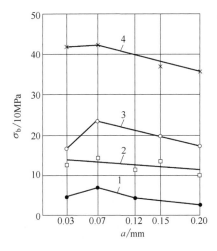

图 4.5　钎焊接头强度与钎缝间隙
值的关系

1—疲劳强度；2—抗剪强度；3—断裂强度；
4—弯曲强度

但是，对于不同的钎料和母材组合，其获得最高接头强度值的最佳间隙值范围各不相同，这与钎料和母材各自的物理化学性质以及在钎焊时的相互作用特性有密切关系。一般来说，钎料对母材的润湿性越好。这一间隙值就越小。钎料与母材相互作用强烈，间隙必须增大，因为填缝时母材的溶入会使钎料熔点提高、流动性下降。例如，用铝基钎料或锌基钎料钎焊铝合金时，母材向钎料中的溶解很强烈，为了保证填满钎缝，要求较大的间隙；相反，用银基或铜基钎料钎焊钢时，钎料与母材相互作用很弱，采用较小的间隙有助于加强钎料的毛细填缝。

另外，钎料的黏度和流动性对间隙值的选择也是一个重要因素。流动性好，能填满较小的间隙。因此，对于具有单一熔点的纯金属钎料、共晶成分的钎料以及有自钎剂作用的钎料，应取较小的间隙值。成分中含有高蒸气压组元的钎料，在填缝过程中由于这类组元发生挥发，钎料的熔点会起变化，又有金属蒸气逸出，应选用较大的间隙。少数钎料中的某些组元，要靠向母材中扩散来消除以改善钎缝的性能。对于这类钎料，要严格保持小间隙。

此外，钎焊时的去膜过程对间隙值的选用有很大影响（图 4.6）。钎剂去膜，在间隙中留下凝聚状的残渣，液态钎料的填缝过程将伴随着排渣过程进行，只有在较大的间隙条件下，这些过程才能顺利实现。气体介质去膜不形成残渣，钎料填缝时要排出的只是气体，特别是在真空条件下，气体也是极其稀薄的，不会给钎料填缝带来困难，采用推荐间隙范围内的较小值，有助于提高接头强度。

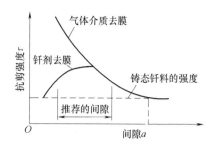

图 4.6　钎焊接头强度与钎缝间隙关系的示意曲线

最佳钎缝间隙值是由多方面的因素综合决定的。因此，既不存在某个适应一切条件的统一的间隙最佳值，也不可能凭借某种原理和计算公式来确定各种具体情况下的间隙大小。

必须指出，由于金属的受热膨胀，钎焊温度下实际的钎缝间隙值与装配时的大小不一定相同。不同材料的钎缝间隙推荐值见表 4.1。因此，在设计钎焊接头时必须预测钎焊加热中可能发生的这种变化，在确定装配间隙值时应给予补偿。

表 4.1　不同材料的钎缝间隙推荐值

母材	钎料系	间隙值	母材	钎料系	间隙值
铝及铝合金	Al 基	0.15～0.25	钢	Cu	0.01～0.05
	Zn 基	0.1～0.25		黄铜	0.02～0.1
铜及其合金	黄铜	0.04～0.2	不锈钢	Ag 基	0.025～0.15
	Cu-P	0.04～0.2		Cu-Ni	0.03～0.2
	Cu-Ag-P	0.02～0.15		Mn 基	0.04～0.15
	Pb-Sn，Sn-Pb-Ag	0.05～0.3		Ni 基	0.04～0.1
	Sn-Pb，Sn-Sb	0.1		Cu	0.01～0.1
	Ag-Cu-Zn-Cd	0.08～0.2	钛及钛合金	Cu，Cu-P，Cu-Zn	0.03～0.05
镍合金	Ni-Cr	0.05～0.1		Ag，Ag-Mn	0.03

钎焊时影响钎缝间隙值变化的主要因素是母材的热膨胀系数和加热方法。在均匀加热钎焊同种材料的零件时，间隙一般不会有明显的变化。对材料不同、截面不等的零件，在加热过程中钎缝间隙可能发生较大变化。特别是套接形式的接头，母材热膨胀系数的差异影响最大。如果套接时内部零件材料比外部零件材料的热膨胀系数大，则加热会使间隙变小，反之，加热会使间隙增大。钎焊同种材料的零件，若加热速度不同或加热温度不均，也会引起钎缝间隙值的变化，这种情况在感应钎焊时最容易发生。如感应钎焊异种材料，则热膨胀系数的差异、零件的相对位置关系和加热不均等因素将同时起

作用，可能彼此叠加或抵消。

钎焊接头设计时须结合具体材料、接头构造、钎焊方法和工艺，参照表 4.1 中推荐的数据，通过试验来确定接头的装配间隙值。

4.1.3 特殊钎焊接头的设计

（1）不等厚零件的接头设计

在设计不同厚度的材料组成的接头时，为了避免在载荷作用下接头处产生应力集中，有时应考虑局部加厚薄件的接头部分。图 4.7 列举了几种在承受图示箭头方向的载荷时，接头的不同设计。

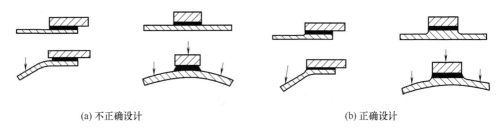

(a) 不正确设计　　　　　　　　　　　　(b) 正确设计

图 4.7　不等厚焊件的接头设计示例

图 4.7（a）示出的钎焊接头结构，在载荷作用下薄件发生的变形使钎缝边缘产生很大的应力，因而可能导致接头的破坏；图 4.7（b）示出的接头结构，局部加厚了薄件的接头部分，承载时薄件的变形因此发生在接头以外，避免了钎缝边缘出现的应力集中。

（2）防止应力集中的接头

一般母材本身能够承受较高的应力和运载负荷，因此，一个优良的钎焊件设计总是善于不使接头边缘产生任何过大的应力集中，而是设法将应力转移到母材中去。为此，不应把接头布置在焊件形状或截面发生突变的部位，以避免应力集中；也不宜安排在刚度过大的地方，防止在接头中产生很大的内应力。异种材料进行钎焊时，先要计算不同材料在钎焊温度下的热膨胀系数，以验证与推荐的钎焊间隙是否一致，还要充分考虑整个构件受热所带来的不利因素。一般把热膨胀系数较大的材料设计在内部，而相对较小的设计在外部，以保证较小的接头间隙。如果二者的热膨胀系数相差悬殊，则会在接头中引起较大的内应力，甚至导致开裂破坏，这时，在接头设计中应该考虑采用适当的补偿垫片，借助它们在冷却过程中产生的塑性变形来消除部分应力。

在接头设计中，不应把填缝钎料在钎缝外围形成的圆弧形钎角作为一种消除应力集中的方法。因为在钎焊过程中无法控制应力集中，反将加剧应力集中。因此，在设计承受大应力的接头时，不应用它来替代零件的圆角。合理的设计应在零件的接头处安排圆角，使应力通过母材上的圆角而不依赖接头钎角形成适当的分布。

（3）感应钎焊接头设计

感应钎焊接头设计的注意事项包括加热方式、预置钎料的方式、装配部件的间隙和将要连接材料的热膨胀系数及电特性等。感应钎焊接头也必须正确设计并达到要求的公差值，以使填充金属得以正常流动；对母材上的氧化物必须完全清除，以保证提供充足的润湿性，防止其表面再度氧化。感应钎焊典型的接头设计如图4.8所示。

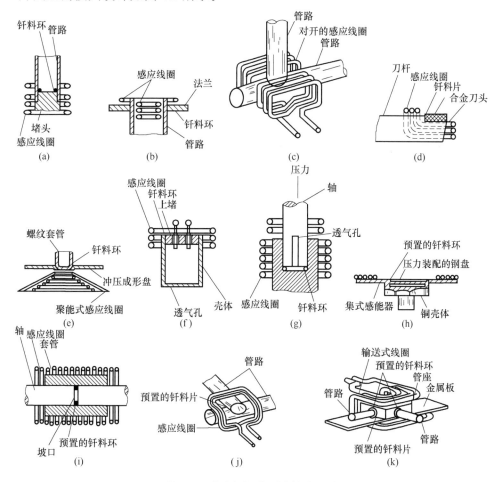

图 4.8　感应钎焊典型的接头设计

当受到工作线圈的感应耦合时，为了得到最好的结果，钎料不能形成封闭环。另外，预置的钎料将受到电磁场的保护，避免在接头表面达到钎焊温度之前被熔化。有时为了保护接头形状不被破坏，通常把钎料放到组件的内部，或在一个部件设计凹槽。

接头间隙大小影响钎料的填充，在一定范围内液体上升的高度随间隙的减少而增大，图4.9所示为铜板间钎料的填缝高度与间隙的关系。当接头间隙在0.14mm左右时钎料有最佳的填充能力。如果使用不同的加热方式或不同的钎料，待钎焊部件以不同的速度膨胀，设计时应考虑不同的膨胀而预留一定的间隙，以保证加热到钎焊温度时能有合适的接头间隙。采用银基钎料感应钎焊同类材料时，接头间隙一般控制在 $0.038 \sim 0.051$mm 范围内。

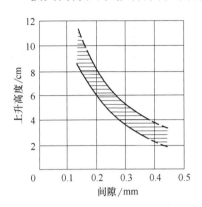

图4.9 钎料上升高度与接头间隙大小的关系

一般接头间隙越小，焊接应力越大，反之亦然。接头间隙过小时，会发生"挤死"和"钎不透"，使接头强度下降和焊接应力增加；而间隙过大，毛细作用减弱，也会导致"钎不透"，使接头强度下降。因而大小适中的接头间隙对减小焊接应力和增强焊缝牢度有很大的作用。

接头厚度也是影响接头残余应力的主要因素之一。图4.10所示是采用抗拉强度为448MPa的银基钎料，钎焊抗拉强度为1100MPa的不锈钢时，接头厚度对抗拉强度的影响。随接头厚度的增加，不锈钢钎焊接头抗拉强度逐渐减小，这是接头厚度对焊缝受力时的内应力和焊缝刚性产生较大的影响所引起的。

对于存在应力集中、较高的残余应力或在不同材料中收缩量不同的接头，应避免接头的强度超过钎

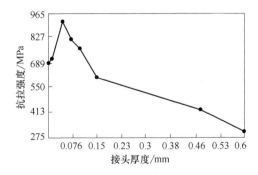

图4.10 接头厚度对感应钎焊接头抗拉强度的影响

料的强度，或接头部件材料的热膨胀系数相差较大。如碳化钨硬质合金和碳钢之间存在明显的热膨胀系数差别，当碳化钨硬质合金处于拉应力时特别不利，容易导致硬质合金一侧开裂。在这种条件下，可采用"夹芯"钎焊方法。

它是利用一个覆盖钎料的带钢（如在钢带双面镀银铜钎料）进行钎焊。在这种钎焊条件下，如同在较低的屈服强度条件下发生塑性变形一样，可减小接头的应力。

（4）真空钎焊接头设计

1）设计原则

在真空钎焊生产中，基本上采用搭接接头和对接接头两种类型。此外，具有T形接头或角接特点的接头，可看作对接接头。但在具体结构中，需要真空钎焊连接的部件形状和位置是各式各样的，不可能全部符合典型的搭接接头和对接接头形式。为了提高接头的承载能力，在设计真空钎焊接头时，不同的构件使用要求和工况条件各异，设计接头时必须采取相应的措施。

对于要求承压密封的钎焊接头，只要可能，都应采用搭接形式，因为这种接头具有较大的钎焊面积，发生泄漏的可能性较小。图4.11所示为几种承压密封容器的典型钎焊接头。

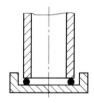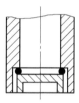

图 4.11　承压密封容器的典型钎焊接头

在导电接头的设计中，要考虑的主要因素是导电性。正确的接头设计不应使电路的电阻有明显增大。

真空钎焊工艺中钎料是预先放置的，设计接头时，应考虑钎料的装填位置，需要在接头母材上开槽预置钎料，槽应开在截面较厚或易加工槽口的材料上，如图4.12所示。

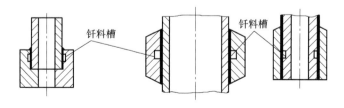

图 4.12　开钎料槽示意图

设计接头时应考虑将钎料安放于组件的内侧，钎焊时钎料就会向外流出，检验者可以直接观察钎料的流布情况和整个接头的钎透情况。在一些情况下，钎料不能放置于接头中，为了保证钎料适当地流入接头便于检验，钎料应放于接头的一侧，并能流入接头，这样就可以从接头的另外一侧检验钎料的流布情况。

钎焊件装炉准备钎焊时，要求部件彼此之间能够保持正确的相对位置。接头设计时，在不影响组件结构性能的前提下，尽可能为组件自重定位和装配设计出凸台、凹槽及工艺台阶等。

真空钎焊时，组件要整体受热，接头设计要充分考虑重、厚、大的部件应置于下方，以避免高温时重力引起的变形；同时设计要利于装配应力的释放。

2）接头间隙的控制

钎焊间隙是指在钎焊温度时焊件表面间的装配间隙。钎焊间隙的大小不仅在很大程度上决定着钎焊接头的性能，而且也直接影响着钎焊工艺实施的难易情况。因此，正确地选定钎焊间隙值，应该是钎焊接头设计中的一项重要内容。

钎焊过程中，钎焊间隙的大小影响钎料的毛细填缝过程，钎料与母材相互作用的程度，以及母材对钎缝合金层受力时塑性流动过程等。这些因素的共同结果，必然极大地影响钎焊接头的质量和性能，甚至直接决定着钎焊工艺的成败。

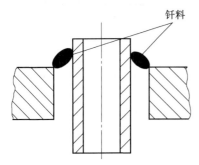

图4.13　两端开阔钎料易流失接头示意图

钎焊间隙太大，毛细作用减弱甚至消失，钎料难以填满接头间隙，钎料与母材的合金化作用降低，或者产生硬脆的金属间化合物相，导致接头的力学性能下降。尤其是对于如图4.13所示的两端开阔的接头，液态钎料与母材之间的表面张力小于钎料的重力时，钎料无法在间隙中自持而流失，无法形成钎缝。钎缝太小，会妨碍钎料填充，尤其对于共晶型或单元素钎料影响更大。

真空钎焊工艺过程是自动进行的，钎焊间隙的影响更大。要求在不妨碍钎料填充的前提下，接头间隙越小越好。保持较小的接头间隙不仅有利于钎料的流布，而且能使钎料凝固时形成的孔洞或缩孔减少，还有利于钎料与母材的合金化。更重要的是，处于狭窄间隙中的钎料在受热发生塑性变形时，受周围母材的限制，接头中形成复杂的内应力，结果会使接头强度大大提高。

当使用 Ni-Cr-B-Si 系钎料钎焊奥氏体不锈钢或沉淀硬化类高温合金时，

间隙越小，强度越高。"零"间隙时，钎缝强度与母材相近；当间隙大至 0.05mm 时，强度下降 30%～70%。图 4.14 和图 4.15 是用几种钎料钎焊奥氏体和马氏体不锈钢时，钎焊间隙与强度的关系曲线。可以看出，随着钎焊间隙的增大，接头强度下降非常明显，这就是用镍基钎料钎焊时，一定要设计成小间隙的原因。

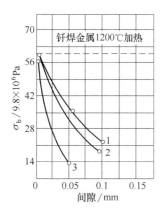

图 4.14　镍基钎料钎焊奥氏体不锈钢时
强度与间隙的关系

1—Cr14%，Si4.5%，B3.0%，Fe4.5%，余Ni；
2—Cr7%，Si4.5%，B3.0%，Fe3.0%，余Ni；
3—Cr19%，Si10%，余Ni

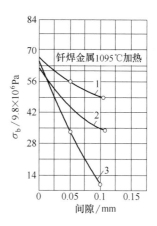

图 4.15　镍基钎料钎焊 1Cr13 钢时
强度与间隙的关系

1—Cr14%，Si4.5%，B3.0%，Fe4.5%，
余Ni；2—Cr7%，Si4.5%，B3.0%，
Fe3.0%，余Ni；3—Cr19%，Si10%，余Ni

表 4.2 列出了部分母材用不同钎料钎焊时，钎焊间隙与接头的抗剪强度。

表 4.2　钎焊间隙与接头的抗剪强度

母材	钎料	钎焊间隙 /mm	抗剪强度 /MPa
碳钢及低合金钢	铜基钎料	0.00～0.05	100～150
	银基钎料	0.05～0.15	150～240
不锈钢	铜基钎料	0.03～0.20	370～500
	银基钎料	0.05～0.15	190～230
	锰基钎料	0.04～0.15	300
	镍基钎料	0.00～0.08	180～250
铜及铜合金	铜基钎料	0.02～0.15	170～190
	银基钎料	0.05～0.13	160～180
铝及铝合金	铝基钎料	0.1～0.3	60～100

4.2

钎焊前准备

4.2.1 表面清理及制备

待焊零件表面不可避免地会覆盖着氧化物、沾上油脂和灰尘等，它们都将妨碍液态钎料在母材上铺展填缝。因此钎焊前零件的表面制备主要是清除零件表面的油污和氧化物。此外，在某些情况下，为了保证钎焊质量，还要对钎焊面镀覆一定的金属层。

（1）零件表面的除油

目前，钎焊件的表面除油主要有以下几种方法。

1）有机溶剂除油

溶剂除油是指用汽油、煤油、三氯乙烯、四氯化碳、酒精等溶剂溶解油脂，去除焊件表面的油污。由于汽油溶油能力强、价廉、毒性小、使用方便，所以生产中多使用汽油。除油方法是直接将焊件放置在溶剂中浸渍，并用毛刷刷洗。对于油封焊件，要先用煤油启封后，再用溶剂清洗。真空钎焊焊件只用汽油除油是不够的，通常还要用酒精进行彻底除油及清洗，才能准许进炉。

对于单件和小批量生产，最简易可行的方法是用有机溶剂擦净。一般多使用乙醇或丙酮。如果零件表面有油封层，则应使用汽油清洗。在大批量生产中，零件可用二氯乙烷、三氯乙烷、三氯乙烯等有机溶剂除油。它们能很好地溶解油脂并容易再生。其中使用较多的是三氯乙烯，它能溶解大多数润滑物质和有机物而又不可燃，因而可以用较高的温度清洗零件，提高清洗速度和质量。但对于钛和锆，只可使用非氯化物溶剂。

2）化学除油

利用化学溶剂的皂化或乳化作用，将焊件表面的油污去除的方法，属于化学除油。一般是使用碱或碱性盐类的水溶液将焊件浸洗除油，具有过程简单、成本低及效果好等优点。其缺点是溶液要求加热、用后难以再生及对某些金属具有腐蚀作用。

对于常用的钢铁焊件，可使用：NaOH 30 ~ 50g/L、Na_2CO_3 20 ~ 30g/L、$Na_3PO_4 \cdot 12H_2O$ 50 ~ 70g/L、Na_2SiO_3 10 ~ 15g/L。溶液温度80 ~ 100℃，

浸洗时间 20 ～ 40min。

对于铝及铝合金焊件，可使用：Na_2CO_3 15 ～ 20g/L、$Na_4P_2O_7 \cdot 10H_2O$ 10 ～ 20g/L、Na_2SiO_3 10 ～ 15g/L、OP-10(烷基酚与环氧乙烷的缩合物，属于非离子型表面活性剂) 乳化剂 1 ～ 3g/L。溶液温度 60 ～ 80℃，浸洗时间 3 ～ 5min。

对于铜及铜合金焊件，可使用：NaOH 10 ～ 15g/L、Na_2CO_3 20 ～ 50g/L、$Na_3PO_4 \cdot 12H_2O$ 50 ～ 70g/L、Na_2SiO_3 5 ～ 10g/L、OP-10 乳化剂 50 ～ 70g/L。溶液温度 70 ～ 90℃，浸洗时间 20 ～ 30min。

3）电解除油

电解除油采用直流电，焊件作为电源的一极放入电解槽。按焊件所处极性的不同，电解除油可分为阴极除油、阳极除油和混合除油。与阳极除油相比，阴极除油的速度要快得多。但是，对碳钢焊件不宜采用阴极除油，以防止引起渗氢而降低塑性。电解除油与化学除油相比，加速了除油过程，减少了溶液的消耗。但是，对于形状复杂的焊件，电解除油不够有效。

4）三氯乙烯蒸气除油

三氯乙烯 (C_2HCl_3) 是一种高效溶油剂，在室温下的溶油能力是汽油的 4 倍，在 50℃ 以上是汽油的 7 倍。蒸气除油是把要除油的焊件置于三氯乙烯的蒸气中，借蒸气与冷的焊件接触时凝聚形成的液体溶解焊件上的油污。由于焊件始终与干净的三氯乙烯接触，不会造成焊件的污染，除油效果好，速度快，废液又可以通过蒸馏回收，是一种高效、经济的除油方法。

蒸气除油的工作原理如图 4.16 所示。装置由槽、加热体和冷却管等组成。液态三氯乙烯置于槽底，使用时加热至 87℃ 即蒸发。由于蒸气密度比空气大，积聚于槽的底部。随着蒸气量的增加，蒸气逐渐上升。为了防止蒸气溢出，槽要高出地平面，在槽内低于地平面的位置环绕多圈冷却水管。当蒸气上升至水管处，被冷却凝结为液体重新流至槽底，保证了槽内蒸气面始终处于地平面以下。

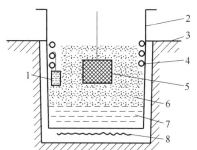

图 4.16　三氯乙烯蒸气除油示意图
1—清洁的三氯乙烯；2—槽；3—地平面；
4—冷却水管；5—料筐；
6—三氯乙烯蒸气；7—液态三氯乙烯；
8—加热装置

三氯乙烯蒸气除油的操作程序如下。

① 将带有油污的焊件先用煤油洗净，再用压缩空气吹干。

② 将焊件放入料筐内，放置的位置应便于油污的流出。将料筐放入三氯

乙烯蒸气中。

③ 每隔 3～5min 将料筐提出蒸气外，待冷却后再放入蒸气中，如此反复至少三次。

④ 除油时间一般为 10～15min，最多不能超过 30min，将料筐提出，滴干焊件上的溶液后，取出零件。

⑤ 如果除油不彻底，可待焊件冷却后，再次重复进行除油。

操作时要注意零件上不能有水分；不能沾有强碱性物质；不能带有橡胶件；对钛合金零件，要在溶液里加一定量的缓蚀剂；带有凹槽、内孔等不易彻底除油的零件，在蒸气除油后应放入干净的热溶液中洗涤。另外，钎料（丝、片状）的除油可与焊件同筐进行。

5）超声波清洗

对于形状复杂的小零件，可在专用的槽子里用超声波清洗。超声波清洗，也是清除落入零件表面狭小缝隙中的不能溶解污物的唯一可能方法。槽液成分可以是添加有活性剂的水、碱液（磷酸三钠、氢氧化钠、碳酸钠等）以及有机溶剂。适宜的清洗温度相应地分别为 50～60℃、不高于 60℃ 并低于其沸腾温度。超声波脱脂不仅能得到最好的效果，而且过程简便、迅速。

不论经过上述何种方法除油后的零件，均应再用清水洗净，然后干燥。

（2）清除表面氧化膜

钎焊件表面氧化物的去除方法如下。

1）机械清除

去除焊件表面氧化物或锈蚀最简单的方法是机械清除。可采用锉刀、刮刀和砂布打磨，但生产效率低，只适于小件的单件生产；用金属丝刷、金属丝轮和砂轮处理，该方法效率较高，适于小批量生产；对形状复杂或表面积大的焊件，可采用喷砂或喷丸处理，该方法效率最高，但是一般用于钢、钛及钛合金。喷砂后的焊件，还应做去除砂粒的补充处理。用砂布打磨后的焊件表面，也须用浸有有机溶剂的布料擦净砂粒。

机械清除氧化物时，应使焊件表面适当粗糙化，以促进钎料的铺展，但要注意粗糙度应适当。

2）物理清除

物理清除主要是超声波清理法。其原理是依靠超声波在液体介质中传播时，液体内部产生空化作用，除去金属表面的氧化膜。对于不锈钢或高温合金，通常使用的介质是丙酮、酒精、三氯乙烷、汽油或蒸馏水；超声场频率为 $2×10^4Hz$；清洗时间一般不超过 30min。超声波清洗时，焊件不能重叠放置，清洗件要全部浸入介质溶液中，保证污物易于流出。

3）化学清除

化学清除也叫作酸洗，它是以酸和碱能够溶解某些氧化物为基础的。例如，对于一些常见的金属氧化物，酸和碱能与它们反应，如下：

$$FeO+H_2SO_4 \longrightarrow FeSO_4+H_2O$$
$$Fe_3O_4 +4H_2SO_4 \longrightarrow Fe_3(SO_4)_4+4H_2O$$
$$Fe_2O_3+3H_2SO_4 \longrightarrow Fe_2(SO_4)_3+3H_2O$$
$$FeO+2HCl \longrightarrow FeCl_2+ H_2O$$
$$Fe_2O_3+6HCl \longrightarrow 2FeCl_3+3H_2O$$
$$CuO+ H_2SO_4 \longrightarrow CuSO_4+ H_2O$$
$$Cu_2O+H_2SO_4 \longrightarrow CuSO_4+ H_2O+Cu$$
$$Al_2O_3+2NaOH \longrightarrow 2NaAlO_2+ H_2O$$

因此，通常生产中使用的有硫酸、盐酸、硝酸、氢氟酸及其混合物的水溶液以及氢氧化钠的水溶液等。

与机械清除相比，化学清除法的优点是生产率高、清除效果好、质量较易控制，特别是对于铝、镁、钛及它们的合金。因此，它是大量生产中主要采用的方法。但它的工艺过程较复杂，设备和器材的成本较高。此外，若操作不当，可能造成过蚀。

对于不同的材料由于表面氧化膜不同，使用的酸洗液也各不相同。即使同一种材料，也往往有多种酸洗液成分。下面就不同材料分别列举 1～2 种成分，其中成分用百分数表示者均为体积分数。

① 低碳钢和低合金钢的酸洗　可采用硫酸或盐酸的水溶液，但使用二者的混合溶液效果最好。常用的酸洗液有：Ⅰ. 10% 的 H_2SO_4 或 HCl 水溶液，酸洗温度 40～60℃，酸洗时间 10～20min；Ⅱ. 5%～10% 的 H_2SO_4 和 2%～10% 的 HCl 水溶液，再加入 0.2% 的缓蚀剂，酸洗温度 20℃，酸洗时间 2～10min。

② 奥氏体不锈钢和高温镍基变形合金的清洗　常使用的溶液有：Ⅰ. NaOH 75%～83%、$NaNO_3$ 17%～25%，溶液温度（60±5）℃，浸蚀时间 20～30min；Ⅱ. NaOH 100～125g/L、$NaNO_3$ 100～125g/L、$KMnO_4$ 50～100g/L，溶液温度（100±5）℃，浸蚀时间 60min。

③ 铝及铝合金的清洗　一般使用的溶液有：Ⅰ. NaOH 20～35g/L、Na_2CO_3 20～30g/L，其余为水，溶液温度 40～55℃，浸蚀时间 2min；Ⅱ. NaOH 10%、H_2O 90%，溶液温度 20～40℃，浸蚀时间 2～4min；Ⅲ. Cr_2O_3 150g/L、H_2SO_4 30g/L，其余为水，溶液温度 50～60℃，浸蚀时间 5～20min；Ⅳ. NaOH

50g/L、Na_2CO_3 50g/L、Na_3PO_4 50g/L、Na_2SiO_3 50g/L，其余为水，溶液温度 70～80℃，浸蚀时间 0.5～1min。

浸蚀后将焊件在热水中冲洗，放入 15% 的 HNO_3 溶液中光泽处理 2～5min，再在流动的冷水中冲洗，并在温度不低于 60℃ 的条件下干燥。

④ 高温镍基铸造合金清洗　对于铝、钛含量比较高的镍基铸造合金，表面氧化膜十分稳定，除用超声波清洗之外，还应在葡萄糖酸钠与氢氧化钠的溶液中清洗。具体方法是：

a. 将 30% 的溶液盛在容器内，在电炉或其他加热器上加热至 100℃；

b. 焊件放入沸腾的溶液中 3～5min；

c. 取出零件用流动的自来水冲洗；

d. 在 25% 的硝酸溶液中室温下清洗 5min；

e. 用流动的自来水冲洗干净；

f. 用热吹风机吹干表面的水珠，并在 180～250℃ 干燥箱中干燥 20～30min。

⑤ 铜及铜合金的酸洗　应根据不同合金成分选用酸洗液。对于铜和黄铜，可使用室温下 5%～10% 的 H_2SO_4 水溶液；铬铜和铜镍合金，采用 5% 的 H_2SO_4 热溶液；铜硅合金应先用 5% 的 H_2SO_4 热溶液，然后用 2% 的 HF 与 5% 的 H_2SO_4 的冷混合液酸洗；对铝青铜，要交替地在 2% 的 HF 与 3% 的 H_2SO_4 的冷混合液中及 20～25℃ 的 5% 的 H_2SO_4 溶液中浸洗；如为铍青铜，可在由 85～90℃ 的 100mL HCl、5g KF、900mL 蒸馏水组成的溶液中浸蚀 4～6min。

⑥ 钛及钛合金的酸洗　Ⅰ. 80% 的 HNO_3 与 20% 的 HF 溶液，在常温下酸洗 30s；Ⅱ. 15% 的 HCl 与 5% 的 HF 水溶液，常温下浸蚀 3～5min。浸蚀后用热水和冷水洗净，然后在 100～120℃ 温度下烘干或用热风吹干。

对于铜基、镍基、铝基钎料，其表面氧化膜的酸洗清除与同基母材相同。对于银铜钎料可在除油后用 70～80℃ 的 50%HCl 水溶液浸蚀 3～5min。

零件表面氧化物的清除还可采用化学清除和超声波清洗复合的化学浸蚀方法。与单纯的化学清除法相比，它们去除氧化物更为迅速。

（3）零件表面预涂覆

钎焊前对零件的表面处理是一项特殊的工艺措施。一般是基于简化钎焊工艺或改善钎焊质量的要求，但在有些情况下，却是实现钎焊连接的根本途径。钎焊零件表面预涂覆实例见表 4.3。

表 4.3 钎焊零件表面预涂覆实例

母材	涂覆金属	涂覆方法	作用
不锈钢	铜、镍	电镀、化学镀	防止母材氧化，改善钎料的润湿性；铜作为钎料
铝及铝合金	铝硅钎料	压覆	用作钎料
铜	银	电镀、化学镀	用作钎料
铍	铜、银	电镀、化学镀	防止母材氧化，改善钎料的润湿性
钼	铜、镍	电镀、化学镀	改善钎料的润湿性；提高结合强度
钛	铜、银、镍	电镀、化学镀、浸镀	改善钎料的润湿性；银可作为钎料
石墨	铜	电镀	改善钎料的润湿性
可伐合金	镍	电镀、化学镀	保护母材，防止在钎料作用下开裂

从焊件表面的预涂覆层功能看可分三类，即工艺镀层、防护镀层和钎料镀层。这三类镀层的应用条件和具体功能各不相同。

工艺镀层主要用以改善或简化钎焊工艺条件，因此，可以用于氧化性较强的母材，保护它不被氧化，使之能在较低的工艺条件下获得质量良好的接头；工艺镀层还用于较难或不能为钎料润湿的母材，如异种金属钎焊中润湿性差的一方以及非金属材料，以改善钎料对其的润湿，保证钎焊过程顺利进行。焊件上的工艺镀层在钎焊过程中应能全部被钎料溶解，以获得较高的结合强度。

防护镀层的作用在于抑制钎焊过程中可能发生的某些有害反应，例如在钎料作用下母材的自裂、钎料与母材反应生成脆性相以及母材成分和性能的变化。为了起到防护作用，要求镀层能被液态钎料很好地润湿，但不被溶解。

钎料镀层的直接作用是作为钎料，但其更重要的用途是减少钎缝的缺陷、提高致密性，以保证高度的气密性，或在大面积、多钎缝结构的生产中简化工艺，保证钎焊质量并提高生产率。钎料镀层一般是全成分的钎料，有时也可能是钎料的一种组元，靠加热过程中与母材反应生成钎料。扩散钎焊铜及铜合金时，在零件表面镀银获得银铜共晶钎缝即为一例。

为了保证钎焊过程的顺利进行和接头质量，必须做好钎焊前焊件的表面处理工作，对于经过除油、除氧化膜或预镀覆等表面制备后的焊件，应妥善保存，避免再次污染。

4.2.2 钎料用量及放置

（1）钎料形状及数量的确定

根据钎焊生产的需要和钎料的加工性能，常将钎料加工成不同形状，诸如棒状、条状、丝状、板状、箔状、垫圈状、环状、颗粒状、粉末状、膏状以及填有钎剂芯的管状钎料等。合理地选用钎料形状可以简化工艺和改善钎焊质量。通常，主要根据钎焊方法、接头特点以及生产量来选用钎料形状。例如：烙铁钎焊、火焰钎焊，一般是手工送进钎料，适于使用棒状、条状和管状钎料，电阻钎焊以使用箔状钎料为宜，感应钎焊和炉中钎焊可采用丝状、环状、垫圈状和膏状钎料，盐浴钎焊则以使用敷钎料板为宜。又如：对环形等呈封闭状的接头，便于使用成形丝状钎料，对短小的钎缝可选用丝状、颗粒状钎料，而对大面积钎缝宜使用箔状钎料。

使用的钎料量应保证能充分填满钎缝间隙，并在其外沿形成圆滑的钎角。钎料量不足会使钎角成形不好，甚至不能填满间隙。钎料量过多，除了造成浪费外，还会引起母材的溶蚀、焊件表面的污损以及焊件与夹具的粘连等问题。但必须注意，钎料的实际用量应大于按钎缝几何尺寸求出的计算值，即必须考虑一定的裕量。这是因为在钎焊加热和填缝过程中不可避免地会有某些损耗。

（2）钎料的放置

钎料在焊件上的放置有两种方式。一种是明置方式，即钎料安放在钎缝间隙的外缘。另一种是暗置方式，是把钎料置于间隙内特制的钎料槽中。

不论以哪种方式放置钎料，均应遵循下述原则：

① 尽可能利用钎料的重力作用和钎缝间隙的毛细作用来促进钎料填缝；

② 保证钎料填缝时间隙内的钎剂和气体有排出的通路；

③ 钎料要安放在不易润湿或加热中温度较低的零件上；

④ 安放要牢靠，不致在钎焊过程中因意外干扰而错动位置；

⑤ 应使钎料的填缝路程最短；

⑥ 防止对母材产生明显的溶蚀或钎料的局部堆积，对薄件尤应注意。

从上述原则出发，钎料的明置方式与暗置方式相比，在保证钎料填缝方面存在明显的弱点，如钎料易向间隙外的零件表面流失，钎料易受意外干扰而错位以及填缝路程较长，因此不利于保证稳定的钎焊质量。但是，明置方式简便易行，而暗置方式则需要对零件做预先加工，切出钎料槽，不仅增加了工作量，并且降低了零件的承载能力。因此，对于薄件、简单的钎焊面积不大的接头仍多采用明置方式。至于钎焊面积大或构造复杂的接头，则宜采用暗置方式。暗置时的钎料槽应开在较厚的零件上。

在图4.17中列举了一些正确放置环状钎料的实例。其中图（a）、图（b）的放法是合理的，因为熔化钎料可在重力和毛细力共同作用下填缝。但钎料应置于稍高于钎缝处，不得与板或法兰的凸肩接触，防止钎料沿平面流失。图（c）、图（d）的情况，为了避免钎料在法兰平面上流失，采取了在法兰端部开槽或将法兰安放得略高出套管的措施。图（e）和图（f）中，焊件水平放置，在这种情况下应使钎料贴紧钎缝，以借助毛细力的作用填缝。图（g）和图（h）所示是钎料的暗置方式。

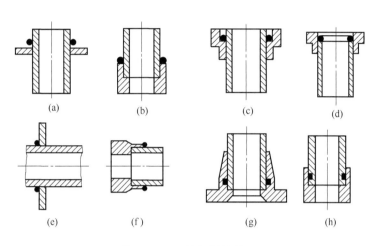

图 4.17　环状钎料的放置

　　箔状或垫片状的钎料均应以与钎缝相同的形状、稍大的面积，直接放置在钎缝间隙内。钎焊时要加一定的压力压紧接头，以保证钎料填满间隙，如图 4.18 所示。

　　粉末状或颗粒状的钎料容易散落，明置时应特别注意，并以借适当的黏结剂调成膏状使用为宜。

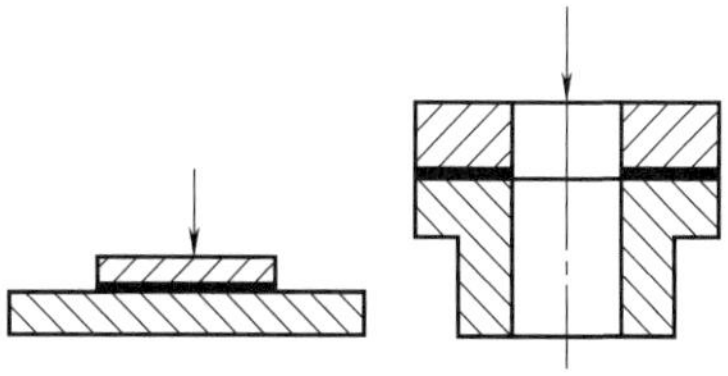

（3）钎料流动的控制

　　为了获得填缝密实、表面洁净的接

图 4.18　箔状钎料的安置

头，应避免钎料的无益损耗，希望钎料熔化后全部充填钎缝间隙而不要向间隙外的零件表面流失。这首先要靠正确地确定间隙大小、钎料用量并合理放置钎料来保证。此外，适当地控制钎焊温度、保温时间以及保护气体成分，也有助于防止钎料流失。

　　但上述各因素对钎料流动并不能起直接控制作用，要准确而可靠地控制钎料流动，主要的方法是使用阻流剂。它们的基本成分多是一些对钎焊无害的非常稳定的氧化物，诸如氧化钛、氧化镁和某些稀土金属的氧化物，或钎料不能润湿的非金属物质，如石墨、白垩等。借适当的黏结剂调成糊状或液体，钎焊前预先涂在接头旁的零件表面上，靠不被钎料润湿而阻止钎料的流动，钎焊后再把它们除去。阻流剂在气体保护钎焊中用得最多，这是因为零件入炉后很难用其他方法来控制钎料的流动。值得注意的是，取得良好的阻流效果并不需要使用大量的阻流剂，过量使用会带来焊后清洗的困难。

（4）钎缝间隙的控制和补偿

只有在钎焊温度下焊件之间能保持合适的间隙才能得到好的接头。要达到这一目的，根本的一环是在接头设计中，应从在钎焊温度下能保持合适的间隙值的要求出发确定适当的装配间隙。同时，在随后的装配工序中应保证实现设计规定的间隙值。可以采用多种方法来控制钎缝间隙。例如，在圆轴与圆环的钎焊中，可利用圆轴滚花来保证。更为通用的方法是借助于零件钎焊面上适当的冲孔凸点，在间隙中安放薄垫片，包括金属丝、带或与母材相容的隔片材料等。

对于结构比较复杂的焊件，在焊前的加工过程中并不总能保证要求的尺寸精度，因而在装配后可能出现钎缝间隙过宽的情况。对于上述情况可以采用下述方法来补偿：

① 选用填充间隙能力好的钎料，一般熔化温度区间较大的钎料具有较强的填充大间隙的能力，例如在镍基钎料中掺加纯镍粉等，也能达到填充间隙的目的；

② 电镀一个零件来减小钎缝间隙；

③ 使用金属丝或垫片填充宽间隙。

4.2.3　焊件的装配和定位

经过表面预制备的焊件在实施钎焊前应按图样进行组装。使各个部件之间保持正确的相互位置，获得设计所要求的钎焊间隙并保证焊件的总体尺寸。为防止焊件在钎焊过程中发生错动，装配时应采用适当的方法把焊件固定在相应的位置，以顺利实现钎焊工艺、获得质量可靠的钎焊结构。

用以固定焊件的方法有很多，应根据焊件的结构、技术要求、钎焊方法及生产类型等选用。一般来说，对于尺寸小、结构简单、技术要求较低以及生产量小的焊件，可采用较简易的固定方法。诸如紧配合、突起、点焊、熔焊、铆钉、螺钉、定位销、弹簧夹等。钎焊件的固定方法如图4.19所示。

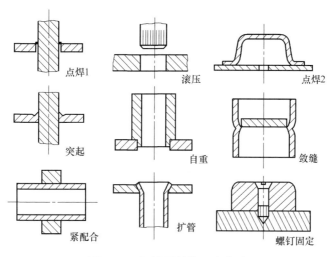

点焊1　　　　　滚压　　　　　点焊2

突起　　　　　自重　　　　　敛缝

紧配合　　　　　扩管　　　　　螺钉固定

图 4.19　钎焊零件的固定方法

（1）自重定位

一般来讲，在钎焊热循环中，只要能保证焊件相对位置，装配定位的方法越简单越好。对于平面接头的焊件，可以利用焊件本身的重量实现定位。

（2）紧配合定位

炉中钎焊要求装配间隙小，一般装配后即可保持相对位置。图 4.20 是利用冷热紧密配合实现定位的。首先将柱管在液氮中冷却 30min，使其收缩，同时把支架在炉中加热至 250℃，使其膨胀；趁热在压力机上把柱管压入支架中。

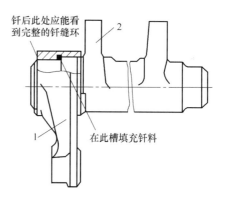

钎后此处应能看到完整的钎缝环

在此槽填充钎料

图 4.20　紧配合定位
1—支架；2—柱管

利用焊件之间的尺寸公差也可实现紧配合定位，虽然简单可靠，但却不能保证钎缝间隙，所以一般不予采用。

（3）毛刺定位

利用冲头在焊件配合面上适当位置处打冲点，靠冲点周围突起的金属毛刺实现定位，主要用于小型部件没有定位凸台、槽孔的组件，最适合旋转件的预组合定位。

毛刺定位的方法是：在图4.21（a）所示带孔的零件上，沿内孔圆周顶部均匀打3～5个冲点，然后在插入件［图4.21(b)］的下部沿圆周均匀打3～5个冲点，把销子或管子插入带孔件中，如图4.21（c）所示。突出的毛刺既起到了定位作用，又能保证均匀的钎焊间隙。

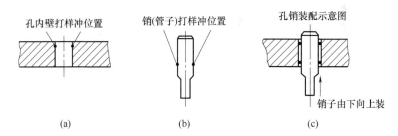

图4.21　毛刺定位打冲点方法

如果插入件两端都要装入带孔的零件，如图4.22所示，可先在插入件的B端打冲点，A端不打冲点，而在A端内孔打冲点。

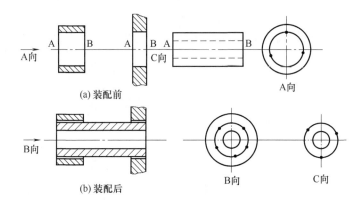

图4.22　两端插入件的定位

对于薄壁插入件（如管子），不宜在钎焊面上打定位冲点，以免管子变形。可在插入管子后，沿外结合线圆周打几个冲点即可。

（4）焊点定位

通常对装配之后处于亚稳态的零件，采用熔焊的方法进行定位。最常用的是钨极氩弧焊定位，不加焊丝，只把两连接零件金属熔化成焊点即可。这种方式的最大缺点是在接缝上形成焊点，把装配间隙固定了。对于原先设计，将热膨胀系数大的工件放在热膨胀系数小的工件内部的管接头组件，会影响其钎焊间隙。一定需要熔焊定位时，焊点分布要均匀，减小装配应力，且焊点不许氧化，以免阻碍钎料的流入。图4.23所示为两端管子与法兰连接，并且有一定的装配角度要求，一般非刚性定位很难精确保证装配角度。

对于难熔金属或者用氩弧焊难以定位的精密构件，可用激光焊或电子束焊定位；对于平板接头，如果相对位置要求严格，也可采用电阻焊定位。

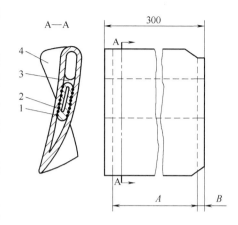

图4.23 焊点刚性定位示意图
1—定位焊点；2—暖气管；3—钎缝；4—叶片；
A—最小的钎焊长度；B—定位焊区域

（5）夹具定位

对于结构复杂、生产量较大的焊件，主要的装配定位方法是使用夹具。它具有装配固定精确可靠、效率高的优点。但夹具本身成本较高，钎焊夹具与其他夹具相比，整体受热，工作条件恶劣。因此，设计钎焊夹具应注意：夹具材料应具有良好的导热性、高温强度、抗氧化性、抗腐蚀性和耐热疲劳强度；应与焊件材料有相近的热膨胀系数；在高温下不与焊件材料发生反应。

在1000℃以下钎焊的夹具材料推荐使用石墨、各类不锈钢或高温合金；1000～1600℃之间钎焊选用难熔金属及其合金、陶瓷、碳化物或硼化物以及有难熔涂层的石墨材料。夹具结构应具有足够的刚度，经反复使用不变形或少变形，结构尽可能简单，热容量要小，使之工作可靠，热应力小，又能保证较高的钎焊加热效率；避免使用螺栓或螺钉，因为在加热过程中螺栓或螺钉容易松动，造成焊件装配不可靠；大型或复杂的夹具投入使用前应先使夹具经受模拟的钎焊循环，以保证尺寸的稳定性和消除应力。另外，合理的夹具应当自身重量轻，能反复使用，并且有利于钎料的流动。

（6）定位销固定

定位销固定，销子分可卸和不可卸的两种。不可卸的定位销固定类似于铆钉固定，可卸的定位销固定焊后在接头上将留下销钉孔。用弹簧夹固定简便迅速，但夹紧不够可靠，且夹紧力不可过大，以防在加热中造成零件表面变形。

4.3
钎焊工艺参数

钎焊过程的主要工艺参数是钎焊温度、保温时间、加热速度和冷却速度，它们直接影响钎料填缝和钎料与母材相互作用过程，因此对接头质量具有决定性的作用。

4.3.1 加热温度的选择

钎焊温度是钎焊过程中最主要的工艺参数之一。在钎焊温度下，一方面要钎料熔化，在毛细作用下填满接头间隙，并与母材进行冶金作用；另一方面能够完成母材的热处理程序中的某一工序，如淬火、固溶处理等，提高钎焊接头的性能。

确定钎焊温度的主要依据是所选用钎料的熔点。钎焊温度应适当地高于钎料熔点，以减小液态钎料的表面张力、改善润湿和填缝，并使钎料与母材能充分相互作用，有利于提高接头强度。但钎焊温度过高却是有害的，它可能引起钎料中低沸点组元的蒸发、母材晶粒的长大以及钎料与母材过分的相互作用而导致溶蚀、产生脆性化合物层、晶间渗入之类的问题，使接头强度下降，如图4.24所示。因此，通常将钎焊温度选为高于钎料液相线温度25～100℃。但不同的钎料，需要高出其熔点的温度范围也不同。钎料的结晶温度范围越大，钎焊温度高出钎料熔点应越多。对于单元素钎料，只要高出熔点30～70℃，即可使钎料的流动性处于最佳状态；对于多元合金的钎料，则钎焊温度必须高出液相线60～120℃，才能使钎料处于最佳的流动状态。

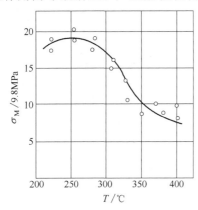

图4.24 锡铅钎料钎焊铜时
接头强度与钎焊温度的关系

如果钎料与母材相互作用很强，使填缝的液态合金与原始钎料相比成分和性能发生较大变化，这时为了保证填缝过程的顺利进行，钎焊温度应以间隙中形成新合金的熔点为依据来确定。例如，用 Ni-Cr-B-Si-Fe 钎料钎焊不锈钢，合适的钎焊温度应高于钎料熔点140℃左右。也有相反的情况，例如，对于某些结晶温度间隔宽的钎料，由于在固相线温度以上已有液相存在，具有一定流动性，这时钎焊温度可以等于或低于钎料液相线温度。至于接触反应钎焊，使用的钎焊温度远低于纯金属钎料的熔点，只要求稍高于钎料-母材二元系的共晶温度。

在钎焊温度下，应使母材充分固溶，完成其固溶处理，既节约了工时，又避免了焊后固溶处理会引起的不良后果，这是炉中钎焊，特别是真空钎焊选择钎焊温度时应当考虑的一个问题。各种材料的固溶处理温度不同，钎焊温度应根据材料的热处理规范来选择，以使钎焊和热处理工序在同一加热冷却循环中完成。

4.3.2 保温时间的确定

钎焊保温时间是钎料填充间隙和控制合金化作用的重要阶段，对于接头强度的影响与钎焊温度具有类似的特性。一定的保温时间是钎料同母材相互扩散，形成牢固的结合所必需的。但过长的保温时间同样会导致某些过程的过分发展而走向反面，如图4.25所示。

选择钎焊保温时间主要取决于钎料与母材的相互作用特性。当钎料与母材具有强烈溶解、生成脆性相、引起晶间渗入等不利倾向的相互作用时，要尽量缩短钎焊保温时间。相反，如果通过二者的相互作用能消除钎缝中的脆性相或低熔点组织时，则应适当延长钎焊保温时间。

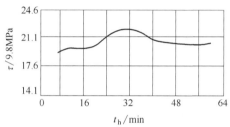

图4.25 用铜钎焊钢时接头强度与保温时间的关系

钎焊保温时间与焊件大小、厚度和钎焊间隙也有关。大厚件的保温时间应比小、薄件的长，以保证加热均匀。钎焊间隙大时，为了保证钎料同母材必要的相互作用，应有较长的钎焊保温时间。有些组件的厚度并不很大，但钎焊接头被部分地或全部遮蔽，不能直接受到辐射加热，应适当延长保温时间，尽可能缩小被加热工件的表里温差。

此外，也应当考虑母材的热处理要求。例如，奥氏体不锈钢，当加热至900℃以上时，碳化物很快固溶，钎焊保温时间不需太长。马氏体不锈钢则需要充分固溶后，才能在随后的淬火时得到完全马氏体，所以钎焊保温时间要相应长一些。耐热合金则必须使合金元素充分固溶后才能为固溶强化、弥散强化提供条件，因此其钎焊保温时间应当更长一些。

应当指出，对钎焊温度和钎焊保温时间不应孤立地来确定，它们之间存在着一定的互补关系，可以相应地在一定范围内变化。因此选择时要根据上述原则通过试验进行确定。

4.3.3 其他工艺参数

（1）加热速度

钎焊时的加热速度也是影响钎料的润湿、填充以及焊后工件残余应力大小的一个重要因素，接头区域的温度明显受到加热速度的影响。加热过快会使焊件内温度不均而产生内应力；加热过慢又会产生某些有害过程，如母材晶粒长大、钎料低沸点组元的蒸发、金属的氧化、钎剂的分解等剧烈发展。因此应在保证均匀加热的前提下尽量缩短加热时间。具体确定时，必须结合焊件尺寸、母材和钎料特性等因素来考虑。对于大件、厚件以及热导性差的母材，加热速度不能太快；在母材活泼、钎料含有易蒸发组分以及母材与钎料、钎剂间存在有害作用时，加热速度应尽量快些。

感应钎焊的加热速度取决于感应发生器的规格和控制线圈中交流电的能力。低功率一般减小加热速度，提供了热传导的时间，平衡了加热区域的温度，但降低了生产效率。感应发生器的规格取决于将要连接部件的尺寸和质量。常用的三种感应发生器形式是：电动机、固态和摆管发生器。固态装置单元的频率范围在10kHz以下，一般用于代替电动机单元。具有几百千瓦功率的固态单元输出频率可以达到50kHz，能够产生$100 \sim 200kHz$的输出频率。使用在感应钎焊领域的摆管发生器工作频率在$150 \sim 450kHz$，功率水平可以达到200kW，特殊要求时可以更高。摆管发生器工作在$2 \sim 8MHz$时，常用于钎焊非常薄的工件。

感应加热时，导体内的感应电流强度与交流电的频率成正比，随着所采用的交流电的频率升高，感应电流增大，焊件的加热速度加快。基于这一点，感应加热大多使用高频交流电，但还应考虑频率对交流电集肤效应的影响。通常将85%的电流所分布的导体表面层厚度称为电流渗透深度，用以表征集肤效应的强弱。电流渗透深度与电流频率有关，频率越高，电流渗透深度越小，电流渗透深度与频率的关系见表4.4。

感应钎焊电流频率的增加虽然使表层迅速加热，但加热的厚度越来越薄，零件的内部只能靠表面层向内部的热传导来加热。由此可见选用过高的频率并不是有利的。频率的选取还需考虑设备的能力，若采用固态变频设备，因

表 4.4　电流频率与各种材料的电流渗透深度的关系

电流频率 /Hz	电流渗透深度 /mm			
	钢（< 768℃）	钢（> 768℃）	铜	铝
50	2.5	92	9.5	11
$2×10^3$	0.5	14	1.5	1.8
10^4	0.2	6	0.67	0.8
10^5	0.07	2	0.21	0.25
10^6	0.02	0.6	0.07	0.08
10^8	0.002	0.06	0.007	0.008

受变频元件工作范围的影响，频率选择需在20～30kHz的范围。高频感应钎焊时工作频率并不是固定的，由于不同的感应线圈及工件构成的感抗不同，振荡回路根据不同阻抗有一自匹配的过程，其工作频率为一定范围。

感应钎焊电流渗透深度也与材料的电阻系数和磁导率有关，电阻系数越大，磁导率越小，则电流渗透深度就越深。例如，钢在温度低于768℃时，磁导率很大，集肤效应显著；温度高于768℃时，磁导率急剧减小，集肤效应也随即减弱，有利于均匀加热。非铁磁性金属如铜、铝等，磁导率较小，集肤效应都较小。因此在确定钎焊工艺参数时必须考虑材料的有关物理性能对电流渗透深度的影响。

当感应钎焊异种材料时，非常快的加热速度扩大了电导率和热传导的影响。例如一个接头中包含钢和铜，一般来说需要缓慢的加热速度，期望将要连接的部件表面和填充金属的表面温度尽可能均匀。另一个问题是随着功率密度的增加，电磁场引起工件的相对运动，这样也容易导致不合格的组件。同样，接头两端部件重量明显不同时，加热速度慢有助于使两边的温度均匀。在感应钎焊薄壁管与厚壁管接头时，加热速度可以提供通过热传导达到均匀温度的时间。为了调整两端部件质量差造成的问题，感应发生器应该是无级调节，整个范围的功率控制意味着从零到额定载荷。

真空钎焊加热速度应能保证焊件析出的气体被充分抽出，同时要使组件受热均匀，以减少或防止组件骤热产生的应力而引起变形。真空钎焊确定加热速度应考虑的主要因素如下。

① 组件的材料、形状、结构和尺寸　对于铜及铜合金，要在250～500℃之间以较快的速率加热；对于沉淀硬化类耐热合金或奥氏体不锈钢，要在其碳化物析出危险温度区内迅速加热；对于形状复杂及装配预应力较大的构件，要缓慢加热；对于厚、大的部件，加热速率不宜过快。

② 使用钎料的类型及其结晶温度范围　对于纯金属钎料，不论形状如何，加热速率可以快些；当使用合金钎料时，在熔化温度范围内要较快加热，以免钎料偏析而使液相线温度提高；当使用膏状钎料时，在500℃以下加热速率应该慢些，以免黏结剂剧烈挥发而引起钎料飞溅。但是不论使用何种钎料，在钎料固相线温度以下50～100℃温度范围内，加热速率不宜过快，以保证钎料熔化时组件内外温度基本一致，使毛细作用能很好地发挥。当使用固液相线间隔较宽的钎料时，加热到熔融状态，停留时间过长会使液相从固相中分离出来，为防止这种状况发生，在此阶段内应使加热速率尽可能快些。在钎焊薄壁焊件时，为了防止母材金属被钎料溶蚀，在控制产生变形的前提下，加热速率也尽可能快些。表 4.5 列出了常用金属组件真空钎焊时推荐的加热速率。

表 4.5　常用金属组件真空钎焊时推荐的加热速率　　　　　单位：℃/min

金属组件		中小较薄组件、低应力装配		大厚组件、高应力装配	
		不含黏结剂钎料	含黏结剂钎料	不含黏结剂钎料	含黏结剂钎料
铝及铝合金		6～8	4～5	4～5	3～4
铜及铜合金		5～10	5～6	5～8	5～6
钛及钛合金		6～8	5～6	6～7	4～6
碳钢及合金结构钢		10～15	6～8	8～12	6～8
不锈钢	沉淀硬化	8～15	5～6	5～7	5～6
	非沉淀硬化	6～10	6～8	5～6	4～5
高温合金	沉淀硬化	8～10	5～6	6～8	5～6
	非沉淀硬化	6～8	4～5	5～7	4～5
硬质合金及难熔金属		10～18	5～6	10～12	5～6
陶瓷、金刚石聚晶、石墨		12～20	5～6	10～15	5～6

（2）冷却速率

焊件的冷却虽是在钎焊保温结束后进行的，但冷却速率对接头质量也有很大的影响。过慢的冷却可能引起母材晶粒长大、强化相析出或出现残余奥氏体等。加快冷却速率，有利于细化钎缝组织、减小枝晶偏析，从而提高接头强度。但是过高的冷却速率，可能使焊件形成过大的热应力而产生裂纹，或因钎缝迅速凝固，气体来不及逸出形成气孔。具体确定时，必须结合焊件的尺寸、母材的种类和钎料特性等因素。

（3）真空度

真空度的选择根据有：母材种类、钎料类型、钎焊面积大小、是否使用夹具以及在整个钎焊周期中气体从母材中排除出的程度等。

冷态真空度，是为了防止被钎焊件及炉内元件（如加热阻丝、辐射屏等）的氧化，避免热气流直接通过机械泵以获得高的抽气效率，在加热之前应预先把炉腔抽到所要求的真空度，冷态真空度的选择主要根据母材的种类，参考数据如表 4.6 所示。

表 4.6　冷态真空度的选择

序号	母材	冷态真空度 /Pa
1	铝及铝合金	$10^{-2} \sim 10^{-3}$
2	铜及铜合金	$5 \times 10^{-1} \sim 5 \times 10^{-2}$
3	钛及钛合金	$10^{-2} \sim 5 \times 10^{-3}$
4	碳钢、低合金钢、合金结构钢、工具钢	$10^{-1} \sim 10^{-2}$
5	不锈钢	$5 \times 10^{-2} \sim 8 \times 10^{-3}$
6	高温合金	$10^{-2} \sim 10^{-3}$
7	非金属及电真空器件	$10^{-3} \sim 5 \times 10^{-4}$
8	硬质合金、难熔金属及碳化物	$10^{-2} \sim 10^{-3}$
9	精密合金及磁性材料	$10^{-2} \sim 5 \times 10^{-3}$
10	陶瓷、石墨、金刚石	$10^{-3} \sim 5 \times 10^{-4}$

热态真空度又称工作真空度，是指从开始加热到冷却这段时间的炉内真空度。加热时，焊件、夹具要析出气体，使用膏状钎料时黏结剂挥发等，这些因素会不同程度地引起冷态真空度的降低。但是在钎焊温度下，要求炉内真空度基本恢复到冷态真空度，通常是采用适当延长稳定时间的方法来实现。如果钎料中含有蒸气压较高的合金元素，为了防止合金元素大量挥发而污染炉腔，这时热态真空度与冷态真空度相差较大。例如在用铜基钎料时因为铜在 940℃的蒸气压为 1Pa，所以在 940℃以上不允许把炉内压力降至 1Pa 以下，否则随着温度的进一步升高，会出现铜的大量挥发。否则会造成以下问题。

① 蒸发的元素污染焊件表面，可能将不需要连接但相互配合的焊件或夹具结合起来。

② 过量蒸发会使工件表面粗糙，或使钎缝出现空穴缺陷，并改变金属的原有性能。

③ 蒸发物附着、沉积在炉内元件上，会造成炉内电气绝缘能力降低或短路等事故。为了克服这种现象，降低热态真空度，可向炉内通入纯度高、露点低的惰性气体如氩、氮等，将炉内压力调节到安全程度。表 4.7 是根据使

用钎料类别所推荐的热态真空度。

表 4.7　用不同钎料钎焊时的工作真空度

钎料类型	工作真空度 /Pa	钎料类型	工作真空度 /Pa
铝基钎料	$10^{-3} \sim 5 \times 10^{-3}$	金、钯、镍、钴基钎料	$5 \times 10^{-3} \sim 10^{-2}$
铜基钎料	$2 \sim 5$	钛基钎料	$10^{-3} \sim 5 \times 10^{-3}$
银基钎料	$10^{-1} \sim 5 \times 10^{-1}$	锰基钎料	$10^{-1} \sim 1$

4.4
钎焊后处理

焊件在钎焊后往往还需做某些处理，较常见的有钎焊后热处理和清除。

4.4.1　钎焊后热处理

焊件的钎焊后热处理可以是出于产品性能的需要，也可能是基于工艺的考虑。前者往往是为强化合金母材而安排的，钎焊后通过热处理来达到它们应有的性能。如果可能，应尽量借助于选择一种具有合适的钎焊温度范围的钎料，使所要求的热处理可结合钎焊过程或焊后冷却过程来完成。工艺性的钎焊后热处理一般有两种类型：一种是为了改善接头组织进行的扩散热处理，其特点是在低于钎料固相线温度的条件下长时间保温；另一种是为了消除钎焊产生的内应力而进行的低温退火处理。

在特殊场合下，感应钎焊和焊后淬火可以在单一的感应加热过程中完成。例如，硬质合金刀头能被钎焊到钢刀杆上，同时钢刀杆被淬硬。一般使用钎焊温度在 815 ~ 900℃ 范围内的钎料，事实上提供了奥氏体化的钢刀杆，刀杆材料的组织没有过分粗化。钎焊和淬火的工艺过程包括：

①固定硬质合金刀头、刀杆和预置钎料（涂有钎剂）；

②加热达到钎料流动的温度；

③冷却到刀杆的转变温度（取决于钢的类型，一般为 650℃ 或更低），同时钎焊接头凝固；

④在适当的淬火介质中淬火硬化；

⑤如果需要的话，回火至所需要的硬度，如果接头这样设计，硬质合金

由于不同的收缩率而被压缩，可获得最好的结果。

在采矿工业中，大多数硬质合金工具在1038℃采用铜钎料进行钎焊，冷却到870～900℃范围内，然后在油中或合适的水-聚合物的淬火溶液中淬火。不锈钢导管氩气保护感应钎焊工艺参数见表4.8。如果焊件是在夹具中完成钎焊的，则其钎焊后热处理也应在夹具中进行，以避免变形。

表4.8　不锈钢导管氩气保护感应钎焊不同管径的工艺参数

适用于焊件管径尺寸 /mm	$\phi6\times1$	$\phi8\times1$, $\phi10\times1$
钎焊电源	30kW 真空电子管式电源	30kW 真空电子管式电源
频率 /kHz	250	250
输出功率 /kW	6	6～7
感应线圈内径 / mm	$\phi22～24$	$\phi24～26$
钎料 HLCuNi30-2-0.5	$\phi1.5mm$（丝）	$\phi1.5mm$（丝）
通电加热前通氩气时间 /s	≥2	≥8
通电加热时间 /s	钎料熔化后1～2s停电	钎料熔化后1～2s停电
断电后通氩气冷却时间 /s	≥70	≥70
氩气工作压力 /MPa	0.01～0.03	0.01～0.05
氩气流量 / (L · min^{-1})	13～15	13～15

4.4.2　钎焊后清除

对使用钎剂的钎焊方法来说，因为钎剂残渣大多对母材有不良作用，必须彻底清除。有机类软钎剂的残渣可用汽油、酒精、丙酮等有机溶剂擦拭或清洗。氯化锌和氯化铵等的残渣腐蚀性很强，应在质量分数为10%NaOH的水溶液中清洗中和，然后用热水和冷水洗净。

硼砂和硼酸钎剂的残渣呈玻璃状黏着在接头表面，不易清除。一般只能用机械方法或在沸水中长时间浸煮来解决。含氟化物的硬钎剂残渣也较难清除。含氟化钙时，残渣可先在沸水中洗10～15min，然后在120～140℃的300～500g/LNaOH和50～80g/LNaF的水溶液中长时间浸煮。含其他氟化物的钎剂残渣，如在不锈钢或铜合金表面，可先用70～90℃的热水清洗15～20min，再用冷水清洗30min。如为结构钢接头，则需按下法清理：用70～90℃质量分数为2%～3%的铬酸钠或铬酸钾溶液清洗20～30min，再在质量分数为1%的重铬酸盐溶液中洗涤10～15min，最后以清水洗净重铬酸盐并干燥。清洗均不应迟于钎焊后一小时。

铝用氯化物硬钎剂的残渣腐蚀性极大，焊后应立即清除。对一般焊件可先在 50 ～ 60℃的水中仔细刷洗，然后在 60 ～ 80℃质量分数为 2% 的铬酐溶液中做表面钝化处理。但此法效果不够理想，对复杂结构处理时也无法采用。较适当的方法是先将冷至钎料凝固温度以下的焊件投入热水中骤冷，使残渣急冷收缩而开裂，再受到水分子汽化的喷爆作用，残渣可大部分脱落下来，残渣中的可溶部分也同时发生溶解。但投入热水时焊件温度不可太高，速度不宜太快，以避免焊件发生变形或出现裂纹。残留的不溶性残渣再借酸洗浸蚀使之松散剥落。此时采用下述酸洗液效果较好：草酸 30g/L、NaF15g/L、601 洗涤剂 30g/L 的水溶液，温度 70 ～ 80℃；或体积分数为 5% 磷酸、1%CrO$_3$ 的水溶液，温度 82℃。酸洗后用热水和冷水冲洗焊件，最后对焊件进行表面钝化处理。

钎焊后清除的对象有时还有阻流剂。对于只与母材机械黏附的阻流剂物质，可用空气吹、水冲洗或金属丝刷等机械方法清除。若阻流剂物质与母材表面存在相互作用时，用热硝酸＋氢氟酸混合液浸洗，可取得良好的效果。

4.5
钎焊缺陷及检测

4.5.1 常见钎焊缺陷及防止

在钎焊生产过程中，接头常常会产生一些缺陷。缺陷的存在会给焊件质量带来不利的影响。产生缺陷的原因很多，影响因素也比较复杂。

（1）外观缺陷

外观缺陷主要有母材溶蚀和钎缝表面成形不好（见表 4.9）。溶蚀是母材向钎料过度溶解所造成的。钎缝表面成形不好主要是指钎料流失、钎缝表面不光滑或没形成圆角。

正确选择钎焊材料和钎焊工艺是避免产生外观缺陷特别是避免产生溶蚀的重要措施。钎焊温度越高，母材元素溶解到液相钎料中的数量越多；保温时间过长，将为母材与钎料相互作用创造更多的机会，也容易产生溶蚀。此外，钎料成分对溶蚀也有很大影响，除正确选择钎料外，钎料用量也应严格控制。

表 4.9　外观缺陷产生的主要原因

缺陷形式	主要产生原因
钎料流失	钎焊温度过高；钎焊时间过长；钎料与母材发生化学反应；钎料、钎剂量过大
钎缝表面不光滑或没形成圆角	钎剂用量不足；钎焊工艺选择不当；钎焊温度过高或时间过长

（2）钎缝的不致密性缺陷

钎缝的不致密性缺陷是指钎缝中的气孔、夹渣、未钎透和部分间隙未填满等缺陷。这些缺陷会降低焊件的气密性、水密性、导电性和强度。其产生的主要原因是：接头间隙不合适、焊前清理不干净、选用的钎料和钎剂成分或数量不当、钎焊加热不均匀等。见表 4.10。

表 4.10　钎缝的不致密性缺陷产生原因

缺陷形式	主要产生原因
部分间隙未填满	焊件表面清理不彻底；钎焊工艺（主要是温度）不当；装配时零件歪斜；接头间隙过大或过小；钎料选择不合适，如活性差或熔点不当
气孔	钎焊前零件表面清洗不当；钎剂选择不当；母材和钎料中析出气体
夹渣	钎剂选择不合适（黏度或密度过大）；间隙选择不合适；钎料与钎剂的熔化温度不匹配；加热不均匀；钎剂使用量过多或过少

防止钎缝不致密性缺陷的主要措施如下。

① 适当增大钎缝间隙　可增强液态钎料的填缝能力，有利于钎料均匀填缝，减少夹气夹渣缺陷的产生。

② 采用不等间隙（不平行间隙）　采用不等间隙钎焊钎缝的致密性比平行间隙的好。原因是钎料在不等间隙中能自行控制流动路线和调整填缝前沿；夹气夹渣具有定向运动的能力，可以自动地由大间隙向外排除。不等间隙接头的示意图如图 4.26 所示，其夹角 α 为 $3° \sim 6°$为宜。

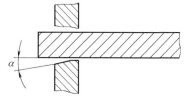

图 4.26　不等间隙接头示意图

（3）母材的自裂及钎焊接头的裂纹

钎焊时，除钎缝金属会产生裂纹外，许多高强度材料，如不锈钢、镍基合金、铜钨合金等也容易产生自裂。产生裂纹及母材自裂的原因很多（见表 4.11），主要是焊件刚度大，钎焊过程又产生了较大的拉应力，当应力超过材料的强度极限时，就会在钎缝中产生裂纹或在母材上产生自裂。

表 4.11 母材自裂及接头裂纹产生的原因

缺陷形式	主要产生原因
钎焊接头裂纹	钎料的固相线与液相线相差过大；钎焊过程中产生过大的热应力；钎焊凝固过程中焊件振动
母材自裂裂纹	钎焊金属过热或过烧；母材的导热性不好或加热不均匀；液态钎料母材晶间渗入；钎料与母材热膨胀系数差别过大产生热应力；母材中的氧化物与氢反应生成水（水蒸气）

为防止母材自裂和接头裂纹，可采取如下措施。

① 采用退火材料代替淬火材料。

② 有冷作硬化的焊件预先进行退火。

③ 减小接头的刚性，使接头加热和冷却时能自由膨胀和收缩。

④ 降低加热速度，尽量减少产生热应力的可能性，或采用均匀加热的钎焊方法，如炉中钎焊等，这不仅可以减少热应力，而且冷作硬化造成的内应力也可以在加热过程中消除。

⑤ 在满足钎焊接头性能的前提下尽量选择低熔点的钎料，如用银基钎料代替黄铜钎料。这是由于钎焊温度较低，产生的热应力较小，并且银基钎料对不锈钢的强度和塑性降低的影响比黄铜钎料小。

⑥ 用气体火焰将装配好的焊件加热到足够高的温度以消除内应力，然后将焊件冷却到钎焊温度进行钎焊。

4.5.2　钎焊缺陷检测方法

对钎焊后的焊件必须进行检验，以判定钎焊接头的质量是否符合规定的要求。钎焊接头的检验方法可分为无损（非破坏）检验和破坏检验两类。日常生产中多采用无损检验方法。破坏检验方法只用于重要结构的钎焊接头的抽查检验，在抽检中，按规定比例从每批产品中抽出很少一部分，按照技术条件要求进行试验，加负载直至产品破坏。

（1）无损检验方法

1）外观检查

这是一种简便但应用较广的方法，它是用肉眼或低倍放大镜来检查接头质量。如钎缝外形是否良好，有无钎料未填满的地方，钎缝表面有无裂纹、缩孔，母材上有无麻点等。所有接头外部较明显的缺陷，用外观检查方法是可以发现的。

2）着色检验和荧光检验

这两种方法的原理是在接头表面涂刷带有红色染料或荧光染料的渗透剂，它们能渗入表面缺陷中，在用清洗液将表面上的渗透剂清洗干净后，再喷上显示剂，使缺陷内残留的渗透剂渗出，便显示出缺陷的痕迹。着色法所显示的缺陷在一般光线下能看到红色痕迹。荧光法所显示的缺陷痕迹，在紫外线照射下发出明显的黄绿色荧光。

这两种方法主要用来检查用外观检查不容易发现的微小裂纹、气孔、疏松等缺陷。着色法检验的灵敏度比荧光检验更高些，且更适用于大件。如检验后要对缺陷进行修补，最好不要采用这类方法，因渗入缺陷中的渗透剂难以完全清除。

3）射线探伤

这是采用 X 射线或 γ 射线照射接头检查其内部缺陷的方法，可用来判定接头内部的气孔、夹渣、未钎透等缺陷。它广泛用于钎焊接头的内部质量检验。

这种方法是利用射线通过钎缝时，其接合部分和缺陷部分对射线的吸收能力不同，使胶片的感光程度不同或荧光屏上图像的明暗不同而显示缺陷的。故只适于检查空穴性的、因有厚度差而射线吸收率不同的缺陷。对间隙过小的接头，因灵敏度不够而不能发现接头内部缺陷。

4）超声检验

超声检验是利用超声波束透入金属材料中，当由一截面进入另一截面时在界面处发生反射的特点来检查钎缝的缺陷的。当超声波从接头表面通入内部，遇到缺陷及底部时将分别发生反射，通过分析荧光屏监测反射回来的脉冲波形，可以判断缺陷的位置、性质和大小。超声检验同样用于检查内部缺陷，所能发现的缺陷范围与射线检验相同。

5）液晶探伤

液晶探伤是基于热传导原理和液晶的特性来显示工件内部缺陷的。当物体外部加热时，其内部或表面如有缺陷存在，由于缺陷与工件的密度、比热容和热传导等性能不同，引起热传播的不均匀而反映到工件的表面，造成表面温度分布不均匀，作用到被测表面的液晶膜，由于液晶的光学特性，把这种温度的不均匀分布转换为可见的彩色图像，从而显示工件上的缺陷。它适用于检验大面积结构的近表面缺陷，特别适用于检验金属或非金属的蜂窝结构板的质量。又如钎焊的飞机螺旋桨叶片，在出炉后几秒内趁其温度还高时就施行液晶探伤，会取得很好的结果。

液晶探伤的方法有涂布法和贴膜法两种。涂布法是先将探伤工件清理干净，在探测表面均匀地涂上一层薄薄的底色以利于衬托液晶的彩色图像。当底色变干以后，便将石油醚稀释的液晶均匀涂上，当石油醚挥发以后，将工件加热至该液晶的工作温度以上，然后缓冷。这时要注意观察，当冷至工作温度时，便可根据液晶颜色的不同来判断，分析缺陷的性质、大小和位置。贴膜法与涂布法相似，不同的是液晶不是涂上，而是事先制成液晶膜贴上去。此法的好处是工件检验后，膜可撕下并重复利用。这种探伤方法不需要专门的设备和仪器，对比清楚、便于观察、灵敏度高、灵活方便，大至航空部件，小至集成元件，都可用此法进行探伤。

6）密封性检验

容器结构上钎焊接头的密封性检验常用方法有水压试验、气压试验和煤油渗透试验。其中水压试验用于高压容器，气压试验用于低压容器，煤油渗透试验则用于不受压容器的检验。

水压试验时，将容器内充水，进行密封，然后用水泵将容器内的水压提高到试验压力，保持一定时间后，检查接头有无渗水或开钎的情况。

气压试验时，容器内通入一定压力的压缩空气并进行密封。试验压力较低时，可在接头外部涂肥皂液，观察是否有气泡产生；试验压力高时，可将容器沉入水槽中，观察是否有气泡冒出。

上述试验时采用的水压和气压大小及保持时间应按产品技术条件确定。煤油渗透试验时先在接头的一面涂上白垩粉，在接头另一面涂刷煤油。待一定时间后，检查是否有煤油渗出而润湿白垩粉。

（2）破坏性检验

破坏性检验方法用于钎焊接头的抽样检查。在抽检中，按规定抽出全部产品的一个小比例数量产品做破坏性试验。假定这些试样代表所有产品，并由此来确定不同批次或炉号的产品是否合格。如果抽检是用于校核某种无损检验方法，则须每隔一定时间抽出一个样品做破坏性试验，以便对钎焊过程保持严格的控制，确保钎焊产品质量。

1）撕裂试验

撕裂试验常用于评定钎焊搭接接头的质量。试验时，将一个部件刚性固定，而把另一个部件从接头处撕开。这种试验可用作评定钎焊的一般质量，检查接头中是否存在未钎透、气孔或夹渣等缺陷。这些缺陷的容许数量、大小和分布，取决于接头的使用条件。

2）力学性能试验

在钎焊质量控制中，力学性能试验主要是用来测定钎料和钎焊接头在各种条件下的强度、塑性和韧性数据。根据这些数值来确定钎料和钎焊接头是否满足设计和使用要求，同时，亦可根据这些数据判断所选的钎焊工艺是否正确。

拉伸试验或剪切试验通常用于测定接头的强度。这种试验更多地用于实验室，测定钎料的基本强度和判断接头设计的适用性，但也可用于检验接头和母材部件的相对强度。拉伸和剪切试验对于测定低于或高于室温使用条件下的强度也很有效。GB/T 11363《钎焊接头强度试验方法》规定了硬钎焊接头常规拉伸与剪切的试验方法及软钎焊接头常规剪切的试验方法，它适用于黑色金属、有色金属及其合金的钎焊接头在低温、室温和高温时的瞬间抗拉（抗剪）强度的测定。

疲劳试验仅用于有限的范围，而且多数情况下是对钎焊接头和母材一起试验。一般来讲，疲劳试验需要很长的时间才能完成，因而很少用于质量控制。

冲击试验和疲劳试验类似，通常限于实验室研究。通常的标准试样不太适合钎焊接头。为了取得在低于或高于室温条件下的准确结果，可能需要制备特殊形式的接头。

扭曲试验有时用于钎焊接头的质量控制，特别是在螺栓、螺钉或管状构件与大型截面构件进行钎焊的情况下。

弯曲试验可用于测定钎焊接头总的塑性，这个总的塑性用弯曲角来表示。试样弯曲程度的具体要求按产品的技术条件制定。经弯曲后的试样在接头处若无裂纹或断口，则认为合格。

硬度试验可以测定钎焊接头对弹性和塑性变形的抗力及材料破坏时的抗力。这种试验的测量点很小，可在接头的每一区内进行测定，从而可以协助我们精确地判断整个结构或产品的性能。

3）金相试验

钎焊接头的金相分析包括扩散区、钎缝界面区和钎缝中心区以及母材的粗晶组织分析和显微组织分析。通过对钎焊接头金相组织的了解，可以判定对该产品选择的钎焊工艺的正确性、钎焊工艺参数对质量的影响、钎料的类别、热处理以及其他鉴定接头力学性能的各种因素的影响，并且可查明接头中的缺陷情况和确定它们产生的原因。

粗晶分析是在钎焊接头的断口和磨片上进行的。断口是在试件做力学性能和工艺试验后来观察的。根据断口可以判断金属是塑性破坏还是韧性破坏，并可查明有无缺陷。而接头磨片的粗晶分析中，可以查明接头各区的界限、结合状态以及未钎透、气孔、裂纹和疏松等缺陷。做粗晶分析的试样可以从钎焊试件或产品内截取，也可以不取样，直接在受检验的接头上钻孔和对孔内的金属进行观察。这种钻孔粗晶分析，一般是用来检验接头的钎透程度和钎缝的致密性，同时也可检验出其中的气孔、裂纹和未钎透等缺陷。

显微分析可以确定钎焊接头各部分的组织特性、晶粒大小、显微缺陷和组织缺陷等。根据显微分析的结果，判断所用钎料、钎焊工艺、钎焊规范参数和钎后热处理方法等是否正确，并可据此提出改进方法。显微分析的磨片，一般是从试件上或从产品上截取的。

（3）工况模拟试验

钎焊生产中，对于有些产品仅仅做钎缝或接头的质量检验是不够的，特别是那些在特殊条件下或恶劣工况下使用的产品，还应根据实际使用情况进行相应的工况模拟实验，用以考核这方面的性能是否达到设计要求的指标，作为验收与否的依据。

1）受压容器钎焊接头强度试验

用于贮藏液体或气体的受压容器，除进行密封性试验外，还必须对产品整体进行接头强度试验，用以检验钎焊接头强度是否符合产品设计要求。这种试验一般分为破坏性强度试验和超载试验两类。

进行破坏性强度试验时，试验施加负荷的性质（压力、弯曲、扭转等）和工作载荷的性质相同，负载要加至产品破坏为止。用破坏负荷和正常的工作载荷的比值来说明产品的强度情况，比值达到或超过规定的数值时为合格。这种试验在大量生产而质量尚未稳定的情况下，抽取百分之一或千分之一来进行；在试制新产品或改变产品的加工工艺规范时也应采用。

超载试验是对产品所施加的负荷超过工作载荷一定程度，如超过25%、50%来观察接头是否出现裂纹、变形，判断其强度是否合格。

受压容器整体的强度试验，加载方式有水压和气压两种。气压试验比水压试验更为灵敏和迅速，且试验后不用排水处理，但是试验的危害性比水压试验大，必须遵守安全规程。

2）抗氧化、耐腐蚀试验

对于工作在氧化或者腐蚀介质中的钎焊件，除了选择钎料时充分考虑耐腐蚀性外，对接头的抗氧化、耐腐蚀性还要做进一步试验和考察。例如，对于锂反应器，从理论上分析，它对镍基钎料的腐蚀十分剧烈，但是实际选用BNiCrSiBCo钎料钎焊后，钎缝耐腐蚀作用得到充分的肯定。

3）电子器件的电性能试验

对于电子器件，应当对钎焊接头进行电性能试验，考核其导电性能和绝缘性能等。

复习思考题

① 钎焊搭接接头的长度如何确定?

② 如何确定钎缝的间隙值? 钎缝间隙如何影响接头性能?

③ 对于不等厚工件,钎焊接头设计时应注意的问题有哪些?

④ 钎焊前,清除工件表面的油脂、氧化物等应采取的措施有哪些?

⑤ 钎焊过程中,如何确定钎料的用量?

⑥ 钎焊工件的定位方法有哪些? 各适用于何种情况?

⑦ 钎焊工艺参数是如何确定的?

⑧ 钎焊后热处理的作用有哪些?

⑨ 常见的钎焊缺陷的原因及防止措施是什么?

⑩ 钎焊缺陷的检验方法有哪些?

二维码
见封底

 微信扫码
立即获取

 教学视频
配套课件

第 **5** 章

微信扫描封底二维码
即可获取教学视频、配套课件

扩散焊原理及工艺

扩散焊是依靠两母材之间界面原子相互扩散而实现结合的一种精密的连接方法。近年来随着航空航天、电子和能源等工业领域的发展，扩散焊技术得到了快速发展。扩散焊在尖端科学技术领域起着十分重要的作用，是异种材料、耐热合金和新材料（如高技术陶瓷、金属间化合物、复合材料等）连接的主要方法之一。特别是对用熔焊方法难以连接的材料，扩散焊具有明显的优势。

5.1
扩散焊原理及扩散机制

5.1.1　扩散焊原理

扩散焊是在一定的温度和压力下，经过一定的时间，母材接触界面原子间相互扩散而实现的可靠连接。具体地说，扩散焊是将两个或两个以上的固相材料（包括中间层材料）紧压在一起，置于真空或保护气氛中加热至母材熔点以下温度，对其施加压力使连接界面凹凸不平处产生微观塑性变形，达到紧密接触，再经过保温、原子相互扩散而形成牢固接头的一种连接方法。

扩散焊接头是在较高的温度、压力和保护气氛（或真空条件）的共同作用下完成的，温度和压力的作用是使被连接表面微观凸起处产生塑性变形而增大紧密接触面积，激活界面原子之间的扩散，但连接压力不能引起母材的宏观塑性变形。

扩散焊时，首先要使待连接母材表面接近到相互原子间的引力作用范围。图 5.1 为原子间作用力与原子间距的关系示意图。可以看出，两个原子远离时其相互间的作用引力几乎为零，随着原子间距的不断缩小，相互引力不断增大。当原子间距约为金属晶体原子点阵平均原子间距的 1.5 倍时，引力达到最大。如果原子进一步靠近，则引力和斥力的大小相等，原子间相互作用力为零，从能量角度看此时状态最稳定。这时，自由电子成为共有，与晶格点阵的金属离子相互作用形成金属键，使被连接材料间形成冶金结合。

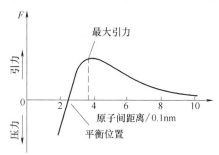

图 5.1 原子间作用力与原子间距的关系

在金属不熔化的情况下，要形成界面结合牢固的焊接接头就必须使两待焊表面紧密接触，使之距离达到 $(1 \sim 5) \times 10^{-8}$ cm 以内。在这种条件下，金属原子间的引力才开始起作用，才可能形成金属键，获得具有一定结合强度的接头。

实际上，金属表面无论经过什么样的精密加工，在微观上总是起伏不平的。经微细磨削加工的金属表面，其轮廓算术平均偏差为 $(0.8 \sim 1.6) \times 10^{-4}$ cm。在零压力下接触时，实际接触点只占全部表面积的百万分之一；施加一般压力时，实际紧密接触面积仅占全部表面积的 1% 左右，其余表面间距均大于原子引力起作用的范围。即使少数接触点形成了金属键连接，其结合强度在宏观上也是微不足道的。

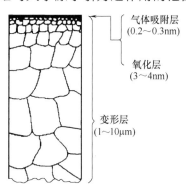

图 5.2 固态金属的表面结构示意图

由于实际的材料表面不可能完全平整和清洁，因而实际的扩散连接过程要复杂得多。固态金属表面除在微观上呈凹凸不平外，最外层表面还有 0.2 ~ 0.3nm 的气体吸附层（主要是水蒸气、O_2、CO_2 和 H_2S 等），在吸附层之下为厚度 3 ~ 4nm 的氧化层，在氧化层之下是厚度 1 ~ 10μm 的变形层，如图 5.2 所示。

实际两母材的待连接表面总是存在微

观凹凸不平、气体吸附层、氧化层等。而且，待连接表面的晶体位向不同，不同材料的晶体结构不同，这些因素都会阻碍接触点处原子之间形成金属键，影响扩散焊过程的稳定进行。所以，扩散焊时必须采取适当的工艺措施来解决这些问题。

扩散焊过程的本质是通过对连接界面加热和加压，使金属表面的氧化膜破碎、表面微观凸出处发生塑性变形和高温蠕变，在若干微小区域出现界面间的结合。这些区域进一步通过原子相互扩散得以不断扩大，当整个连接界面均形成金属键结合时，即最终完成了一个扩散焊过程。

5.1.2 扩散焊的三个阶段

扩散焊界面的形成过程如图 5.3 所示。通常把扩散焊过程分为三个阶段：第一阶段为母材的塑性变形使连接界面接触；第二阶段为原子相互扩散和晶界迁移；第三阶段为界面和孔洞消失。

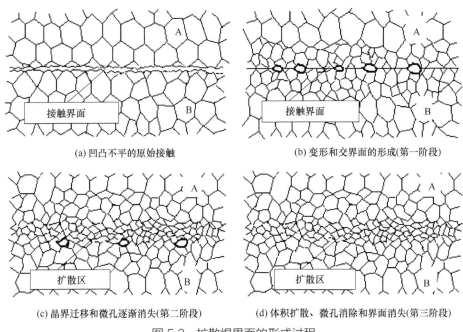

(a) 凹凸不平的原始接触　　　　　(b) 变形和交界面的形成(第一阶段)

(c) 晶界迁移和微孔逐渐消失(第二阶段)　　(d) 体积扩散、微孔消除和界面消失(第三阶段)

图 5.3　扩散焊界面的形成过程

（1）塑性变形使连接界面接触

这一阶段为物理接触阶段，高温下微观凹凸不平的表面，在外加压力的作用下，通过屈服和蠕变机理使一些点首先达到塑性变形。在持续压力的作用下，界面接触面积逐渐扩大，最终达到整个界面的可靠接触。

扩散焊前，材料表面通常是进行机械加工后再进行研磨、抛光和清洗，加工后的材料表面在微观上仍然是粗糙的，存在许多 0.1 ～ 5μm 的微观凹凸，且表面还常常有氧化膜覆盖。将这样的固体表面相互接触，在不施加压力的情况下，首先会在凸处相接触，如图 5.3（a）所示。

初始接触面积的大小与材料性质、表面加工状态及其他一些因素有关。尽管初始接触点的数量可能很多，但实际接触面积通常只有名义面积的 1/10000 ～ 1/100，而且很难达到金属之间的真实接触。即使在这些区域形成金属键，整体接头的强度仍然很低。因此，只有在高温下通过对被连接件施加压力，才能使材料表面微观凸出部位发生塑性变形，破坏氧化膜，使被焊材料间紧密接触面积不断增大，直到接触面积可以抵抗外载引起的变形，这时局部应力低于材料的屈服强度，如图 5.3（b）所示。

在金属紧密接触后，原子相互扩散并交换电子，形成金属键连接。由于开始时连接压力仅施加在极少部分初始接触的凸起处，故压力不大即可使这些局部凸起处的压应力达到很高的数值，超过材料的屈服强度而发生塑性变形。但随着塑性变形的发展，接触面积迅速增大，一般可达连接表面的 40% ～ 75%，使其所受的压应力迅速减小，塑性变形量逐渐减小。以后的接触过程主要依靠蠕变，可达到 90% ～ 95%。剩下的 5% 左右未能达到紧密接触的区域逐渐演变成界面孔洞，其中大部分孔洞能依靠进一步的原子扩散而逐渐消除。个别较大的孔洞，特别是包围在晶粒内部的孔洞，有时经过很长时间（几小时至几十小时）的保温扩散也不能完全消除而残留在连接界面区，成为连接缺陷。

因此，接触表面应尽可能光洁平整，以减少界面孔洞。该阶段对整个扩散连接十分重要，为以后通过扩散形成冶金结合创造了条件。在这一阶段末期，界面之间还有空隙，但其接触部分则基本上已是晶粒间的连接。

（2）扩散和晶界迁移

第二阶段是接触界面原子间的相互扩散，形成牢固的结合层。这一阶段，由于晶界处原子持续扩散而使许多空隙消失。同时，界面处的晶界迁移离开了接头的原始界面，达到了平衡状态，但仍有许多小空隙遗留在晶粒内。

与第一阶段的变形机制相比，该阶段中扩散的作用就要大得多。连接表面达到紧密接触后，由于变形引起的晶格畸变、位错、空位等各种缺陷大量堆集，界面区的能量显著增大，原子处于高度激活状态，扩散迁移十分迅速，很快就形成以金属键连接为主要形式的接头。由于扩散的作用，大部分孔洞消失，而且也会产生连接界面的移动。

该阶段通常还会发生越过连接界面的晶粒生长或再结晶以及界面迁移，使第二阶段形成的金属键连接变成牢固的冶金结合，这是扩散连接过程中的主要阶段，如图 5.3（c）所示。但这时接头组织和成分与母材差别较大，远未达到均匀化的状况，接头强度并不很高。因此，必须继续保温扩散一定时间，完成第三阶段，使扩散层达到一定深度，才能获得高质量的接头。

（3）界面和孔洞消失

第三阶段是在界面接触部分形成的结合层，逐渐向体积扩散方向发展，形成可靠的连接接头。通过继续扩散，进一步加强已形成的连接，扩大连接面积，特别是要消除界面、晶界和晶粒内部的残留孔洞，使接头组织与成分均匀化，如图 5.3（d）所示。在这个阶段中主要是体积扩散，速度比较缓慢，通常需要几十分钟到几十小时，最后才能达到晶粒穿过界面生长，原始界面和遗留下的显微孔洞完全消失。

由于需要时间很长，第三阶段一般难以进行彻底。只有当要求接头组织和成分与母材完全相同时，才不惜时间来完成第三阶段。如果在连接温度下保温扩散引起母材晶粒长大，反而会降低接头强度，这时可以在较低的温度下进行扩散，但所需时间更长。

上述扩散焊过程的三个阶段并不是截然分开的，而是依次和相互交叉进行的，甚至有局部重叠，很难准确确定其开始与终止时间。最终在接头连接区域由于蠕变、扩散、再结晶等过程而形成固态冶金结合，它可以形成固溶体及共晶体，有时也可能生成金属间化合物，形成可靠的扩散焊接头。

5.1.3　扩散焊界面结合机制

扩散焊通过界面原子间的相互作用形成接头，原子间的相互扩散是实现连接的基础。对于具体材料和合金，要具体分析原子扩散的路径及材料界面元素间的相互物理化学作用。异种材料扩散焊可能生成金属间化合物，而非金属材料的扩散界面可能有化学反应。界面生成物的形态及其生成规律，对材料扩散焊接头性能有很大的影响。

固态扩散有以下几种机制：空位机制、间隙机制、轮转机制、双原子机制等。空位机制、轮转机制、双原子机制的扩散可以形成置换式固溶体；间隙机制可以形成间隙式固溶体，只有原子体积小的元素，如氢、硼、碳、氮等才有这种扩散形式。

（1）材料界面的吸附与活化

在外界压力的作用下，被连接界面靠近到距离为 2～4nm，形成物理吸附。经过精细加工的表面，微观仍有一定的不平度，在外力作用下，连接表面微观凸起部位形成微区塑性变形（如果是异种材料则较软的金属先变形），被连接表面的局部区域达到物理吸附，这一阶段被称为物理接触。

随着扩散时间延长，被连接表面微观凸起变形量增加，物理接触面积进一步增大，在接触界面的某些点形成活化中心，该区域可以进行局部化学反应。被连接表面局部区域产生原子间相互作用，当原子间距达到 0.1～0.3nm 时，原子间相互作用的反应区域达到局部化学结合。在界面上完成由物理吸附、活化到化学结合的过渡。金属材料扩散焊时形成金属键，而当金属与非金属连接时，此过程形成离子键与共价键。

随着时间的延长，局部的活化区域沿整个界面扩展，表面形成局部黏合与结合，最终导致整个结合面形成原子间的结合。但是，仅结合面的黏合还不能称为固态连接过程的最终完成，还必须向结合面两侧扩散或在结合区域完成组织转变和物理化学反应。

连接材料界面结合区再结晶形成共同的晶粒，接头区由于应变产生的内应力得到松弛，使结合金属的性能得到改善。异种金属扩散焊界面附近可以生成无限固溶体、有限固溶体、金属间化合物或共析组织的过渡区。当金属与非金属扩散焊时，可以在连接界面区形成尖晶石、硅酸盐、铝酸盐及其他热力学反应新相。如果结合材料在界面区可能形成脆性层，必须用改变扩散焊参数的方法加以控制。

（2）固体中扩散的基本规律

扩散是指相互接触的物质，由于热运动而发生的相互渗透。扩散向着物质浓度减小的方向进行，使粒子在其占有的空间均匀分布，它可以是自身原子的扩散，也可以是外来物质形成的异质扩散。

扩散理论的研究主要由两个方面组成，一是宏观规律的研究，重点讨论扩散物质的浓度分布与时间的关系，即扩散速度问题。根据不同条件建立一系列的扩散方程，并按边界条件不同求解。目前利用计算机的数值解析法已代替了传统的、复杂的数学物理方程解。该研究领域对受控于扩散过程的工程应用具有直接的指导意义。

扩散理论研究的另一领域是研究扩散过程中原子运动的微观机制，即在只有几埃（万分之一微米）的位置间原子的无规则运动和实测宏观物质流之间的关系。它表明扩散与晶体中的缺陷密切相关，通过扩散结果可以研究这些缺陷的性质、浓度和形成条件。

扩散系数 D 是扩散的基本参数，它定义为单位时间内经过一定平面的平均粒子数。扩散系数对加热时晶体中的缺陷、应力及变形特别敏感。当晶体中的缺陷，特别是空穴增加时，原子在固体中的扩散加速。扩散系数 D 与温度 T 呈指数关系变化，即服从阿伦尼乌斯（Arrhenius）公式：

$$D=D_0\exp\left(-Q/RT\right) \tag{5.1}$$

式中，D 为扩散系数，cm^2/s；Q 为扩散过程的激活能，kJ/mol；R 为波尔兹曼常数；D_0 为扩散因子；T 为热力学温度，K。

由式（5.1）可以看出，扩散系数随着温度的提高显著增加。

原子一般从高浓度区向低浓度区扩散。对于两个理想接触面的柱体（半无限体），原子的平均扩散距离有如下计算公式：

$$x=\left(2Dt\right)^{1/2} \tag{5.2}$$

式中，x 为扩散原子的平均扩散距离；D 为扩散系数；t 为扩散时间。

由式（5.2）可以看出，扩散焊时，原子的扩散距离与时间的平方根成正比。在扩散焊时，可以根据不同的要求选择不同的扩散时间。为了使扩散焊接头成分和性能均匀化，要用较长的扩散时间。如果连接界面间生成脆性的金属间化合物，则要缩短扩散时间。

1）扩散界面元素的分布

异种材料扩散焊过程中，扩散界面附近的元素浓度随加热温度和保温时间发生变化，属于非稳态扩散过程。扩散焊工件的尺寸相对于焊接过程中元素在界面附近的扩散是足够大的，能够提供充足的扩散原子。扩散焊时元素从一侧越过界面向另一侧扩散，服从一维扩散规律。

扩散焊界面附近元素的浓度随距离、时间的变化服从 Fick 第二定律，可以使用一维无限大介质中的非稳态扩散方程求解。界面元素扩散分布方程的坐标系如图 5.4 所示。

图 5.4　界面元素扩散分布方程的坐标系

某元素在异种材料扩散焊母材 1 和母材 2 中的初始浓度分别为 C_1 和 C_2。元素在母材 1 和母材 2 中的扩散系数 D_1、D_2 不随浓度及扩散方向变化，扩散焊之前界面两侧各元素未发生扩散。扩散界面附近元素的浓度分布服从 Fick 第二定律中一维无限大介质非稳态条件下的扩散方程：

$$\frac{\partial C}{\partial t} = D\frac{\partial^2 C}{\partial x^2} \tag{5.3}$$

通过分离变量法求扩散方程的通解：

$$C(x,t) = \frac{1}{2\sqrt{\pi Dt}}\int_{-\infty}^{+\infty} f(\xi)\mathrm{e}^{-\frac{(\xi-x)^2}{4Dt}}\mathrm{d}\xi \tag{5.4}$$

根据母材 1 和母材 2 界面元素扩散的初始条件和边界条件：

初始条件：$C(x,0) = \begin{cases} C_1 & (x<0) \\ C_2 & (x>0) \end{cases}$

边界条件：$C(x,t) = \begin{cases} C_1 & (x=-\infty) \\ C_2 & (x=+\infty) \end{cases}$

得到在扩散焊界面靠近母材 1（A）与母材 2（B）两侧的元素分布方程为：

$$C(x,t)\begin{cases} C'(x,t) = \dfrac{C_1+C_2}{2} + \dfrac{C_1-C_2}{\sqrt{\pi}}\left[\displaystyle\int_0^{\eta_1}\exp(-\eta_1^2)\mathrm{d}\eta_1\right] & (x<0) \\[3mm] C'(x,t) = \dfrac{C_1+C_2}{2} + \dfrac{C_2-C_1}{\sqrt{\pi}}\left[\displaystyle\int_0^{\eta_2}\exp(-\eta_2^2)\mathrm{d}\eta_2\right] & (x>0) \end{cases} \tag{5.5}$$

其中 $\eta_1 = \dfrac{x}{\sqrt{4D_1 t}}$，$\eta_2 = \dfrac{x}{\sqrt{4D_2 t}}$，$\eta_1$ 和 η_2 值随着元素在两种母材中的扩散系数 D_i 而变化。

考虑到各元素在母材 1 与母材 2 中扩散系数相差很大，增设界面边界条件：

$$D_1\frac{\partial C_{\mathrm{A}}(x=0,t)}{\partial x} = D_2\frac{\partial C_{\mathrm{B}}(x=0,t)}{\partial x}$$

这表明在母材 1 与母材 2 扩散焊界面交界处的扩散流量相等，此时得到元素在扩散焊界面处的分布方程为：

$$C(x,t) = \begin{cases} C'(x,t) = \dfrac{C_1+C_2}{2} + \dfrac{\sqrt{D_2}(C_1-C_2)}{\sqrt{\pi}(\sqrt{D_1}+\sqrt{D_2})}\left[\displaystyle\int_0^{\eta_1}\exp(-\eta_1^2)\mathrm{d}\eta_1\right] & (x<0) \\[4mm] C'(x,t) = \dfrac{C_1+C_2}{2} + \dfrac{\sqrt{D_1 D_2}(C_1-C_2)}{\sqrt{\pi}(D_2+\sqrt{D_1 D_2})}\left[\displaystyle\int_0^{\eta_2}\exp(-\eta_2^2)\mathrm{d}\eta_2\right] & (x>0) \end{cases}$$

$$\tag{5.6}$$

根据误差函数$\mathrm{erf}(Z)=\dfrac{2}{\sqrt{\pi}}\displaystyle\int_0^Z \exp(-\eta^2)\mathrm{d}\eta$，式（5.6）的误差函数解为：

$$C(x,t)=\begin{cases} C'(x,t)=\dfrac{C_1+C_2}{2}+\dfrac{\sqrt{D_2}(C_1-C_2)}{2(\sqrt{D_1}+\sqrt{D_2})}\,\mathrm{erf}\left(\dfrac{x}{\sqrt{4D_1 t}}\right) & (x<0) \\[4mm] C'(x,t)=\dfrac{C_1+C_2}{2}+\dfrac{\sqrt{D_1 D_2}(C_1-C_2)}{2(D_2+\sqrt{D_1 D_2})}\,\mathrm{erf}\left(\dfrac{x}{\sqrt{4D_2 t}}\right) & (x>0) \end{cases} \qquad (5.7)$$

式（5.7）即为异种材料（母材 1 和母材 2）扩散焊界面附近元素浓度与扩散距离 x 和保温时间 t 的误差函数关系式。

在异种材料扩散焊界面元素分布的计算方程中，除了扩散距离 x 和保温时间 t 两个变量外，最重要的参数是各元素在扩散焊母材中的浓度 C_i 以及扩散系数 D_i。元素在扩散焊界面两侧的浓度梯度是元素扩散的驱动力之一。

元素在扩散焊界面两侧母材中的原始浓度可以通过电子探针（EPMA）分析测定。元素的扩散系数根据放射性同位素示踪法测定的各元素扩散的扩散因子 D_0 和扩散激活能 Q 计算得出。根据阿伦尼乌斯公式 $D=D_0\exp(-Q/RT)$，可计算出异种材料中扩散元素在不同温度下的扩散系数。

2）表面氧化膜的行为

通过表面分析发现，一些材料（如铝及铝合金等）表面氧化膜的存在严重阻碍了扩散焊过程的进行。在材料表面总是存在一层氧化膜，实际上材料在扩散连接初期均为表面氧化膜之间的相互接触。在随后的扩散焊过程中，表面氧化膜的行为对扩散连接质量有很大的影响。

关于表面氧化膜的去向，一般认为是在连接过程中氧化膜首先发生分解，然后原子向母材中扩散和溶解。例如，扩散连接钛或钛合金时，由于氧在钛中的固溶度和扩散系数大，所以氧化膜很容易通过分解、扩散、溶解机制而消除。但铜和钢铁材料中氧的固溶度较小，氧化膜较难向金属中溶解。这时，氧化膜在连接过程中会聚集形成夹杂物，夹杂物数量随连接时间的增加逐渐减少，这类夹杂物常常能在接头拉断的断口上观察到。扩散连接铝时，由于氧在铝中几乎不溶解，因此氧化膜在连接前后几乎没有什么变化。

材料表面氧化膜的行为一直是扩散焊研究的重点问题之一。不同材料的表面氧化膜在扩散连接过程中的行为是不同的。根据材料表面氧化膜的行为特点，可将材料分为三种类型，其基本特征如图 5.5 所示。

① 钛、镍型　这类材料扩散焊时，氧化膜可迅速通过分解、向母材溶解而去除，因而在连接初期氧化膜即可消失。如镍表面的氧化膜为 NiO，1154℃时氧在镍中的固溶度为 0.012%，厚度 5nm 的氧化膜在该温度下只要

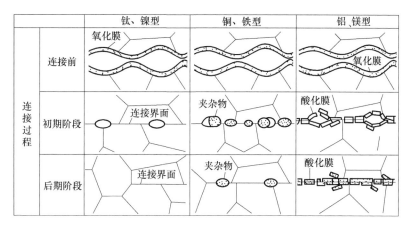

图 5.5　扩散焊过程中不同氧化膜的特征

几秒即可溶解，钛也属此类。这类材料的氧化膜在不太厚的情况下一般对扩散焊过程影响很小。

② 铜、铁型　由于氧在基体金属中溶解度较小，材料表面的氧化膜在连接初期不能立即溶解，界面上的氧化物会发生聚集，在空隙和连接界面上形成夹杂物。随着连接过程的进行，通过氧向母材的扩散，夹杂物数量逐渐减少。铜、铁和不锈钢均属此类。母材为钢铁材料时，夹杂物主要是钢中所含的 Al、Si、Mn 等元素的氧化物及硫化物。

③ 铝、镁型　这类材料的表面有一层稳定而致密的氧化膜，它们在基体金属中几乎不溶解，因而在扩散焊过程中不能通过溶解、扩散机制消除。但可以通过微区塑性变形使氧化膜破碎，露出新鲜金属表面，但能实现的金属之间的连接面积仍较小。通过用透射电镜对铝合金扩散连接进行深入的研究，发现 6063 铝合金扩散连接时氧化膜为粒状 AlMgO，w_{Mg}=1% ～ 2.4% 时，就会形成 MgO。为了克服氧化膜的影响，可以在真空扩散焊过程中用高活性金属（如 Mg）将铝表面的氧化膜还原，或采用超声波振动的方法使氧化膜破碎以实现可靠的连接。

氧化膜的行为近年来主要是采用透射电子显微镜进行研究。此外，还可根据电阻变化来研究扩散焊时界面氧化膜的行为、连接区域氧化膜的稳定性以及紧密接触面积的变化等。

3）扩散孔洞与 Kirkendall 效应

在异种金属或不同成分的合金进行扩散连接时，由于母材的化学成分不同，不同元素的原子具有不同的扩散速度（扩散系数不一样），造成穿过界面的物质流不一样，使某物质向一个方向运动，最终会形成界面的移动。扩散速度大的原子大量越过界面向另一侧金属中扩散，而反方向扩散过来的原子数量较少，这样造成了通过界面向其两侧扩散迁移的原子数量不等。移出量大于于移入量的一侧出现了大量的空穴，集聚起来达到一定密度后即聚合为孔洞，这种孔洞称为扩散孔洞。这一现象是 1947 年 Kirkendall 等人研究铜和黄铜扩散焊的过程时首先发现的，故称 Kirkendall 效应。在其他金属组合（如Ni-Cu、Cu-Al、Fe-Ni 等）中也都发现了这种现象。

扩散孔洞可在连接过程中产生，也会在连接后的长期高温工作中产生。

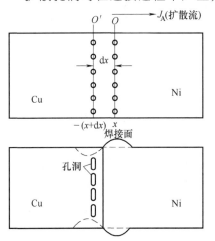

图 5.6 为 Ni-Cu 扩散连接界面附近的扩散孔洞及 Kirkendall 效应示意图。显见，扩散孔洞与界面孔洞不同，扩散孔洞的特征是集聚在离界面一段距离的区域。这是因为 Cu 原子向 Ni 中扩散的速度比 Ni 原子向 Cu 中扩散大。另外，在原始分界面附近，铜的横截面由于丧失原子而缩小，在表面形成凹陷，而镍的横截面由于得到原子而膨胀，在表面形成凸起。

图 5.6 Ni-Cu 扩散焊界面附近的扩散孔洞及 Kirkendall 效应示意图

在无压力的情况下扩散焊或退火都会产生扩散孔洞。造成扩散孔洞的原因是不同元素的原子扩散速度不一样。一般情况下，若两种不同金属相互接触，结合界面移向熔点低的金属一侧。当非均匀扩散时，边界也非均匀运动，从而出现孔洞。

扩散孔洞的存在严重影响接头的质量，特别是使接头强度降低。扩散焊后未能消除的微小界面孔洞中还残留有气体，这些残留气体对接头质量也有影响。

图 5.7（a）示出在不同保护气氛中界面空隙内所含的残留气体。其中，第一阶段是指两个微观表面相互接触并加热、加压时，凸出部分首先发生塑性变形并实现了连接。但随着连接过程的进行，界面间隙或孔洞内的残留气体被封闭。第二阶段是指被封闭在孔洞中的气体与母材发生反应，使其含量和组成发生变化。界面间隙或孔洞中的残留气体主要是氧、氮、氢、氩等。

压力可减少扩散孔洞，提高接头强度。扩散焊施加一定的压力，使所加的压强超过低熔点金属在扩散连接温度下的屈服强度，有利于扩散孔洞的消除。随着压力的增大，扩散孔洞减少。对已形成扩散孔洞的接头，加压退火可有效地减少扩散孔洞。

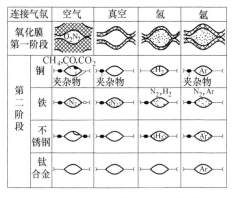
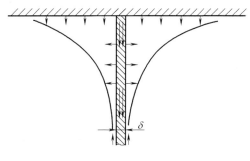

(a) 不同保护气体的界面空隙   (b) 原子沿晶界扩散的模型

图 5.7   界面空隙内所含的残留气体及原子沿界面扩散的模型

4）扩散与组织缺陷的关系

实际工程材料都存在着大量的缺陷，很多材料甚至处于非平衡状态，组织缺陷对扩散的影响十分显著。在许多情况下，组织缺陷决定了扩散的机制和速度。材料的晶粒越细，即材料一定体积中的边界长度越大，沿晶界扩散的现象越明显。原子沿晶界的扩散与晶体内的扩散不一样。

英国物理学家 Fisher 提出沿晶界扩散的模型［如图 5.7（b）所示］，认为晶界是晶粒间嵌入一定厚度的薄片，扩散沿晶界薄片进行得很快，沿边界进入的原子数量远超过从表面直接进入晶粒的原子。原子首先沿边界快速运动，而后再从边界进入晶粒内部，沿晶界扩散的路径与晶内扩散不一样，晶界扩散原子的平均扩散距离与时间的四次方根成正比。

$$x_b = \left(\delta D \sqrt{\pi t D / 2} \right)^{1/2} \tag{5.8}$$

式中，x_b 为原子沿晶界扩散的距离；δ 为晶界厚度；D 为扩散系数；t 为扩散时间。

沿金属表面的扩散与该表面的结构有关。实际晶体表面是不均匀的，表面存在着不平和微观凸起，有时表面形成机械加工硬化，这使表面层位错密度很高，再加上异种金属连接时，不同材料原子间的吸附与化学作用，使表面原子有很大的活性。对表面、边界和体积扩散的试验研究结果表明，表面扩散的激活能在三种形式的扩散中是最小的，即 $Q_{表面} < Q_{边界} < Q_{体积}$。在同样的温度下，扩散系数 $D_{表面} > D_{边界} > D_{体积}$，即在表面扩散要快得多。

5）扩散连接过程中的化学反应

随着扩散过程的进行，由于成分变化在扩散区中同时发生多相反应，称之为多相扩散或反应扩散。反应扩散的基本特点如下。

① 整个过程由扩散 + 相变反应两步组成，其中扩散是控制因素，由于发生了相变，扩散一般在多相系统中进行。

② 在浓度 - 距离曲线上，在多相扩散区之间浓度分布不连续，在相界面上有浓度突变。

③ 新相形成的规律与相图相对应。但从动力学上看，相变孕育期长或在高压下均可使相图上反映的相区变窄直至消失。

④ 新相长大的动力学规律。一般情况下，相区宽度应服从抛物线规律。新相长大速度与在各相区间的扩散系数及相界浓度梯度成正比。

异种材料（特别是金属与非金属连接时），界面将进行化学反应。首先在局部形成反应源，而后向整个连接界面上扩展，当整个界面都形成反应时，能形成良好的扩散连接。产生局部化学反应的萌生源与工艺参数，如温度、压力和时间有密切关系。压力对化学反应源有决定性的影响，压力越大，反应源的扩展程度越大；温度和时间主要影响反应源的扩散程度，对反应数量的影响不大。固态物质之间的反应只能在界面上进行。向活性区输送原始反应物，使其局部化学反应继续进行是反应区扩大的条件之一。

界面进行化学反应主要有化合反应和置换反应。化合反应的特性是形成单质。反应剂和反应产物的晶体结构比较简单，通常这些物质的物理和化学性能是已知的。如金属经过氧化层与陶瓷或玻璃的连接（形成各种尖晶石、硅酸盐及铝酸盐等）即属于这种类型，这类反应进行得很普遍。

置换反应是以活性元素置换非活性元素的情况，在 Al-Mg 合金与玻璃或陶瓷的连接中得到了典型应用。铝与氧化硅在界面上发生置换反应，SiO_2 中的 Si 被 Al 置换，还原为 Si 原子溶解于铝中。当达到饱和浓度后，由固溶体中析出含硅的新相。使用活性金属 Al、Ti、Zr 等扩散连接 SiC 和 Si_3N_4 陶瓷时也有类似反应。

扩散焊时化合反应与置换反应的差别在于，化合反应是在生成的金属表面氧化物与玻璃或陶瓷中的氧化物之间进行的。化合反应由开始局部接触，而后逐渐扩展到整个表面，形成一定的化合物层，在这个过程中反应速度一直是增加的。由于反应物的溶解度较小，在界面上可能形成一个很宽的难熔化合物层。由于在非金属化合物中扩散过程进行得很慢，所以反应速度急剧下降，化合物的形成过程就此结束。此时继续增加扩散焊的时间，对接头的强度没有显著的影响。

异种金属的扩散系数要比同种金属的扩散系数大，用扩散连接来焊接脆性金属比焊接塑性金属更合适。当界面结合率要求达到 100% 时，需要加入形成液相的金属中间层或夹层。如果没有中间层，就要求加大压力，以便获得良好的界面接触。原子扩散过程是比较慢的，但是如果提高加热温度，可加快扩散速度。

5.1.4 瞬间液相扩散焊原理

与熔焊方法相比，固相扩散焊虽有许多优点，解决了许多用熔焊方法难以连接的材料的可靠连接，但由于其连接过程中材料处于固相，因而也存在下述的局限性。

① 固体材料塑性变形较困难，为了使连接表面达到紧密接触和消除界面孔洞，常常需要较高的连接温度并施加较大的压力，这样有引起连接件宏观变形的可能性。

② 固相扩散速度慢，因而要完全消除界面孔洞，使界面区域的成分和组织与母材相近，通常需要很长的连接时间，生产效率低。

③ 因为要加热和加压，扩散连接设备也比钎焊设备复杂得多，连接接头的形式也受到一定限制。

为了克服上述固相扩散焊的不足，人们通过改进工艺，提出了瞬间（过渡）液相扩散焊工艺。

瞬间（过渡）液相扩散焊（TLP）是在两个待焊工件接触表面之间放入添加降熔元素的中间层，将两个工件紧压在一起，在气体保护或真空环境下，加热到一定温度并施加一定压力，中间层熔化成液相，液体金属填充母材表面的间隙，固液相之间发生元素扩散，形成致密的中间过渡层。在保温阶段，母材与中间层元素互相扩散，最终实现等温凝固和固相均匀化，使中间层区域的组织与母材接近，形成牢固的连接。感应加热液相扩散焊接原理如图 5.8 所示。

瞬间液相扩散焊开始时中间层熔化形成液相，液体金属浸润母材表面填充毛细间隙，形成致密的连接界面。在保温过程中，借助固 - 液相之间的相互扩散，使液相合金的成分向高熔点侧变化，最终发生等温凝固和固相成分均匀化。

瞬间液相扩散焊所用的中间层合金是促进扩散连接的重要因素。中间层合金的成分应保证瞬间液相扩散连接工艺顺利进行，即应有合适的熔化温度（为母材熔点 T_m 的 0.8 ~ 0.9），应能使接头区在连接温度下达到等温凝固，不产生新的脆性相。中间层合金成分还应保证接头性能与母材相近，达到使用要求。

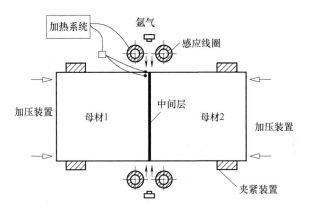

图 5.8　感应加热液相扩散焊接原理

用于瞬间液相扩散焊的中间层主要有如下两类。

① 低熔点的中间层合金，成分与母材接近，但添加了少量能降低熔点的元素，使其熔点低于母材，加热时中间层直接熔化形成液相。

② 与母材能发生共晶反应形成低熔点共晶的中间层合金。

一般中间层合金以 Ni-Cr-Mo 或 Ni-Cr-Co-W（Mo）为基体，加入适量 B（或 Si）元素而构成。如 DZ22 定向凝固高温合金的中间层合金 Z2P 和 Z2F，DD3 单晶合金的 D1F 均是这样设计和生产的。有时中间层合金中也适当加入固溶强化元素或调整 Co、Mo、W 的比例，如 Ni_3Al 基高温合金的中间层合金 I6F、I7F、D1F。

中间层合金的品种有粉状和厚度为 0.02 ～ 0.04mm 的非晶态箔料。

在瞬间液相扩散焊中，中间层熔化或中间层与母材界面反应形成的液态合金，起着类似钎料的作用。由于有液相参与，因而瞬间液相扩散连接初始阶段与钎焊类似，从理论上说不需连接压力，实际使用的压力比固相连接时要小得多（有人认为压力约大于 0.07MPa 即可）。此外，与固相扩散连接相比，由于形成的液态金属能填充材料表面的微观孔隙，降低了对待连接材料表面加工精度的要求，这也是应用上的有利之处。

但是，瞬间液相扩散焊与钎焊连接有着本质的区别。在钎焊中，钎料的熔点要超过连接接头的使用温度，对于要在高温下使用的接头，连接温度就更高。而瞬间液相扩散连接则有在较低温度或在低于最终使用温度的条件下进行连接的能力。以最简单的 A-B 匀晶相图系统（图 5.9）为例，该图示意地给出了不同连接方法的连接温度所处的范围。图中 A 端的阴影区表示连接后中间层或钎缝最终所要达到的成分。这时，钎焊温度和固相扩散连接温度显然要超过或接近难熔金属 A 的熔点，分别如图中点 1 和点 2 所示。而瞬间液相扩散连接的温度则取决于低熔点金属 B 的熔点（或 A-B 间的共晶温度），如图中点 3，如果连接后均匀中间层的成分达到点 3′，就与固相扩散连接的情况几乎一致。由于 A 的熔点和 B 的熔点（或共晶温度）可能相差很大，因而用瞬间液相扩散连接通常能显著降低连接温度。

这种方法尤其适用于焊接性较差的铸造高温合金。

图 5.10 示出二元共晶系统瞬间

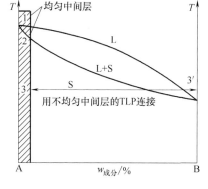

图 5.9　不同焊接方法连接温度选择示意图
1—钎焊；2—固相扩散焊；3—瞬间液相扩散焊

液相扩散连接不同阶段连接区域中成分的变化。该模型的建立基于以下几点假设：

① 固 - 液界面呈局部平衡，因此相界面上各个相的成分可由相图决定；

② 由于中间层的厚度很薄，忽略液体的对流，从而把瞬间液相扩散连接作为一个纯扩散问题处理；

③ 液相和固相中原子的相互扩散系数 D_S 和 D_L 与成分无关，并且 α、β 和液相（L）各个相的偏摩尔体积相等，这就可直接用摩尔分数来表达 Fick 第二定律。

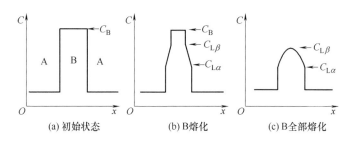

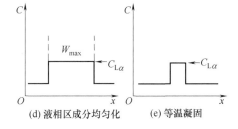

图 5.10　A/B/A 金属瞬间液相扩散连接过程示意图

瞬间液相扩散连接过程可分为四个阶段：中间层溶解或熔化、液相区增宽和成分均匀化、等温凝固、固相成分均匀化。

（1）中间层溶解或熔化

A/B/A 接头在其共晶温度以上进行瞬间液相扩散连接时，由于母材 A 和中间层 B 之间存在较陡的初始浓度梯度，因而相互扩散十分迅速，导致在 A/B 界面上形成液相。随着界面原子的进一步扩散，液相区同时向母材 A 和中间层 B 侧推移，使液相区逐步增宽。由于中间层厚度要比母材薄得多，因而中间层最终被全部溶解成液相。如果固 - 液界面仅向中间层方向移动（单方向移动），连接温度为 T_B，中间层 B 的厚度为 W_0，那么中间层完全被溶解或熔化所需的时间 t_1 为

$$t_1 = \frac{W_0^2}{16K_1^2 D_L} \tag{5.9}$$

（2）液相区增宽和成分均匀化

中间层 B 完全溶解时，由于液相区成分不均匀，如图 5.10（b）所示，液体和固态母材之间进一步相互扩散导致液相区成分均匀化和固相母材被不断熔化。当液相区达到最大宽度 W_{max} 时，液相区成分也正好均匀化，为 $C_{L\alpha}$，如图 5.10（d）所示。根据质量平衡原理，并忽略材料熔化时发生的体积变化，最大液相区宽度 W_{max} 可用式（5.10）估算，即

$$W_0 C_B \rho_B = W_{max} C_{L\alpha} \rho_L \tag{5.10}$$

式中，ρ_B、ρ_L 为金属 B 和液相（成分为 $C_{L\alpha}$）的密度；C_B 为溶质在中间层 B 中的浓度。

液相区达到最大宽度和成分均匀化的时间由式（5.11）决定，即

$$t_2 = \frac{(W_{max} - W_0)^2}{16K_2^2 D_{eff}} \tag{5.11}$$

式中，D_{eff} 为有效扩散系数。

有效扩散系数 D_{eff} 取决于过程的控制因素，如原子在液相中的扩散、在固相中的扩散或界面反应。Poku 认为 D_{eff} 可表达为

$$D_{eff} = D_L^{0.7} D_S^{0.3} \tag{5.12}$$

（3）等温凝固

当液相区成分达到 $C_{L\alpha}$ 后，随着固 - 液相界面上液相中的溶质原子 B 逐

渐扩散进入母材金属 A，液相区的熔点随之升高，开始发生等温凝固，晶粒从母材表面向液相内生长，液相逐渐减少，如图 5.10（e）所示，最终液相区全部消失。液相区完全等温凝固所需时间可用式（5.13）计算，即

$$t_3 = \frac{W_{\max}^2}{16K_3^2 D_S} \tag{5.13}$$

式（5.9）、式（5.11）和式（5.13）中的 K_1、K_2 和 K_3 在给定的温度下对特定的连接材料系统均为无量纲常数。应指出，液相区等温凝固过程受原子在固相中的扩散控制，需要较长的时间。由于实际多晶材料中存在大量晶界、位错，为扩散提供了快速通道，因此实际等温凝固时间通常要比理论计算的时间短得多。

（4）固相成分均匀化

液相区完全等温凝固后，液相虽然全部消失，但接头中心区域的成分与母材仍有差别。通过进一步保温，促使成分进一步均匀化，从而可得到成分和组织性能与母材相匹配的连接接头，这一过程需要更长的时间。瞬间液相扩散焊连接时间主要取决于液相区等温凝固和固相成分均匀化的时间。

瞬间液相扩散焊可用于连接陶瓷、沉淀强化高温合金、单晶和定向凝固的铸造高温合金以及镍 - 铝化合物基高温合金，如单晶和定向凝固的涡轮叶片、涡轮导向叶片等受力高温部件等。

5.2
扩散焊设备与工艺

5.2.1　扩散焊设备的组成

扩散连接设备包括加热系统、加压系统、保护系统（在加热和加压过程中，保护工件不被氧化的真空或可控气氛）和控制系统等，如图 5.11 所示。

扩散焊时须保证连接面及被连接金属不受空气的影响，并且需要在真空或惰性气体介质中进行，现在采用最多的方法是真空扩散焊。真空扩散焊可以采用高频、辐射、接触电阻、电子束及辉光放电等方法，对工件进行局部或整体加热。工业生产中普遍应用的扩散焊设备，主要采用感应加热和辐射

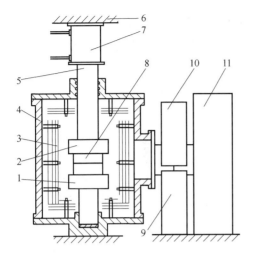

图 5.11　扩散焊设备的组成示意图

1—下压头；2—上压头；3—加热器；4—真空炉炉体；
5—传力杆；6—机架；7—液压系统；8—焊件；
9—机械泵；10—扩散泵；11—电气及控制系统

加热的方法。

扩散焊设备主要是由带有真空系统的真空室、对工件的加热源、对工件的加压系统、水循环系统、对温度和真空度的检测系统、电气和控制系统组成。无论何种加热方式的真空扩散焊设备，都主要由以下几部分组成。

1）保护系统

保护系统可以是真空系统或惰性气体系统。真空系统一般由扩散泵和机械泵组成。机械泵能达到 $1.33 \times 10^{-3} \mathrm{Pa}$ 的真空度，加扩散泵后可以达到 $1.33 \times 10^{-4} \sim 1.33 \times 10^{-6} \mathrm{Pa}$ 的真空度，可以满足几乎所有材料的扩散焊要求。真空度越高，越有利于被焊材料表面杂质和氧化物的分解与蒸发，促进扩散连接顺利进行。但真空度越高，抽真空的时间越长。

按真空度可分为低真空、中真空、高真空等。目前扩散连接设备一般采用真空保护。真空室越大，要达到和保持一定的真空度对所需真空系统要求越高。真空室中应有由耐高温材料围成的均匀加热区，以保持设定的温度；真空室外壳需要冷却。

2）加热系统

常采用感应加热和电阻辐射加热，对工件进行局部或整体加热。根据不同的加热要求，电阻辐射加热可选用钨、钼或石墨作加热体，经过高温辐射对工件进行加热。按加热方式分为感应加热、辐射加热、接触加热等。

3）加压系统

扩散连接过程一般要施加一定的压力。在高温下材料的屈服强度较低，为避免构件的整体变形，加压只是使接触面产生微观的局部变形。扩散连接所施加的压力较小，压强可在 $1 \sim 100 \mathrm{MPa}$ 范围内变化。只有当材料的高温变形阻力较大、加工表面较粗糙或扩散连接温度较低时，才采用较高的压力。按加压系统分为：液压系统、气压系统、机械系统、热膨胀加压等。

目前大多数扩散连接设备采用液压和机械加压系统。近年来，国内外已采用气压将所需的压力从各个方向均匀地施加到工件上，称为热等静压技术。

4）测量与控制系统

扩散焊设备都具有对温度、压力、真空度及时间的控制系统。根据选用的热电偶不同，可实现对温度从20℃到2300℃的测量与程序控制，温度控制的精度可在 ±（5～10）℃。压力的测量与控制一般是通过压力传感器进行的。

扩散焊设备种类繁多，目前采用较多的是感应加热方式。表 5.1 列举了几种扩散焊设备的主要技术参数。

表5.1 真空扩散焊设备主要技术参数

设备型号或类型		ZKL-1	ZKL-2	Workhorse Ⅱ	HKZ-40	DZL-1
加热区尺寸 /mm		$\phi600\times800$	$\phi300\times400$	$304\times304\times457$	$300\times300\times300$	—
真空度 /Pa	冷态	1.33×10^{-3}	1.33×10^{-3}	1.33×10^{-6}	1.33×10^{-3}	7.62×10^{-4}
	热态	5×10^{-3}	5×10^{-3}	6.65×10^{-5}	—	—
加压能力 /kN		245（最大）	58.8（最大）	300	80	300
最高炉温 /℃		1200	1200	1350	1300	1200
炉温均匀性 /℃		1000±10	1000±5	1300±5	1300±10	1200±5

扩散焊时压力的施加和保持由液压系统完成。控制仪表主要由数字控制处理器、程序控制器、计算机以及加热温度、压力、真空度的测量和记录仪器等组成。由于采用了计算机控制，扩散焊过程实现了全部自动运行。扩散焊的加热温度、压力、保温时间、真空度等参数可以通过预先编制的程序控制整个焊接过程，提高了焊接过程的精度和可靠性。

5.2.2 表面处理及中间层合金

扩散焊的工艺流程一般包括以下几个阶段：工件表面处理、工件装配、装炉、扩散连接（包括抽真空、加热、加压、保温等）、炉冷。

（1）工件表面处理及装配

为了使工件得到满意的扩散连接，被连接件必须满足以下两个必要条件：
① 使被连接件表面金属与金属间达到紧密接触；
② 必须对有妨碍的材料表面污染物加以破坏和分解，以便形成金属间结合。

金属表面一般不平整，附着有氧化物或其他固态或液态产物（如油脂、灰尘等），吸附有气体或潮气。待连接件组装前须对工件表面进行仔细处理。表面处理不仅包括清洗，去除化学结合的表面膜层（氧化物），清除气、水或有机物表面膜层，还有对金属表面粗糙度的要求。

除油是扩散焊前工件表面清理工序的必要部分，一般采用乙醇、三氯乙烯、丙酮、洗涤剂等，可在多种溶液中反复清洗。

为了保证在扩散焊时能有均匀接触，对表面的最小平直度和最小粗糙度有一定的要求。采用机械加工、磨削、研磨和抛光方法能够加工出所要求的表面平直度和光洁度，以保证不用大的变形就可使其界面达到紧密接触。但机械加工或磨削的附带效果是引起表面的冷作硬化。另外，机械加工还会使材料表面产生塑性变形，导致材料再结晶温度降低，但这种作用有时不明显。

对那些氧化层影响严重和存在表面硬化层的材料，应在加工之后再用化学方法浸蚀与剥离，将氧化层去除。可采用化学腐蚀或酸洗清除材料表面的氧化膜。不同的材料适用的化学溶剂不同。对工件进行连接前处理的化学腐蚀有两个作用：

① 去除非金属表面膜（通常是氧化物）；

② 部分或全部去除在机械加工时形成的冷作加工硬化层。

也可采用在真空中加热的方法来获取清洁的表面。有机物或水、气的吸附层通过在真空中进行高温处理很容易去除，但大多数氧化物在真空加热时不分解。真空清洁处理后的零件要求随即在真空或控制气氛中保存，以免重新形成吸附层。

选择表面处理方法时需考虑具体的连接条件。如果在很高的温度或压力下扩散连接，焊前获得特别清洁的表面就不十分重要了。因为真空和高温条件本身具有洁净表面的作用，但洁净效果取决于材料及其表面膜的性质。原子活性、表面凸凹变形以及对杂质元素溶解度的增加，有助于使表面污染物分解。真空处理在高温下可以溶解基体材料上黏附的氧化膜，可以分解工件表面的氧化膜，但不易分解 Ti、Al 或含大量 Cr 的合金表面上的氧化膜。在较低温度和较低压力下连接时有必要进行较严格的表面处理。

工件装配是扩散连接最终得到质量良好的扩散焊接头的关键步骤之一。待连接件表面紧密接触可使被连接面在较低的温度或压力下实现可靠的结合与连接。对于异形工件可采用装配严格的工装。

（2）中间层材料及选择

为了促进扩散焊过程的进行，降低扩散焊温度、时间、压力和提高接头性能，扩散连接时会在待连接材料之间插入中间层。有关中间层的研究是扩散焊的一个重要方面。中间层材料不仅在液相扩散焊时使用，在固相扩散焊中也有广泛的应用。

在工件之间增加中间层是异种材料扩散连接的有效手段之一，特别是对于原子结构差别很大的材料。采用中间层实际上是改变了原来的连接界面性能，使连接成为异种材料之间的连接。中间层可以改善材料表面的接触，降低对待焊表面制备的要求，改善扩散条件（降低扩散焊温度、压力和缩短扩散焊时间），避免或减少形成脆性金属间化合物的倾向，避免或减少因被焊材料之间的物理化学性能差异过大而引起的其他冶金问题。

1）中间层材料的特点

① 容易发生塑性变形；含有加速扩散的元素，如 B、Be、Si 等。

② 物理化学性能与母材的差异较被焊材料之间的差异小；不与母材发生不良冶金反应，如产生脆性相或不希望的共晶相。

③ 不会在接头处引起电化学腐蚀问题。

通常，中间层是熔点较低（但不低于扩散焊接温度）、塑性较好的纯金属，如 Cu、Ni、Al、Ag 等，或者与母材成分接近的含有少量易扩散的低熔点元素的合金。

2）中间层的作用

① 改善表面接触，减小扩散连接时的压力　对于难变形材料，使用比母材软的金属或合金作为中间层，利用中间层的塑性变形和塑性流动，提高物理接触和减小达到紧密接触所需的时间。同时，中间层材料的加入，使界面的浓度梯度增大，促使元素的扩散和加速扩散孔洞的消失。

② 改善冶金反应，避免或减少形成脆性金属间化合物　异种材料扩散连接应选用与母材不形成金属间化合物的第三种材料，以便通过控制界面反应，借助中间层材料与母材的合金化，如固溶强化和沉淀强化，提高接头结合强度。

③ 异种材料连接时可以抑制夹杂物的形成，促使其破碎或分解　例如，铝合金表面易形成一层稳定的 Al_2O_3 氧化膜层，扩散连接时很难向母材中溶解，可以采用 Si 作中间层，利用 Al-Si 共晶反应形成液膜，促使 Al_2O_3 层破碎。

④ 促进原子扩散，降低连接温度，加速连接过程　例如，Mo 直接扩散连接时，连接温度为 1260℃，而采用 Ti 箔作中间层，连接温度只需要 930℃。

⑤ 控制接头应力，提高接头强度　连接线膨胀系数相差很大的异种材料时，选取兼容两种母材性能的中间层，使之形成梯度接头，能避免或减小界面的热应力，从而提高接头强度。

3）中间层的选用

中间层可采用箔、粉末、镀层、离子溅射和喷涂层等多种形式。中间层厚度一般为几十微米，以利于缩短均匀化扩散的时间。过厚的中间层连接后会以层状残留在界面区，会影响到接头的物理性能、化学性能和力学性能。

通常中间层厚度不超过 100μm，而且应尽可能采用小于 10μm 的中间层。中间层厚度在 30 ～ 100μm 时，可以箔片的形式夹在待焊表面间。为了抑制脆性金属间化合物的生成，有时也会故意加大中间层厚度使其以层状分布在连接界面，起到隔离层的作用。

不能轧制成箔片的中间层材料，可以采用电镀、真空蒸镀、等离子喷涂的方法直接将中间层材料涂覆在待焊材料表面。镀层厚度可以仅有几微米。中间层厚度可根据最终成分来计算、初选，通过试验修正确定。

中间层材料是比母材金属低合金化的改型材料，以纯金属应用较多。例如，含铬的镍基高温合金扩散连接常用纯镍作中间层。含快速扩散元素的中间层也可使用，如含铍的合金可用于镍合金的扩散连接，以提高接头形成速率。合理地选择中间层材料是扩散连接的重要因素之一。固相扩散焊时常用的中间层材料及连接参数见表 5.2。

表 5.2　固相扩散焊时常用的中间层材料及连接参数

连接母材	中间层材料	连接工艺参数			
		压力 /MPa	温度 /℃	时间 /min	保护气体
Al/Al	Si	7 ～ 15	580	1	真空
Be/Be	—	70	815 ～ 900	240	非活性气体
	Ag 箔	70	705	10	真空
Mo/Mo	—	70	1260 ～ 1430	180	非活性气体
	Ti 箔	70	930	120	氩气
	Ti 箔	85	870	10	真空
Ta/Ta	—	70	1315 ～ 1430	180	非活性气体
	Ti 箔	70	870	10	真空
Ta-10W/Ta-10W	Ta 箔	70 ～ 140	1430	0.3	氩气
Cu-20Ni/ 钢	Ni 箔	30	600	10	真空
Al/Ti	—	1	600 ～ 650	1.8	真空
	Ag 箔	1	550 ～ 600	1.8	真空
Al/ 钢	Ti 箔	0.4	610 ～ 635	30	真空

在固相扩散焊中，多选用软质纯金属材料作中间层，常用的材料为 Ti、Ni、Cu、Al、Ag、Au 及不锈钢等。例如 Ni 基超合金扩散连接时采用 Ni 箔，Ti 基合金扩散连接时采用 Ti 箔作中间层。

液相扩散焊时，除了要求中间层具有上述性能以外，还要求中间层与母材润湿性好、凝固时间短、含有加速扩散的元素。对于 Ti 基合金，可以使用含有 Cu、Ni、Zr 等元素的 Ti 基中间层。对于铝及铝合金，可使用含有 Cu、Si、Mg 等元素的 Al 基中间层。对于 Ni 基母材，中间层须含有 B、Si、P 等元素。

中间层的厚度对扩散焊接头性能有很大的影响。用 Cu、Ni 等软金属或合金扩散连接各种高温合金时，接头的性能取决于中间层的相对厚度 x，相对厚度 x 为中间层厚度与试件厚度（或直径）的比值。中间层相对厚度小时，由于变形阻力大，使表面物理接触不良，接头性能差；只有中间层的相对厚度为某一最佳值时，才可以得到理想的接头性能。中间层材料和相对厚度对高温合金接头的高温性能也有影响。试验表明，用 Ni 作中间层接头的高温性能比母材差，接头的高温持久强度低于不加镍中间层的。如果用镍合金作中间层，则可以改善接头的高温性能。中间层的相对厚度对高温性能同样存在一最佳值。

在陶瓷与金属的扩散焊中，活性金属中间层可选择 V、Ti、Nb、Zr、Ni-Cr、Cu-Ti 等。为了减小陶瓷和金属接头的残余应力，中间层的选择可分为以下三种类型。

① 单一的金属中间层 通常采用软金属，如 Cu、Ni、Al 及 Al-Si 合金等，通过中间层的塑性变形和蠕变来缓解接头的残余应力。例如，在 Si_3N_4 与钢的连接中发现，不采用中间层时，接头中的最大残余应力为 350MPa；当分别采用厚度 1.5mm 的 Cu 和 Mo 中间层时，接头最大残余应力的数值分别降低至 180MPa 和 250MPa。

② 多层金属中间层 一般在陶瓷一侧添加低线膨胀系数、高弹性模量的金属，如 W、Mo 等；而在金属一侧添加塑性好的软金属，如 Ni、Cu 等。多层金属中间层降低接头区残余应力的效果较好。

③ 梯度金属中间层 按弹性模量或线膨胀系数的逐渐变化来依次放置，整个中间层表现为在陶瓷一侧的部分线膨胀系数低、弹性模量高，而在金属一侧的部分线膨胀系数高、塑性好。也就是说，从陶瓷一侧过渡到金属一侧，梯度中间层的弹性模量逐渐降低，而线膨胀系数逐渐增高，这样能更有效地降低陶瓷 / 金属接头的残余应力。

（3）阻焊剂

扩散连接时为了防止压头与工件或工件之间某些区域被扩散焊粘接在一起，需加阻焊剂（片状或粉状）。阻焊剂应具有以下性能：

① 有高于焊接温度的熔点或软化点；

② 具有较好的高温化学稳定性，在高温下不与工件、夹具或压头发生化学反应；

③ 不释放出有害气体污染附近的待焊表面，不破坏保护气氛或真空度。

例如：钢与钢扩散连接时，可以用人造云母片隔离压头；钛与钛扩散连接时，可以涂一层氮化硼或氧化钇粉。

5.2.3　扩散焊工艺参数

扩散焊工艺参数主要有加热速度、加热温度、保温时间、压力、真空度和气体介质等，其中最主要的参数为加热温度、保温时间、压力和真空度，这些因素对扩散连接过程及接头质量有重要的影响，而且是相互影响的。

（1）扩散焊参数的选用原则

扩散焊参数的正确选择是获得致密的连接界面和优质接头性能的重要保证。确定扩散连接工艺参数时，必须考虑下述一些重要的冶金因素。

① 材料的同素异构转变和显微组织，它们对扩散速率有很大的影响。常用的合金钢、钛、锆、钴等均有同素异构转变。Fe 的自扩散速率在体心立方晶格 α-Fe 中比在同一温度下的面心立方晶格 γ-Fe 中的扩散速率约大 1000 倍。显然，选择在体心立方晶格状态下进行扩散连接可以大大缩短连接时间。

② 母材能产生超塑性时，扩散连接就容易进行。进行同素异构转变时金属的塑性非常大，所以当连接温度在相变温度上下反复变动时可产生相变超塑性，利用相变超塑性也可以大大促进扩散连接过程。除相变超塑性外，细晶粒也对扩散过程有利。例如当 Ti-6Al-4V 合金的晶粒足够细小时也产生超塑性，对扩散连接十分有利。

③ 增加扩散速率的另一个途径是合金化，确切地说是在中间层合金系中加入高扩散系数的元素。高扩散系数的元素除了加快扩散速率外，在母材中通常有一定的溶解度，不和母材形成稳定的化合物，但降低金属局部的熔点。因此，必须控制合金化导致的熔点降低，否则在接头界面处可能产生液化。

异种材料连接时，界面处有时会形成 Kirkendall 孔洞，有时还会形成脆性金属间化合物，使接头的力学性能下降。将线膨胀系数不同的异种材料在高温下进行扩散连接，冷却时由于界面的约束会产生很大的残余应力。构件尺寸越大、形状越复杂、连接温度越高，产生的线膨胀差就越大，残余应力也越大，甚至可使界面附近立即产生裂纹。因此，在扩散接头设计时要设法减少由线膨胀差引起的残余应力，特别要避免使硬脆材料承受拉应力。为了解决此类问题，工艺上可降低连接温度，或插入适当的中间层，以吸收应力、转移应力和减小线膨胀差。

（2）扩散焊参数的选用

1）加热温度

加热温度是扩散连接最重要的工艺参数，加热温度的微小变化会使扩散速度产生较大的变化。温度是最容易控制和测量的工艺参数，在任何热激活过程中，提高温度引起动力学过程的变化比其他参数的作用大得多。扩散连接过程中的所有机制都对温度敏感。加热温度的变化对连接初期工件表面局部凸出部位的塑性变形、扩散系数、表面氧化物的溶解以及界面孔洞的消失等会产生显著影响。

加热温度决定了母材的相变、析出以及再结晶过程。此外，材料在连接加热过程中由于温度变化伴随着一系列物理、化学、力学和冶金学方面的性能变化，这些变化直接或间接地影响到扩散连接过程及接头的质量。

从扩散规律可知，扩散系数 D 与温度 T 为指数关系［见式（5.1）］。也就是说，在一定的温度范围内，温度越高扩散系数越大，扩散过程越快。同时，温度越高，金属的塑性变形能力越好，连接界面达到紧密接触所需的压力越小，所获得的接头结合强度越高。但是，加热温度的提高受被焊材料的冶金和物理化学特性方面的限制，如再结晶、低熔共晶和金属间化合物的生成等。此外，提高加热温度还会造成母材软化及硬化。因此，当温度高于某一限定值后，再提高加热温度时，扩散焊接头质量提高不多，甚至反而有所下降。不同材料组合的连接接头，应根据具体情况，通过实验来确定加热温度。

加热温度的选择要考虑母材成分、表面状态、中间层材料以及相变等因素。从大量试验结果看，由于受材料的物理性能、工件表面状态、设备等因素的限制，对于许多金属和合金，扩散连接合适的加热温度一般为 $(0.6 \sim 0.8) T_\mathrm{m}$（$T_\mathrm{m}$ 为母材熔点，异种材料连接时 T_m 为熔点较低一侧母材的熔点），该温度范围与金属的再结晶温度范围基本一致，故有时扩散连接也可称为再结晶连接。表 5.3 给出一些金属材料的扩散连接温度与熔化温度的关系。对于出现液相低熔共晶的扩散连接，加热温度应比中间层材料熔点或共晶反应温度稍高一点。液相低熔共晶填充间隙后的等温凝固和均匀化扩散温度可略微降低一些。

表5.3　一些金属材料的扩散焊温度与熔化温度的关系

金属材料	扩散焊温度 $T/℃$	熔化温度 $T_\mathrm{m}/℃$	T/T_m
银（Ag）	325	960	0.34
铜（Cu）	345	1083	0.32
70-30 黄铜	420	916	0.46
钛（Ti）	710	1815	0.39
20 钢	605	1510	0.40
45 钢	800, 1100	1490, 1490	0.54, 0.74

金属材料	扩散焊温度 $T/℃$	熔化温度 $T_m/℃$	T/T_m
铍（Be）	950	1280	0.74
2%铍铜	800	1071	0.75
Cr20-Ni10 不锈钢	1000	1454	0.68
	1200	1454	0.83
铌（Nb）	1150	2415	0.48
钽（Ta）	1315	2996	0.44
钼（Mo）	1260	2625	0.48

确定连接温度时必须同时考虑保温时间和压力的大小。温度、时间和压力之间具有连续的相互依赖关系。一般升高加热温度能使结合强度提高，增加压力和延长保温时间，也可提高接头的结合强度。

加热温度对接头强度的影响见图 5.12，保温时间为 5min。由图可见，随着温度的提高，接头强度逐渐增加；但随着压力的继续增大，温度的影响逐渐减小。如压力 $p=5MPa$ 时，$1000℃$ 的接头强度比 $800℃$ 的接头强度大一倍多；而压力 $p=20MPa$ 时，$1000℃$ 的接头强度比 $800℃$ 的接头强度只增加了约 40%。此外，温度只能在一定范围内提高接头的强度，温度过高反而使接头强度下降（见图 5.12 中的曲线 3、4），这是由于随着温度的升高，母材晶粒迅速长大及其他物理化学性能变化的结果。

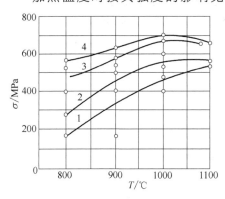

图 5.12　加热温度对接头强度的影响

1—$p=5MPa$；2—$p=10MPa$；3—$p=20MPa$；
4—$p=50MPa$

总之，扩散焊加热温度是一个十分关键的工艺参数。选择时可参照已有的试验结果，在尽可能短的时间内、尽可能小的压力下达到良好的冶金连接，而又不损害母材的基本性能。

2）保温时间

保温时间是指被焊工件在焊接温度下保持的时间。在该保温时间内必须保证完成扩散过程，达到所需的结合强度。保温时间太短，扩散焊接头达不到稳定的结合强度。但高温、高压持续时间太长，对扩散接头质量起不到进一步提高的作用，反而会使母材的晶粒长大。对可能形成脆性金属间化合物的接头，应控制保温时间以限制脆性层的厚度，使之不影响扩散焊接头的性能。

大多数由扩散控制的界面反应都是随时间变化的，但扩散连接所需的保温时间与温度、压力、中间扩散层厚度和对接头成分及组织均匀化的要求密切相关，也受材料表面状态和中间层材料的影响。温度较高或压力较大时，扩散时间可以缩短。在一定的温度和压力条件下，初始阶段接头强度随时间延长增加，但当接头强度提高到一定值后，便不再随时间而继续增加。

原子扩散迁移的平均距离（扩散层深度）与扩散时间平方根成正比，异种材料连接时常会形成金属间化合物等反应层，反应层厚度也与扩散时间的平方根成正比，即符合抛物线定律：

$$x = k\sqrt{Dt} \tag{5.14}$$

式中　x——扩散层深度或反应层厚度，mm；

　　　t——扩散连接时间，s；

　　D——扩散系数，mm^2/s；

　　k——常数。

因此，要求接头成分均匀化的程度高，保温时间就将以平方的速度增长。扩散连接接头强度与保温时间的关系如图 5.13 所示。

扩散连接的最初阶段，接头强度随保温时间的延长而增大，待 $6 \sim 7$min 后，接头强度即趋于稳定（此时的时间称为临界保温时间），不再明显增高。相反，保温时间过长还会导致接头脆化。因此，扩散连接时间不宜过长，特别是异种金属连接形成脆性金属间化合物或扩散孔洞时，应避免连接时间超过临界保温时间。

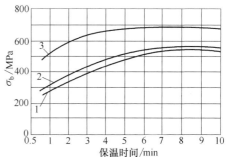

图 5.13　扩散焊接头强度与保温时间的关系
（低合金钢，压力 20MPa）
1—T=800℃；2—T=900℃；3—T=1000℃

在实际扩散连接中，保温时间可以在一个较宽的范围内变化，从几分钟到几小时，甚至长达几十小时。但从提高生产率的角度考虑，在保证结合强度条件下，保温时间越短越好。但缩短保温时间，必须相应提高温度与压力。对那些不要求成分与组织均匀化的接头，保温时间一般只需要 $10 \sim 30$min。

图 5.14 所示是钛合金扩散连接时压力与最小连接时间的关系。对于加中间层的扩散连接，保温时间还取决于中间层厚度和对接头化学成分、组织均匀性的要求（包括脆性相的允许量）。

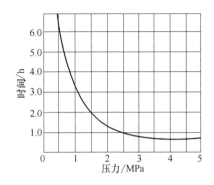

图 5.14　压力与最小连接时间的关系
（926℃时 Ti-6Al-4V 的低压扩散焊）

3）压力

与加热温度和保温时间相比，压力是一个不易控制的工艺参数。对任何给定的温度 - 时间组合来说，提高压力能获得较好的界面连接，但扩散连接时的压力必须保证不引起被焊工件的宏观塑性变形。

施加压力的主要作用是促使连接表面微观凸起的部分产生塑性变形，使表面氧化膜破碎并达到洁净金属，使连接表面直接紧密接触的目的，促使界面区原子激活，同时实现界面区原子间的相互扩散。此外，施加压力还有加速扩散、加速再结晶过程和消除扩散孔洞的作用。

压力越大、温度越高，界面紧密接触的面积越大。但不管施加多大的压力，在扩散连接第一阶段不可能使连接表面达到 100% 的紧密接触状态，总有一小部分局部未接触的区域演变为界面孔洞。界面孔洞是由未能达到紧密接触的凹凸不平部分交错而构成的。这些孔洞不仅削弱接头性能，而且还像销钉一样，阻碍着晶粒的生长和扩散原子穿过界面的迁移运动。在扩散连接第一阶段形成的界面孔洞，如果在第二阶段仍未能通过蠕变而弥合，则只能依靠原子扩散来消除，这需要很长的时间，特别是消除那些包围在晶粒内部的大孔洞更是十分困难。因此，在加压变形阶段，就要设法使绝大部分连接表面达到紧密接触状态。

增加压力能促进局部塑性变形，在其他参数固定的情况下，采用较高的压力能形成结合强度较高的接头，如图 5.15 所示。但过大的压力会导致工件变形，同时高压力需要成本较高的设备和更精确的控制。

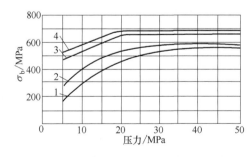

图 5.15　焊接接头强度与压力的关系（保温时间 5min）
1—T=800℃；2—T=900℃；3—T=1000℃；4—T=1100℃

扩散焊参数中应用的压力范围很宽，小的只有0.07MPa（瞬时液相扩散焊），最大可达350MPa（热等静压扩散连接），而一般常用压力为3～10MPa。对于异种金属扩散连接，采用较大的压力对减少或防止扩散孔洞有良好作用。通常异种材料扩散连接采用的压力在0.5～50MPa之间。

扩散连接时存在一个临界压力，即使实际压力超过该临界压力，接头强度和韧性也不会继续增加。连接压力与温度和时间的关系非常密切，所以获得优质连接接头的压力范围很大。在实际工作中，压力还受到接头几何形状和设备条件的限制。从经济性和加工方面考虑，选用较低的压力是有利的。

在连接同类材料时，压力的主要作用是扩散连接第一阶段使连接表面紧密接触，而在第二和第三阶段压力对扩散的影响较小。因此，在固态扩散连接时可在后期将压力减小或完全撤去，以便减小工件变形。

在正常扩散连接温度下，从限制工件变形量考虑，压力可在表5.4给出的范围内选取。

表5.4　同种金属扩散连接常用的压力

材料	碳钢	不锈钢	铝合金	钛合金
常规扩散压力/MPa	5～10	7～12	3～7	—
热等静压扩散压力/MPa	100	—	75	50

4）保护气氛及真空度

扩散焊接头质量与保护方法、保护气体、母材与中间扩散层的冶金物理性能等因素有关。工件表面准备之后，必须随即对清洁的表面加以保护，有效的方法是在扩散连接过程中采用保护性气氛，真空环境也能够长时间防止污染。可以在真空室中加氢、氩、氦等保护气氛，但氢能与 Zr、Ti、Nb 和 Ta 形成不利的氢化物，应注意避免。

纯氢气氛能减少形成的氧化物数量，并能在高温下使许多金属的表面氧化物层减薄。Ar、He 也可用于在高温下保护清洁的表面，但使用这些气体时纯度必须很高，以防止造成重新污染。

连接过程中保护气氛的纯度、流量、压力或真空度、漏气率都会影响扩散焊接头的质量。扩散连接中常用的保护气体是氩气。真空度通常为 $(1～20)×10^{-3}$ Pa。对于有些材料也可以采用高纯度氮、氢或氦气。在超塑性成形和扩散连接组合工艺中常用氩气氛负压（低真空）保护钛板表面。

不管材料表面经过如何精心的清洗（包括酸洗、化学抛光、电解抛光、脱脂和清洗等），也难以避免氧化层和吸附层。材料表面上还会存在加工硬化层。虽然加工硬化层内晶格发生严重畸变，晶体缺陷密度很高，使得再结晶温度和原子扩散激活能下降，有利于扩散连接过程的进行，但表面加工硬化层会严重阻碍微观塑性变形。根据实验测试，即使在低真空度条件下，清洁金属的表面瞬间也会形成单分子氧化层或吸附层。因此，为了尽可能使扩散连接表面清洁，可在真空或保护气氛中对连接表面进行离子轰击或进行辉光放电处理。

另外，对于在冷却过程中有相变的材料以及陶瓷类脆性材料，在扩散连接时，加热和冷却速度应加以控制。采用能与母材发生共晶反应的金属作中间层进行扩散连接，有助于氧化膜和污染层的去除。但共晶反应扩散时，加热速度太慢，会因扩散而使接触面上的化学成分发生变化，影响熔融共晶的生成。

5）表面准备

连接表面的洁净度和平整度是影响扩散连接接头质量的重要因素。扩散连接组装之前必须对工件表面进行认真准备，其表面准备包括：加工符合要求的表面光洁度、平直度，去除表面的氧化物，消除表面的气、水或有机物膜层。

表面的平直度和光洁度是通过机械加工、磨削、研磨或抛光得到的。表面氧化物和加工硬化层通常采用化学腐蚀，应注意的是化学腐蚀后要用酒精和水清洗。

对材料表面处理的要求还受连接温度和压力的影响。随着连接温度和压力的提高，对表面处理的要求逐渐降低。一般是为了降低连接温度或压力，才需要制备较洁净的表面。异种材料连接时，对表面平整度的要求与材料组配有关，在连接温度下对较硬材料的表面平整度和装配质量的要求更为严格。例如，铝和钛扩散连接时，借助钛表面凸出部位来破坏铝表面的氧化膜，并形成金属之间的连接。对不同粗糙度表面的扩散焊试验发现，随着工件表面粗糙度的降低，铜的扩散焊接头强度和韧性均得到提高。

（3）瞬间液相扩散焊的工艺参数

瞬间液相扩散焊的工艺参数有加热温度、保温时间、中间层合金的厚度、压力、真空度等。压力参数是以焊件结合面能良好接触为目的，因此可以不加压力或施加较小的压力，往往是加静压力。加热温度和保温时间参数对接头质量影响很大，它取决于母材性能、中间层合金成分和熔化温度。对要求强度高和质量好的接头，应选择较高的温度和较长的保温时间，使中间层合金与母材充分扩散。中间层合金的厚度以能形成均匀液态薄膜为原则，一般厚度控制在 $0.02 \sim 0.05mm$。

表 5.5 列出几种高温合金瞬间液相扩散焊工艺参数。

表 5.5 几种高温合金瞬间液相扩散焊工艺参数

合金牌号	中间层合金及厚度 /mm	工艺参数		
		加热温度 /℃	保温时间 /h	压力 /MPa
GH22	Ni 0.01	1158	4	0.7 ～ 3.5
DZ22	Z2F 0.04×2	1210	24	＜ 0.07
	Z2P 0.10	1210	24	＜ 0.07
DD3	D1P 0.01	1250	24	＜ 0.07

5.2.4 接头的质量检验

扩散焊接头的主要缺陷有未焊透、裂纹、变形等，产生这些缺陷的影响因素也较多。扩散焊接头的质量检验方法有：

① 采用着色、荧粉或磁粉探伤来检验表面缺陷；

② 采用真空、压缩空气以及煤油实验等来检查气密性；

③ 采用超声波、X 射线探伤等检查接头的内部缺陷。

由于接头结构、工件材料、技术要求不同，每一种方法的检验灵敏度波动范围较大，要根据具体情况选用。总的来说超声波探伤是较常用的内部缺陷检验方法。

表 5.6 列出常见的扩散焊接头缺陷及主要原因。一些异种材料扩散焊的缺陷、产生原因及防止措施列于表 5.7。

表 5.6 扩散焊接头常见缺陷及产生的原因

缺陷	缺陷产生的原因
出现裂纹	升温和冷却速度太快，压力太大，加热温度过高，加热时间太长；焊接表面加工精度低
未焊透	加热温度不够，压力不足，焊接保温时间短，真空度低；焊接夹具结构不正确或在真空室里零件安装位置不正确；工件表面加工精度低
贴合	和未焊透的原因相似
残余变形	加热温度过高，压力太大，焊接保温时间过长
局部熔化	加热温度过高，焊接保温时间过长；加热装置结构不合理或加热装置与焊件的相应位置不对，加热速度太快
错位	焊接夹具结构不合适或在焊接真空室里工件安放位置不对，焊件错动

表 5.7 异种材料扩散焊的缺陷、产生原因及防止措施

异种材料	焊接缺陷	缺陷产生的原因	防止措施
青铜+铸铁	青铜一侧产生裂纹，铸铁一侧变形严重	扩散焊时加热温度、压力不合适，冷速太快	选择合适的焊接工艺参数，焊接室中的真空度要合适，延长冷却时间

异种材料	焊接缺陷	缺陷产生的原因	防止措施
钢+铜	铜母材一侧结合强度差	加热温度不够，压力不足，焊接时间短，接头装配位置不正确	提高加热温度、压力，延长焊接时间，接头装配合理
铜+铝	接头严重变形	加热温度过高，压力过大，焊接保温时间过长	加热温度、压力及保温时间应合理
金属+玻璃	接头贴合，强度低	加热温度不够，压力不足，焊接保温时间短，真空度低	提高焊接温度，增加压力，延长焊接保温时间，提高真空度
金属+陶瓷	产生裂纹或剥离	线膨胀系数相差太大，升温过快，冷速太快，压力过大，加热时间过长	选择线膨胀系数相近的两种材料，升温、冷却应均匀，压力适当，加热温度和保温时间适当
金属+半导体材料	错位、尺寸不合要求	夹具结构不正确，接头安放位置不对，工件振动	夹具结构合理，接头安放位置正确，防止振动

复习思考题

① 什么是扩散焊接？其有什么显著的特点？

② 简述扩散焊的基本原理和扩散连接过程的三个阶段。

③ 简述扩散孔洞形成的原因、Kirkendall 效应和消除扩散孔洞的机制。

④ 根据表面氧化膜在扩散连接时的不同行为，可将材料分为哪几类？各有什么特点？

⑤ 扩散焊的工艺参数有哪些？对扩散焊质量有什么影响？选择扩散焊的工艺参数时，应考虑哪几个方面的问题？

⑥ 在扩散连接中为什么有时采用中间层？在何种情况下采用中间层？

⑦ 瞬间液相扩散焊包括哪几个基本过程？它与固相扩散连接和钎焊连接有什么区别和联系？

⑧ 何谓超塑性成形扩散焊接？有什么特点？

⑨ 简述异种材料扩散连接时可能出现的问题和解决的措施。

⑩ 简述陶瓷与金属部分瞬间液相扩散连接的特点，举例说明。

二维码
见封底

微信扫码
立即获取

教学视频
配套课件

第 **6** 章

有色金属的钎焊

随着钎焊技术的不断发展及新型钎料的开发应用，可钎焊的有色金属基体材料种类日益增多，主要包括铝及其合金、铜及其合金、钛及其合金、镁及其合金等。针对不同材料的冶金钎焊性和工艺钎焊性特点，选用合适的加热方式及钎焊材料，控制钎焊工艺参数是保证钎焊接头质量的关键。

6.1
铝及其合金的钎焊

6.1.1 铝及其合金的钎焊特点

铝合金钎焊结构在航空航天领域有广泛应用，如铝合金热交换器、波导、发动机机箱等，这些部件设计结构复杂，具有多层、复杂通道，焊合率要求高，变形要求小，需要一次完成焊接。要实现铝合金复杂结构焊接，钎焊是首选的焊接方法。

（1）软钎焊特点

软钎焊时，由于钎料和母材之间电极电位相差悬殊，会给钎焊接头的抗腐蚀性能带来不利影响。纯铝 1050A、1035、1200、8A06 和铝锰合金 3A21 的软钎焊性优良，容易进行钎焊。

铝镁合金的软钎焊性与合金中 Mg 含量有关，一般 Mg 的质量分数小于 1.5% 时，钎焊性较好；Mg 的质量分数高于 1.5% 时，用有机钎料和低温钎剂钎焊比较困难，用高温软钎料和反应钎剂比较容易钎焊。此外，Mg 的质量分数大于 0.5% 的铝合金用含 Sn 钎料钎焊时可能产生晶间渗入。当用有机软钎剂钎焊时，随着 Mg 含量的增多，Pb-Sn-Zn 低温软钎料的铺展面积急剧减小，如图 6.1 所示。这是由于 Mg 含量高的铝合金表面 Mg 的氧化物增多，有机软钎剂难以去除，致使钎料难以铺展。用 Zn-A1 钎料和反应钎剂钎焊铝镁合金时，钎料的铺展性基本不受 Mg 含量的影响（图 6.1），因为反应钎剂是依靠与母材反应来破坏和清除母材表面氧化物，并在母材表面沉积纯金属层来保证 Zn-Al 钎料的铺展性。

铝合金的 Si 含量对其钎焊性也有很大影响，如图 6.2 所示。不论是使用低温软钎料和有机软钎剂，还是使用高温软钎料和反应钎剂，随着铝合金中 Si 含量的增高，钎料的铺展性均下降。这是因为铝硅合金表面上的氧化硅在有机软钎剂，特别是在反应钎剂中溶解量很小，所以影响钎料的铺展。

热处理强化的铝合金，如 2A11、2A12、锻造铝合金等，在钎焊加热时将发生过时效和退火等现象。例如，2A12 铝合金在空气炉中加热到 $250 \sim 540℃$ 温度范围，保温 5min、10min 和 20min，空冷后再经 120h 时效，其强度和塑性的变化如图 6.3 所示。

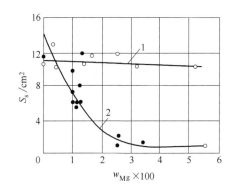

图 6.1　钎料铺展性与铝合金中
镁含量的关系

1—Zn-Al 钎料和反应钎剂；
2—Pb-Sn-Zn 钎料和有机软钎剂

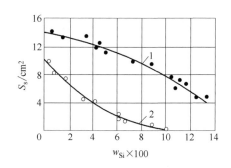

图 6.2　钎料铺展性与铝合金中
硅含量的关系

1—Zn-Al 钎料和反应钎剂；
2—Pb-Sn-Zn 钎料和有机软钎剂

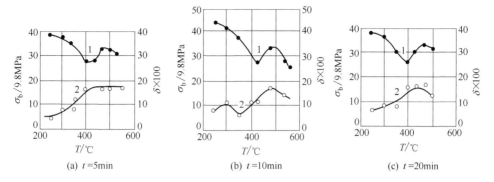

图 6.3　2A12 铝合金钎焊接头强度和塑性随加热温度和保温时间的变化

1—抗拉强度；2—伸长率

可以看出，加热低于 300℃ 合金不出现软化现象；加热至 300～420℃，由于析出的 CuAl 集聚粗化，发生强度下降、塑性回升的软化现象；经过 450～500℃ 加热的合金，强度和塑性都好，强度可达 300MPa，伸长率为 15%～20%。因此，这种热处理强化铝合金适于在 300℃ 以下或 450℃ 以上的温度钎焊，即不宜采用高温软钎焊。但用低温软钎料钎焊，接头强度低，不能发挥高强度铝合金的性能。加上这些合金大多有被钎料晶间渗入的倾向，因此一般不宜采用软钎焊。

（2）硬钎焊特点

铝表面很容易生成一层致密稳定、熔点很高的氧化铝膜，且很难去除。室温时氧化膜厚度为 5nm 左右，在 500～600℃ 的钎焊温度下，氧化膜厚度增至 100～200nm，阻碍钎料和母材的润湿和结合，成为钎焊的主要障碍之一。

硬钎焊时，由于钎料的熔点与铝及铝合金的熔点相差不大，所以必须严格控制钎焊温度；一些热处理强化的铝合金，还可能因钎焊加热引起过时效或退火等软化现象，导致母材性能降低；火焰钎焊时，因铝合金在加热中颜色不改变，温度判断比较困难，因此对操作者技术水平要求较高。纯铝和铝锰合金 3A21 的钎焊性最好，其表面氧化物可以用钎剂清除。

铝镁合金在 Mg 的质量分数高于 1.5% 时，随着 Mg 含量的增加，合金表面的氧化镁增多，现有的钎剂不能有效地将其去除，致使合金的钎焊性变差。当合金中 Mg 的质量分数到达 2.5% 时，钎焊困难，不推荐用钎焊方法连接。硬铝的钎焊性很差，主要问题是容易出现过烧，如 2A12 硬铝，当加热温度超过 500℃ 时就发生过烧，因此钎焊温度应在 500℃ 以下。

目前由于缺少合适的钎料，超硬铝的硬钎焊是困难的，如 7A04 超硬铝在超过 470℃ 时就发生过烧，除采用快速加热的钎焊方法（如浸渍钎焊）外，不宜进行硬钎焊。锻铝合金中 6A02 的钎焊性比较好，其 Mg 含量低，对钎焊性无有害作用。6A02 合金的固相线温度为 593℃，在低于 590℃ 的温度下进行炉中钎焊，合金不会发生过烧现象。如果钎焊温度超过其固相线温度，可能出现不连续的过烧组织；若钎焊温度超过 600℃，则将出现明显的过烧组织，所以钎焊这种合金时应严格控制钎焊温度不超过其固相线温度，钎焊保温时间也应尽量短。

不同铝及铝合金的钎焊性比较见表 6.1。

表 6.1　不同铝及铝合金的钎焊性比较

种类	牌号	熔点 /℃	名义成分（质量分数）/%	软钎焊性	硬钎焊性
纯铝	1060～1200	660	Al＞99	优良	优良
防锈铝	3A12	643～654	Al-1.3Mn	优良	优良
	5A01	634～654	Al-1Mg	良好	优良
	5A02	527～652	Al-2.4Mg	困难	良好
	5A03	—	Al-3.5Mg	困难	很差
	5A05	568～638	Al-4.7Mg	困难	很差
硬铝	2A11	515～641	Al-4.3Cu-0.6Mg-0.6Mn	很差	很差
	2A12	505～638	Al-4.3Cu-1.5Mg-0.6Mn	很差	很差
锻铝	6A02	593～651	Al-0.4 Cu-0.7Mg-0.8Si-0.25Cr	良好	良好
	2B50	545～640	Al-2.4Cu-0.6Mg-0.9Si-0.15Ti	困难	困难
超硬铝	7A04	477～638	Al-1.7Cu-2.3Mg-6Zn-0.2Cr-0.4Mn	很差	很差

6.1.2　钎料与钎剂

（1）钎料

铝钎焊分为软钎焊和硬钎焊，钎料熔点低于 450℃ 时称为软钎焊，高于 450℃ 时称为硬钎焊。铝用软钎料按其熔化温度范围，可以分为低温、中温和高温软钎料三组。常用的铝用软钎料及其特性见表 6.2。

铝用低温软钎料主要是在锡或锡铅合金中加入锌或镉，以提高钎料与铝的作用能力，熔化温度低（熔点低于 260℃），操作方便，但润湿性较差，特别是耐蚀性低。铝用中温软钎料主要是锌锡合金及锌镉合金，由于含有较多的锌，比低温软钎料有较好的润湿性和耐蚀性，熔化温度为 260～370℃。

表 6.2　常用的铝用软钎料及其特性

类别	牌号	合金系	化学成分 /%						熔化温度 /℃	润湿性	相对耐蚀性	相对强度
			Pb	Sn	Cd	Zn	Al	Cu				
低温	HL607	锡或铅基加锌、镉	51	31	9	9	—	—	150 ～ 210	较好	低	低
	—		—	91		9	—	—	200	较好		
中温	HL501	锌镉或锌锡基	—	40		58	—	2	200 ～ 360	良好	中	中
	HL502		—	60		40	—	—	265 ～ 335	优秀		
高温	HL506	锌基加铝或铜	—			95	5	—	382	良好	良好	高
			—			89	7	4	377	良好		

铝用高温软钎料主要是锌基合金，含有 3% ～ 10% 的铝和少量其他元素，如铜等，以改善合金的熔点和润湿性，熔化温度为 370 ～ 450℃。铝及其合金钎焊接头的强度和耐蚀性明显超过低温或中温软钎料。几种铝用锌基软钎料的特性和用途见表 6.3。

表 6.3　几种铝用锌基软钎料的特性和用途

钎料型号	化学成分 /%	熔化温度 /℃	特性和用途
S-Zn95Al5 S-Zn89Al7Cu4	Zn 95，Al 5 Zn 89，Al 7，Cu 4	382 377	用于钎焊铝及铝合金或铝铜接头，钎焊接头具有较好的抗腐蚀性
S-Zn73Al27（HL505）	Zn 72.5，Al 27.5	430 ～ 500	用于钎焊液相线温度低的铝合金，如 LY12 等，接头抗腐蚀性是锌基钎料中最好的
S-Zn58Sn40Cu2	Zn 58，Sn40，Cu 2	200 ～ 359	用于铝的刮擦钎焊，钎焊接头具有中等抗腐蚀性

为了保证钎焊接头具有较高的强度，须采用硬钎料进行钎焊。一般要求一定强度性能的铝及铝合金钎焊产品都采用硬钎焊。铝用硬钎料以铝硅合金为基体，有时加入铜等元素降低熔点以满足工艺性能要求。铝及铝合金的硬钎焊多采用铝基钎料进行钎焊，如铝硅、铝铜硅、铝硅锌铜、铝硅镁等。常用铝及铝合金硬钎料的牌号和钎焊温度见表 6.4。

表 6.4　常用铝及铝合金硬钎料的牌号和钎焊温度

钎料牌号	钎焊温度 /℃	钎焊方法	可钎焊的材料
HLAlSi7.5	599 ～ 621	浸渍、炉中	1070，1060，1050，1035，1100，1200，3A21
HLAlSi10	588 ～ 604	浸渍、炉中	1070，1060，1050，1035，1100，1200，3A21
HLAlSi12	582 ～ 604	浸渍、炉中、火焰	1070，1060，1050，1035，1100，1200，3A21，5A02，6A02
HLAlSiCu10-4	585 ～ 604	火焰、炉中、浸渍	1070，1060，1050，1035，1100，1200，3A21，5A02，6A02

钎料牌号	钎焊温度/℃	钎焊方法	可钎焊的材料
HL403	562～582	火焰、炉中	1070, 1060, 1050, 1035, 1100, 1200, 3A21, 5A02, 6A02
HL401	555～576	火焰	1070, 1060, 1050, 1035, 1100, 1200, 3A21, 5A02, 6A02
B62	500～550	火焰	1070, 1060, 1050, 1035, 1100, 1200, 3A21, 5A02, 6A02
HLAlSiMg7.5-1.5	599～621	真空炉中	1070, 1060, 1050, 1035, 1100, 1200, 3A21
HLAlSiMg10-1.5	588～604	真空炉中	1070, 1060, 1050, 1035, 1100, 1200, 3A21, 6A02
HLAlSiMg12-1.5	582～604	真空炉中	1070, 1060, 1050, 1035, 1100, 1200, 3A21, 6A02

铝基钎料常用形式有丝、棒、箔片和粉末，还可以制成双金属复合板，以简化钎焊过程，用于钎焊大面积或接头密集部件，如热交换器等。自带钎料铝复合板的成分及特性见表 6.5。

表 6.5 自带钎料铝复合板的成分及特性

牌号		标称成分/%					熔化区间/℃	钎焊温度/℃	常用的钎料形式	可用的钎焊方法
		Si	Cu	Mg	Bi	Al				
4343	—	7.5	—	—		余量	577～617	600～620	复合板，箔	浸渍，炉中
4545	—	10	—	—		余量	577～600	590～605	复合板，箔	浸渍，炉中
4047	HL400	12	—	—		余量	577～582	582～605	丝、箔、粉末	火焰、浸渍、炉中
4145	HL402	10	4	—		余量	520～585	570～605	棒	火焰、浸渍、炉中
34A	HL401	5	28	—		余量	525～535	535～580	复合板	火焰、炉中
—	—	7.5	—	2.5		余量	560～607	600～620	复合板	真空炉中
4004	—	10	—	1.5		余量	560～596	590～605	复合板	真空炉中
—	—	12	—	1.5		余量	560～580	580～605	复合板	真空炉中
—	—	10	—	1.5	0.1	余量	560～596	590～605	复合板	真空炉中

（2）钎剂

铝用软钎焊钎剂按其去除氧化膜方式通常分为有机钎剂和反应钎剂两类，有机钎剂的主要组分是三乙醇胺，为了提高活性可以加入氟硼酸或氟硼酸盐。反应钎剂含有大量锌和锡等重金属的氯化物。

除了炉中真空钎焊及惰性气体保护钎焊外，所有铝及铝合金硬钎焊均要使用化学钎剂。铝用硬钎剂的组成是碱金属及碱土金属的氯化物，它使钎剂具有合适的熔化温度，加入氯化物的目的是提高去除铝表面氧化物的能力。

如 QJ201 钎剂具有较好的活性，能充分去除氧化膜，保证钎料的铺展，特别适用于火焰钎焊。使用 QJ201 炉中钎焊铝时，为了防止钎剂中的氯化锌溶蚀母材，必须缩短钎剂与母材作用的时间，为此可将焊件预热。炉中钎焊也可使用不含氯化锌的钎剂，其溶蚀母材的倾向小，但去除氧化物的能力也较弱，因此须保证钎焊前母材表面的清洁。上述钎剂对母材均具有强腐蚀性，钎焊后必须仔细清除钎剂残渣。由于产品结构和工艺的原因，并不总能达到这一要求。所以发展了无腐蚀性的氟化物铝钎剂，配合铝硅钎料用于炉中钎焊，其去膜效果好，不吸潮，不与母材作用，但熔点较高限制了其使用范围。

6.1.3　铝及其合金的钎焊工艺

（1）接头设计与装配

铝钎焊大多采用搭接、套接或 T 形接头，很少采用对接接头，这是因为对接的钎焊面很小，钎缝两侧形不成圆角，而钎料的强度往往又低于母材。铝钎焊接头的形式见图 6.4。

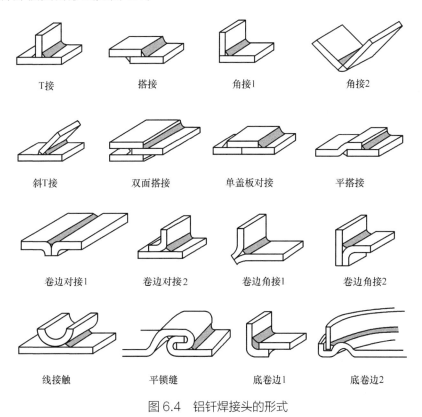

图 6.4　铝钎焊接头的形式

许多有特殊要求的钎缝，例如需要密封、特殊受力或要求无变形的钎缝等，则须考虑钎缝的特殊设计，包括：

① 钎焊时钎缝宽度的变化对工装精度的影响，特别是使用片状钎料（夹入钎缝中）和压覆钎料的板材时，钎料熔化后工件整体尺寸的变化；

② 铝合金的线膨胀系数比通常的金属约大 1/3，因此应采用挠性夹具；

③ 铝合金在钎焊受热时比较软，纤细而垂直的工件一定要进行支撑；

④ 一些可热处理的铝合金钎焊后为恢复原来强度而需淬火时难免会有变形，零件应考虑留有加工余量。

在板材需要做直线连接时，常用搭接钎焊接头代替简单的对接来增强接点的强度。在钎焊较薄的板材（< 3mm），而两部分板材厚度、强度又不一致时，搭接适当的长度应该是薄板板厚的 2 ～ 3 倍。如果板材的强度更高或钎料的抗剪强度更低时，搭接的长度还应加大。

铝钎焊的钎缝间隙影响钎焊工艺和钎缝的质量。间隙越窄，熔态钎料在钎缝中的毛细作用越强，但易夹渣；间隙太宽，钎料难以流到尽头，钎缝的应力也不均匀。铝钎焊的钎缝间隙见表 6.6。

表6.6　铝钎焊的钎缝间隙

钎焊方法	火焰钎焊、炉中钎焊、感应钎焊		浸渍钎焊	
接头宽度 /mm	< 6.5	> 6.5	< 6.5	> 6.5
钎缝间隙 /mm	0.1 ～ 0.2	0.1 ～ 0.5	0.05 ～ 0.1	0.05 ～ 0.5

有特殊间隙要求的钎缝可以用磨尖的细锥在欲钎焊的母材表面上轻轻撞刺一些小孔，小孔边缘的翻卷可以帮助维持间隙的宽度，夹装后再进行测量以保持需要的间隙。钎焊接头处不允许存在盲孔和封闭空间，必须有排气或排出残留钎剂的通道。

（2）钎料放置

钎焊时钎料的供给可采用将钎料安放在紧靠钎缝间隙的旁边、使用压覆钎料的板材和钎焊时手工临时供给三种方式。成形的钎料有丝、棒、片、环、垫圈、管等各种形式，可以根据需要采用，例如管与法兰连接可以采用环形钎料，大面积搭接可以在间隙中夹入钎料箔等，或采用丝状钎料时，可以将钎料丝剪成小截，考虑工件上熔化钎料的行走路线，布置许多点安放若干钎料小截，这样可以一次完成长而复杂交错的多个钎缝。

钎料放置时需注意以下几点：

① 尽量避免熔态钎料在钎缝中做远距离流动，以免溶蚀母材和造成钎缝

组织不均匀；

② 如果钎料用量较少，要将它放在沟、槽中，以免因热容量小，先熔化的部分未来得及润湿母材而流走；

③ 如果母材各部件重量相差很大，钎料应当靠在大质量的部件上，使其受热时能和大质量部件的温度一致；

④ 如果钎焊时加热主要是依靠热源的辐射传热，例如火焰自动钎焊和炉中钎焊，则要防止母材被辐射加热到钎焊温度前钎料过早熔化而流走；

⑤ 为避免钎料流走，可用无水丙酮将氯化物钎剂调成糊，把钎料粘在需要的位置上，并在上面用少许钎剂糊覆盖。

（3）工件的夹紧和固定

简单零件钎焊时，不需特殊固定，零件本身的重量即足以保持原位。盐浴钎焊时则必须用夹具固定工件。夹具的设计可以根据具体情况决定，但应尽量减少夹具本身的体积和质量，并采用挠性、弹性的材料。最好采用发蓝处理的钢材或氧化处理的不锈钢以免让夹具和铝母材钎焊在一起，但这种材料的夹具不能用于盐浴钎焊，盐浴钎焊常用材料是 Inconel 750 的夹具。

对于批量生产的钎焊接头，常采用自夹紧接头，如用铆钉、机械胀管、凸线压紧、锁缝甚至定位焊等方法固定。常用的自夹紧接头类型见图 6.5。

（4）焊前表面清理和焊后处理

1）焊前清理

钎焊零件必须仔细除去表面的各种污物、过厚的氧化膜及加工带来的油污。去除油污理想的方法是在一个密闭舱内用有机溶剂的蒸气去除。水溶液去油可用磷酸三钠水溶液加少许表面活性剂刷洗，然后用水冲净。过厚的氧化膜可用不锈钢丝刷或铜丝刷刷磨等方法局部去除，不可采用砂纸，否则有可能嵌入砂粒。

大面积清除氧化膜常采用化学方法。通常用 5% 的 NaOH 溶液清洗，温度保持在 60℃ 左右。清洗时放出的大量碱雾对呼吸道刺激很厉害并易着火爆炸，应在良好通风处进行清洗。碱洗以后应该用清水仔细冲净碱液。残余的微量碱液很难被完全冲洗干净，合金上留下的黑色沉渣也不易用水冲洗掉，用酸浸泡则很容易去除。为了防止酸对铝的腐蚀，应采用氧化性的酸，通常在室温下使用稀的硝酸或铬酸水溶液加一些重铬酸钾进行冲洗。酸浸后应该再用水冲净，然后风干或用温风吹干。此过程中不能用裸手直接触摸，否则极易在洁净的表面上留下汗渍和指纹。清洗干燥后的工件应及时完成钎焊工

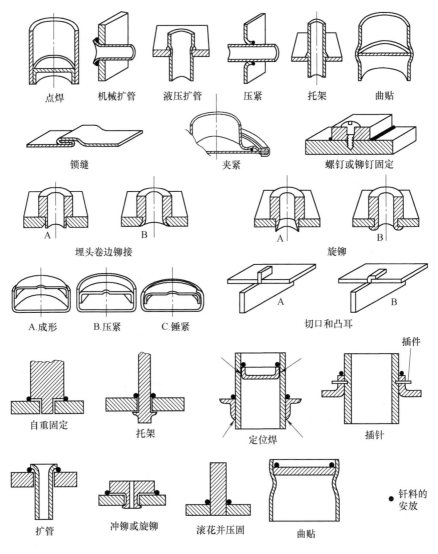

点焊　机械扩管　液压扩管　压紧　托架　曲贴

锁缝　夹紧　螺钉或铆钉固定

埋头卷边铆接　旋铆

A.成形　B.压紧　C.锤紧　切口和凸耳

自重固定　托架　定位焊　插针

● 钎料的安放

扩管　冲铆或旋铆　滚花并压固　曲贴

图6.5　常用的自夹紧接头类型

作，如储存期需超过48h，则应该先装入塑料袋中封存。

2）焊后处理

大部分钎剂具有强烈的腐蚀性，如果钎焊后不立即清除干净，接头有很快被腐蚀破坏的危险。焊后黏附钎剂的工件必须彻底清洗干净以防腐蚀。有效的清洗方法是焊后趁热浸入沸水中并煮沸。必要时还需人工或机械刷洗工件。超声振动清洗也是有效去除钎剂的一种方法。复杂的带狭缝或小深孔的工件常需在流动的、不时更换的热水中浸泡好几天。

钎剂的最后残余常需采用化学方法清除，常用的清洗液如下。

① 硝酸清洗液　将硝酸与水按体积比 1：1 配成溶液，室温下洗涤 10 ～ 20s，然后用水洗净。硝酸很快被残余钎剂消耗，因此这种清洗液只用来清洗小的工件和黏附钎剂不多的场合。当硝酸洗液中氯化物含量超过 5g/L 时，薄壁或纤细的工件可能被浸蚀，这时可加入质量分数为 1% 的硫脲作为缓蚀剂来防止氯化物的腐蚀。

② 硝酸 - 氢氟酸混合清洗液　硝酸、氢氟酸与水的体积比为 1：0.06：9 配成的清洗液，室温下使用。工件浸入后，该溶液不但能迅速清除残余钎剂，还会蚀去母材金属。金属被蚀去的深度视浸泡时间而定。通常清洗 10 ～ 15min 已足够。然后用冷水冲洗干净，最后用 75℃ 左右的热水冲洗，冲洗的时间不要超过 3min，否则将出现锈斑。

③ 氢氟酸清洗液　氢氟酸与水体积比为 0.3：10 配成的清洗液，室温使用，清除残余钎剂最为有效和快速。由于此清洗液能溶解铝，所以浸洗时间不要超过 10min。它被残余钎剂消耗的速度不如硝酸，因此经常被采用，但浸洗时易产生氢气，必须通风。清洗中如工件出现变色晦暗的情况，可用硝酸恢复光泽。

④ 硝酸 - 重铬酸钠清洗液　5L 硝酸、3.5kg 重铬酸钠（$Na_2Cr_2O_7$）与 40L 水配成的清洗液，最适用于清洗纤细的工件以及极怕腐蚀的工件。65℃ 下用该液清洗工件 5 ～ 10min，清洗完毕后用热水将工件冲净。

⑤ 铬酸酐 - 磷酸清洗液　1L 水溶液中含铬酸酐 2% 和磷酸 5%，加热至 80℃ 使用。该清洗液适用于尺寸纤细的工件。清洗液中被洗下来的氯化物浓度超过 100g/L 时即需要换新液。

用以上各种方法清洗工件，完毕要用清水将工件上残留的清洗液彻底冲净，否则清洗液本身又会造成工件薄弱处的穿孔腐蚀。要求高的工件最后还需用去离子水或蒸馏水洗涤，直到水洗液和工件表面的氯化物浓度不超过 5×10^{-6}g/L。

清洗槽在用硝酸作清洗液时可以使用不锈钢制成，在使用 HNO_3、HF 混合洗液或 HF 清洗液时需用高分子树脂的玻璃钢槽，这种槽也可以用于 $HNO_3+Na_2Cr_2O_7$ 清洗液。

（5）钎焊工艺特点

铝及其合金的软钎焊用途不是很广泛，因为铝表面会迅速形成氧化物。大多数情况下，要求用专门为铝软钎焊而设计的软钎剂。一般认为，用高 Zn 软钎料钎焊的接头抗腐蚀性能好，Zn-Al 软钎料制作的组合件，被认为能满足长期在户外使用的要求。中温和低温软钎料组合件的抗腐蚀性能，通常只能满足室内或有防护的用途要求。

铝及其合金的硬钎焊常采用火焰、炉中、浸渍钎焊以及保护气氛或真空钎焊方法。

1）火焰钎焊

热源为氧 - 燃气火焰，燃气种类很多，适用于手工和自动化生产，设备简单，使用方便，但操作技术难度大，由于铝及铝合金加热时无颜色变化，熔化时颜色变化大，手工火焰钎焊难以精确检测控制加热温度。对铝及其合金来说，适用的燃气有乙炔、天然气等。铝及其合金的火焰钎焊必须配用钎剂。

火焰钎焊工艺要点如下：

① 钎焊前先把钎焊处清洗干净，涂上钎剂水溶液；用火焰加热工件，水分蒸发并待钎剂熔化后，将钎料迅速加入到不断加热的钎缝中；

② 由于钎料与母材熔点相差不大，同时铝及铝合金在加热过程中颜色不变化，不易判断温度，所以火焰钎焊时操作要求十分熟练；

③ 火焰不能直接加热钎料，因为钎料流到尚未加热到钎焊温度的工件表面时被迅速凝固，妨碍钎焊顺利进行，钎料的热量应从加热的工件处获得；

④ 小工件容易加热，大工件应先将工件在炉中预热到 400 ～ 500℃，然后再用火焰加热进行钎焊，这可加快钎焊过程和防止工件变形。

铝合金火焰钎焊的工艺参数见表 6.7。

表 6.7　铝合金火焰钎焊的工艺参数

材料厚度	氧 - 乙炔火焰钎焊			氢 - 氧火焰钎焊		
	喷嘴孔径 /mm	氧气压力 /kPa	乙炔压力 /kPa	喷嘴孔径 /mm	氧气压力 /kPa	氢气压力 /kPa
0.5	0.64	3.5	7	0.90	3.5	7
0.6	0.64	3.5	7	1.14	3.5	7
0.8	0.90	3.5	7	1.40	3.5	7
1.0	0.90	3.5	7	1.65	7.0	14
1.3	1.14	7.0	14	1.90	7.0	14
1.6	1.40	7.0	14	2.20	7.0	14
2.0	1.65	10.5	21	2.40	10.5	21
2.6	1.91	10.5	21	2.70	10.5	21
3.2	2.16	14.0	28	2.92	10.5	21

2）炉中钎焊

在空气炉中钎焊铝及其合金须配用钎剂，用腐蚀性钎剂焊后需清除残渣。

空气炉中钎焊工艺要点如下：

① 通常采用电炉，可做成间歇炉或连续炉两种形式，为了避免炉壁和加热元件被钎剂的蒸气腐蚀，炉子最好带有密封的钎焊容器；

② 为了提高容器的使用寿命，钎焊容器可用不锈钢或渗铝钢制作，操作时须严格控制钎焊温度；

③ 为了避免钎焊工件局部过烧和熔化，不采用钎焊容器的炉中钎焊时，工件靠近电热元件一边应放置石棉板以隔离热量的直接辐射；

④ 为了减少熔化的钎剂对钎焊工件的腐蚀，形状简单的工件还可以先装配好并在炉中加热到接近钎料的熔化温度，将工件很快从炉内取出加入钎剂，然后再送入炉中加热到钎焊温度；

⑤ 钎剂通常加入蒸馏水配成糊状溶液，然后涂敷在被钎焊表面上；

⑥ 炉中钎焊的升温相对来说较慢，因此钎剂的熔点应与钎料配合，一般比钎料低 $10 \sim 40℃$。

无腐蚀性钎剂钎焊利用 KF-AlF$_3$ 无腐蚀性钎剂进行钎焊，它是一种钎焊后无需清除残余钎剂的新技术。钎剂具有很强的活性，能有效地去除母材和钎料表面氧化膜，钎剂残渣不吸潮，对铝及铝合金无腐蚀性，不必清除残渣。钎剂在大气中熔化后很快丧失活性，钎焊时必须快速加热，最好用氮气保护炉中钎焊，钎料的润湿作用显著改善，只需涂少量钎剂。

3）浸渍钎焊

铝和铝合金的浸渍钎焊属于盐浴钎焊，是把焊件浸入熔化的钎剂中实现的。它具有加热快而均匀、焊件不易变形、去膜充分的优点，因而钎焊质量好、生产率高。特别适合于大批量生产，尤其适用于复杂结构，例如热交换器和波导的钎焊。

铝合金浸渍钎焊的主要工艺特点如下。

① 钎料和钎剂　铝合金的浸渍钎焊不宜使用粒状或丝状钎料。因为焊件浸入时，熔化钎剂的黏滞作用和浮力易使钎料错位或失落。一般宜使用膏状或箔状钎料，可以方便地把它们敷在或夹在钎焊间隙中。这不但可防止钎料失落，而且可避免钎料过早熔化。最佳的方式是敷钎料板，它是表面压敷有钎料层的铝板或铝合金板。使用这样的敷钎料板可以简化装配工艺、减少氧化膜的生成，使钎料更易流动形成接头。

钎料的数量可通过调节包覆层的厚度加以控制。一般板厚小于 1.6mm 时，每侧包覆层厚度占总厚度的 10%；板厚大于 1.6mm 时，每侧包覆层厚度可降至 5%。应用较多的是铝硅亚共晶成分的包覆层，它具有一定的熔化温度区间，如将钎焊温度控制在固、液相温度范围内，由于钎料未完全熔化，黏度比较大，不易流失，因而对温度及间隙的敏感性较小，钎焊工艺容易掌握。

浸渍钎焊时，钎剂不但起去膜作用，而且是加热介质。由于焊件在钎焊时要与大量的熔化钎剂接触，因此其成分中应避免使用重金属氯化物。钎剂用量（即盐槽尺寸）主要取决于焊件（连同使用的夹具）的最大尺寸和重量，以及所要求的生产率。首先，应保证在要求的生产率下最大的焊件浸入时，钎剂温度下降不致过多；其次，应保证焊件与盐槽之间有必要的间隔。这是由于铝比熔盐的导电性高得多，故必须防止焊件接触盐槽的电极和处于电极间所形成的电场中，否则，电流将经过焊件传导，使焊件有过热的危险。同时，焊件也必须避开槽底的沉渣。

正常的钎剂溶液应呈微酸性，pH 值为 5.3 ～ 6.9。钎焊过程中钎剂始终处于熔化状态。钎剂组分的挥发、与焊件的作用及从外界混入的其他脏物，都会引起钎剂成分和性能的变化。另外，钎焊中焊件会带走部分钎剂。因此，必须经常补充钎剂并控制杂质含量，以保证钎剂正常的成分、性能和数量。

② 预热　装配好的焊件在钎焊前应进行预热，使其温度接近钎焊温度，然后浸入钎剂中钎焊。预热是为了干燥零件，避免盐浴温度降低过多，以缩短浸渍时间。同时，防止钎剂在焊件上凝固阻塞焊件中的通道，预热温度一般在 540 ～ 560℃范围内。预热时间主要根据焊件大小确定，应保证焊件各部分都达到规定的预热温度。预热时间过长，将使氧化膜厚度增加，钎料层中的硅向板芯金属中扩散，使钎料层成分变化、有效厚度减小、熔点升高，影响钎焊质量。

③ 工艺参数控制　完成预热的焊件立即浸入盐浴中钎焊。钎焊时要严格控制钎焊温度、时间和焊件浸入方式等。

钎焊温度应根据焊件的材料、厚度、尺寸大小，钎料的成分和熔点，并考虑具体工艺情况来确定。一般介于钎料液相线温度和母材固相线温度之间。对于亚共晶钎料层，也可取决于钎料结晶区间的温度。钎焊温度越高，钎料的润湿性、流动性越好。但是，温度过高，母材易被溶蚀，钎料也有流失的危险。温度过低，钎料熔化不够，可能产生大面积脱钎。同时盐浴温度的波动应控制在 ±3℃以内。

焊件在钎剂中的浸渍时间应保证钎料充分熔化和流动，但时间不宜过长。否则，钎料中的硅可能扩散入板芯金属中去，使之变脆，且使钎缝钎角缩小。因此浸渍时间要严格控制。

钎焊时焊件应以小角度的倾斜浸入钎剂溶液中。浸入的角度和速度要适当，以免零件变形和错位。同时要使钎剂容易进入焊件内部，使其中的空气能自由排出。如焊件的不同部位质量相差较大，则应将质量大的部分首先浸入并保持一定时间，然后再将其余部分浸入，以求得加热均匀。对于大焊件，在浸入数分钟后，以一定倾角吊出盐浴表面，排出焊件内的钎剂溶液后再次浸入，即采用两次浸渍。它不仅有利于去除焊件表面的氧化膜，而且有助于使焊件内部在较短的时间内达到钎焊温度。更大的焊件还可以采用多次浸渍方式。

当钎料已充分熔化填缝形成接头钎角后，即将焊件仍以微小倾角，缓慢平稳地吊离盐浴一段距离，保持到钎料凝固后再移开，进行钎焊后处理。

④ 钎焊后处理　主要是进行清洗以彻底清除残余的钎剂。清洗质量好坏对产品使用寿命影响很大。对清洗质量应进行检查：将清洗过的焊件存放12h，取水样化验氯离子，要求小于0.002%，不合格者应重新清洗。最后进行钝化处理。

4）真空钎焊

铝及其合金真空钎焊时，由于氧化铝膜十分稳定，单纯靠真空条件不能达到去膜的目的，必须同时借助于某些金属活化剂的作用。用作金属活化剂的是一些蒸气压较高、对氧的亲和力比铝大的元素，如锑、钡、锶、铋、镁等。研究表明，以镁作活化剂效果最好，在 10^{-3}Pa 真空度下就可取得良好效果。这是因为镁的蒸气压高，在真空中容易挥发，有利于清除氧化膜，目前应用较普遍。

镁作为活化剂，通常的做法是将镁作为合金元素加入铝硅钎料中，可保证镁的蒸发与钎料的熔化相互适应，且镁蒸气是在接头处产生。此外，镁能降低铝硅钎料的熔点。钎料中镁的添加量对钎料的润湿性有显著的影响，如图 6.6 所示。

由图 6.6 可见，随着含镁量的增多，钎料的流动系数均有提高。但是随着钎料中含镁量的增加，钎料对铝的溶蚀也加剧（图 6.7），这是由于形成 Al-Mg-Si 三元共晶，且含镁量过高，钎料易流失而损害焊件表面。综

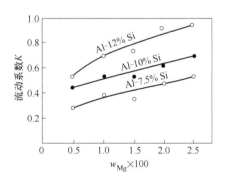

图 6.6　镁对铝硅钎料润湿性的影响
（真空度 10^{-3}Pa，温度 615℃，时间 1min）

合考虑，钎料中镁的质量分数控制在 1% ～ 1.5% 范围内为宜。研究表明，铝硅钎料在加镁的同时添加质量分数约为 0.1% 的铋，可以减少钎料中的加镁量，减小钎料的表面张力，改善润湿性，并可降低对真空度的要求，如图 6.8所示。

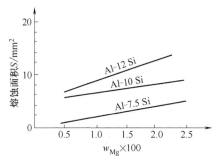

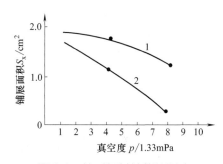

图 6.7 铝硅钎料中镁含量对铝溶蚀程度的影响
（真空度 10^{-3}Pa，温度 615℃，时间 1min）

图 6.8 铋对钎料性能的影响
1—Al-10Si-1Mg-0.15Bi；2—Al-10Si-1.5Mg

真空铝钎焊适于采用对接、T 形及与之类似的接头形式，因为这些接头形式使间隙内的氧化膜容易排出。搭接接头间隙内的氧化膜则较难排出，故不推荐采用。

铝真空钎焊时，其去膜依靠镁活化剂的作用，对于结构复杂的焊件，为了保证母材获得镁蒸气的充分作用，常采取局部屏蔽的补充工艺措施。最通用的方式是将焊件放入不锈钢盒内（通称工艺盒），然后置于真空炉中加热钎焊，这样可以明显改善钎焊质量。必要时，盒内还可补充少量纯镁粒来加强作用。真空钎焊的铝件表面光洁，钎缝致密，钎焊后不需进行清洗。

铝真空钎焊时真空度不得低于 $1.33×10^{-2}$Pa。采用金属镁作为活化剂，使铝及其合金的真空钎焊技术得到推广应用。真空钎焊工艺要点如下：

① 对大型多层波纹夹层复杂结构，真空度应不低于 $1.33×10^{-3}$Pa，应保证真空炉温度场均匀，力求达到 ≤±5℃；

② 使用 Mg 作为金属活化剂，如在钎料中加 Mg 的同时加入 0.1% 左右的铋更能改善填充间隙的能力，对真空度的要求也可降低；

③ 真空钎焊的加热方式以辐射热为主，由于铝的钎焊温度低，辐射热效率低，温度不易均匀，加热时间长，气化的 Mg 蒸气附在炉壁上污染真空炉。

（6）特殊钎焊工艺

1）添加界面活性剂的扩散钎焊

在铝合金钎焊接头的界面上涂抹微量的金属镓（约为 1mg/cm²，镓层厚度为 1.7μm）作为活性剂，钎缝两侧加压约为 10MPa，采用高频感应迅速加热至 500℃并冷至室温，全部过程要在 1 ～ 2min 内完成。本项技术在空气中直接操作并且不需要钎剂。钎焊后没有出现晶粒间结构的破坏，所得接头结合紧密，金相几乎观察不到钎缝的结构，也不存在一般钎焊的钎缝圆角。采用这种工艺钎焊纯铝和 6082 铝合金，获得接头的抗剪强度达 6082 铝合金母材的 90%，对接接头抗拉强度达 6082 铝合金母材的 72% ～ 80%。

2）无钎剂扩散钎焊

将锗粉敲碎研细，筛取 300 ～ 400 目的锗粉，倒入四氯化碳中，搅起悬浮。趁沉降前将悬浮液适量浇注在清洁的钎焊面上。数次操作使锗粉分布均匀。待四氯化碳全部挥发后，用耐高温的弹性夹具夹紧钎缝两侧母材，送入炉内加热至 500℃并保温 1min。本方法适用钎焊各种牌号的铝合金，特别是在补焊裂断的铸铝零件时有特殊的效果。

3）自钎焊工艺

配制一种专用钎剂，该钎剂中钎料合金化合物的含量很高。钎焊过程开始，化合物被还原为金属并形成钎缝。在一块平面的铝板上，涂上质量分数配比为 1∶20∶79 的 ZnF_2、SnF_2 和 $HNR(OH)_xF_y$ 的自钎钎剂（1080X）。再在上面平行直立一排稍微弯曲的铝翅片。在控温约 250℃平板加热器上加热。一阵冒泡散烟以后，取下冷却，用水冲净铝制散热器。自钎反应不用添加钎料，钎缝饱满，圆角平滑。

4）采用 Nocolok 钎剂 - 硅粉合成树脂复合涂层

将复合钎焊涂层材料涂覆在铝合金表面，组成（质量分数）为：硅粉 30% ～ 49%、氟铝酸钾盐 20% ～ 30%，余量为合成树脂。将配制好的涂料利用辊转印法均匀涂覆在经过去脂处理的铝材表面，涂层厚度控制在 40μm 以下。制备好的涂层经 150 ～ 220℃干燥处理后，在连续钎焊工艺中表现出了优异的钎焊效果。这一技术使钎焊工艺简单可靠，钎焊接头性能稳定良好。

（7）铝与异种金属的钎焊

铝能够与其他某些金属钎焊，见表 6.8。钛、镍、钴和铍可以与铝直接钎焊。其他合金可以通过预镀镍来改善合金的流动性，保护表面不被氧化。铜和黄铜不能直接与铝及铝合金钎焊。

表 6.8　铝与其他金属的钎焊性

金属或合金与铝连接	钎焊性	说明
黑色金属	A	通过在黑色金属表面镀银或镀铝达到非常好的效果
镍、铬镍铁合金	A	可以直接钎焊或用铝过渡
钛、镍基合金	A	在钎焊前镀铝
铍	B	能够直接与铝的钎焊材料润湿
蒙乃尔（镍铜合金）	B	能够润湿但有脆性
铜和黄铜	C	困难，要求专门的技术来避免脆性；通过钢过渡连接
镁	D	太脆

注：钎焊性 A—所有钎焊方法和工艺都能钎焊；B—采用专门的工艺钎焊，或在特殊的应用前，初步的试验或测试证明，对提高钎焊工艺、性能和钎焊接头质量，是正确的；C—有限的钎焊性；D—不推荐采用钎焊。

钢和钛部件在真空和露点非常低的惰性气体保护下与铝钎焊在一起，钢和钛部件能够在采用电镀镍、热浸渍镀铝后，应用炉中钎焊、浸渍钎焊、火焰钎焊等方法进行钎焊。在钎焊铝和钢的过程中，在结合面上，钎缝合金化形成脆的金属间化合物层。因此，预热和钎焊时间必须控制在最小值。设计者必须考虑这些金属的热膨胀系数的差异。铝合金与钛合金真空钎焊接头的强度见表 6.9。

表 6.9 铝合金与钛合金真空钎焊接头的强度

| 母材 | 钎料 | 钎焊温度 / 时间 | 接头强度 /MPa | | 备注 |
			抗拉强度	抗剪强度	
3A21	Al-Si-Mg-Bi	600℃ /20min	＞ 87	＞ 108	断于母材
1035+TC4	B-Al88Si	600℃ /5min	—	＞ 65	断于铝合金母材
	B-Al86SiMg	590℃ /5min	—	＞ 64	断于铝合金母材
	B-Al86SiCu	590℃ /5min		37.2	—
6A02+TC4	B-Al88SiMg	590℃ /5min		79.5	—
	Al-Si-Mg-Bi	590℃ /5min		82.7	—
	B-Al60GeSi	570℃ /5min		31.7	—
	B-Al67CuSi	580℃ /5min		52.3	—
	B-Al86SiCu	590℃ /5min	—	69.1	—

采用感应钎焊、火焰钎焊等方法钎焊铝与铜的接头，其外观质量、钎料的填缝能力均较好，但无论采用锌镉系钎料、铝硅系钎料，还是进口无钎剂钎料，都存在钎料与铜的结合脆性大的问题，接头的剥离试验不合格，无法应用在有强度要求的场合。

由于铝和镁之间的互溶度较小以及生成了极其脆的铝镁金属间化合物，导致铝和镁不能钎焊。由于复合金属的电位差的差别，复合金属接头需要特殊的处理以确保合适的抗腐蚀性。抗腐蚀性可以通过涂油漆、封闭、镀一层耐潮不透水的材料来提高。

6.2
铜及其合金的钎焊

6.2.1　铜合金的分类及钎焊特点

（1）铜及铜合金的类型

工业生产上铜及铜合金的种类很多，主要是根据化学成分进行分类。常用铜及铜合金可从表面颜色上看出其区别，如紫铜、黄铜、青铜和白铜，实质上是纯铜、铜 - 锌合金、铜 - 铝合金、铜 - 镍合金。

紫铜为铜含量不小于99.5%的工业纯铜；普通黄铜是 Cu-Zn 二元合金，表面呈淡黄色；凡不以锌、镍为主要成分而以锡、铝、硅、铅、铍等元素为主要成分的铜合金，称为青铜，常用的青铜有锡青铜、铝青铜、硅青铜、铍青铜，为了获得某些特殊性能，青铜中还加少量的其他元素，如锌、磷、钛等；白铜为含镍量低于50%的 Cu-Ni 合金，如白铜中再加入锰、铁、锌等元素可形成锰白铜、铁白铜、锌白铜。常用加工铜的特性及应用见表6.10。

纯铜在退火状态（软态）下具有高的塑性，但强度低。经冷加工变形后（硬态），强度可提高一倍，但塑性下降很多。产生了加工硬化的紫铜经 $550 \sim 600℃$ 退火，可使塑性完全恢复。焊接结构一般采用软态紫铜。黄铜强度、硬度和耐蚀能力比紫铜高。

表6.10 常用加工铜的特性及应用

代号	产品种类	主要特性	应用举例
T1	板、带、箔	有良好的导电、导热、耐腐蚀和加工性能，可以焊接和钎焊，含降低导电、导热性的杂质较少，不宜在高温（如 > 370℃）还原性气氛中加工（退火、焊接等）和使用	用于导电、导热、耐腐蚀器材，如电线、电缆、导电螺钉、爆破用雷管、化工用蒸发器、贮藏器及各种管道等
T2	板、带、箔、管、棒、线		
T3	板、带、箔、管、棒、线	有较好的导电、导热、耐腐蚀和加工性能，可以焊接和钎焊，但含降低导电、导热性的杂质较多，含氧量更高，不能在高温还原性气氛中加工、使用	用于一般铜材，如电气开关、垫圈、垫片、铆钉、管嘴、油管及其他管道等
TU1 TU2	板、带、管、棒、线	纯度高，导电、导热性极好，加工性能和焊接性、耐蚀性、耐寒性均好	主要用于电真空器件和仪器仪表
TP1	板、带、管	焊接性能和冷弯性能好，可在还原性气氛中加工、使用，但不宜在氧化性气氛中加工、使用。TP1 的残留磷量比 TP2 少，故其导电、导热性较 TP2 高。	主要以管材应用，也可以板、带或棒、线供应。用作汽油或气体输送管、排水管、冷凝管（器）、蒸发管（器）、水雷用管、热交换器、火车车厢零件等
TP2	板、带、管、棒、线		
TAg0.1	板、管	铜中加入少量的银，可显著提高软化温度（再结晶温度）和蠕变强度，而很少降低铜的导电性、导热性和塑性。银青时效硬化的效果不显著，一般采用冷作硬化来提高强度。它具有很好的耐磨性、电接触性和耐腐蚀性，如制成电车线时，使用寿命比一般铜合金高 2 ~ 4 倍	用于耐热、导电器材，如电机整流子片、发电机转子用导体、点焊电极、通信线、引线、导线、电子管材料等

青铜具有较高的力学性能、耐磨性能、铸造性能和耐腐蚀性能，并保持一定的塑性；除铍青铜外，其他青铜的导热性能比紫铜和黄铜低几倍至几十倍，并且具有较窄的结晶区间，因而大大改善了焊接性。青铜中所加入的合金元素量大多控制在 α 铜的溶解度范围内，在加热冷却过程中没有同素异构转变。

白铜因镍的加入使铜从紫色变成了白色而得名。镍可以无限地固溶于铜，

使铜具有单一的 α 组织。按照白铜的性能与应用范围，白铜可分为结构铜镍合金与电工铜镍合金。结构铜镍合金的力学性能、耐蚀性能较好，在海水、有机酸和各种盐溶液中具有较高的化学稳定性，优良的冷、热加工性，广泛用于化工、精密机械、海洋工程中。电工铜镍合金是重要的电工材料。在焊接结构中使用的白铜多是含镍 10%、20%、30% 的铜镍合金。

（2）钎焊特点

铜及铜合金具有优良的钎焊性，无论是硬钎焊（钎料熔化温度高于 450℃）还是软钎焊（钎料熔化温度低于 450℃）都容易实现。因为铜及铜合金有较好的润湿性，表面的氧化膜也容易去除。只有部分含铝的铜合金由于表面形成 Al_2O_3 膜较难去除，钎焊较困难。铜及铜合金的钎焊性比较见表 6.11。

表 6.11　铜及铜合金的钎焊性比较

材料	类型	钎焊性	特点
纯铜	全部	极好	可用松香或其他无腐蚀性钎剂进行钎焊
黄铜	含铝黄铜	困难	采用特殊钎剂，钎焊时间尽可能短
	其他黄铜	优良	易于用活性松香或弱腐蚀性钎剂钎焊
锡青铜	含磷锡青铜	良好	钎焊时间尽可能短，钎焊前要消除应力
	其他锡青铜	优良	易于用活性松香或弱腐蚀性钎剂钎焊
铝青铜	全部	困难	在腐蚀性很强的特殊钎剂下钎焊或预先在表面镀铜
硅青铜	全部	良好	需配用腐蚀性钎剂，焊前必须清洗
白铜	全部	优良	易于用弱腐蚀性钎剂钎焊，焊前要消除应力

铜和铜合金钎焊时，如没有采用适当的保护措施，容易产生裂纹、变形和软化等。母材的软化经常出现在钎焊过程中，因为许多铜基合金是以低温热处理、冷加工或两者结合的方式得到这些特性的。随着温度的增加和暴露在高温下的时间增长，软化程度会有所增加。在钎焊区域发生的软化可采取以下方式减少：

① 对除了钎焊面以外的组件冷却；

② 将部件浸入水中；

③ 将部件用湿抹布包裹起来，或提供一个散热器，使整个部件的温度尽量降低。

另外，使用低熔点钎料，采用短的保温时间也能减轻软化。

由冷加工、铸造或机械操作引起的残余应力也能够在钎焊过程中引起某些铜合金开裂。不均匀地膨胀和收缩、加热和冷却能够增加应力。所有这些因素的作用，即使是相对低的应力，由于高温下存在液体钎料，也足以引起开裂。因此钎焊加热尽量均匀、受控，特别是黄铜、冷加工的磷青铜和硅青铜。

铜及铜合金在钎焊应用中应注意以下几点。

① 如果母材和钎料熔点接近或相互之间可溶，就不适合采用钎焊。延长加热会引起母材的过度侵蚀，导致母材熔点范围缩小。例如，用 BCu 钎料钎焊 90Cu-10Ni 合金时，溶解主要发生在钎料的液相线温度以上、液相出现不久时，因此限制了钎焊温度下的保温。

② 当钎焊磷青铜、硅青铜和镍银时，加热应均匀以防止在冷加工材料时开裂。使用电阻钎焊、感应钎焊、浸渍钎焊和氧燃气钎焊方法时，如果加热速度太快将产生热应力。

③ 有氧铜暴露在含氢气氛时，会导致铜的脆性。无论是火焰钎焊，还是还原气氛的炉中钎焊应避免含氢气氛，以防破坏焊件。氢脆性对钎焊温度和时间比较敏感，温度越高，时间越长，氢脆越危险。

④ 含铅铜合金对铅的偏析敏感。通常大组件的火焰钎焊和炉中钎焊比较困难。铅从铜合金中过度偏析，尤其是铅含量超过 2.5% 的铜合金，由于脆性和钎焊结合不致密，容易导致接头缺陷。

⑤ 在氢气或惰性气氛炉中钎焊含硫铜，因为硫的蒸发妨碍了铜表面的润湿，也降低了铜合金的钎焊性。

6.2.2　钎料与钎剂

（1）钎料

钎焊温度在 620 ～ 870℃ 范围的银基钎料和钎焊温度在 704 ～ 816℃ 范围内的铜磷钎料是最常使用的钎料。钎料的钎焊温度应比母材的熔化温度低，RBCuZn、BCuP、BAg、BAu 钎料能适合于钎焊大多数的铜和铜合金。BCu钎料与其他使用在铜母材中的钎料相比液相线温度太高，BCu 钎料能被使用于钎焊铜镍合金。

RBCuZn 钎料能够被用于钎焊铜、铜镍、铜硅和铜锡合金。RBCuZn 钎料不能用于钎焊铝青铜，因为，所要求的钎焊温度破坏了这些母材钎剂的功效。因为不需要钎剂，对大多数铜母材来说，最常用的是 BCuP 钎料。BCuP钎料已被用于钎焊 90Cu-10Ni 合金，但它们在铜镍合金上的用途，则应通过每种应用中合适的试验来确定。BAg 钎料可以使用在所有的铜基合金。BAu钎料主要使用在要求蒸气压力较低的电子应用中。

耐腐蚀是选择钎焊钎料的重要因素，基于此考虑，常选用铜基钎料。在涉及铜镍、铜硅和铜锡合金的许多场合下，RBCuZn 钎料与这些合金接触不具备足够的耐蚀性。例如，建议不要在高温水系统中或含硫化物的空气中使用 BCuP 钎料。选择钎料的另一个考虑因素是工作温度和分级钎焊工艺中顺序钎焊操作。

软钎焊一般采用锡 - 铅钎料，与铜及铜合金有极好的润湿性和工艺性能。用于铜及铜合金钎焊的锡 - 铅钎料见表 6.12。

表6.12 用于铜及铜合金钎焊的锡 – 铅钎料

钎料系列	牌号	推荐间隙 /mm	用途
锡	HL601	0.05 ～ 0.20	钎焊铜及铜合金等强度要求不高的零件
铅	HL602	0.05 ～ 0.20	钎焊纯铜、黄铜
钎	HL603	0.05 ～ 0.20	钎焊铜及铜合金
料	HL605	0.05 ～ 0.20	钎焊各种铜及铜合金

（2）钎剂

钎焊铜及铜合金所用的钎剂见表 6.13。钎剂的形状有粉状、膏状和液状。绝大多数钎剂吸潮性很强，需严格密封保管。

铜及铜合金软钎焊用钎剂分为有机钎剂和弱腐蚀性钎剂两类，见表 6.14。其中采用活性松香酒精溶液有机钎剂，焊后不必清除钎剂残渣。

表6.13 钎焊铜及铜合金所用的钎剂

牌号	名称	成分 /%	特点和用途
QJ101	银钎焊钎剂	KBF_4　68 ～ 71 H_3BO_3　29 ～ 32	以硼酸盐和氟硼酸盐为主，能有效清除表面氧化膜，有很好的浸流性，配合银基钎料或铜磷钎料使用。在 550 ～ 850℃范围钎焊各种铜及铜合金，以及铜 / 不锈钢
QJ102	银钎焊钎剂	B_2O_3　33 ～ 37 KBF_4　21 ～ 25 KF　40 ～ 44	以硼酸盐和氟硼酸盐为主，能有效清除表面氧化膜，有很好的浸流性，配合银基钎料或铜磷钎料使用。在 600 ～ 850℃范围钎焊各种铜及铜合金，以及铜 / 不锈钢
QJ105	低温银钎焊钎剂	$ZnCl_2$　13 ～ 16 NH_4Cl　4.5 ～ 5.5 $CdCl_2$　29 ～ 31 $LiCl$　24 ～ 26 KCl　24 ～ 26	以氯化物 - 氟化物为主的高活性钎剂，在 450 ～ 600℃范围钎焊铜及铜合金，特别适用于铝青铜、铝黄铜及其他含铝的铜合金。钎剂腐蚀性极强，要求焊后对接头进行严格的刷洗，以防残渣对工件的腐蚀
QJ205	铝黄铜钎焊钎剂	$ZnCl_2$　48 ～ 52 NH_4Cl　14 ～ 16 $CdCl_2$　29 ～ 31 NaF　4 ～ 6	以氯化物 - 氟化物为主的高活性钎剂，在 300 ～ 400℃范围钎焊铝青铜、铝黄铜，以及铜与铝等异种接头。钎剂腐蚀性极强，要求焊后对接头进行严格的刷洗，以防残渣对工件的腐蚀

表 6.14　铜及铜合金软钎焊的钎剂

牌号	名称	成分（质量分数）/%	用途
1	活性有机钎剂	松香 30，酒精 60，醋酸 10	与锡铅钎料配合钎焊各种铜及铜合金
2	活性有机钎剂	松香 22，酒精 76，盐酸苯胺 2	与锡铅钎料配合钎焊各种铜及铜合金
3	弱腐蚀性钎剂	氯化锌 40，氯化铵 5，水 55	与锡铅钎料、锡银钎料及锡锑钎料配合钎焊各种铜及铜合金、铜与不锈钢
4	弱腐蚀性钎剂	氯化锌 6，氯化铵 4，盐酸 5，水 85	与锡铅钎料、锡银钎料及锡锑钎料配合钎焊各种铜及铜合金、铜与不锈钢

（3）气氛

燃气在钎焊大多数铜基合金时是经济实用的保护气氛，但氢含量高的气氛不能使用于有氧铜，因为它们会导致母材发生脆性。惰性气体（例如氩气和氦气），也包括氮气可以用于所有的铜及铜合金钎焊。

真空气氛适合于在钎焊温度下钎焊没有高蒸发压力元素（铅、锌等）的铜及铜合金。钎料也被限制使用含有少量高蒸发压力的元素，例如锌和镉元素等。对于高真空钎焊，应查阅铜和任何合金元素的蒸发压力温度曲线，以决定最高允许的钎焊温度。钎焊时通入惰性气体，在炉中建立一个分压，有助于避免钎料或母材或两者中成分的蒸发。

6.2.3　铜及其合金的钎焊工艺

（1）接头设计及表面清理

1）接头设计

铜及铜合金的钎焊温度足以对它们进行退火，因此，接头的强度是以退火状态为基础设计的。为满足最大的接头强度和安全性，接头间隙控制在 0.03 ～ 0.13mm 范围。然而，在不可能或实现这个建议有困难的场合下，稍微大点的间隙也是允许的，如果允许使用搭接接头，它们能够补偿由于宽的间隙造成的低强度问题。在这种接头形式中，钎焊面积至少达到 3 倍于最薄件截面积，将有助于满足部件的强度要求。

铜合金的热膨胀系数在一个宽的范围内变化。一般来说，比镍合金、碳钢和铸铁的要高些，但比铝合金的低。

2）表面清理

如果接头表面有氧化物、污垢或其他外来的物质，就不能获得牢固的接头。常规溶剂和碱性脱脂工艺适合于清洁铜及铜合金。机械方法（例如钢丝刷和喷砂）能用来去除氧化物。表面氧化物的化学清除，要求合理选择酸洗溶液。使用化学清洗铜表面的典型工艺见表 6.15。

表6.15　使用化学清洗铜表面的典型工艺

母材	清洗工艺
铝青铜	先浸入 2%（体积分数）的氢氟酸与 3%（体积分数）硫酸与水混合的低温溶液；然后浸入 27～49℃的 5%（体积分数）的硫酸溶液中。该工艺可以重复进行直到工件清洁为止
铜硅合金	先浸入热的 5%（体积分数）硫酸溶液中，然后在低温 2%（体积分数）的氢氟酸与 5%（体积分数）硫酸混合溶液中清洗
黄铜	使用低温 5%（体积分数）的硫酸溶液
纯铜	浸入到低温 5%～15%（体积分数）的硫酸溶液中
含铋青铜	① 浸入 20%（体积分数）的硫酸溶液中，温度 71～82℃，然后水洗； ② 快速浸渍（30s）到 30%（体积分数）的冷硝酸溶液中，随后立即彻底水洗
含铬铜	浸入 5%（体积分数）的热硫酸中进行酸洗，然后在 15～37g/L 重铬酸钠与 3%～5%（体积分数）硫酸的混合液中酸洗，随后进行彻底水洗

钎焊前，在含有强氧化物形成元素的铜合金上镀铜，有利于简化钎焊工艺，用于铬铜的镀层厚度为 0.03mm，用于铍铜、硅青铜、铝青铜的镀层厚度为 0.013mm。

（2）组装

组装工艺应该在所有接头表面都清洗后进行。当使用钎剂时，要将钎剂涂抹在刚刚清洗的接头表面上。在钎焊过程中一些辅助的步骤能够被合并。例如，当钎焊可热处理母材时，与适当的热处理工艺结合即可获得理想的接头力学性能。这个工艺可以应用到铍铜和铬铜的钎焊中，但不能钎焊锆铜。这种合并的操作适合于可以固溶退火的钎料，只有当钎焊组件能够迅速冷却，达到固溶热处理条件下的微观结构和所需要的特性，这种操作才有实际意义。

为了避免损害钎焊接头，组件在钎焊、淬火和随后的时效热处理中必须被适当地支撑。在实施操作之前，应该检查固溶热处理和时效要求的温度数据。

（3）不同铜合金的钎焊工艺要点

1）无氧、高导电铜和脱氧铜

常采用炉中钎焊或火焰钎焊方法。在高温下，有氧铜对于氧的迁移或氢脆非常敏感，甚至是两者兼而有之。因此，有氧铜应用在惰性气体、氮气或真空气氛下的炉中钎焊来完成。火焰钎焊应该采用中性或微氧化焰，铜磷或银铜磷钎料在铜上有自钎剂作用。然而在大的组件中钎剂是有作用的，大件钎焊时间延长，会引起额外的氧化。由于有被腐蚀的危险，使用的含磷钎料的钎焊接头不能长期暴露在高温下的水中和含硫的气氛中。

如果使用铜锌钎料，操作中不能过热，因为接头中锌的蒸发会引起砂眼。当采用火焰钎焊时，氧化焰将减少锌的蒸发。

当钎焊接头具有超过较薄部件厚度3倍的搭接面积时，退火后的铜搭接接头组件能够满足强度要求。实际上，脱氧铜中搭接接头提高了具有较少搭接长度的母材的最大强度。搭接接头长度超过壁厚的2倍，快速拉断时断裂常出现在母材上。

当被加工试样接头面遭到破坏（缩小搭接长度）时，一般来说，裂纹将会部分或全部穿过平行于接头结合面的母材中的一个平面。可以解释为，在室温条件下，BAg和BCuP钎料金属强度要比退火后的母材强。在升高温度时，钎料强度的下降速度比同样情况下的铜更快，最终在钎料中发生开裂。钎料的最高工作温度见表6.16。

表6.16　钎料的最高工作温度

钎料金属分类	工作温度/℃	
	连续工作	断续工作
BCuP	150	200
BAg	150	200
BAu	425	540
RBCuZn	200	315

2）黄铜

所有的黄铜都可以用BAg和BCuP钎料钎焊，较高熔点的黄铜（低锌）也能够使用RBCuZn钎料钎焊。

即使在保护气氛中，也可以使用钎剂以改善钎料的润湿。钎剂还能用于减少锌的蒸发。当加热到400℃以上时，黄铜中的锌趋向于蒸发损失掉，这种损失可以通过在炉中钎焊过程中将钎剂涂抹到工件表面，或在火焰钎焊中使用氧化焰来减少。黄铜也会受到裂纹的影响，因此要仔细、均匀地加热。尖角和引起应力集中的截面变化和产生热应力的现象都应该避免。

含有铝和硅的黄铜的处理要求类似于铝青铜或硅青铜。铅加入到黄铜中改善切削性能，能够与钎料合金化并且引起脆性。当铅的含量超过2%～3%时，将增加钎焊的难度。为了在钎焊过程中保持好的流动性和润湿性，需要用钎剂将铅黄铜完全覆盖以防止铅氧化物和残渣的出现。高铅黄铜快速地加热能引起裂纹。在钎焊之前进行应力释放退火，也可以缓慢均匀地加热和冷却，可减少引起这种裂纹的倾向。

3）磷青铜

铜锡合金在应力条件下易发生裂纹。在钎焊之前释放应力或对部件退火是很好的经验。钎焊过程中对焊件进行支撑也能减小接头受力。采用缓慢的加热速度可防止热冲击。当锡含量较高或使用含铅较多的添加剂时，钎焊过程中需要采用钎剂做充分的防护。所有的磷青铜可以使用 BAg 和 BCuP 钎料钎焊。低锡的磷青铜也能通过 RBCuZn 钎料进行钎焊。

金属粉块形式的磷青铜，在钎焊以前，需要用水基或油基胶状石墨悬浮液粉刷表面进行预处理，然后在低温下烘焙，清洗，并且脱脂。这个工序可封住小孔，以便实行钎焊。

4）铜铝合金（铝青铜）

在钎焊温度下，超过8%铝含量的合金，由于难熔铝氧化物的形成，会带来钎焊的困难。然而，这个问题可以通过在待钎焊的表面电镀一层 0.013mm 的铜来解决。炉中钎焊非电镀表面时，钎剂也可以与保护气氛同时使用。

5）铜硅合金（硅青铜）

在钎焊之前铜硅合金应先被清洁，电镀铜或用钎剂涂上一层以防止形成难熔的氧化硅。推荐采用机械方式清理。如前所述，铜硅合金的氧化程度较轻时，可用酸洗的方法处理，一般使用含硅钎料。

硅青铜易受到钎料的晶间渗入，在应力下造成热脆性，在钎焊之前应力应释放，钎焊温度应在 760℃ 以下。

6）铜镍合金

铜镍合金一般采用 BAg 钎料钎焊。在使用 BCuP 类钎料之前，必须就性能和微观结构对母材做出充分评价，在钎焊过程中有可能形成脆的磷化镍。母材必须没有硫和铅，这些元素在钎焊循环中会引起裂纹。可以使用标准溶解剂和碱性脱脂程序。氧化物可以通过砂布清除或在 5% 体积浓度的硫酸热溶液中酸洗，然后立即进行彻底的清水冲洗。

在应力条件下，铜镍合金对熔化的钎料所引起的晶间渗入很敏感，为防止裂纹，在钎焊之前应释放应力，在钎焊过程中不应引入应力。

7）铜 - 镍 - 锌合金（镍银）

铜 - 镍 - 锌合金可以容易地采用钎焊黄铜的工艺钎焊，当使用 RBCuZn 钎料时，因为相对高的钎焊温度，需要仔细操作，这些合金易受到钎料的晶间渗入，除非它们在钎焊以前释放应力。这些合金热传导性不高，趋向于局部过热。建议缓慢和均匀加热，使用充分多的钎剂以防止氧化。

8）特殊铜合金

含有少量银、铅、碲、硒或硫（一般不超过 1%）的铜容易被自钎剂钎料

BCuP 钎焊。如果使用钎剂会改善润湿性。

高强度的铍铜合金（2% 的铍）能够在炉中钎焊并且同时在 788℃进行固溶处理，在稍低的温度（760℃）下钎料凝固，然后组件在水中淬火，在 316 ~ 343℃时效处理。常采用银铜共晶钎料 BAg72Cu。

另一个快速加热（要求低于 1min）的方法是在低于固溶退火温度下进行固溶退火材料的钎焊。钎焊后不做重新退火的时效。通过感应钎焊获得充分快速的加热速度。

高电导率铍铜合金（0.5% 铍），退火温度 927℃，在 454 ~ 482℃温度范围内产生沉淀硬化，在时效条件下使用 BAg45CuZnCd 或 BAg50CuZnCd 银钎料容易钎焊。

铬铜和锆铜在 482℃时效，随后在 899 ~ 1010℃温度下固溶退火并冷加工。使用含银钎料和含氟化物钎剂的钎焊，最好安排在固溶退火和冷加工之后、时效硬化之前进行。在这个工艺之后，母材的热处理特性低于正常值。

（4）焊后清理及接头检查

残留的钎剂是腐蚀源，必须予以清除。这些残留物可以靠浸入到热水中疏松或溶解。氧化物的去除要求用机械方法（例如用钢丝刷）或使用具有适当溶解作用的酸。

大多数钎焊接头的检查方法，可用于铜及铜合金钎焊接头。具体选择取决于接头的设计和应用的需求。

当使用一些包含锌和镉的钎料，含有氯化物的钎剂，一些含有铍、铅、锌的母材时，工作场所必须提供适当的通风以保护操作工。

6.2.4 铜与铝及其合金的钎焊

铜与铝的钎焊早已引起人们的关注。近年来新型钎料、钎剂的出现，推动了铜与铝钎焊技术的进步，使铜 / 铝复合结构得到应用。

（1）钎料的选用

为了获得良好的铜 / 铝钎焊接头质量，对钎料的要求是：适宜的熔点、良好的润湿性和流动性、抗腐蚀性及导电性等。铜具有良好的可钎焊性，因此对铜 / 铝钎焊的钎料选择，主要考虑对铝的可钎焊性。

从铜与铝及铝合金的熔点、电极电位和可钎焊性来看，一般采用锌基钎料，并通过加入 Sn、Cu、Ca 等元素来调整铜与铝的接头性能。在 Sn 中加入 10% ~ 20% 的 Zn 作为铜与铝钎焊的钎料，可提高钎焊接头的力学性能和抗腐蚀性能。

目前用于钎焊铝与铜的钎料主要有低温钎料和高温钎料两大类。低温钎料主要是锌基钎料和锡基钎料；高温钎料主要是铝基钎料。铜与铝低温钎焊的钎料成分见表 6.17。铜与铝高温钎焊的钎料成分见表 6.18。

表 6.17　铜与铝低温钎焊的钎料成分

化学成分 /%						熔点或工作温度 /℃	应用情况及钎剂	钎料代号
Zn	Al	Cu	Sn	Pb	Cd			
50	—	—	29	—	21	335	Cu-Al 导线配合 QJ203	—
58	—	2	40	—	—	200 ～ 350		HL501
60	—	—	—	—	40	266 ～ 335	配合 QJ203	HL502
95	5	—	—	—	—	382，工作温度 460	Cu-Al 钎剂	
92	4.8	3.2	—	—	—	380 ～ 450	Cu-Al 钎剂	
10	—	—	90	—	—	270 ～ 290	Cu-Al 钎剂	
20	—	—	80	—	—	270 ～ 290	Cu-Al 钎剂	
99	—	—	—	—	1	417	Cu-Al 钎剂	

表 6.18　铜与铝高温钎焊的钎料成分

钎料牌号	化学成分 /%	钎焊温度 /℃	钎焊方法
BAl92Si (HLAlSi7.5)	Si 6.8 ～ 8.2，Cu 0.25，Zn 0.2，其余 Al	599 ～ 621	浸渍、炉中
BAl90Si (HLAlSi10)	Si 9.0 ～ 11.0，Cu 0.3，Zn 0.1，其余 Al	588 ～ 604	浸渍、炉中
BAl88Si (HLAlSi12)	Si 11.0 ～ 13.0，Cu 0.3，Zn 0.2，其余 Al	582 ～ 604	浸渍、炉中、火焰
BAl86SiCu (HLAlSiCu10-4)	Si 9.3 ～ 11.7，Cu 3.3 ～ 4.7，Zn 0.2，其余 Al	585 ～ 604	火焰、炉中、浸渍
BAl90SiMg (HLAlSiMg7.5-1.5)	Si 6.8 ～ 8.2，Zn < 0.20,Mg 2.0 ～ 3.0，其余 Al	599 ～ 621	真空炉中
BAl89SiMg (HLAlSiMg10-1.5)	Si 9.0 ～ 10.5，Zn < 0.20,Mg 0.2 ～ 1.0，其余 Al	588 ～ 604	真空炉中
BAl86SiMg (HLAlSiMg12-1.5)	Si 11.0 ～ 13.0，Zn < 0.20,其余 Al	582 ～ 604	真空炉中

锌基钎料有自然老化现象。锌基钎料炼制成条状，室温下放置 6 个月后，表面发黑，断面失去光泽，重熔后产生大量渣状物，这是由电化学腐蚀和晶间腐蚀所致。提高钎料成分的纯度（如用分析纯锌和化学纯铅配制），可以减缓自然老化现象。

（2）钎剂的选用

铜与铝钎焊除刮擦钎焊和超声波钎焊外，其他的钎焊过程都需要有钎剂的配合。例如，锌液与铝的润湿性很差，锌液滴在铝表面上聚集成球状，因此用纯锌作钎料须用无机盐类钎剂来改善其润湿性。

钎剂的熔点要低于钎料的熔点，并易脱渣清除。钎剂分为无机盐类和有机盐类两大类，并应根据钎料及钎焊件的要求适当选择。铜与铝钎焊常用的钎剂见表 6.19。钎焊熔剂一般应根据配合钎料来选择使用。

表 6.19 铜与铝钎焊常用的钎剂成分

主要成分 /%								熔点
LiCl	KCl	NaCl	LiF	KF	NaF	ZnCl$_2$	NH$_4$Cl	/℃
25～35	余量	—	—	8～12	—	8～15	—	420
—	—	—	5	—	95	—	—	390
16	31	6	—	5	—	37	5	470
—	—	SnCl$_2$ 28	—	—	2	55	NH$_4$Br 15	160
—	—	—	—	—	2	88	10	200～220
—	—	10	—	—	—	65	25	220～230

（3）铝 / 铜导线接头的钎焊

1）低温钎焊

采用锌基钎料、松香酒精溶液作钎剂进行低温钎焊。松香的成分是松香酸 C$_{20}$H$_{30}$O$_2$，熔化温度是 173℃，在 400℃ 左右很快挥发，能微量溶解氧化铝和氧化铜层。锌基钎料与松香酒精配合，采用浸渍钎焊的方式钎焊铜与铝，这种方法的优点在于：

① 经济易得、成本低；

② 避免了钎剂腐蚀的可能性；

③ 简化了钎焊工艺，提高生产率。

锌基钎料的成分是：分析纯锌 96%～98%，化学纯铅 2%～4%。钎剂配方是：松香与无水酒精比例大于或等于 1。钎料的钎焊温度为 420～460℃。

将涂有松香酒精溶液的铜 / 铝接头快速浸入 440℃ 左右的钎料中，松香酸在 400℃ 左右具有迅速挥发的性质，会产生急剧的物理膨胀，形成爆炸力。这种爆炸力在液体金属中能形成单位能量很大的冲击波，使氧化铝膜破裂。氧化铝膜的微观结构呈蜂窝状，加上刮削时形成的沟槽和裂纹，都是存留松香酸液的缝隙，爆炸力越大，越有利于氧化膜破裂。

氧化铝与铝基体的结合力很大，光靠溶解和爆破作用还不足以彻底去除。浸渍过程中，由于锌中加入铅，增加了铅与锌基钎料之间的电位差，可增加铝被溶蚀的速度，使残余的氧化铝膜进一步脱落。

纯锌中铅的加入量为 1%～4%，铅在锌中起机械分离锌和细化晶粒的作用。

2）中温钎焊

① 采用的钎焊材料　Zn-Sn 钎料，压制成厚度为 0.7～1.0mm 的片状。

② 焊前准备　铝件和铜片去油、去氧化膜，Zn-Sn 钎料去油、去氧化膜。

③ 装配　用不锈钢板按铝 - 钎料 - 铜片的次序组装、夹紧。可分层叠放，

中间用不锈钢板隔开，用紧固螺母拧紧。

④ 装炉钎焊　步骤如下：

a. 装炉，抽真空；

b. 真空度到 $10^{-2}Pa$ 以后，启动加热；

c. 升温速度 10 ～ 20℃ /min（酌情调整），在 150℃ 和 300℃ 时各保温 10min，然后连续升温到 425℃，保温 15min 后，冷却；

d. 降温：冷却到 400℃ 以下，关闭加热装置；冷却到 300℃ 以下，填充氮气加快冷却速度；冷却到 100℃ 以下，打开炉门。

3）高温钎焊

① 采用的钎焊材料　AlSi12 钎料，母材采用纯铝或防锈铝。

② 焊前准备　铝件和铜片去油、去氧化膜，钎料由丝状压制成厚度约 1mm 的回形片状，去油、去氧化膜。

③ 装配　用不锈钢板按铝 - 钎料 - 铜片的次序组装、夹紧，分层叠放，用紧固螺母拧紧。

④ 装炉钎焊，步骤如下：

a. 装炉，抽真空；

b. 真空度到 $10^{-2}Pa$ 以后，启动加热；

c. 升温速度 10 ～ 20℃ /min（酌情调整），在 150℃ 保温 10min；350℃ 和 540℃ 各保温 5min，然后连续升温到 624℃，保温 6min 后，冷却；

d. 冷却到 600℃ 以下，关闭加热装置；冷却到 450℃ 以下，填充氮气加快冷却速度；冷却到 100℃ 以下，打开炉门。

6.3
钛及钛合金的钎焊

6.3.1　钛合金的分类及性能

（1）工业纯钛

工业纯钛的性质与其纯度有关，纯度越高，强度和硬度越低，塑性越高，越容易加工成形。钛在 885℃ 时发生同素异构转变。在 885℃ 以下，为密排六方晶格结构，称为 α 钛；在 885℃ 以上，为体心立方晶格结构，称为 β 钛。

钛合金的同素异构转变温度则随着加入的合金元素的种类和数量的不同而变化。工业纯钛的再结晶温度为 $550 \sim 650℃$。

工业纯钛中的主要杂质有氢、氧、铁、硅、碳、氮等。其中氧、氮、碳与钛形成间隙固溶体，铁、硅等元素与钛形成置换固溶体，起固溶强化作用，显著提高钛的强度和硬度，降低其塑性和韧性。氢以置换方式固溶于钛中，微量的氢即能够使钛的冲击韧性急剧降低，增大缺口敏感性，并引起氢脆。

工业纯钛根据其杂质（主要是氧和铁）的含量以及强度差别分为 TA1、TA2、TA3 三个牌号。随着工业纯钛牌号的顺序数字增大，其杂质含量增加，强度增加，塑性降低。

工业纯钛容易加工成形，但在加工后会产生加工硬化。为恢复塑性，可以采用真空退火处理，退火温度为 700℃，保温 1h。工业纯钛具有很高的化学活性。钛与氧的亲和力很强，在室温条件下就能在表面生成一层致密而稳定的氧化膜。由于氧化膜的保护作用，使钛在大气、高温气体（550℃以下）、中性及氧化性介质、不同浓度的硝酸、稀硫酸、氯盐溶液以及碱溶液中都有良好的耐蚀性，但氢氟酸对钛具有很大的腐蚀作用。工业纯钛的化学活性随着加热温度的增高而迅速增大，并在固态下具有很强的吸收各种气体的能力。

工业纯钛是一种常用的 α 钛合金，具有良好的耐腐蚀性、塑性、韧性和焊接性。其板材和棒材可以用于制造在 350℃ 以下工作的零件，如飞机蒙皮、隔热板、热交换器、化学工业的耐蚀结构等。

（2）钛合金

工业纯钛的强度还不高，在其中加入合金元素后便可以得到钛合金，其强度、塑性、抗氧化等性能显著提高，并使钛合金的相变温度和结晶组织发生相应的变化。

钛合金根据其退火组织可分为三大类：α 钛合金、β 钛合金和 $\alpha+\beta$ 钛合金。其牌号分别以 T 加 A、B、C 和顺序数字表示。TA4 ～ TA10 表示 α 钛合金，TB2 ～ TB4 表示 β 钛合金，TC1 ～ TC12 表示 $\alpha+\beta$ 钛合金。钛及钛合金的力学性能见表 6.20。

表 6.20　钛及钛合金的力学性能

合金牌号	材料状态	板材厚度/mm	室温力学性能（不小于）				高温力学性能		
			抗拉强度/MPa	伸长率/%	规定残余伸长应力/MPa	弯曲角/(°)	试验温度/℃	抗拉强度/MPa	持久强度/MPa
TA1	退火	0.3 ～ 2.0 2.1 ～ 10.0	370 ～ 530	40 30	250	140 130	—	—	—

合金牌号	材料状态	板材厚度/mm	室温力学性能（不小于）				高温力学性能		
			抗拉强度/MPa	伸长率/%	规定残余伸长应力/MPa	弯曲角/(°)	试验温度/℃	抗拉强度/MPa	持久强度/MPa
TA2	退火	0.3～1.0 1.1～2.0 2.1～5.0 5.1～10.0 10.1～25.0	440～620	35 30 25 25 20	320	100 100 80 — —	—	—	—
TA3	退火	0.3～1.0 1.1～2.0 2.1～5.0 5.1～10.0	540～720	30 25 20 20	410	90 90 80 —	—	—	—
TA6	退火	0.8～1.5 1.6～2.0 2.1～10.0	685	20 15 12	—	50 40 40	350 500	420 340	390 195
TA7	退火	0.8～1.5 1.6～2.0 2.1～10.0	735～930	20 15 12	685	50 50 40	350 500	490 440	440 195
TB2	淬火	1.0～3.5	≤980	20	—	120	—	—	—
TC1	退火	0.5～1.0 1.1～2.0 2.1～10.0	590～735	25 25 20	—	100 70 60	350 400	340 310	320 295
TC2	退火	0.5～1.0 1.1～2.0 2.1～10.0	685	25 15 12	—	80 60 50	350 400	420 390	390 360
TC3	退火	0.8～2.0 2.1～10.0	880	12 10	—	35 30	400 500	590 440	540 195
TC4	退火	0.8～2.0 2.1～10.0	895	12 10	830	35 30	400 500	590 440	540 195

6.3.2　钎焊特点及钎料

（1）钎焊特点

钛及钛合金的钎焊特点主要表现在以下几个方面。

① 表面氧化物稳定　钛对氧的亲和力很大，具有强烈氧化倾向，从而其表面会生成一层坚韧稳定的氧化膜，钎焊前必须非常仔细地清理去除，并且直到钎焊完成都要保持这种清洁状态。

② 具有强烈的吸气倾向　钛和钛合金在加热过程中会吸收氧气、氢气和氮气，吸气的结果是合金的塑性、韧性急剧下降，所以钎焊必须在真空或干燥的惰性气氛保护下进行。

③ 组织和性能的变化　纯钛和 α 钛合金不能进行热处理强化，因此钎焊

工序对其性能影响较小。但当加热温度接近或超过 $\alpha \rightarrow \beta$ （或 $\alpha+\beta \rightarrow \beta$） 转变温度，$\beta$ 相的晶粒尺寸会急剧长大，组织显著粗化，随后在冷却速度较快的情况下形成针状 α' 相，使钛的塑性下降。

β 钛合金在退火状态时不受钎焊的影响，但是当在热处理状态或以后要热处理时，钎焊温度可能对其性能产生重大影响。当在固溶处理温度下钎焊时，可获得最佳韧性，随着钎焊温度升高，母材的韧性会降低。$\alpha+\beta$ 钛合金的力学性能随热处理与显微组织的变化而变化。锻造的 $\alpha+\beta$ 钛合金一般制成等轴晶的双相组织以获得最高的韧性。为保持这种显微组织，钎焊温度不宜超过 β 转变温度。钎焊温度越低，对母材性能的影响越小。

④ 形成脆性化合物 钛可与大多数金属形成脆性化合物，用来钎焊其他金属的钎料一般均能同钛形成化合物，使接头变脆，基本上不适用于钎焊钛及钛合金，因此选择钎焊钛合金的钎料存在一定困难。

（2）钎料和钎剂

钛及钛合金很少用软钎料钎焊，但在一些特殊场合，也可采用锡铅钎料、镉基钎料和锌基钎料，钎焊接头的抗剪强度为 29 ~ 49MPa。

钎焊钛及钛合金的硬钎料主要有银基、铝基、钛基或钛锆基三大类。银基钎料是最早用来钎焊钛及钛合金的钎料，主要用于使用温度较低（低于540℃）的构件，有纯 Ag、Ag-Cu、Ag-Li、Ag-Mn、Ag-Cu-Ni、Ag-Al、Ag-Pd-Ga 等合金系。Ag 对 Ti 的润湿性很好，在钎缝的界面区形成金属间化合物TiAg，与 Ti 和其他金属的金属间化合物相比脆性较小，但其线膨胀系数同钛的线膨胀系数差别较大，在应力作用下易产生裂纹，故用银钎料钎焊的接头强度不是很高。Ti-Cu 金属间化合物呈脆性，所以银基钎料中 Cu 含量应保持低值。添加 Li 有助于加速扩散和使银基钎料与 Ti 产生合金化。表 6.21 列出了银和银基钎料真空钎焊的 TA7 钛合金的接头强度。

表 6.21　银和银基钎料真空钎焊的 TA7 钛合金的接头强度

钎料	钎焊工艺参数	抗拉强度 /MPa	抗剪强度 /MPa
Ag	980℃ /5min	—	117.8 ~ 166.5
HBAg72Cu	900℃ /5min	274 ~ 304	108 ~ 117.2
HBAg72CuNiLi	880℃ /5min	274 ~ 305	88.1 ~ 156.5
68Ag-28Cu-4Sn	870℃ /5min	284 ~ 314	128.1 ~ 188
HLAgMn15	1000℃ /5min	274 ~ 314	156.5 ~ 176.2

Al 可降低 Ag 的熔点，且 Al 同 Ti 形成的化合物脆性不大，所以银铝钎料是一种性能较好的钎料，其典型成分为 Ag-5Al（质量分数），在 900℃钎

焊具有良好的填充间隙能力，对母材无不良影响。在 Ag-5Al 钎料中加入质量分数为 0.5% 左右的 Mn，可显著提高钎料的抗腐蚀性，用 Ag-5Al-0.5Mn 钎料钎焊钛合金，钎焊温度范围为 870～930℃。钎缝与钛合金界面的扩散层是塑性较好的 Ag-Al-Ti 固溶体，其接头具有良好的抗盐水喷射应力腐蚀性能和优良的抗剪强度。这种钎料钎焊 Ti-6Al-4V，获得的接头抗剪强度为 137～206MPa，即使在 400℃接头的抗剪强度仍可保持在 97MPa，该钎料最适合于钛合金薄壁构件（如散热器、蜂窝结构等）的钎焊。

铝基钎料非常适合钎焊钛合金散热器、钛蜂窝和层板结构，原因如下。

① 铝基钎料钎焊温度低，远低于钛合金 β 转变温度，基体不会软化，对固溶时效钛合金只要钎焊温度选择合适就可以保持其性能不变，同时可大大简化钎焊夹具材料及结构的选择，提高夹具使用寿命。

② 与钛基体相互作用小，无明显溶蚀和扩散，生成脆性化合物的倾向小。

③ 钎料塑性好，容易加工，也可将钎料和母材轧制在一起，便于蜂窝结构等的装配。

纯铝、铝锰（3A21）、铝镁（5A06）合金均可用于钛合金的钎焊。需在更低温度下钎焊时可选用 Al-Si、Al-Cu、Al-Cu-Si 系铝钎料。钛基钎料主要是 Ti 或 Ti-Zr 和 Ni、Cu、Be 组成的低熔点共晶合金，有 Ti-Cu-Ni、Ti-Zr-Be、Ti-Zr-Cu-Ni 等系列。与银基、铝基钎料相比，钛基钎料钎焊接头强度更高，耐蚀性和耐热性更好，在盐雾环境、硝酸和硫酸中耐蚀性尤为优良。但由于这类钎料中基本上都含有与 Ti 具有强烈作用的 Cu、Ni 元素，钎焊时会快速扩散到基体中并与 Ti 反应造成对基体的溶蚀和形成脆性的扩散层，因此不利于薄壁结构的钎焊。另外，钛基钎料本身比较脆，加工性能差，主要是采用真空或惰性气体保护非晶态制箔技术制成箔带使用，或以粉末状态使用，也有采用金属箔片构成叠层钎料使用。

叠层钎料的成分取决于各种金属箔材的厚度比，按照一定厚度比可制成满足一定重量比的叠层钎料。表 6.22 是采用 Ti-14Cu-14Ni 和 Ti-13Cu-14Ni-0.26Be 叠层钎料钎焊 TC4 钛合金接头的性能，同时表中还列出了 Ag-5Al-1Mn 钎料钎焊接头的性能以进行比较。从表中可见，两种叠层钛基钎料钎焊接头的强度明显高于 Ag-5Al-1Mn 钎料钎焊接头，且具有良好的抗氧化和抗盐雾腐蚀性能。扩散处理后接头进一步改善，与 TC4 基体性能相当。

采用钛基钎料钎焊钛合金，可以获得较高的接头强度，甚至达到或接近母材强度，但钛合金钎焊接头一般均呈现明显的脆性。可通过减小钎焊接头间隙和控制钎料用量，并配合施加一定的压力降低钛合金钎焊接头的脆性，但其适用性有限，而从钎料成分设计上降低钎焊接头脆性更有效。如在 Ti-Zr-Cu-Ni 系钎料中加入元素 Co，并控制 Cu、Ni、Co 三种元素的总含量，或在 Ti-Zr-Cu-Ni 系钎料中加入元素 Co 的同时加微量稀土元素。

表 6.22　叠层钎料钎焊 TC4 钛合金接头的力学性能

| 钎料 | 钎焊及扩散处理工艺 | 抗剪强度 /MPa | | | | 抗拉强度 /MPa | 冲击韧性 /(J·cm^{-2}) |
| | | 室温 | | | 430℃ | | |
		未腐蚀	430℃ /100h 氧化	120h 盐雾腐蚀			
Ti-14Cu-14Ni	900℃ /15min 钎焊	310	302	305	294	372	28
	钎焊 +920℃ /2h 扩散处理	—	—	—	—	870	32
	钎焊 +920℃ /6h 扩散处理	—	—	—	—	1100	44
Ti-13Cu-14Ni-0.26Be	950℃ /15min 钎焊	371	312	310	290	—	3
	钎焊 +920℃ /2h 扩散处理	464	—	—	—	905	40
Ag-5Al-1Mn	钎焊	199	199	157	85		—

6.3.3　钛合金的钎焊工艺

（1）焊前表面准备

钛及钛合金在受热状态下极易与氧气、氢气、氮气以及含有这些气体的物质发生反应，从而在表面生成一层以氧化物为主的表面层，钎焊时会阻碍钎料的流动、润湿，因此钎焊前必须将其去除。主要清理方法如下。

① 表面除油　可使用非氯化物的溶剂，如用丙酮、丁酮、汽油和酒精进行整体或局部擦洗除油，最好采用超声波清洗；或者在用上述方法除油后，再用氢氧化钠 + 无水碳酸钠 + 磷酸三钠 + 硅酸钠水溶液做进一步除油。

② 化学清理　目的主要是去除氧化膜。氧化膜较薄时可用硝酸 + 氢氟酸水溶液进行酸洗；氧化膜很厚时，则应先用氢氧化钠 + 碳酸氢钠水溶液进行碱洗，然后再在硝酸 + 盐酸 + 氢氟酸水溶液或硝酸 + 盐酸 + 氟化钠水溶液中酸洗。

③ 机械清理　化学清理有困难的钎焊件，可用细砂纸或不锈钢丝刷打磨清理，也可用硬质合金刮刀刮削待焊表面。

需要在热处理状态下使用的 β 钛合金构件焊后应按母材热处理制度进行热处理。另外有时为了提高钎焊接头的性能，需要在焊后进行扩散处理。

（2）钎焊方法

钛及钛合金的钎焊最好在氩气保护或真空中进行。在氩气或真空中钎焊时，可以采用高频加热、炉中加热等方法，加热速度快，保温时间短，界面区的化合物层薄，接头性能好，但必须控制钎焊温度和保温时间，使钎料流满间隙。

1）点焊 - 钎焊组合焊接

焊接钎焊是 20 世纪 70 年代初期发展起来的用于钛合金连接的一项先进工艺。它将电阻点焊与钎焊结合起来，可形成具有良好静载强度和疲劳强度的搭接接头，同时使生产成本降低，并有一定的减重效果。

焊接钎焊时，电阻点焊主要用来使零件校直定位，并为随后钎焊获得完整的接头保持适当的配合间隙；钎焊则是使钎料通过毛细作用流入接头，进一步提高接头的性能和减小点焊接头的应力集中。具体实施方法有两种：一种是预穿钎料孔的焊接钎焊法，即先在钎料箔带上穿孔，其孔径略大于预计的点焊焊核直径，然后将穿孔的钎料置于被焊钛板之间进行点焊，使焊点正好通过钎料箔带上的孔，最后在真空或保护气氛炉中进行钎焊；另一种方法是利用钎料毛细流动的焊接钎焊法，即先将钛板点焊在一起，然后将钎料置于搭接接头旁边再进行炉中钎焊，钎焊时，钎料通过毛细作用流入接头间隙内而形成连续、高强度的接头。银基、铝基和钛基钎料均可用于焊接钎焊。

采用厚度为 0.1mm 的铝锰合金箔作为钎料，焊接钎焊 TC4 钛合金单面搭接接头，在室温到 290℃ 温度范围内，抗剪强度约为纯钎焊和点焊接头的强度之和；室温下其疲劳强度与钎焊接头相当，是点焊接头的 3 倍；接头 290℃ /500h 的持久强度是钎焊接头的 2 倍，比点焊接头至少高 15%。焊接钎焊的带桁条的蒙皮板结构最大压缩强度比同样结构的铆接板高 1.5 倍，而弯曲强度高 1.6 ～ 2.25 倍。

2）液相扩散钎焊

液相扩散钎焊是 20 世纪 70 年代初期开发的一种钛合金连接工艺。其原理是在工件结合面之间加入能与基体金属反应，生成一种或几种共晶成分的中间金属或合金，在连接温度下，中间层金属或合金本身并不熔化，但加热时它会与基体金属发生接触反应，在原位置生成低熔点共晶，共晶液相的形成又起到扩散桥的作用加速扩散过程，使靠近界面区域逐层达到共晶成分而液化，直到中间金属或合金完全扩散并溶入基体中，形成成分均匀、组织基本一致的牢固接头。液相扩散钎焊又称薄膜扩散钎焊、共晶钎焊或接触反应钎焊。

液相扩散钎焊所用中间金属或合金本身在连接温度下并不熔化，液相通过与基体扩散反应生成，接头形成过程中在一段时间内存在一定量的液相，可改善连接面之间的接触状态并促进扩散，因而对连接面的表面粗糙度要求较固态扩散焊低得多，而且只需施加很小的压力或不加压，操作灵活，且接头力学性能可以达到基体金属水平。

液相扩散钎焊所用的中间层材料通常为可与 Ti 形成低熔点共晶的 Cu 或 Ni，可直接电镀或气相沉积在连接面上或以金属箔的形式使用。液相扩散钎焊的钛合金接头具有较好的力学性能，如采用厚度为 12.7μm 的铜箔作为中间金属，在 1038℃ 下保温 60min，施加 0.1MPa 压力的焊接工艺下真空感应加热焊接 TC4 钛合金，接头抗剪强度为 545MPa，与固态扩散焊接头相当；接头在 316℃、3.5%NaCl 水溶液中暴露 500h 和 1000h 后，其室温抗拉强度为 1000 ~ 1034MPa，与未腐蚀状态相比，强度值不仅没有降低，反而有所升高；在 413MPa 应力水平下，接头疲劳寿命大于 10^7 循环，但应力高于 413MPa 时，疲劳寿命稍低于基体。对液相扩散钎焊的带肋蒙皮板进行室温压缩试验时，即使在板的翘曲区也未发生接头的分离现象，表明接头具有良好的塑性。

（3）不同钛合金的钎焊

1）钛铝金属间化合物的钎焊

钛铝金属间化合物材料具有一系列优异的性能，是航空航天、汽车、石油化工领域中极具应用前景的先进轻型结构材料，主要有 Ti_3Al 和 TiAl。Ti_3Al 为密排六方有序 DO_{19} 超点阵结构，高温下（800 ~ 850℃）具有良好的高温性能，密度较小（4.1 ~ 4.7g/cm^3），弹性模量较高（110 ~ 145GPa），与镍基高温合金相比可减小质量 40%。美国已将 Ti_3Al 用于制造喷气涡轮发动机上的尾喷燃烧器，其主要问题是室温塑性很低，加工成形困难。解决这些问题的有效办法是加入 Nb、V、Mo 等元素进行合金化，其中以 Nb 的作用最为显著。主要是通过降低马氏体转变点（Ms），细化 α_2 相，减小滑移长度，另外还能促使形成塑性和强度较好的 $\alpha_2+\beta$ 的两相组织。典型 Ti_3Al 基合金的力学性能见表 6.23。

表6.23　典型 Ti_3Al 基合金的力学性能

合金	屈服强度 /MPa	抗拉强度 /MPa	伸长率 /%	断裂韧性 / (MPa·m$^{-1/2}$)	高温持久寿命[①] /h
Ti-Al24-Nb11	761	967	4.8	—	—
Ti-Al24-Nb14	790 ~ 831	977	2.1 ~ 3.3	16.8	59.5 ~ 60

合金	屈服强度/MPa	抗拉强度/MPa	伸长率/%	断裂韧性/ (MPa·m$^{-1/2}$)	高温持久寿命[①]/h
Ti-Al25-Nb10-V3-Mo1	825	1042	2.2	—	—
Ti-Al24.5-Nb17	952	1010	5.8	13.5	> 360
Ti-Al24.5-Nb17-Mo1	980	1133	3.4	20.9	476

注：合金含量为摩尔分数。
[①] 650℃，380MPa。

TiAl 金属间化合物具有面心四方有序 L_{10} 超点阵结构。除了与其他高温金属间化合物一样，具有很好的高温强度和抗蠕变性能外，TiAl 具有密度小（3.7 ～ 3.9g/cm^3）、弹性模量高（160 ～ 180GPa）和抗氧化性能好等特点，是一种很有吸引力的航空与航天用高温结构材料。Ti-Al54（摩尔分数）的韧-脆转变温度为 700℃ 左右，且随着 Al 含量的减少而降低。TiAl 能在很大的 Al 含量范围内（Al 的摩尔分数为 49% ～ 66%）保持相结构的稳定性，可以通过合金化来提高其塑性和强度。

研究结果表明，通过合金化和微观组织的控制可改善 TiAl 的室温塑性。含有双相（$\alpha_2+\gamma$）层片状组织合金的塑性和强度优于单相（γ）组织的合金。对常用的合金元素 V、Cr、Mn、Nb、Ta、W、Mo 等进行试验表明：在 Ti-Al48（Al 的摩尔分数）中加入摩尔分数为 1% ～ 3% 的 V、Mn 或 Cr 时，塑性可以得到改善（伸长率≥ 3%）。提高合金的纯度也有助于提高其塑性，例如当含氧量（质量分数）由 0.08% 降到 0.03% 时，Ti-Al48 合金拉伸时的伸长率由 1.9% 提高到 2.7%。

近年来，人们对钛铝金属间化合物材料特别是 TiAl 的钎焊工艺进行了较多的试验研究，表 6.24 列出了一些有关 TiAl 基合金及其与钢等其他金属材料钎焊的研究结果。一般来说，室温银基钎料钎焊接头的强度优于钛基钎料，而高温下，钛基钎料钎焊接头具有更好的性能。此外，钛基钎料的制备方式对钎焊接头性能有较大的影响，成分相同的 Ti-Cu-Ni 钎料，非晶态箔带形式的钎料钎焊接头的性能优于复合层板形式的钎料。

表 6.24　TiAl 金属间化合物材料钎焊接头的力学性能

母材	钎料	钎焊方法及工艺	测试温度/℃	接头强度/MPa	
				抗拉强度	抗剪强度
TiAl	Ti-15Cu-15Ni	真空钎焊，1000℃ /30min	室温	—	220 ～ 230
TiAl	Ti-15Cu-15Ni	真空钎焊，950℃ /15min	室温	295	—
TiAl	Ti-15Cu-15Ni	1000℃ /3min	室温	—	398
	Cu-3Si-2.5Ti-2Al	1030℃ /1min	室温	—	214
	Ni-20Cr-10Si	—	室温	—	141

母材	钎料	钎焊方法及工艺	测试温度/℃	接头强度/MPa	
				抗拉强度	抗剪强度
TiAl	Ag-34Cu-16Zn	真空钎焊，900℃/20min	室温	—	190
TiAl	Ag-25Cu-4.5Ti	真空钎焊，900℃/20min	室温	—	175
TiAl+ AlSi4340	63Ag-35.2Cu-1.8Ti	氩气保护感应钎焊， 830℃/30s	室温 500	320 310	—
TiAl+40Cr	70Ag-26Cu-4Ti	真空钎焊	室温	425	—
TiAl+40Cr	63Ag-35.2Cu-1.8Ti	氩气保护感应钎焊， 870℃/15min	室温	298	—
TiAl+40Cr	64Ag-34.2Cu-1.5Ti	真空感应钎焊，870℃/5min	室温	267	—
TiAl+40Cr	Ag-34Cu-16Zn	真空钎焊，900℃/20min	室温	—	190
TiAl+40Cr	Ti-32.5Zr-8Cu-6Ni-6Co	真空钎焊，930℃/15min	室温	—	110
TiAl+42CrMo	Ti-20Zr-Cu-Ni	真空钎焊，930℃/60min	室温	167	—
TiAl+42CrMo	Ti-15Cu-15Ni	真空钎焊，1000℃/5min	室温	95.1	—
TiAl+TiB2	Ag-27Cu-4.5Ti	真空钎焊，950℃/5min	室温	—	173
Ti₃Al	Ti-15Cu-15Ni 非晶态	真空钎焊，982℃/1h	室温 649 760	516 464 312	
Ti₃Al	Ti-15Cu-15Ni 层板	真空钎焊，982℃/1h	室温 649 760	518 429 281	—
	Ti-20Cu-20Ni 非晶态		室温 649 760	547 485 344	—
	Ti-20Cu-25Ni 非晶态		室温 649 760	548 485 344	—
	Ti-20Cu-25Ni 层板		室温 649 760	400 488 302	—
Ti₃Al	Ti-15Cu-15Ni	真空钎焊，980℃/10min	室温 650	115.6 341.5	—
Ti₃Al	Ni-8Cr-5Si-2B-2Fe	真空钎焊，（1050～ 1100℃）/（250～300s）	室温	—	250～260
Ti₃Al	Ni-7Cr-5Si-3B-3Fe	真空钎焊，1150℃/5min	室温	—	219.6
	Ti-35Zr15Ni-15Cu	真空钎焊，1050℃/5min	室温	—	259.6
	Ag-34Cu-16Zn	真空钎焊，900℃/5min	室温	—	125.4
	Cu-7.1P	真空钎焊，900℃/5min	室温	—	98.6
Ti₃Al- Nb+TC4	Ti-20Zr-20Ni-10Cu	真空钎焊，960℃/1h	室温	489	—

2）钛与铜的电阻钎焊

在电解镍生产中，大量使用钛板作为阴极板（种板）。钛种板与铜耳的连接最初大多为铆钉连接，这种连接方式的极板使用寿命短，使用过程中连接面易受污染和氧化，导致连接处的导电性不断下降并最终影响电解镍的质量。而采用电阻钎焊技术可实现钛种板与铜耳的可靠连接。电阻钎焊加热迅速，生产率高，对周围热影响小，劳动条件好，容易实现生产的自动化。

钛种板材料为 TA2 工业纯钛，铜耳材料为 T2 紫铜，采用的钎料为 BAg50CuZn 箔片，化学成分及性能见表 6.25。所用钎剂为膏状 QJ102，使用温度为 600 ～ 650℃。

表 6.25　钎料 BAg50CuZn 的化学成分及性能

化学成分 /%			性能			
Ag	Cu	Zn	熔点 /℃	抗拉强度 /MPa	电阻率 / ($10^{-6}\Omega \cdot m$)	钎焊温度 /℃
50	34	余量	677 ～ 775	343	0.076	775 ～ 870

钎焊前先将母材加工成 15mm×15mm×3mm 的试样，采用搭接方式。再将试样在水磨砂纸上打磨，除去表面层后再在超声波清洗液中清洗 20min 左右后用电吹风快速吹干。试验选用电极为水冷电极，端面为平面。钎焊过程通氩气保护。焊前将钎剂均匀涂抹于工件连接面，之后加装钎料。钎焊过程采用二次通电方式进行，焊接电流、焊接时间和压力对钎焊接头剪切强度的影响如图 6.9 所示。

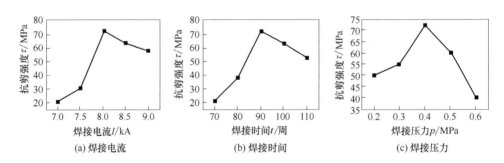

图 6.9　工艺参数对钎焊接头强度的影响

焊后钎缝区主要由中间钎料残余层和钎料近母材的扩散层组成，钎缝下部和母材 Ti 接触的扩散层界面犬牙交错，结合紧密连续，界面组织良好，无气孔、裂纹、未焊合等缺陷，钎料和母材合金元素相互扩散良好；钎缝上部与母材 Cu 接触的扩散层区域界面已完全融合，无明显缺陷，钎料和母材元素相互扩散充分。

6.4

镁及镁合金的钎焊

6.4.1 镁及镁合金的钎焊特点

镁及镁合金表面极易氧化，其钎焊性差，硬钎焊时必须采用强力钎剂；软钎焊时，由于钎焊温度低，用钎剂去除氧化膜有很大的困难，有时采用不用钎剂的刮擦软钎焊和超声软钎焊。近些年，镁合金的钎焊研究取得了一定的进展，但仍存在不少问题。

铸造镁合金和变形镁合金的钎焊工艺、钎料和钎剂在 20 世纪 70 ~ 80 年代得到了一定发展，钎焊方法主要有火焰钎焊、炉中钎焊、浸渍钎焊等，钎料主要使用主组元和母材相同的共晶类合金。90 年代以后随着镁合金应用剧增，特别是其在航天领域作为轻体结构材料的应用，镁合金钎焊引起了人们的兴趣。镁合金被认为可能替代部分铝合金、塑料以及钢铁。可钎焊镁合金的成分、物理性质及典型的力学性能见表 6.26 和表 6.27。

表 6.26 几种可钎焊镁合金的成分及物理性质

ASTM 合金牌号	成分（质量分数）/%						密度 / (g·cm⁻³)	固相线 /℃	液相线 /℃	钎焊温度 /℃
	Al	Zn	Mn	Zr	RE	Mg				
AZ10A	1.2	0.4	0.20	—	—	余量	1.75	632	643	582 ~ 616
AZ31B	3.0	1.0	0.20	—	—	余量	1.77	566	627	582 ~ 593
AZ63A	6.0	3.0	0.25	—	—	余量	1.82	455	610	430 ~ 450
AZ91C	8.7	0.7	0.20	—	—	余量	1.81	468	598	430 ~ 460
K1A	—	—	—	0.70	—	余量	1.74	649	650	582 ~ 616
M1A	—	—	1.20	—	—	余量	1.76	648	650	582 ~ 616
ZE10A	—	1.2	—	—	0.17	余量	1.76	593	646	582 ~ 593
ZK21A	—	2.3	—	0.60	—	余量	1.79	626	642	582 ~ 616

注：1. Mn 含量为最小值；2. ASTM—美国材料试验学会。

表 6.27 几种可钎焊镁合金的力学性能

合金牌号 （ASTM）	热处理	屈服强度 /MPa	抗拉强度 /MPa	伸长率 /%
AZ10A	F	145	241	10
AZ31B, C	F	193	262	14
AZ31B	H24	221	290	15
	O	152	255	21

合金牌号 (ASTM)	热处理	屈服强度 /MPa	抗拉强度 /MPa	伸长率 /%
AZ63A	C	145	225	6
AZ91C	C	145	225	6
K1A	F	55	159	14
M1A	F	138	234	9
	H24	186	255	9
	O	110	221	15
ZE10A	H24	179	255	12
	O	138	228	23
ZK21A	F	228	290	10

注：F—制造后状态；H24—加工硬化后进行不完全退火获得相当于1/2硬状态的性能；O—回火状态；C—铸件。

镁合金钎焊前应清除母材及钎料表面的油脂、铬酸盐及氧化物，常用的方法主要是溶剂除脂、机械清理和化学浸蚀等。镁合金钎焊时搭接是最基本和最常用的接头形式，在接头强度低于母材强度时，通过增加搭接面积使整体接头与焊件具有相同的承载能力。一般钎焊时在接头处及附近区域添加填充金属，接头间隙通常取 0.1 ~ 0.25mm，以保证熔融钎料充分渗入到接头间隙中，形成良好的钎焊接头。

钎焊加热可以降低回火态镁合金板的性能，使之返回到退火 - 回火状态。例如挤压并回火处理的 AZ31B 镁合金在 595℃，1 ~ 2min 钎焊后降低了大约 35% 的伸长率、22% 的屈服强度以及 8% 的抗拉强度。

火焰钎焊只是加热钎焊部位，可能降低母材局部的性能；炉中钎焊以及浸渍钎焊降低整体结构的性能。钎焊加热对铸造镁合金或退火的镁合金性能影响不大。

由于镁有很高的化学活性，镁及镁合金钎焊并非一个简单的过程。在空气中加热时，镁合金母材表面会形成含有氧化镁和氢氧化镁的复杂氧化膜。这层氧化膜化学性质稳定，在常规的活性气体气氛以及真空度高达 10^{-3}Pa 环境中不易被去除。通常镁合金的氢氧化物在 300 ~ 400℃加热时会分解成氢和水，阻碍钎焊过程进行。因此，镁合金钎焊必须用惰性气体或用钎剂保护，以防止在高温停留阶段产生氧化。

镁钎料的密度一般比钎剂的要小，这样钎焊时在接头处会出现熔渣包覆现象。镁合金的电极电位很低（-2.38V），可以阻碍稳定的电解产物或化学覆盖物的沉积，从而提高熔融钎料的浸润性，也使镁合金免受钎剂腐蚀。

在相关镁合金的加工制造过程中，将会遇到镁合金与钢、镁合金与铝合金等异种材料的连接问题，此类异种材料的钎焊连接有很重要的意义。另外，研究钎焊用低腐蚀钎剂对解决镁合金存在的过烧和腐蚀问题有重要的现实意义。

6.4.2 钎料与钎剂

（1）常用镁合金的钎料

镁合金钎焊时所用的钎料一般为镁基合金钎料。美国焊接学会编写的《钎焊手册》列举的目前可用于镁合金钎焊的商业钎料有：BMg-1、BMg-2a（美国材料试验学会牌号分别是 AZ92A 和 AZ125）。表 6.28 所示为这两种钎料的化学成分和物理性质，其中 MC3 为日本标准的钎料，其成分跟 BMg-1 相近。

表6.28　低温钎料的成分及物理性质

AWS 牌号	化学成分（质量分数）/%							密度 /（g/cm³）	固相线 /℃	液相线 /℃	钎焊温度 /℃
	Al	Zn	Mn	Cu	Be	Ni	其他				
BMg-1	8.3 ~ 9.7	1.7 ~ 2.3	0.15 ~ 0.5	0.05	0.0002 ~ 0.0008	0.005	0.30	1.83	443	599	582 ~ 616
BMg-2a	11 ~ 13	4.5 ~ 5.5	—	—	0.0088	—	0.30	2.10	410	565	570 ~ 595
MC3	8.3 ~ 9.7	1.6 ~ 2.4	< 0.1	< 0.25	0.0005	< 0.01	< 0.3	1.83	443	599	605 ~ 615

注：余量为Mg。

这三种钎料都适合于火焰钎焊、炉中钎焊和浸渍钎焊。但由于熔点较高，配以的钎剂熔点温度也较高，超过大多数镁合金的燃点及熔点温度，因此只适于钎焊 AZ10A、AZ31B 及 ZE10A 等少量几种镁合金，如表 6.29 所列。

表6.29　部分镁合金钎焊时钎料的选用

合金 牌号	主要化学成分 /%	熔化温度 /℃		钎焊温度 /℃	选用钎料	备注
		固相线	液相线			
AZ10A	Al 1.2, Zn 0.4, Mn 0.2, Mg 余量	632	643	582 ~ 616	BMg-1[①] BMg-2a[②]	炉中钎焊和火焰钎焊只限于 M1 镁合金的焊接，其他合金可用浸渍钎焊
AZ31B	Al 3.0, Zn 1.0, Mn 0.2, Mg 余量	—	627	582 ~ 593	BMg-2a	
ZE10A	Zn 1.2, RE 稀土 0.17, Mg 余量	593	646	582 ~ 593	BMg-2a	

合金牌号	主要化学成分 /%	熔化温度 /℃		钎焊温度 /℃	选用钎料	备注
		固相线	液相线			
ZK21A	Zn 2.3, Zr 0.6, Mg 余量	626	642	582 ~ 616	BMg-1 BMg-2a	炉中钎焊和火焰钎焊只限于 M1 镁合金的焊接，其他合金可用浸渍钎焊
M1	Mn 1.2, Mg 余量	648	650	582 ~ 616	BMg-1 BMg-2a	

① 钎料BMg-1化学成分为9.0%Al，2.0%Zn，0.1%Mn，0.0005%B，余量Mg。
② 钎料BMg-2a化学成分为2.0%Al，5.5%Zn，0.0005%B，余量Mg。

中国机械工程学会焊接学会编写的《焊接手册》中有关镁合金的钎焊仅列举了 Mg-Al-Zn 钎料，其成分为 12%Al、0.5%Zn、0.005%Be。在低温下火焰钎焊或浸渍钎焊镁合金，可采用表 6.30 给出的几种低温钎料。

表 6.30　几种低温钎料的成分及物理性质

钎料牌号	成分（质量分数）/%（余量 Mg）				密度 / (g·cm^{-3})	固相线 /℃	液相线 /℃	钎焊温度 /℃
	Al	Zn	Mn	其他				
GA432	2	55	—	—	4.7	330	360	495 ~ 505
P430Mg	0.7 ~ 1.0	13 ~ 15	0.1 ~ 0.5	0.3	2.7	380	430	550 ~ 560
P380Mg	2.0 ~ 2.5	23 ~ 25	0.1 ~ 0.5	0.3	3.0	340	380	480 ~ 500
P435Mg	25 ~ 27	1.0 ~ 1.5	0.1 ~ 0.3	—	2.1	435	520	520 ~ 560
P398Mg	21 ~ 22	0.2 ~ 0.5	0.1 ~ 0.3	Cd 25 ~ 26	3.7	398	415	430 ~ 500

在传统钎料的基础上，近几年出现了新的合金系统，有些钎料可以提高钎焊接头力学性能。例如，钎料 Al-25Mg-3.5Cu，固相线温度 448℃，液相线温度 462℃，钎焊接头抗拉强度在室温时达到 122 ~ 136MPa，在 260℃时为 93MPa。用 Si 部分取代 Cu，钎料 Al-32Mg-2Cu-1Si 的室温抗拉强度降低到 87MPa。Al 基钎料真空钎焊的热循环要尽量快（485℃，1min），避免界面形成脆硬的金属间化合物层。焊后钎焊接头的沉淀强化为 250℃ /24h 热处理。由于钎焊接头里 Cu 元素的存在，用这种钎料钎焊的结构件应进行防腐保护。

加热温度 437 ~ 565 ℃ 的 Mg-12Al-2Ca 钎料钎焊镁基复合材料 AZ91/13SiC$_P$（SiC 颗粒增强），室温抗拉强度可达 180 ~ 193MPa，200℃时为 58 ~ 70MPa。钎焊接头的金相显示 Mg-Al-Ca 钎料具有良好的流动性，形成了平滑的钎角，与母材有良好的界面反应，但有非平衡的微观结构，包括固溶晶粒、Mg-Al 共晶以及由 γ-Al$_2$O$_3$ 和弥散相（推断是 CaMg$_2$ 和 Al$_4$Ca）结晶成的金属间化合物。

低熔点的含钙钎料 Mg-（32 ~ 35）Al-2Ca 在 440 ~ 448℃温度范围内存在共晶点，在 200℃时的抗拉强度只有 11 ~ 14MPa。为了避免冷却后复合结构中存在残余应力，要求钎焊温度尽量低，要在镁合金基体的再结晶温度附近进行钎焊。

一些新型铸造镁合金，如 ZAC8506（Mg-4.7Al-8Zn-0.6Ca），液相线为 600℃，与 BMg-1 钎料相近，但在室温下抗拉强度达 219MPa 和伸长率高达 5%，其蠕变强度比 BMg-1 要高。研究表明，Zn 的少量增加会使钎料的熔点降低 30～40℃，而对强度并无显著的损失。

近年来，初步开发了适用于常用变形镁合金 AZ31B 的三种 Mg-Al-Zn 系钎料，其中一种钎料的熔点为 362℃，另两种为 471℃。研究表明钎料具有良好的浸润性，与母材界面结合良好。工作温度低的镁合金可以用钎料 Zn-3Mg-1Al（熔点 338～400℃）和 Mg-43Zn-9Al（熔点 340～348℃）进行钎焊。以 AZ31 和 AM50 为基体的 Zn-3Mg-1Al 钎料超声波钎焊可以得到抗拉强度分别为 50～68MPa 和 46～82MPa 的钎焊接头。Mg-43Zn-9Al 钎焊接头的强度只有 10～26MPa，但其耐腐蚀性能比 Zn-3Mg-1Al 高。

除此之外，BMg-1 钎料可以通过添加质量分数大约 1% 的 Y 来提高强度。通过添加 Y，Mg-9Al-1Zn 晶粒尺寸降低并形成新相 Al_2Y，其熔点比 $Mg_{17}Al_{12}$ 高。含 Y 的 Mg-9Al-1Zn 合金固溶处理后的硬度高于不含 Y 的镁合金。由于 Al_2Y 不能溶解于 α-Mg 基体，使得 Mg-9Al-1Zn-1Y 合金 α-Mg 基体的 Al 含量降低，$Mg_{17}Al_{12}$ 相的时效驱动力下降，时效过程被 Y 延后。

用 Ni、Cu、Ag 的夹层作为钎料，用过渡液相法钎焊镁合金可取得良好效果。540℃时用厚度 0.1mm 的 Ni 夹层做钎料钎焊 5min，在接头处形成了多组分的相结构，包含 Mg_2Ni、$MgNi_2$ 以及 Mg-Mg_2Ni 共晶。Ni 层厚度从 0.01mm 到 0.02mm 变化时接头强度提高 3 倍。Mg-Cu 合金系在 510℃钎焊 3～4s 后出现液相，15s 后在界面上形成了 Mg_2Cu 金属间化合物夹层。在过渡液相法钎焊 5min 后，接头靠近 Cu 一侧生成金属间化合物相 Mg_2Cu；钎缝中心形成共晶的 Mg-Mg_2Cu。通过在母材表面真空蒸镀 Ni、Ag 或 Cu 薄膜沉积约 20μm，可使镁合金钎焊接头得到较好的强度。因此，过渡液相法钎焊可以有效地用于连接镁合金。

（2）镁基复合材料的钎料

镁基复合材料具有高的比强度、比刚度、阻尼性能、耐磨性及耐高温性能，因而在对轻质高强材料需求迫切的航空航天、汽车等高技术领域中具有良好的应用前景。目前已作为人造卫星抛物面天线骨架、支架、轴套、横梁等结构件使用，在汽车制造工业中用作方向盘减振轴、活塞环、支架、变速箱外壳等，主要由镁合金基体、增强相以及基体与增强相间的接触面组成。

常用的增强相主要有 C 纤维、Ti 纤维、B 纤维、Al_2O_3 短纤维、SiC 晶须，

以及 B_4C、SiC、ZrO_2、TiC 和 Al_2O_3 颗粒等。基体合金主要是镁铝锌合金、镁铝硅合金、镁铝锰合金、镁锂合金及镁铝稀土合金等。其制备方法主要有粉末冶金法、熔体浸渗法、搅拌铸造法、喷射沉积法以及目前仅用于 Mg-Li 基复合材料的薄膜冶金法等。

由于镁基复合材料的特殊构成，在众多连接技术中，只有搅拌摩擦焊和钎焊技术可用于其连接。由于镁基复合材料再结晶温度较低，因而在钎焊时要求采用较低的钎焊温度。美国专利商标局报道了几种钎焊温度在 $325 \sim 475$℃ 非标钎料，Mg-32Al-2Zn（钎焊温度 > 450℃），Mg-29Li-2Zn（钎焊温度 > 350℃），Mg-33Al-33Li（钎焊温度 > 325℃）。钎焊时提供了良好的流动性、润湿性，获得性能优良的钎焊接头，钎焊在惰性气体保护下或真空中进行。

SiC、TiC 或 Al_2O_3 颗粒增强铸造复合材料结构的钎料可以使钎焊接头力学性能有很大的改进。正在研制中的一种采用细陶瓷粉末增强共晶 Mg-36.4Al-6.6Li（共晶温度 > 418℃）合金作为 SiC、TiC 或 Al_2O_3 颗粒增强镁基复合材料的钎料，至少可以提高钎焊接头屈服强度 20% 和蠕变强度 $50\% \sim 70\%$。一种采用少量 ZrO_2 增强的 Mg-8Li-5Al-1Zn 钎料也可获得较高的接头抗拉强度（> 220MPa）。

复合镁基钎料可以使钎焊接头力学性能有很大的改进，具有良好的应用前景。

（3）镁合金钎剂

钎焊镁合金的钎剂主要以氯化物和氟化物为主，但钎剂中不能含有与镁发生剧烈反应的氧化物，如硝酸盐等。表 6.31 是镁合金钎焊用钎剂的成分和熔点。

表 6.31　镁合金钎焊用钎剂的成分和熔点

钎焊方法	钎剂成分 /%	熔点 /℃
火焰钎焊	KCl 45，NaCl 26，LiCl 23，NaF 6	538
火焰、浸渍、炉中钎焊	KCl 42.5，NaCl 10，LiCl 37，NaF 10，$AlF_3 \cdot 3NaF$ 0.5	388

镁合金钎焊的钎剂主要以碱金属和碱 - 稀土金属卤盐（如氯化物、氟化物等）为基础，用 LiCl、NaF 作为活性成分，以粉末形式为主，偶有用酒精调配成钎剂膏使用。美国焊接学会的 FB2-A 型钎剂可用于镁合金钎焊。但由于钎剂本身的腐蚀性，钎焊接头焊后需彻底地去除钎剂残留。表 6.32 是几种

常用的镁钎剂。

表 6.32　几种常用的镁钎剂

钎剂牌号	钎剂成分（质量分数）/%											熔点/℃	钎焊温度/℃
	KCl	LiCl	NaCl	NaF	LiF	CaLi₂	CdCl₂	ZnCl₂	冰晶石	光卤石	ZnO		
F380Mg	余量	37	10	10	—	—	—	0.5	—	—	—	380	380～600
F530Mg	余量	23	21	3.5	10	—	—	—	—	—	—	530	540～600
F540Mg	余量	23	26	6	—	—	—	—	—	—	—	540	540～650
F390Mg	余量	30	—	—	—	15	10	—	—	—	—	390	420～600
F535Mg	余量	—	12	4	—	30	—	—	—	—	—	535	540～650
F400Mg	—	—	—	—	—	—	—	8	—	89	3	400	415～620
F450Mg	—	15	—	—	—	余量	—	—	—	—	—	450	450～650

（注：上表中 CaLi₂、CdCl₂、ZnCl₂ 等为化学式表示。）

活性接触钎剂也可用于镁合金钎焊，它能沉淀 Zn 薄膜，熔融钎料，促进镁表面的润湿。在火焰钎焊前钎剂必须完全干燥，有时需要额外的加热和研磨，避免氢氧化镁的形成，完成高质量的钎焊。镁合金钎焊的钎剂一般是干粉（炉中钎焊）或用酒精做胶合剂的软膏（火焰钎焊）。

干的粉状钎剂散布在接头上可以得到比较好的钎焊效果。钎剂不能掺水，掺水会妨碍钎料的流布。钎剂软膏要在干燥恒温箱或有流通空气的炉子里加热到 177 ～ 204℃，保温 5 ～ 15min。由于会留下很多的烟灰附着物，钎剂不能用火焰干燥。

清华大学单际国等研制了由分析纯 CsF、AlF₃ 和 ZnF₂ 研磨制备的钎剂，适合于低于 500℃ 的中温钎焊 Al-Mg 合金。这一思路值得关注，因为 ZnF₂ 使 MgO 薄膜松脆，从而促使熔化的钎料在合金表面润湿铺展并填充焊缝间隙。

6.4.3　镁及镁合金的钎焊工艺

炉中钎焊应控制钎焊时间，保证基体金属的过烧能减至最低程度，并防止镁燃烧。钎焊时间应是使钎料完全流布所需的最短时间，以防钎料过分扩散和镁燃烧，通常在钎焊温度下保温 1 ～ 2min 即可完成钎焊过程。有时随工件厚度及定位夹具的不同，可适当延长或缩短保温时间。钎焊后应将零件在空气中自然冷却，不要强迫通风，以免钎焊件变形。

浸渍钎焊由于钎剂熔池体积大，加热比较均匀，所以浸渍钎焊质量优于其他钎焊方法，应用较多。镁合金的浸渍钎焊起着加热和钎剂化双重作用，接头间隙为 0.10 ～ 0.25mm，钎料预先放置好，用不锈钢夹具组装好部件。在炉中预热 450 ～ 480℃，以驱除湿气并防止热冲击。在钎剂浴中零件加热很快，厚度 1.6mm 的基体金属浸渍时间约为 30 ～ 45s，重量较大并带有夹具的大型组合件，浸渍时间需 1 ～ 3min。

复习思考题

① 铝及其合金的钎焊特点有哪些？常用的钎焊方法有哪些？

② 铝合金钎焊时，去除表面氧化膜可采取的措施有哪些？

③ 火焰钎焊铝合金时，应注意的问题有哪些？

④ 真空钎焊铝合金时，镁、铋元素在铝硅钎料中的作用是什么？

⑤ 铜及其合金常用的钎焊方法有哪些？其工艺要点是什么？

⑥ 铜合金钎焊用钎料与钎剂有哪些？如何选用？

⑦ 钛合金钎焊用钎料有哪些？其应用场合是什么？

⑧ 钛合金的钎焊特点有哪些？常用的钎焊方法是什么？

⑨ Ti-Al 金属间化合物钎焊常用的钎料有哪些？其对接头性能有何影响？

⑩ 镁及镁合金的钎焊特点是什么？常用钎料有哪些？

二维码
见封底

**微信扫码
立即获取**

教学视频
配套课件

第7章

微信扫描封底二维码
即可获取教学视频、配套课件

钢铁材料及高温合金的钎焊

在现代焊接结构中，钢铁材料是最主要的结构材料，且所应用的材料品种繁多，包括碳钢、低合金结构钢、不锈钢、铸铁等。高温合金是指以 Fe、Ni 或 Co 为基体，在 700 ~ 1200℃以上及一定应力条件下长期工作的高温金属材料，具有优异的高温强度，良好的抗氧化、耐腐蚀和抗疲劳等综合性能。本章将概括论述钢铁材料和高温合金的钎焊特点及工艺。

7.1
碳钢和低合金钢的钎焊

碳钢以铁为基体，以碳为主要合金元素，碳含量一般不超过 1.0%。此外，锰含量低于 1.2%，Si 含量不超过 0.5% 者皆不作合金元素。碳钢的性能主要取决于含碳量。低合金钢是在碳钢的基础上，添加一定的合金元素所形成的钢种，但合金元素的总含量不超过 5%。

7.1.1　碳钢和低合金钢的钎焊特点

碳钢钎焊时在表面往往会形成四种类型的氧化物：$\alpha\text{-}Fe_2O_3$、$\gamma\text{-}Fe_2O_3$、Fe_3O_4（$FeO \cdot Fe_2O_3$）和 FeO。除 Fe_3O_4 外，其他氧化物都是多孔状和不稳定的，

而且所有氧化物都容易被钎剂去除，也容易被还原性气体还原。所以，碳钢，特别是低碳钢具有很好的钎焊性。

对于低合金钢，如合金元素含量较低，则金属表面基体上为铁的氧化物。但随着合金元素含量的提高，则还可能生成其他的氧化物，这在选择钎剂时必须加以考虑。在低合金钢表面生成的氧化物中，影响最大的是铬和铝的氧化物，它们的稳定性较强，使钎焊过程较难进行。为了去除这些氧化物，就需要使用活性较大的钎剂或采用露点较低的保护气氛。

此外，合金钢常在淬火和回火的状态下使用，所以还需考虑钎焊时可能发生的退火软化等问题。

7.1.2 钎料和钎剂

碳钢钎焊软钎料包括锡铅钎料、镉锌基钎料等。其中，锡铅钎料的熔点最低，对母材性能不产生有害影响，应用最多。但锡铅钎料与钢能形成 FeSn 金属间化合物，所以要适当控制钎焊温度和保温时间。

碳钢及低合金钢硬钎焊时，主要采用铜基钎料和银基钎料。纯铜由于熔点高，主要用于保护气体钎焊和真空钎焊，也可在碳钢和低合金钢表面电镀铜层作为钎料，其钎焊温度约为 1130℃。钎焊时，铁有溶于铜中的倾向，而铜又能向铁的晶间渗入。由于钎料和母材的合金化，钎缝强度大大提高。例如铸造状态铜的强度为 186～196MPa，而在保护气体中用铜钎焊的低碳钢接头的强度达到 294～343MPa。用铜基钎料钎焊钢时，接头间隙应小于 0.05mm，否则钎料难以填满全部间隙。使用黄铜钎料时，为了防止锌的蒸发，必须采用快速加热方法，如火焰钎焊、感应钎焊、浸渍钎焊等；通常选用含有少量硅的钎料，可有效地减小锌的蒸发。黄铜钎料的钎焊温度比较低，钢不会发生晶粒长大，钎焊接头的强度和塑性均比较好。例如，用 BCu62Zn 钎料钎焊的低碳钢接头强度达 421MPa，抗剪强度达 294MPa。

银基钎料主要采用 BAg45CuZn、BAg40CuZnCd、BAg50CuZnCd 和 BAg40CuZn 等。银基钎料的工艺性能好，其钎焊温度比铜基钎料的低，在钢表面具有良好的铺展性，钎焊接头的强度和塑性都是比较好的。例如，用 B-Ag50CuZnCd 钎料钎焊的低碳钢接头强度可达 294MPa。因此，银基钎料都用来钎焊重要的结构。钎焊淬火的合金钢时，为了保证接头力学性能，防止钎焊过程中发生退火，钎焊温度应限制在高温回火温度以下。如钎焊 30CrMnSiA 时，使用熔点较低的 BAg50CuZnCd 钎料，它可以保证得到高质量的接头，使接头的抗剪强度可达 349～431MPa，抗拉强度达 476～651MPa。

钎焊碳钢或低合金钢一般均需要用钎剂或适当的保护气体。钎剂常按所选择的钎料而定。软钎焊时，与钎料匹配的钎剂主要为松香或氯化锌、氯化铵的混合物。硬钎焊时，钎剂常由硼砂、硼酸和某些氟化物等组成。如黄铜钎料则选硼砂或硼砂与硼酸的混合物作钎剂；银基钎料可选择硼砂、硼酸和某些氟化物的混合物作钎剂。钎剂和保护气氛可同时使用。钎剂可采用膏状、粉状和与钎料相结合等形式。在手工送钎料时，手持钎料丝，随时粘着适量的钎剂以备使用。在保护气氛中钎焊时，钎料需预先放置在接头内或安放在接头附近，然后把组件装入钎焊工作室中去，必须控制钎焊的最高温度和保温时间，以保证适当熔化，使钎料完全渗入接头。

7.1.3　碳钢和低合金钢的钎焊工艺

（1）接头间隙设计

钎焊接头应该紧配合，设计要合理。当使用有机钎剂时，对于大多数钎料，接头间隙 $0.05 \sim 0.13$mm 可以得到较好的力学性能。炉中钎焊使用 BCu 钎料时推荐使用轻压配合。BNi 钎料和 BAg 钎料的接头间隙应控制在 $0 \sim 0.13$mm 的范围内，具体值取决于合金的类型。

紧配合的接头需采用具有相对窄熔点范围的钎料，相反，具有宽熔点范围的钎料在应用于松的配合间隙时，具有良好的跨越特性，钎料不易流失。炉中钎焊保护气体的露点能够用来控制钎焊大间隙缝隙时 BCu 钎料的流动性。同时炉中钎焊的工艺参数，如加热温度、保温时间和加热速度等，也能用于控制 BCu、BNi 和 BAg 钎料的流动性。

（2）钎焊方法

碳钢和低合金钢钎焊可采用大多数加热方法，最常用的是火焰加热、炉中加热和感应加热。能够使用电动送丝机以自动提供连续丝和带的方式送钎料，通过压缩分配设备自动提供钎剂和膏状粉末钎料。手工钎焊设备包括氧 - 乙炔或丙烷焊炬及装置。使用或不使用控制气氛的箱式或连续炉中钎焊也能被使用，它们可以是电加热、燃气加热、燃油加热的，并且配备精密的温度控制装置。

（3）预清洗

要获得理想的钎焊接头质量，在钎焊之前要对部件进行彻底清洗。把有机和无机的污染物从将要钎焊的位置上或接头处清洗掉。如果采用炉中钎焊，整个部件必须彻底清洗。

清洗工艺取决于部件上污染物的类型和程度，可以采用机械、化学、电化学等方法。或者将上述三种方法结合起来使用。但应注意钎剂对于表面污染物的清理能力是有限的，不论钎剂还是炉中的控制气氛都不能作为焊前清洗剂来使用。清洗后可以通过溶剂擦拭试验确定增加清洗的必要性；或者进行水膜破裂试验确定表面是否清洗彻底，由于水在没有有机物污染的表面会形成一个连续的薄膜，如果残留有机物，则在表面形成水珠。

（4）钎焊工艺要点

在火焰钎焊中，通常采用中性焰或微还原的火焰，从工件表面将钎料送到顶涂钎剂的接口上。也可以使用预涂钎剂的钎料。对于所有的钎焊方法，在钎焊过程中工件不要过热以防止母材、钎料或钎剂产生不良的冶金产物，尤其是钎料中如含有可蒸发元素，例如锌和镉，更要特别注意钎焊温度下不能停留太长时间。

在生产应用中，钎料（通常是 BCu 和 BNi）在组装部件被移到控制气氛的箱式炉、连续炉钎焊之前，先预置在接头上或靠近接头的位置上，用于钎焊的感应加热器通过选择设计的线圈和感应加热回路中的电流频率，在钎焊面上控制最高温度。

对于调质钢的钎焊，为了保持较高的力学性能，通常选择淬火温度或低于回火温度进行钎焊。但在淬火温度下钎焊时，由于钢和有色金属的钎料膨胀系数不同，刚性大的接头在钎焊后的淬火中容易引起钎缝的局部破坏。这类钢的淬火温度不高，回火温度低，通常选用熔点较低的银基钎料在 $650 \sim 700℃$ 下进行钎焊。为了减少焊件的退火软化，采用快速加热的感应钎焊、盐浴浸渍钎焊。

在保护气氛中钎焊低碳钢时，由于氧化铁容易还原，对气体的纯度要求不高。钎焊低合金钢如 30CrMnSiA 时，因金属表面尚有其他氧化物存在，对气体纯度要求高些。但是在低于 $650℃$ 温度下钎焊时，即使纯度很高的气体，也不能使钎料铺展，必须配合使用气体钎剂，如 BCl_3、PCl_3 等，才能保证 BAg40CuZnCd 钎料在低合金钢表面上铺展。

（5）钎焊后处理

基体金属适合于淬火处理，则可趁焊件还处于高热状态时淬入水中进行处理。当采用钎剂进行钎焊时，因为钎剂的残渣多数都对母材有不良影响，必须彻底清除。但对于易产生裂纹或引起变形的焊件，此法应慎重考虑。

残渣还可以采取机械方法清除，如用金属丝刷或在水中冲洗或刷洗。有条件的情况下，可进行喷砂处理。对有机钎剂的残渣可用汽油、酒精、丙酮等有机溶剂擦拭或清洗；氯化锌和氯化铵等的残渣腐蚀性很强，应在体积分数为10%的NaOH的水溶液中清洗中和，然后用热水和冷水洗净；硼酸和硼酸盐钎剂的残渣呈玻璃状黏附在接头表面，不易清除。一般只能用机械方法或在沸水中长时间浸煮来解决。钎焊后清除的对象有时还有阻流剂。对于只与母材机械黏附的阻流剂物质，可用空气吹、水冲洗或金属丝刷等机械方法清除。若阻流剂物质与母材表面存在相互作用时，用热硝酸＋氢氟酸清洗，可取得良好效果。

7.2
不锈钢的钎焊

常见的不锈钢主要有奥氏体不锈钢、铁素体不锈钢、马氏体不锈钢和沉淀硬化不锈钢四大类：奥氏体不锈钢是铁、铬和镍（或锰）的合金，加入镍或锰可以使钢中的高温相奥氏体稳定到室温，并使这些合金成为非磁性和不能淬硬，这类钢强度不很高，但具有很高的耐热性和耐腐蚀性；铁素体不锈钢基本上是铁、铬低碳合金，在其中加入了足够量的铬，使钢中低温相铁素体稳定在一个较宽的温度范围内；马氏体不锈钢是铁-碳-铬合金，马氏体不锈钢能够进行热处理强化，经淬火及回火后具有良好的强度、塑性、韧性、耐蚀性等综合性能；沉淀硬化不锈钢中加入了铝、钛、铜和钼等合金元素，通过特殊的热处理使这些合金沉淀硬化。

7.2.1 不锈钢的钎焊特点

（1）表面氧化膜

不锈钢除含铁外，还有铬、镍、锰、钛、钼、钨、钒等元素，所以不锈钢表面上能形成多种氧化物，甚至复合氧化物。其中 Cr_2O_3 是比较稳定的氧化物，较难去除，必须采用活性强的钎剂；在保护气氛中钎焊时，只有在低露点（-52℃）的氢气保护下，加热到1000℃以上才能将其还原。不锈钢中含有钛元素时，氧化物更稳定，更难去除。

（2）钎焊热循环的影响

对非热处理强化的不锈钢，选择的钎焊温度应使晶粒不致严重长大。例如，12Cr18Ni9Ti 不锈钢的晶粒长大温度为 1150℃，因此应低于此温度钎焊。奥氏体不锈钢在钎焊加热到 427 ～ 876℃范围时，由于碳化物的析出容易引起晶间腐蚀，为此应尽量避免在该温度范围内钎焊。必须要求在此温度区间进行钎焊时，应尽可能缩短加热时间。

马氏体不锈钢，只有经过适当的淬火和回火才能获得优良的性能，所以其钎焊温度的选择更为严格。这类钢的钎焊温度，或选择与其淬火温度相适应，使钎焊过程和淬火加热结合起来；或者选择不高于它们的回火温度。通常选择的钎焊温度为 1000℃左右，对于 14Cr17Ni2 和 12Cr12Ni2W2MoV 不锈钢也可以选择在低于 650℃下钎焊。

沉淀硬化不锈钢的钎焊与马氏体不锈钢的钎焊相似，钎焊这类钢所用钎焊热循环也必须与它们的热处理相匹配。

（3）其他问题

用黄铜钎料钎焊奥氏体不锈钢时会发生自裂现象；用镍基钎料钎焊时，接头间隙大小对接头性能有重要影响。

7.2.2　不锈钢的钎料、钎剂和保护气体

不锈钢软钎焊主要采用锡铅钎料。由于强度低，一般用于钎焊受载荷不大的焊件。

根据不锈钢焊件的用途、钎焊温度、接头性能及焊接成本的不同，可用于不锈钢硬钎焊的钎料有银基钎料、铜基钎料、锰基钎料、镍基钎料及贵金属钎料等。

（1）银基钎料

银基钎料是钎焊不锈钢最常用的钎料，其中银铜锌及银铜锌镉钎料应用最广。银铜锌及银铜锌镉由于钎焊温度不太高，因而对母材的性能影响不大。这些钎料在钎焊温度下容易引起晶界析出碳化物，但由于 12Cr18Ni9Ti、l2Cr18Ni9Nb 不锈钢含有钛、铌稳定剂，则可避免出现晶间腐蚀。银基钎料钎焊 12Cr18Ni9Ti 的接头强度见表 7.1。

钎焊不含镍的不锈钢时，接头在潮湿空气中会发生缝隙腐蚀。为了防止这种现象，应采用含镍较多的钎料，如 BAg50CuZnCdNi。这时钎缝与母材

间形成明显的过渡层，钎缝和钢之间结合良好，电极电位过渡比较平缓，因而提高了抗腐蚀性能。

表 7.1　银基钎料钎焊 12Cr18Ni9Ti 接头的强度

钎料	钎料强度 /MPa	接头抗拉强度 /MPa	接头抗剪强度 /MPa
BCu53ZnAg	451	386	198
BCu40ZnAg	353	343	190
BAg45CuZn	386	394	198
BAg50CuZn	343	375	201
BAg40CdZnCu	392	375	205

钎焊马氏体不锈钢时，为了保证母材不发生退火软化现象，须在不高于 650℃下进行钎焊，此时可选用 BAg40CuZnCd 钎料。银铜锌钎料的高温性能较差，一般用来钎焊工作温度在 300℃以下的焊件；银铜锌镉钎料的高温性能比银铜锌钎料还要差些。

在保护气氛中钎焊不锈钢时，可以采用含锂的自钎剂钎料，如 BAg92Cu（Li）、BAg72Cu（Li）和 BAg62CuNi（Li）等。真空钎焊不锈钢时，要求钎料不含易蒸发的锌、镉等元素。但银铜共晶钎料（BAg72Cu）的润湿性不好，这时可选用含锰、镍、钯等元素的银基钎料。

银基钎料钎焊的不锈钢接头，其使用温度一般不宜超过 300℃，因为超过 300℃以后，钎焊接头强度急剧下降。若要求提高工作温度，可选用 BAg49CuZnMnNi 钎料，但此钎料在高于 480℃后抗氧化性能急剧下降。银基钎料常以棒状、丝状、片状及箔状供货选用。

（2）铜基钎料

用于不锈钢钎焊的铜基钎料主要有纯铜、铜镍及铜锰钴钎料等。纯铜钎料主要用于气体保护下钎焊 1Cr18Ni9Ti 不锈钢。当用于真空钎焊时，钎焊时间要短，或充以部分氩气，以防止铜的蒸发。另外，纯铜钎料用于保护气氛或真空钎焊的抗氧化性不好，所以钎焊接头的工作温度不宜超过 400℃。

用黄铜钎料（如 BCu62Zn）钎焊不锈钢时，容易使不锈钢产生自裂现象，建议少用。铜磷钎料与不锈钢能产生脆性界面层，所以不适于不锈钢的钎焊。对于在较高温度下工作的焊件，可以用高温铜基钎料，如铜镍钎料（如 BCu68NiSi）主要用于火焰钎焊、感应钎焊等方法。炉中钎焊时，由于钎焊温度高（约 1200℃），会使不锈钢晶粒明显长大，如晶粒由钎焊前的 7～8 级变成钎焊后的 3～4 级，为了避免近缝区晶粒的过度长大，最好不进行重复补焊。采用高温铜基钎料钎焊 12Cr18Ni9Ti 搭接接头的强度见表 7.2。

表 7.2　高温铜基钎料钎焊 12Cr18Ni9Ti 搭接接头的强度

钎料型号	接头抗剪强度 /MPa			
	20℃	400℃	500℃	600℃
BCu68NiSi	324.3～339	186～216	—	154～182
BCu69NiMnCoSi（B）	241～298	—	139～153	139～152

采用两种钎料获得的不锈钢接头强度相当，但用 BCu69NiMnCoSi 钎料的钎焊温度比 BCu68NiSi 钎料低 80℃左右，不会使不锈钢发生晶粒长大现象。同时钎料向母材的晶间渗入层厚度小，最大为 0.03mm，而 BCu68NiSi 钎料钎焊向母材的渗入最大可达 0.17mm，因此，可用 BCu69NiMnCoSi 钎料代替 BCu68NiSi 钎料钎焊不锈钢导管。

铜锰钴钎料主要用于保护气氛中钎焊马氏体不锈钢。采用 BCu58MnCo 钎料钎焊马氏体不锈钢，控制钎焊温度 996℃，恰可以与大多数马氏体不锈钢的淬火温度相适应，用这种钎料钎焊的 12Cr13 不锈钢的抗剪强度见表 7.3。

表 7.3　12Cr13 不锈钢钎焊接头抗剪强度

钎料型号	接头抗剪强度 /MPa			
	20℃	427℃	538℃	649℃
BCu58MnCo	415	317	221	104
BAu82Ni	441	276	217	149
BAg76CuPb	299	207	141	100

在 538℃温度下，用 BCu58MnCo 钎料钎焊的 12Cr13 不锈钢接头的强度与用 BAu82Ni 钎料钎焊的接头强度相近，比用 BAg76CuPb 钎料钎焊的接头强度高。钎焊接头在静止空气中的抗氧化试验结果表明：BCu58MnCo 钎料可以工作到 538℃；BAu82Ni 钎料的工作温度达 649℃；而 BAg76CuPb 钎料的最高工作温度必须限制在 427℃。

疲劳试验结果表明：BCu58MnCo、BAu82Ni、BAg76CuPb 钎料的疲劳强度（持久时间 10 周）分别为 172MPa、206MPa、172MPa。因此，BCu58MnCo 钎料钎焊马氏体不锈钢，有可能代替 BAu82Ni 钎料钎焊压气机不锈钢静子等在 538℃以下工作的重要部件，使生产成本大大下降，BCu58MnCo 钎料主要用于气体保护炉中钎焊（因含锰量高）。因此，在 1000℃钎焊温度下要求保护气体的露点要低于 -52℃，钎料对于母材的溶蚀小，可用来钎焊薄件。铜基钎料通常制成棒状、丝状及片状供货。

（3）锰基钎料

主要用于气体保护钎焊，要求气体的纯度较高。它们不适于火焰钎焊和真空钎焊。由于锰基钎料的熔点较高，为了避免母材的晶粒长大，应尽量选择钎焊温度低于1150℃的相应钎料。用锰基钎料钎焊不锈钢可以获得满意的钎焊效果，表7.4列出了锰基钎料钎焊12Cr18Ni9Ti不锈钢接头的强度。

表7.4　锰基钎料钎焊12Cr18Ni9Ti不锈钢接头的强度

钎料型号	接头抗剪强度 /MPa					
	20℃	300℃	500℃	600℃	700℃	800℃
BMn70NiCr	323	—	—	152	—	86
BMn40NiCrCoFe	248	255	216	—	157	108
BMn68NiCo	325	—	253	160		103
BMn50NiCuCrCo	353	294	225	137		69
BMn52NiCuCr	366	270	—	127	—	67

Mn-Ni-Co-B钎料中因含硼而降低了钎料熔点且改善了钎料的铺展性。钎焊温度在1060℃左右，排除了晶粒长大的可能性。用这种钎料钎焊12Cr18Ni9Ti不锈钢管接头的抗拉强度与BCu68NiSi钎料钎焊的相近，但晶间渗入深度小。

（4）镍基钎料

镍基钎料钎焊不锈钢，可以得到较好的高温性能，但用镍基钎料钎焊时，装配间隙的大小对接头的强度及塑性有很大的影响，间隙小则性能好。以镍基钎料BNi74CrSiBFe（BNi-1）、BNi82CrSiBFe（BNi-2）、BNi71CrSi（BNi-5）钎焊12Cr13和07Cr18Ni11Nb不锈钢为例，装配间隙对不锈钢接头强度和塑性的影响见图7.1和图7.2。当接头间隙极小时，这三种钎料钎焊的接头抗拉强度基本相同，并与母材等强度，塑性也较好。当间隙增大至0.05mm时，接头的强度和塑性急剧下降，间隙达0.1mm时，接头的塑性已趋于零。

这主要是由于镍基钎料常含有较多的硼、硅或碳，使钎料由很多非金属脆性化合物组成。钎焊过程中，钎料中的硼、硅、碳等元素向不锈钢扩散形成复杂的带有脆性的化合物，当间隙极小时，钎缝中这些元素的含量少，扩散距离又短，因此在钎焊时间内得以全部扩散，使钎缝组织变为铬在镍中的固溶体；间隙大时，钎缝中的硼、硅或碳量增多，扩散距离也增大，这些元素来不及向母材全部扩散，因此钎缝中间留下连续的脆性层，接头的强度和塑性急剧下降。

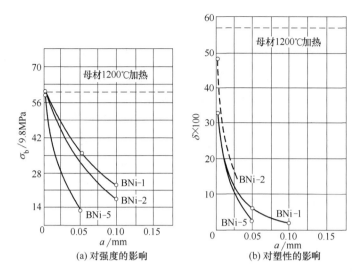

图 7.1　接头间隙对 12Cr13 不锈钢钎焊接头强度和塑性的影响

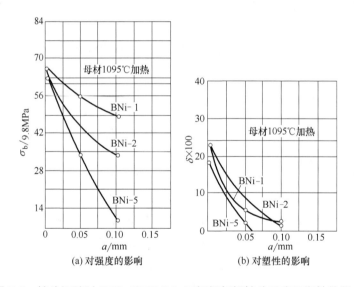

图 7.2　接头间隙对 07Cr18Ni11Nb 不锈钢钎焊接头强度和塑性的影响

　　由于碳和硼的原子直径小，并且容易全部扩散掉；硅的原子直径大，主要向晶内扩散，扩散速度慢，所以用含硅量高的 BNi71CrSi 钎料钎焊的不锈钢更容易出现连续的脆性相层，以致 BNi71CrSi 钎料对间隙的影响更为明显。BNi82CrSiBFe 镍基高温钎料，在真空或氩气保护下，对不锈钢有良好的润湿性和填充间隙的能力。用此钎料钎焊的接头可获得较高的强度，具有耐高温、耐低温及高真空气密性等特点。此钎料可制成直径为 0.154 ～ 0.05mm（100 ～ 300 目）的粉末和厚度为 0.03 ～ 0.05mm 的箔带供应。

用 BNi77CrP 钎料钎焊不锈钢时，由于磷向母材扩散速度很慢，而且在不锈钢中的溶解度很小，要求不出现脆性化合物相的钎缝最大间隙是很小的，在正常钎焊范围内不大于 10μm。因此，用此钎料钎焊时装配间隙要小。

（5）贵金属钎料

在金镍钎料中，典型的是 BAu82Ni。在银铜钯钎料中，以 BAg54CuPd 钎料钎焊的接头性能最好，应用较广。

采用 BAu82Ni 钎料钎焊 07Cr18Ni11Nb 不锈钢，严格控制钎焊温度，不会发生晶粒长大现象；钎焊马氏体不锈钢，可使淬火和钎焊过程结合起来。同时此钎料对间隙大小不敏感。它钎焊 07Cr18Ni11Nb 不锈钢，接头间隙不超过 0.15mm 范围，接头强度基本不变，接头抗拉强度基本上与母材相等，接头的抗氧化能力在 817℃以下都很好。另外，钎料没有向不锈钢晶间渗入的现象，对母材的溶蚀也不大，可以钎焊薄件。但它的价格昂贵，现已被其他钎料（如 BAg54CuPd、BCu58MnCo 等钎料）逐步取代。

（6）钎剂和保护气体

使用钎剂钎焊不锈钢时，为了除去焊件表面的氧化铬，必须采用活性强的钎剂。用铜基钎料钎焊不锈钢时，可采用 YJ-6 钎剂；银铜锌钎料钎焊不锈钢时可采用 QJ101 和 QJ102，其中 QJ102 钎剂的效果较好。使用银铜锌镉钎料时，以用 QJ103 钎剂为宜。

许多不锈钢组件可在干燥的氢、氩、氦和离解氨的气氛中，在不添加钎剂的情况下进行炉中钎焊。但有些构件在钎焊中还必须使用钎剂，由于不锈钢表面含有像氧化铬等比较稳定的氧化膜，它在钎焊时的清除比碳钢更困难。因此，要求保护气体具有 -40℃或更低的露点，即必须采用高纯度的保护气体，否则，应采用高活性的专用钎剂。使用离解氨气氛时必须注意，有些不锈钢在钎焊温度下可能发生偶然的渗氮现象，使表面硬化。表面硬化可能是有益的，也可能是有害的，这取决于焊件的使用要求。

在保护气体炉中钎焊接头，在正常的钎焊温度下，不能使氧化铝和氧化钛还原。如果这些元素含量很少，则采用高纯度的保护气体和汽化钎剂可以获得良好的接头。如果这些元素的质量分数超过 1%或 2%，可通过表面镀镍来代替钎料进行钎焊。电解镍镀层厚度应保持在 5 ～ 50μm 范围内。镀镍层过厚，会降低接头的强度，还可能在镀层上发生断裂。

7.2.3　不锈钢的钎焊工艺

（1）钎焊前清理和表面准备

不锈钢钎焊前的清理要求比碳钢更为严格。这是因为不锈钢表面的氧化物在钎焊时更难以用钎剂或还原性气氛加以清除。

不锈钢钎焊前的清理应包括清除任何油脂和油膜的脱脂工作。待焊接头的表面还要进行机械清理、化学清理（表 7.5）或电化学清理（表 7.6）。采用烙铁钎焊时，一般采用机械方法清理；真空钎焊和气体保护钎焊常采用化学方法或电化学方法进行清理。

表 7.5　不锈钢钎焊前化学清理方法

母材	浸蚀液成分（质量分数）/%	处理温度 /℃	时间	用途
不锈钢	H_2SO_4 16, HNO_3 15, H_2O 余量	100	30s	适于批量生产
	HCl 25, HF 30, H_2O 余量	50 ～ 60	1min	
	H_2SO_4 10, HCl 10, H_2O 余量	50 ～ 60	1min	

表 7.6　不锈钢钎焊前电化学清理方法

母材	浸蚀液成分（质量分数）/%	时间 /min	电流密度 / (A·cm⁻²)	电压 /V	温度 /℃	用途
不锈钢	正磷酸 65	15 ～ 30	0.06 ～ 0.07	4 ～ 6	室温	适于大批量生产
	硫酸 15					
	铬酐 5					
	甘油 12					
	H_2O 3					

不锈钢表面要避免用金属丝刷子擦刷，尤其要避免使用碳钢丝刷子擦刷。清理以后要防止灰尘、油脂或指痕重新沾污已清理过的表面。最好的办法是：零件一经清洗之后立即进行钎焊，否则，就应把清洗过的零件装入密封的塑料袋中，一直封存到钎焊前为止。

（2）钎焊方法

不锈钢可以用多种钎焊方法进行钎焊，如常见的烙铁、火焰、感应、炉中等钎焊方法。炉中钎焊用的设备必须具有良好的温度控制（钎焊温度的偏差要求 ±6℃）系统，并能快速冷却。

硬钎焊时，广泛采用的钎焊方法是保护气体钎焊。用气氛作保护气体时，对气氛的要求视钎焊温度和母材成分而定：对于l2Cr13和14Cr17Ni2等马氏体不锈钢在1000℃温度下钎焊时，要求气氛的露点低于-40℃；对于不含稳定剂的18-8型铬镍不锈钢，在1150℃钎焊时，要求气氛的露点低于-25℃；但对含钛稳定剂的12Cr18Ni9Ti，1150℃钎焊时的氢气露点必须低于-40℃。钎焊温度越低，要求的氢气露点越低。

采用氩气保护钎焊时，由于氩气无还原作用，因此要求氩气纯度较高。采用氩气保护高频钎焊，可以取得良好的效果。氩气保护钎焊时，为了保证去除不锈钢表面的氧化膜，可以采用气体钎剂，常用的有加BF_3气体的氩气保护钎焊。采用含锂或硼等自钎剂钎料时，即使不锈钢表面有轻微的氧化，也能保证钎料铺展，从而提高钎焊质量。

真空钎焊不锈钢时，真空度要视钎焊温度而定。表7.7列出不同温度下获得的18-8型不锈钢真空钎焊接头外观检查结果。可以看出，随着钎焊温度的升高真空度要求可降低。

表7.7　18-8型不锈钢真空钎焊接头外观检查结果

钎焊温度/℃	真空度/Pa	润湿性	外表	钎焊温度/℃	真空度/Pa	润湿性	外表
1150	$1.33×10^{-2}$	很好	光亮	900	$1.33×10^{-2}$	尚好	光亮
1150	1.33	好	淡绿	900	$1.33×10^{-1}$	无	—
1150	133	无	厚氧化膜	850	$1.33×10^{-2}$	差	淡黄

用镍基钎料钎焊不锈钢时，常出现脆性化合物，使接头性能变坏。因此，要求有较小的装配间隙，一般均在0.04mm以下，有的甚至为零间隙，这就为零件的装配和制造带来困难。若提高钎焊温度或延长钎焊保温时间，则可适当增加装配间隙。

（3）钎焊后处理

不锈钢钎焊后的主要工序是清理残余钎剂、残余阻流剂和进行热处理。非硬化不锈钢零件在还原性或惰性气氛炉中进行钎焊时，如果没有使用钎剂和没有必要清除阻流剂时，则不必清理表面。

根据所采用的钎剂和钎焊方法，残余钎剂的清除可以用水冲洗、机械清理或化学清理。如果采用研磨剂来清洗钎剂或钎焊接头附近热区域的氧化膜时，应使用砂子或其他非金属细颗粒。不能使用不锈钢以外的其他金属细粒，以免引起锈斑或点状腐蚀。马氏体不锈钢和沉淀硬化不锈钢制造的零件，钎焊后需要按材料的特殊要求进行热处理。

用镍铬硼和镍铬硅钎料钎焊不锈钢时，钎焊后扩散处理常常是不可缺少的工序。扩散处理不但能增大最大钎缝间隙，而且能改善钎焊接头组织。如用 BNi82CrSiBFe 钎料钎焊不锈钢接头经 1000℃扩散处理后，钎缝虽仍有脆性相存在，但只有硼化铬相，其他脆性相均已消失。而且硼化铬相呈断续状分布，这有利于改善接头的塑性。

7.3
铸铁的钎焊

铸铁的性能取决于化学成分和显微组织。工业中常用的铸铁含有大于2%C、1% ～ 3%Si 和少量 Al，还含有少量 Mn 及 S、P 等杂质。为了获得某种特殊性能，可添加一定量的其他合金元素，如 Cr、Mo、Cu、Ni 等。与钢相比，铸铁熔点较低，通常为 1100 ～ 1250℃，密度为 6.7 ～ 7.6g/cm³，线膨胀系数约为 10.6×10⁻⁶/℃，塑性低，焊接性较差，使其在焊接结构中的应用受到一定的限制。

7.3.1　铸铁的钎焊特点

铸铁按碳的存在状态（化合物或游离石墨）及石墨的存在形式（片状、球状、团絮状等）分为灰铸铁、球墨铸铁、可锻铸铁、白口铸铁和合金铸铁等五大类，其中以灰铸铁和球墨铸铁应用最广。除了基体组织（铁素体、珠光体或铁素体＋珠光体）之外，铸铁的性能在很大程度上是由石墨的形状、大小、分布和数量等决定的。

在应用中，常要求将灰铸铁、可锻铸铁及球墨铸铁本身或与异种金属（大多是铁基金属）相连接，而白口铸铁则很少使用钎焊。铸铁的钎焊主要用于铸件之间或与其他金属件的连接，还用于铸铁损坏件的修补，如气缸盖、机床床身及机架等。

在铸铁中存在的石墨状态的碳很难被钎料所润湿，阻碍其良好的冶金结合，给灰铸铁的钎焊带来了困难，而对可锻铸铁和球墨铸铁影响较小。凡遇到润湿困难的场合，在钎焊前就应该清理工件表面的石墨。

当灰铸铁、可锻铸铁被加热到它的临界（相变）温度以上时，正常存在的组织开始转变成奥氏体。若冷速过快，就要转变为马氏体，或者转变成含有网状渗碳体的细微珠光体组织，使热影响区性能变坏。因此，钎焊后应缓冷。灰铸铁、可锻铸铁的临界温度随成分而异，并且随硅含量的增加而逐步升高。球墨铸铁和可锻铸铁钎焊时，若钎焊温度高于760℃，金相组织可能受到损害，所以钎焊应尽量在760℃以下进行，并且焊后缓慢冷却。

铸铁钎焊主要用于铸铁修补。在某些情况下，一些复杂的结构件难以实现一次整体铸造，可以采用钎焊方法将两件或多件铸件连接成一体（见图7.3）。在某些场合也可采用钎焊，将钢结构件或铜制零件与铸件连接成一个复合结构产品。

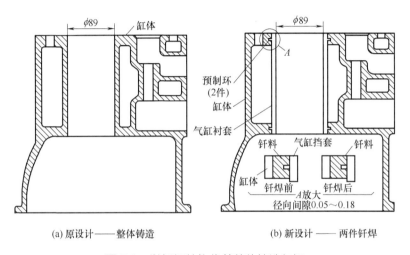

(a) 原设计——整体铸造   (b) 新设计——两件钎焊

图 7.3　以钎焊结构代替整体铸造气缸

7.3.2　钎料和钎剂

适用于铁或钢的钎料均能适用于铸铁的钎焊。然而，更宜采用的是熔点较低的银基钎料，含镍的银基钎料对铸铁具有较大的亲和性，因而可获得强度较高的接头。铜和铜锌钎料也可以使用，但因它们的温度范围较大，使用时必须严格控制钎焊温度。含磷的铜基钎料不适于铸铁，这是因为会生成脆性的铁-磷化合物而使接头变得很脆。

在铜基钎料中常选用 BCu60ZnSn、BCu58ZnFe 或 BCu48ZnNi，所钎焊的铸铁接头强度可达 117 ～ 147MPa。若要降低钎焊温度及提高接头强度，则可选用 49Cu10Mn4Ni0.5Sn0.4Al36Zn 钎料，钎焊接头强度可超过 200MPa。用铜基钎料钎焊铸铁时可配合选用硼砂，或硼砂与硼酸混合物钎剂。若选用 (H_3BO_3) 40%+ $(LiCO_3)$ 16%+ (Na_2CO_3) 24%+ $(NaCl)$ 14.6%+ (NaF) 5.4% 组成的钎剂，则效果更好。用银基钎料钎焊时可选用 QJ102 钎剂，接头间隙以 0.05 ～ 0.1mm 较好。

7.3.3 铸铁的钎焊工艺

（1）钎焊前准备

铸件的表皮常含有砂子、尘污、油垢和润滑脂等杂物，在钎焊前应将其清除。清除油污可采用有机溶剂擦洗的方法；而夹杂物的清除则可采用机械方法，如锉刀及钢丝刷清理等，也可对工件表面进行喷砂或喷丸。此外，可采取氧化火焰灼烧或用化学清理。此后，还有必要把表面暴露出来的石墨除去。

铸铁钎焊可采用火焰、炉中、感应及盐浴钎焊方法。要保证钎焊质量，焊前清理和清洗是十分重要的。待焊表面的氧化物、残砂及石墨都必须仔细清理干净。可采用喷丸或喷砂处理，用氧乙炔焰烧去表面层石墨。也可用下述电化学法对表面进行综合处理，效果很好：将铸件浸入加有催化剂的盐槽中，熔盐温度保持在 454 ～ 510℃；先使铸件为负极、盐槽为正极，通直流电使熔盐起还原作用 5min，去除砂粒和氧化物，接着改变电流极性，产生氧化反应 20min，随后再产生还原反应 10min。通过反复改变电流极性，交替进行氧化还原反应，完成表面清理和清洗，最后浸入水中冲洗去残盐并干燥。

炉中钎焊通常采用放热性气体保护或空气炉。较大的铸件需预热，应多次添加钎剂。钎焊后应缓冷至 70 ～ 80℃，再浸入水中去除残盐或残留钎剂。

为了保证获得均匀的接头间隙，通常要求用机器或锉刀来加工铸件表面。接头间隙应根据具体应用条件来确定，应考虑到待焊金属的热膨胀系数、加热方法和钎料的类型等。推荐的接头间隙为 0.05 ～ 0.13mm，最大的间隙为 0.25mm。

（2）钎焊工艺要点

所有常规的钎焊方法都适用于铸铁的钎焊，钎焊方法的选择取决于工件的结构形状和尺寸。由于铸铁表面有 SiO_2，在保护氢气中钎焊效果不好，因此一般都使用钎剂。

对于较大的铸铁件用铜基钎料钎焊时，操作工序为：在清理好的钎焊表面上撒一层钎剂，然后把工件放进炉中（可用焦炭炉）加热或用焊炬加热，当工件加热到 800℃左右时，再加入补充钎剂，并把它加热到钎焊温度，再用钎料在接头边缘刮擦，使钎料熔化填入间隙。为了提高钎缝强度，铸铁工件钎焊后要在 700 ～ 750℃进行 20min 的退火处理。

（3）焊后处理

铸铁件钎焊后应有一定时间的保温，使接头质量得到提高。钎焊件快速冷却不仅会使母材得到不良的金相组织，还会导致钎缝或母材的开裂。因此，在钎焊后必须缓慢冷却。钎焊后过剩的钎剂及残渣一般用温水冲洗即可清除。如果难以去除，则可先用质量分数为 10％的硫酸水溶液或质量分数为 5％ ～ 10％的磷酸水溶液清洗，然后再用清水洗净。

7.4
高温合金的钎焊

7.4.1 高温合金的类型

（1）常用高温合金及性能

高温合金又称为热强合金、耐热合金或超合金。我国高温合金是从 1956 年研制 GH3030 开始的，其发展的历程与国际接轨。高温合金按基体成分可以分为镍基、铁基和钴基合金三类；按其强化方式可分为固溶强化和沉淀强化高温合金；按生产工艺可分为变形、铸造、粉末冶金和机械合金化高温合金。

① 镍基合金　发展最快，应用也最广泛。镍基高温合金是以镍为基体（含量一般大于 50％），在 650 ～ 1000℃范围内具有较高的强度和良好的抗氧化、抗燃气腐蚀能力的高温合金。镍基高温合金按强化方式有固溶强化型合金和沉淀强化型合金。

② 铁基合金　是在 Fe-Ni-Cr 合金基体上添加合金元素发展起来的。虽然在高温抗氧化性和组织稳定性方面，比同类镍基合金稍差，但在适当的温度范围内具有良好的综合性能，而且成本低，因此在航空发动机上被广泛用于燃烧室、涡轮盘、机匣和轴类等零部件。

③ 钴基合金　具有良好的综合性能，但由于资源缺乏，发展受到限制。

高温合金的性能主要是室温和高温下的强度和塑性，以及工作高温下有很高的持久性能、蠕变和疲劳强度。表 7.8 列出部分高温合金的典型力学性能。高温合金制件通常有棒材、板材、盘材、丝材、环形件和精密铸件等品种，主要应用在航空航天、冶金、动力、汽车等工业领域。

表 7.8 部分高温合金的典型力学性能

牌号	热处理工艺	试验温度/℃	拉伸性能			持久性能	
			抗拉强度 σ_b/MPa	屈服强度 $\sigma_{0.2}$/MPa	伸长率 δ_5/%	抗拉强度 σ_b/MPa	时间 t/h
GH1015	1150℃ AC	20	636 (737)	(314)	40 (48)	—	—
		800	(318)	(194)	(77)	(118)	(100)
		900	176 (189)	(137)	40 (103)	68 (55)	20 (100)
GH1140	1080℃ AC	20	637 (637)	(255)	40 (46)	—	—
		700	225 (422)	(232)	40 (47)	(235)	(100)
GH1131	1130 ~ 1170℃ AC	20	735 (830)	—	34 (43)	—	—
		900	177 (215)	—	40 (63)	(97)	(100)
GH2132	900 ~ 1000℃ AC +700 ~ 720℃ AC	20	885	—	20	—	—
		650	686	—	15	392	100
GH150	1120℃ AC	20	707 (1231)	—	30 (23)	—	—
		800	633 (644)	—	10 (28)	246 (245)	30 (97)
GH3030	980 ~ 1020℃ AC	20	686 (730)	—	30 (44)	—	—
		700	294 (266)	—	30 (72)	(103)	(100)
GH3039	1200℃ AC	20	735 (841)	(436)	40 (48)	—	—
		800	245 (284)	(137)	40 (76)	(78)	(100)
GH3044	1200℃ AC	20	735 (785)	(314)	40 (60)	—	—
		900	196 (226)	(118)	30 (50)	68 (51)	100 (100)
GH3128	交货状态	20	735 (891)	—	40 (54)	—	—
		950	176 (198)	—	40 (99)	55 (42)	20 (100)
GH22	交货状态	20	725 (795)	304 (368)	35 (48)	—	—
		815	(327)	(219)	(89)	110	24
GH99	1140℃ AC	20	1128 (1046)	(604)	30 (50)	—	—
		900	373 (478)	(361)	15 (40)	118 (118)	30 (100)
GH141	1065℃ 4h AC+ 760℃ 16h AC	20	1176 (1014)	882	12 (15)	—	—
		800	735 (779)	637	15 (18)	(300)	(100)
GH188	1180℃ WC 或 AC	20	860 (958)	380 (483)	45 (56)	—	—
		815	(580)	—	(66)	165 (154)	23 (100)
GH605	交货状态	20	890	370	35	—	—
		815	—	—	—	165	23
	1120℃ WC	20	940	—	60	—	—
		800	480	—	30	165	100

注：1. 表中均为薄板的性能；AC 为空冷，WC 为水冷。
2. 表中数据为技术条件规定的数值；括号中为试验数据。

从 20 世纪 30 年代后期起，英、德、美等国就开始研究高温合金。第二次世界大战期间，为了满足新型航空发动机的需要，高温合金的研究和使用进入了蓬勃发展时期。40 年代初，英国首先在 80Ni-20Cr 合金中加入少量铝和钛，研制成第一种具有较高的高温强度性能的镍基合金。同一时期，美国开始用钴基合金制作发动机叶片。美国还研制出 Inconel 镍基合金，用以制作喷气发动机的燃烧室。

在先进的航空发动机中，高温合金用量占发动机总重量的 60% 以上，已从常规镍基合金发展成定向凝固、单晶和氧化物弥散强化高温合金，高温性能大幅度提高。高温合金还在能源、医药、石油化工等工业部门中的高温耐蚀、耐磨等领域得到广泛应用，是国防和国民经济建设中必不可少的一类重要材料。

在航空航天工业部门中，高温合金主要用于涡轮发动机的高温部件，如燃烧室的火焰筒、点火器和机匣、加热燃烧室的加热屏以及涡轮燃气导管等均采用了板材冲压焊接结构，使用 800℃ 工作的 GH3039、GH1140 合金，900℃ 工作的 GH1015、GH1016、GH1131、GH3044 和时效强化的 GH99 合金，此外少量采用 980℃ 工作的 GH170 和 GH188 合金。涡轮部件中的涡轮盘主要采用了 GH4169 和 GH4133 合金。涡轮叶片和导向叶片大部分采用铸造高温合金，如 K403、K417、K6C、DZ22、DZ125 等。

工业燃气轮机中的叶片广泛采用 K413、K218、GH864 等合金。柴油机增压涡轮还采用了 K218 合金。在石油化工乙烯裂解高温部件采用了 GH180、GH600 等合金。冶金工业连轧导板，炉子套管采用了 K12、GH128、GH3044、GH3039 等高温合金。

（2）几种先进的高温合金

1）定向凝固和单晶高温合金

晶界是高温合金的薄弱环节。高温合金一般采用合金化方式加入一些强化晶界的元素来改善晶界的性能，但更为有效的方法是采用定向凝固技术生成柱状晶，消除与主应力垂直的横向晶界或生成单晶彻底消除晶界。定向凝固合金和单晶合金实质上都是采用定向凝固技术，通过对合金凝固过程的控制，使合金具有定向的柱状晶组织或单晶组织。

定向凝固合金从 20 世纪 70 年代开始应用于波音 747 飞机发动机的高温部件，但单晶合金因性能和成本发展缓慢，直到 70 年代中期，由于合金成分和热处理方面的突破，单晶合金重新崛起，并在 80 年代研制出一系列新型镍基单晶合金叶片。

定向凝固高温合金的组织特点是通过控制凝固方向使其成为平行的柱状晶组织。由于消除了横向晶界，它在纵向受力时不存在垂直于受力方向的薄弱晶界，大大提高了合金纵向的高温力学性能。几种定向凝固及单晶高温合金的化学成分见表 7.9。

表 7.9　几种定向凝固及单晶高温合金的化学成分（质量分数）　　　单位：%

合金	Cr	Co	Ti	Al	Mo	W	Ta	B	C	Zr	Hf	其他	Ni
DS M-M200（美）	8.4	10	1	5.5	0.6	10	3	0.015	0.15	0.05	1.4	—	余量
PWA1480（美）	10	5	1.5	5.0	—	4	12					—	余量
PWA1484（美）	5	10	—	5.6	2.0	6	9.8				0.1	RE 3	余量
DZ22（中）	9	10	2	5.0	—	12	—	0.015	0.14		1.5	Nb 1	余量
DD3（中）	9.5	5	2.3	5.7	4.0	5.2							余量

　　PWA1480 是美国第一代单晶合金，由于去掉了 C、B、Zr、Hf 等强化晶界的元素，调整了 Al、Ti、W、Ta 等元素的含量，使 γ' 相的体积分数达到 60% 以上，具有很好的抗蠕变和抗氧化性能，已在飞机发动机上得到应用。20 世纪 80 年代美国又发展了第二代单晶高温合金，如 PWA1484，这类合金具有更高的蠕变强度、优良的抗氧化和抗热疲劳性能。由于稀土元素的加入增加了 γ' 沉淀相的尺寸稳定性，工作温度比第一代单晶合金的工作温度高出 28 ~ 50℃。通常工作温度每提高 25℃相当于提高叶片高温寿命约 3 倍，在 JD-9D 发动机上的试验结果表明，定向凝固合金叶片的寿命为普通铸造合金叶片的 2.5 倍，而单晶高温合金叶片的寿命可达普通铸造合金叶片寿命的 5 倍。我国生产的 DD3 单晶高温合金的最高工作温度为 1040 ~ 1100℃，适于制造喷气发动机的涡轮叶片和导向叶片。

　　2）氧化物弥散强化高温合金

　　这是一种含有均匀分布的超细氧化物质点弥散强化的合金，主要有两类：一是镍基合金中加入 Y_2O_3，二是在铁基合金中加入 Y_2O_3。这类高温合金虽也属第二相强化，但与传统的第二相沉淀强化合金有根本的差别。这类合金中的第二相不是从基体中沉淀析出的碳化物等强化相，而是通过特殊的机械合金化方式引入合金的弥散氧化物相。由于所选的氧化物弥散强化相具有很高的热力学稳定性、很低的界面能、很细的颗粒度（< 0.1μm）和理想的形态（不带尖角），所以在高温下不会分解，不与基体反应，不易聚集（Y_2O_3 的聚集温度 > 1300℃），在接近基体熔点时也不溶解。因此，强化作用不像碳化物和 γ' 相那样容易消失，而是可以保持到很高的温度。特别是由于氧化物弥散相是通过机械合金化方式引入基体的，数量可控，弥散度极好。

　　表 7.10 列出几种氧化物弥散强化高温合金的成分和性能。

　　20 世纪 70 年代以后新工艺的开发成为提高高温合金性能的重要手段。定向凝固高温合金、单晶合金和氧化物弥散强化合金等相继出现并推动了高温合金的发展。这些在特殊工艺条件下制造出来的具有特殊成分、组织结构和优异高温性能的先进高温合金，对后续加工和焊接提出了更为严格的要求，特别是对焊接接头高温性能的要求，使一些常规的焊接技术无法应用。

表 7.10　几种氧化物弥散强化高温合金的成分和性能

合金	化学成分（质量分数）/%												持久性能 (1093℃)
	Fe	Ni	Cr	W	Mo	Ta	Ti	Al	B	Zr	C	Y_2O_3	
MA753	—	余量	20	—	—	—	2.5	1.5	0.007	0.07	0.05	1.3	103MPa，100h
MA754	—	余量	20	—	—	—	0.5	0.3			0.05	0.6	103MPa，100h
MA956	余量		20	—	—	—	0.5	4.5				0.5	55MPa，1000h
MA957	余量	—	14	—	0.3	—	0.99	0.06				0.27	—
MA6000	—	余量	15	4	2	2	2.5	4.6	0.01	0.15	0.05	1.1	145MPa，1000h
MA760	—	余量	20	3.5	2		—	6	0.01	0.15	0.05	0.95	—

7.4.2　高温合金的钎焊特点

（1）表面氧化膜的影响

高温合金均含有较多的铬，加热时表面形成稳定的 Cr_2O_3，比较难以去除。此外，镍基高温合金均含铝和钛，尤其是沉淀强化高温合金和铸造合金的铝、钛含量更高。铝和钛对氧的亲和力比铬大得多，加热时极易氧化。因此，如何防止或减少镍基高温合金加热时的氧化以及去除其氧化膜，是镍基高温合金钎焊时考虑的首要问题。

钎焊镍基高温合金时不建议用钎剂来去除氧化物，尤其是在高的钎焊温度下。这是因为钎剂中的硼酸或硼砂在钎焊温度下与母材起反应，降低母材表面的熔化温度，促使钎剂覆盖处的母材产生溶蚀；并且硼砂或硼酸与母材发生反应后析出的硼可能渗入母材，造成晶间渗入，对薄工件来说是很不利的。所以镍基高温合金一般都在保护气氛，尤其是在真空中钎焊。

母材表面氧化物的形成与去除与保护气氛的纯度以及真空度密切相关。对于 Al 和 Ti 含量低的合金，如 GH3030、GH3037、CH3044、GH3128 等钎焊加热时，对真空度的要求基本上与不锈钢相同，即热态真空度不应低于 10^{-2}Pa；对于 Al、Ti 含量较高的合金，如 GH4033、GH4037，表面氧化物的生成与去除不仅与真空度，而且与加热温度密切相关。例如将表面抛光过的 GH4037 合金在 2×10^{-3}Pa 真空中加热到 1000℃，表面呈微黄色，主要被 Al_2O_3 膜覆盖，其厚度约为 10nm，即由加热前的 2.5nm 增厚到 1000℃真空加热后的 10nm。由于铝对氧的亲和力大于钛对氧的亲和力，所以铝抑制了钛的氧化。当 GH4037 合金加热到 1150℃后，表面的 Al_2O_3 膜消失。

GH4037 合金在 1000℃真空加热时表面虽形成了薄氧化膜，但它并不影响钎料的润湿，其原因是氧化膜的线膨胀系数同高温合金的差别很大，因而在该温度下氧化膜发生开裂，熔融钎料渗过这些裂纹，在母材和氧化膜之间铺展，并将氧化膜抬起，浮在钎料表面上。如果钎焊的是搭接接头，这些氧化膜将留在钎缝内形成夹杂物，对钎焊接头起不利作用。所以在实际焊接操作中，仍应尽量避免合金表面在加热时发生氧化。对于 Al、Ti 含量更高的铸造镍基合金，尤其要保证热态的真空度不低于 $10^{-2} \sim 10^{-3}$Pa，钎焊温度也不能太低，以保证钎料的润湿。

（2）钎焊工艺与热处理制度的匹配性

无论是固溶强化，还是沉淀强化的镍基高温合金，都必须将其合金元素及其化合物充分固溶于基体内，才能取得良好的高温性能。沉淀强化合金固溶处理后还必须进行时效处理，以达到弥散强化的目的。因此，钎焊工艺参数应尽可能与合金的热处理制度相匹配，即钎焊温度尽量与固溶处理的加热温度相一致，以保证合金元素的充分溶解。

高温合金大都在淬火状态下使用，有的还要经过时效处理，以保证获得最佳性能。因此，对这些合金的钎焊温度应选择尽量与它们的淬火温度一致。钎焊温度过高，会影响其性能，例如，与 GH4033 成分相接近的 Inconel702 合金，经 1220℃钎焊和正常热处理后的性能如图 7.4 所示。由于钎焊温度比正常淬火温度高得多，钎焊后虽经热处理，但在各种温度下合金的强度要比未经钎焊的低得多。

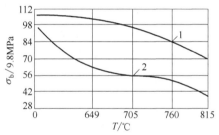

图 7.4　Inconel702 合金力学
性能与温度的关系

1—正常热处理；2—1220℃钎焊＋正常热处理

钎焊温度过高，会造成晶粒长大，影响合金性能；钎焊温度过低不能使合金元素完全溶解，达不到固溶处理的效果，钎焊温度是钎焊高温合金最主要的参数。由于高温合金焊件使用于高温条件下，有时要承受大的应力，为适应这种使用条件，提高钎缝组织的稳定性和重熔温度，增强接头强度，往往在钎焊后进行扩散处理。

对时效硬化合金来说，其钎焊后还应按照规定的工艺进行时效处理。

（3）应力开裂

一些镍基高温合金，特别是沉淀强化合金有应力开裂的倾向。钎焊前必须充分去除加工过程中形成的应力，钎焊时应尽量减小热应力，使应力开裂的可能性降到最低限度。

7.4.3　高温合金钎焊用钎料

高温合金常常在恶劣的条件下工作，选用钎料时首先应考虑钎焊部位的工作条件及要求，如使用温度、工作介质、承受何种应力等等；第二应考虑母材的特性和热处理制度的要求；第三应考虑接头形式、焊接部位厚度、装配间隙、焊后加工处理等因素。

（1）镍基和钴基钎料

镍基和钴基钎料具有良好的抗氧化性、耐腐蚀性和热强性，并具有较好的钎焊工艺性能，经钎焊热循环不会产生开裂，因此适用于高温合金部件的钎焊，是应用最多的钎料。镍基钎料是在镍基中加入 Cr、Mn、Co 形成固溶体，加入 B、Si、P、C 形成共晶元素，以控制钎料的热强性，提高钎料的高温强度，还可以提高钎料在高温合金中的润湿能力。常用镍基钎料有 BNi74CrSiB 、BNi75CrSiB、BNi82CrSiB、BNi71CrSi 等。用 BNi74CrSiB 钎料钎焊的 GH3030 合金接头强度见表 7.11。

表 7.11　用 BNi74CrSiB 钎料钎焊的 GH3030 合金接头强度

接头强度 /MPa						
温度		600℃	700℃	800℃	850℃	900℃
抗剪强度	焊后未处理	277～296	273～283	219～223	—	—
	焊后氧化处理①	—	313～325	126～128	111～129	—
抗拉强度	焊后氧化处理	—	—	254～271	191～194	144～145

① 氧化处理是在空气中，在一定温度下，每次加热 24h，累计 100h。

钴基钎料一般为钴 - 铬 - 硼系合金，为了降低钎料的熔点和提高其高温性能常加适量的硅和钨，如 BCo50CrNiW、BCo47CrWNi 等。钎料中加入不同量的合金元素其性能不同，应用也不同。表 7.12 列出镍基和钴基钎料的适用范围。

由于镍基和钴基钎料中含有较多的 B、Si 或 P 元素，会形成较多的硼化物、硅化物和磷化物脆性相，使钎料变形能力较差，不能制成丝或箔材，通常以粉状供应，使用时需要用胶黏剂调成膏状涂于焊接处。但用粘接方法装置钎料，既不方便又不易控制钎料加入量，目前可采用非晶态工艺制成的箔状钎料或粘带钎料。

非晶态镍基箔状钎料带宽 20～100mm、厚度 0.025～0.05mm，带材具有柔韧性，可冲剪成形，使用量容易控制，装配也方便。粘带镍基钎料是由粉状镍基钎料和高分子胶黏剂混合经轧制而成。粘带钎料宽度为50～100mm、厚度0.1～1.0mm。粘带钎料中的胶黏剂在钎焊后不留残渣，不影响钎焊质量。它可以控制钎料用量和均匀地加入。很方便用于焊接面积大和结构复杂的焊件。

表 7.12　镍基和钴基钎料的适用范围

应用范围及牌号	钎料牌号									
	BNi74CrSiB	BNi75CrSiB	BNi82CrSiB	BNi92SiB	BNi93SiB	BNi71CrSi	BNi89P	BNi76CrP	BNi6MnSiCu	300
高温下受大应力部件	A[①]	A	B	B	C	A	C	C	C	B
受大静力部件	A	A	A	B	B	A	C	C	C	A
薄壁构件	C	C	B	B	B	A	A	A	A	C
原子反应堆构件	X	X	X	X	X	A	C	A	A	X
大的可加工的钎角	B	B	C	C	C	C	C	C	A	C
与液体钠或钾接触件	A	A	A	A	A	A	C	A	X	A
用于紧密件的接头	C	C	B	B	B	B	A	A	A	C
接头强度	1[②]	1	1	2	3	1	4	2	1	2
与钎焊母材的溶解和扩散作用	1	1	2	2	3	4	4	5	3	5
流动性	3	3	2	2	3	2	1	1	1	6
抗氧化性	1	1	3	3	5	2	5	5	4	1
推荐钎焊温度/℃	1175	1175	1040	1040	1120	1190	1065	1065	1065	1200
接头间隙/mm	0.05～0.125	0.05～0.10	0.025～0.125	0～0.05	0.05～0.10	0.025～0.10	0～0.075	0～0.075	0～0.05	0.1～0.4

①A—最好；B—满意；C—不满意；X—不适用。
②1～6由高到低，1为最高，6为最低。

（2）铜基和银基钎料

铜基和银基钎料可用于工作温度200～400℃铁基和镍基固溶合金结构件。用银基钎料钎焊固溶强化镍基合金时，钎焊温度不会影响母材的性能，但从避免应力开裂的角度出发，以采用熔化温度较低的钎料为宜，如BAg45CuZnCd、BAg56CuZnSn、BAg50CuZnSnNi、BAg40CuZnSnNi等，以减小钎焊应力。

采用银基钎料钎焊沉淀强化镍基高温合金时，钎焊温度不应超过母材的时效强化温度，以免母材发生失效而降低其性能。也可采用先将合金固溶处理，再采用熔化温度较高的钎料，如 BAg72CuNiLi、BAg56Cu38Zn5Ni1 钎料在高于合金的时效温度下钎焊，然后再进行时效处理，钎焊件就不会在时效加热过程中因钎料的熔化而影响其性能。

用银钎料钎焊时可选用钎剂 FB102。因钎焊温度不高，钎剂同母材的反应较弱，不会因钎剂中硼的析出而影响合金的表面。钎焊含铝量高的沉淀强化高温合金时，应在 FB102 钎剂中添加质量分数为 10%～20% 的硅氟酸钠，或者在 FB102 钎剂中加入质量分数为 10%～20% 的铝钎剂（如 FB201等），以增加钎剂去除氧化铝的能力。当钎焊温度超过 900℃，则应选用钎剂FB105，但钎焊加热温度不宜过高，钎焊时间要短，以免钎剂同母材发生强烈的反应。

铜基钎料不能用于钎焊钴基合金，因为铜会污染母材，引起微裂纹。铜磷钎料不适用于钎焊高温合金。用纯铜作钎料时，均需在保护气氛和真空下钎焊，钎焊温度为 1100～1150℃。在该温度下，零件的内应力已被消除。又因零件属于整体加热，热应力小，焊件不会产生应力开裂现象。

（3）其他钎料

金基钎料适用于钎焊各类高温合金。这类合金具有优异的钎焊工艺、塑性、抗氧化性和抗腐蚀性，高温性能较好，与母材作用弱等优点，在航空、航天和电子工业得到广泛的应用。典型的金基钎料有 BAu80Cu 和 BAu82Ni，但这类钎料中含有较多的贵金属，价格昂贵。

锰基钎料可用于在 600℃ 下工作的高温合金构件。这类钎料塑性良好，可制成各种形状，与母材作用弱，但其抗氧化性较低。锰基钎料主要采用保护气体钎焊，不适用于火焰钎焊和真空钎焊。

含钯钎料主要有银 - 铜 - 钯、银 - 钯 - 锰和镍 - 锰 - 钯等系钎料。这类钎料具有良好的钎焊工艺性。银 - 铜 - 钯系钎料的综合性能最好，但钎焊接头的工作温度较低（不高于 427℃）。虽然镍 - 锰 - 钯系钎料的熔点较低，但接头高温性能较高，可在 800℃ 下工作。用含钯钎料钎焊的 GH4033 合金接头的强度见表 7.13。

表 7.13　用含钯钎料钎焊的 GH4033 合金接头的强度

钎料	接头强度 /MPa					
	20℃	600℃	700℃	750℃	800℃	850℃
Ag-20Pd-5Mn	—	154	122.5	122.5	168	76
Ag-33Pd-3Mn	—	—	—	170	138	—
Ni-31Mn-21Pd	338	276	237	216	154	122.5

7.4.4 高温合金的钎焊工艺

（1）接头设计

因为高温合金钎缝的强度低于母材，不能满足使用要求，一般不采用对接形式，推荐采用搭接接头，通过调整搭接长度增大接触面积，提高接头强度。此外，搭接接头的装配要求也相对比较简单，便于生产。接头的搭接长度一般为组成接头中薄件厚度的 3 倍，对于在 700℃以下工作的接头，其搭接长度可增大到薄件厚度的 5 倍。

接头的装配间隙对钎焊质量和接头强度有影响。间隙过大时，会破坏钎料的毛细作用，钎料不能填满接头间隙，钎缝中存在较多硼、硅脆性共晶组织，还可能出现硼对母材晶界渗入和溶蚀问题。高温钎焊接头的间隙一般为 0.02 ~ 0.15mm，适宜的间隙可根据母材的物理化学性能、母材与钎料的浸润性和钎焊工艺等因素通过试验确定。

（2）焊前清理及装配

焊前应彻底清除焊件和钎料表面上的氧化物、油污和其他外来物，并在储运和装配、定位等工序中保持清洁。清理方法可采用化学法清除氧化物，用超声波清除污物。

焊件应精密装配，保证装配间隙，控制钎料加入量，并用适当的定位方法保持焊件和钎料的相对位置。高温合金钎焊前的状态推荐为固溶或退火状态，尤其是对铝、钛含量较高的时效强化合金。

（3）钎焊工艺参数

为了防止母材应力开裂，必须尽量减小零件的内应力，如将经冷加工的零件在钎焊前进行去应力处理；钎焊时加热尽量均匀，以及零件在钎焊加热过程中能自由膨胀和收缩等。但是对于沉淀强化高温合金来说，在时效过程中将不可避免地形成内应力，对钎焊时的应力开裂特别敏感。最有效的措施是先将零件固溶化处理，然后在稍高于时效强化处理的温度下进行钎焊，最后进行时效处理。这样既可减少应力开裂的可能性，又不会因钎焊温度过高而发生过时效现象。

镍基高温合金绝大部分是在真空或保护气氛炉中钎焊的。使用保护气氛炉中钎焊时，对气体纯度要求很高；使用氩气作为保护气体时，对于铝、钛的质量分数小于 0.5% 的高温合金，要求其露点低于 -54℃。但铝、钛含量增多时，合金表面在加热时仍发生氧化，必须采用以下措施。

① 添加少量钎剂，如 FB105，利用钎剂来去除氧化膜，但钎剂加入量一定不能多。

② 零件表面镀镍，镍层厚度为 25～38μm。

③ 将零件在湿氢中预先氧化，然后用硝酸和氢氟酸混合液去掉表面上的铝和钛的氧化物，使表面不再含铝和钛，从而达到防止钎焊加热时形成铝、钛氧化物的目的。

④ 将钎料预先喷涂在待钎焊表面上。

⑤ 附加少量气体钎剂，如三氟化硼。

目前，真空钎焊已在很大程度上取代了保护气氛钎焊。这是因为真空钎焊能获得更好的保护效果和钎焊质量。对于铝、钛的质量分数小于 4%的高温合金，表面不必进行特殊的预处理，就能保证钎料的润湿。当合金的铝、钛的质量分数超过 4%时，表面应镀 20～30μm 的镍层。镀镍厚度对钎焊接头强度是有影响的，镀层太薄对合金表面不起保护作用；镀层太厚也将降低接头强度。也可将零件放在盒内真空钎焊，盒中再放吸气剂，如锆在高温下的吸气作用，促使在盒内形成一个局部高真空，防止合金表面氧化。镍基高温合金钎焊时的热态真空度应不低于 10^{-2}Pa。图 7.5 示出真空钎焊、氢气中钎焊加钎剂和氢气中钎焊加镀镍的三种钎焊方法的比较，从图中可以看出，真空钎焊的接头强度最高。

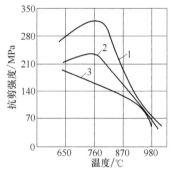

图 7.5 用 BNi71CrSi 钎料钎焊的 R-235 合金（Ni-16Cr-5.5Mo-8Fe-1.5Co-3Ti-1.5Al）接头的抗剪强度

1—真空；2—H_2+钎剂；3—H_2+镀镍

钎焊温度和保温时间是保护气体钎焊和真空钎焊的主要工艺参数。钎焊温度一般应高于钎料液相线 30～50℃。某些流动性差的钎料其钎焊温度需要比液相线温度高出 100℃。适当提高钎焊温度，可降低钎料的表面张力，改善润湿性和填充能力。但钎焊温度过高，会造成钎料流失，还可能导致因为钎料与母材的过分作用而引起溶蚀，晶界渗入，形成脆性相，以及母材晶粒长大问题等。

保温时间取决于母材特性、钎焊温度以及装炉质量等因素。保温时间过长，也会出现与钎焊温度过高的类似问题。在确定高温合金钎焊工艺参数时，还应考虑母材的热处理制度匹配。

镍基钎料是在镍中添加较多的硼或硅元素以达到降低熔化温度的目的。在硼和硅元素降低钎料熔化温度的同时，也在钎料中形成相当多的硼化物和硅化物相，使钎料变脆。因此钎焊高温合金时钎焊接头的组织性能与钎焊间隙大小密切相关。

（4）接头缺陷及防止

钎焊接头中的缺陷主要有未焊透、溶蚀和气孔。

未焊透对气密性要求严格的接头是不允许的缺陷，因此应避免。消除未焊透提高钎着率的方法有：正确设计钎焊接头各参数，特别是钎缝面积大时，应设计有排气沟槽；加强焊前处理，使钎料能很好地在母材上铺展和填充；调整钎焊工艺参数，使钎料流满钎缝。

当钎料选择不合适或钎焊工艺参数不当时，易引起钎料过度溶解母材而形成溶蚀。这种缺陷，在钎焊薄件时应特别注意。避免方法是：选择含硼、碳元素少的钎料；限制钎焊温度最高值和限制保温时间。

大间隙钎焊时经常出现缩孔缺陷。当缩孔较小时，对接头性能影响不大，但连续的较大面积的缺陷应避免。可通过调整装配间隙，适当提高钎焊温度和控制冷却速度的方法来消除缩孔。

（5）接头组织与力学性能

高温合金钎焊接头组织及性能与母材化学成分、所用钎料、钎缝间隙、钎焊工艺参数和焊后处理等因素有关。研究表明，采用硅、硼含量较高的镍基钎料时，会引起钎料和母材发生作用而导致溶蚀和钎料元素沿母材晶界渗入现象，并且这两种现象均随钎焊温度升高和保温时间而加剧，其中钎焊温度影响较大。防止溶蚀和晶界渗入现象的措施是选用硅、硼含量较低的钎料和在保证钎焊过程正常进行的情况下，采用较低的钎焊温度和较短的保温时间。

选用适当的钎料和钎焊工艺，可获得性能较好的钎焊接头。几种高温合金钎焊接头的力学性能列于表 7.14。

表7.14　几种高温合金钎焊接头的力学性能

合金牌号	钎料牌号	钎焊条件	试验温度	接头强度		备注
				抗拉强度/MPa	屈服强度/MPa	
GH1140	BNi70CrSiMoB（HLNi-2）	1200℃氩气保护钎焊	20	—	570	钎料中 Nb 含量≤0.1%
			900	—	73.5	

合金牌号	钎料牌号	钎焊条件	试验温度	接头强度		备注
				抗拉强度/MPa	屈服强度/MPa	
GH3044	BNi70CrSiBMo（HLNi-2）BNi77CrSiB（GHL-6）	1080～1180℃真空钎焊1100℃氩气保护焊	20 900 1100 20 800 900	— — — — — —	234 162 74 300 270 114	
GH4169	BAu82Ni（HLAuNi17.5）	1030℃真空钎焊	20 538	— —	320 220	
GH4141	BNi70CrSiB（HL-5）	1170℃真空钎焊	25 648 870	370 400 245	230 255 150	—
GH5188	BNi70CrSiB（HL-5）	1170℃真空钎焊	20 648 870	— — —	308 260 90	—
K403+GH3044	BNi70CrSiB（HL-5）BNi77CrBSi+40%Ni 粉	1080～1180℃真空钎焊1200℃氩气保护焊	— 800 900 20 900 1000	σ[①]/MPa 49.0 9.8 310 220 150	t/h[①] ≥80 ≥70 — — —	钎料中 C 含量0.5%
K403	BNi77CrBSi	1130℃真空钎焊	950	270	—	—

① σ 为持久拉伸应力（MPa）；t 为相应拉伸应力下的断裂时间（h）。

国外常用贵金属钎料钎焊的高温合金接头性能如下。表 7.15 是用银钯锰（SPM）钎料钎焊的 NiCr20Co18Ti 合金接头的应力 - 破坏性能。表 7.16 是采用 Ni-Mn-Pd、Ag-Pd-Mn 和 Au-Ni 钎料钎焊高温合金接头的高温强度。表 7.17 是采用 Ni-Mn-Pd、Ag-Pd-Mn 和 Au-Ni 钎料钎焊的高温合金接头的应力 - 破坏性能。表 7.18 是采用含钯钎料钎焊的高温合金接头的高温强度。

表 7.15　银钯锰和镍钯锰钎料钎焊的 NiCr20Co18Ti
合金接头的应力 - 破坏性能

钎料	成分	母材	试验温度 /℃	蠕变极限 /MPa		
				500h	1000h	5000h
SPM1	75Ag-20Pd-5Mn	NiCr20Co18Ti	800	20	15	10
SPM2	64Ag-33Pd-3Mn	NiCr20Co18Ti	800	27	24	15
SPM2		NiCr20Co18Ti	950	24	8	3
NMP	48Ni-31Mn-21Pd	NiCr20Co18Ti	800	47	39	32
NMP		NiCr20Co18Ti	950	—	8	—

表 7.16　Ni-Mn-Pd、Ag-Pd-Mn 和 Au-Ni 钎料钎焊的
高温合金接头的高温强度

母材	母材屈服强度 /MPa				钎料	接头抗拉强度 /MPa			
	20℃	400℃	500℃	600℃		20℃	400℃	500℃	600℃
X8NiCrAlTi7520	750	720	710	700	NMP	520	550	550	600
					SPM2	650	600	400	380
					Au-18Ni	780	700	600	500

表 7.17　Ni-Mn-Pd、Ag-Pd-Mn 和 Au-Ni 钎料钎焊的高温
合金接头的应力－破坏性能

母材	母材				钎料	接头持久强度 /MPa					
	持久强度(650℃,1000h)/MPa	屈服强度 /MPa				100h			1000h		
		400℃	500℃	600℃		400℃	500℃	600℃	400℃	500℃	600℃
X10NiCrTi7020	—	300	300	260	SPM2	—	220	100	—	200	48
					NMP	—	330	220	—	320	80
					Au-18Ni	—	78	18	—	48	< 10
X8NiCrAlTi7520	400	720	710	700	NMP	—	290	270	—	250	70
X8NiCoCrTi552020	480	750	740	730	NMP	—	280	170	—	240	70

表 7.18　含钯钎料钎焊的 NiCr20Co18Ti 合金接头的高温强度

钎料	成分	NiCr20Co18Ti 接头的高温强度 /MPa													
		撕裂强度							抗剪强度						
		20℃	200℃	400℃	500℃	600℃	700℃	800℃	20℃	200℃	400℃	500℃	600℃	700℃	800℃
SPM1	75Ag-20Pd-5Mn	540	400	250	320	300	—	—	250	—	—	—	140	110	100
SPM2	64Ag-33Pd-3Mn	610	550	410	350	300	—	—	250	—	—	—	230	170	—	140
NMP	48Ni-31Mn-21Pd	—	—	—	—	—	—	—	340	—	—	280	280	260	150
PN1	60Pd-40Ni	—	—	—	—	—	—	—	—	—	—	—	—	—	—

（6）高温合金的大间隙钎焊

高温合金铸件锻件的钎焊，其间隙一般大于 0.3mm，局部可达到 0.6mm
以上，由此产生了大间隙钎焊工艺。大间隙钎焊的原理是采用金属粉或合金

粉作为高熔点组分与钎料（低熔点组分）组成黏度大的黏滞物，填充并滞留在间隙中，依靠液态钎料润湿，流布于母材和合金粉之间，并相互作用而形成牢固的钎焊接头，将零件连接起来。大间隙钎焊工艺包括接头准备、钎料和合金粉的选用及填加、钎焊和扩散处理等工艺环节。

1）接头准备

大间隙钎焊的接头设计除产品结构要求外应设计为有利于合金粉和钎料填加的形式，如丁字接头、小搭接长度的搭接接头。钎焊间隙因钎焊工艺的不同而不同，一般在 0.3 ～ 0.8mm 范围。接头在焊前应该仔细清理待焊表面。

2）合金粉和钎料的选择和填加

合金粉和钎料应根据高温合金焊件使用要求、母材特性和接头形式选择。常用合金粉有镍粉、80Ni-20Cr 粉、K3 合金粉、K5 合金粉、FGH95 合金粉等。选用与母材相同成分的合金粉为最好。

当焊件工作温度低，承受应力小时，选用纯镍粉。当焊件工作温度高，承受应力较大时，选用 K3、K5 或 FGH95 合金粉。钎料的选用除一般原则外应选择固 - 液相温度区间较大的钎料，这种钎料流动性差，易滞留在接头间隙中。合金粉和钎料的粒度不宜过大或过小。粒度越小，表面积越大，合金粉与钎料作用面积越大，易使混合料熔点变高，钎缝中形成缩孔；粒度过大，合金粉之间空隙过大，钎料填充后形成大块共晶组织。一般合金粉粒度为 0.071 ～ 0.154mm。合金粉与钎料的比例一般为 35：65 至 45：55。

合金粉与钎料应加入间隙中，方式有混合法和预置法两种，预置法中又分静压法和预烧结法两种。

混合法是将一定成分、一定粒度的合金粉和钎料按照一定的比例混合均匀，然后放置在钎焊间隙中并捣实。该方法的优点是合金粉与钎料可以按比例加入，混合料用量也便于控制；其缺点是混合料是粉末状态，钎焊后钎缝金属收缩，造成钎缝仍未填满和钎缝中有较多的缩孔。

预置法是将一定成分和粒度的合金粉预先置入间隙中，然后施加静压使合金粉密实或进行烧结，再在钎缝口处填加钎料，当加热到钎焊温度时，钎料熔化，沿合金粉空隙流满钎缝，形成牢固接头。预置法的优点是可以消除钎缝中的大部分孔洞，防止大块脆性相；其缺点是合金粉与钎料的比例不能控制，并且增加一道烧结工序。若从保证钎焊质量出发，最好采用预烧结法。

3）钎焊工艺

大间隙钎焊主要工艺参数包括钎焊温度和保温时间。钎焊温度不宜过低，一般应高于正常钎焊温度10℃左右。钎焊温度偏低，钎料与合金粉作用较弱，钎料中的硼很少扩散，使钎缝中形成较多的硼化物脆性相。若钎焊温度高一些，钎料与合金粉相互溶解，硼向合金粉的扩散增强，钎缝中镍的固溶体比例增加，大块镍-硼化物共晶消除，钎缝中仅存在不连续分布的复合化合物相，改善了钎缝组织。保温时间也应比正常钎焊的保温时间长。时间过短，钎缝中的合金粉与钎料作用不充分，易出现大块共晶组织，而且孔洞缺陷也多。充分的保温时间，可以使组织较均匀，缺陷也会减少。

扩散处理是为改善钎缝组织，提高钎缝质量和重熔温度，提高钎焊接头的力学性能，尤其是高温持久性能而进行的。扩散温度一般选择母材固溶处理温度或比钎焊温度稍高的温度。温度较高时，加快 B、Si 元素的扩散，促使共晶组织产生转变，形成高熔点的化合物相，呈不连续分布。扩散时间一般较长，从 2h 至 3h，依不同合金粉、钎料和母材而选择不同时间，以达到组织改善或均匀化目。

复习思考题

① 低合金钢的钎焊特点是什么?
② 低合金钢用钎料和钎剂有哪些类型?
③ 针对不同类型的不锈钢，其钎焊特点是什么?
④ 不锈钢用钎料和钎剂有哪些类型?
⑤ 采用镍基钎料钎焊不锈钢时，如何保证钎焊接头的性能?
⑥ 不锈钢常用的钎焊方法有哪些?
⑦ 高温合金的类型有哪些? 各有何主要特点?
⑧ 钎焊高温合金时，如何保证接头的高温性能?
⑨ 高温合金用钎料有哪些类型?
⑩ 真空钎焊高温合金的工艺要点是什么?

二维码
见封底

微信扫码
立即获取

教学视频
配套课件

第 **8** 章

异种材料的钎焊

微信扫描封底二维码
即可获取教学视频、配套课件

现代工程结构中，异种材料焊接结构得到越来越广泛的应用。焊接技术的发展可以将具有不同性能的异种材料牢固地接合起来，既能满足工程中的各种性能要求，又可以节约贵重金属，降低成本。在某些情况下，异种材料结构的综合性能甚至超过单一金属结构。采用钎焊方法制造的异种材料复合零部件日益受到人们的重视，具有广阔的应用前景。近年来，异种材料焊接结构在航空航天、石油化工、电站锅炉、核动力、机械、电子、造船及其他一些领域获得越来越广泛的应用。

8.1
陶瓷与金属的钎焊

陶瓷是指以各种金属的氧化物、氮化物、碳化物、硅化物为原料，经适当配料、成形和高温烧结等工序人工合成的无机非金属材料。与金属材料相比，陶瓷具有许多独特的性能。这类材料一般由共价键、离子键或混合键结合而成，键合力强，具有很高的弹性模量和硬度。陶瓷材料的理论强度高于金属材料，但因其成分、组织不如金属那样单纯，并且陶瓷内部的缺陷多，所以陶瓷的实际强度比金属低。在室温下陶瓷几乎不具有塑性。

陶瓷是一种无机非金属材料，按其应用特性可分为功能陶瓷和工程结构陶瓷两大类。功能陶瓷包括电子陶瓷、高温陶瓷、光学陶瓷、高硬陶瓷等。功能陶瓷具有电绝缘性、半导体性、磁性、化学吸附性、生物适应性、耐辐射性等多种功能，且具有相互转化功能。工程结构陶瓷强调材料的力学性能，以其具有的耐高温、高强度、超硬度、高绝缘性、高耐磨性、抗腐蚀等性能，在工程领域得到广泛应用。

8.1.1　陶瓷与金属的钎焊特点

陶瓷材料的加工性能差，塑性和冲击韧性低，耐热冲击能力弱以及制造尺寸大而形状复杂的零件较为困难，因此陶瓷通常都是与金属材料一起组成复合结构来应用。当陶瓷与其他材料（一般为金属材料）连接时，一旦确定好适当的接头设计及连接技术时，陶瓷将给部件提供附加功能并改善其应用性能。所以陶瓷与金属材料之间的可靠连接是推进陶瓷材料应用的关键。

由于陶瓷材料与金属原子结构之间存在本质上的差别，加上陶瓷材料本身特殊的物理化学性能，因此，无论是与金属连接还是陶瓷本身的连接都存在不少问题。当陶瓷与金属连接时，需要在连接材料之间作一个界面。这个界面材料应符合以下几点要求：

① 界面材料与被焊材料有不同的线膨胀系数；

② 结合类型，也就是离子 / 共价键结合；

③ 陶瓷与金属间晶格的错配。

陶瓷与金属材料焊接中出现的主要问题如下。

（1）陶瓷与金属焊接中的热膨胀与热应力

陶瓷的线膨胀系数比较小，与金属的线膨胀系数相差较大，通过加热连接陶瓷与金属时，接头区会产生残余应力，削弱接头的力学性能，残余应力较大时还会导致连接陶瓷接头的断裂破坏。

控制应力的方法之一是在焊接时尽可能地减小焊接部位及其附近的温度梯度，控制加热和冷却速度，降低冷却速度有利于应力松弛而使应力减小。另一个减小应力的办法是采用金属中间层，使用塑性材料或线膨胀系数接近陶瓷线膨胀系数的金属材料。

（2）陶瓷与金属很难润湿

陶瓷材料润湿性很差，或者根本就不润湿。采用钎焊或扩散焊的方法连接陶瓷材料，由于熔化的金属在陶瓷表面很难润湿，故难以选择合适的钎料。

为了使陶瓷与金属达到钎焊的目的，最基本条件之一是使钎料对陶瓷表面产生润湿，或提高对陶瓷的润湿性，最后达到钎焊连接。例如，采用活性金属Ti在界面形成Ti的化合物，获得良好的润湿性。

此外，在陶瓷连接过程中，往往在陶瓷表面进行金属化处理（用物理或化学的方法涂上一层金属），然后再进行陶瓷与陶瓷或陶瓷与其他金属的连接。这种方法实际上就是把陶瓷与陶瓷或陶瓷与其他金属的连接变成了金属之间的连接，但是这种方法的结合强度不高，主要用于密封的焊缝。

（3）易生成脆性化合物

由于陶瓷和金属的物理化学性能差别很大，两者连接时除存在着键型转换以外，还容易发生各种化学反应，在结合界面生成各种碳化物、氮化物、硅化物、氧化物以及多元化合物等。这些化合物硬度高、脆性大，是造成接头脆性断裂的主要原因。

确定界面脆性化合物相时，由于一些轻元素（C、N、B等）的定量分析误差较大，需制备多种试样进行标定。多元化合物的相结构确定一般通过X射线衍射方法和标准衍射图谱进行对比，但有些化合物没有标准图谱，使物相确定有一定的难度。

（4）陶瓷与金属的结合界面

陶瓷与金属接头在界面间存在着原子结构能级的差异，陶瓷与金属之间是通过过渡层（扩散层或反应层）而焊合的。两种材料间的界面反应对接头的形成和性能有很大的影响。接头界面反应和微观结构是陶瓷与金属焊接研究中的重要课题。

陶瓷材料主要含有离子键或共价键，表现出非常稳定的电子配位，很难被金属键的金属钎料润湿，所以用通常的熔焊方法使金属与陶瓷产生熔合是很困难的。用金属钎料钎焊陶瓷材料时，要么对陶瓷表面先进行金属化处理，对被焊陶瓷的表面改性，要么是在钎料中加入活性元素，使钎料与陶瓷之间有化学反应发生，通过反应使陶瓷的表面分解形成新相，产生化学吸附机制，这样才能形成结合牢固的陶瓷与金属结合的界面。

8.1.2　陶瓷与金属的钎焊方法

目前陶瓷与金属连接中应用最多的是钎焊连接。其原理是利用陶瓷与金属之间的钎料在高温下熔化，其中的活性组元与陶瓷原料发生化学反应，形成稳定的反应梯度层使两种材料结合在一起。

陶瓷/金属钎焊一般分为间接钎焊和直接钎焊。

间接钎焊（也称为两步法）是先在陶瓷表面进行金属化，再用普通钎料进行钎焊。陶瓷表面金属化的方法最常用的是 Mo-Mn 法，此外还有物理气相沉积（PVD）、化学气相沉积（CVD）、热喷涂法以及离子注入法等。间接钎焊工艺复杂，应用受到一定限制。

直接钎焊法（也称为一步法）又叫活性金属化钎焊法，是在钎料中加入活性元素，如过渡金属 Ti、Zr、Hf、Nb、Ta 等，通过化学反应使陶瓷表面发生分解，形成反应层。反应层主要由金属与陶瓷的化合物组成，这些产物大多表现出与金属相同的结构，因此可以被熔化的金属润湿。直接钎焊法可使陶瓷结构件的制造工艺变得简单，成为近年来研究的热点之一。直接钎焊陶瓷的关键是使用活性钎料，在钎料能够润湿陶瓷的前提下，还要考虑高温钎焊时陶瓷与金属线膨胀系数差异是否会引起裂纹。在陶瓷和金属之间插入中间缓冲层可有效降低应力，提高接头强度。直接钎焊的局限性在于接头的高温强度较低以及大面积钎焊时钎料的铺展问题。

陶瓷与金属钎焊方法的分类、原理及适用材料见表 8.1。

表 8.1　陶瓷 – 金属钎焊方法的分类、原理及适用材料

分类	原理	适用材料	说明
Mo-Mn 法	以 Mo 或 Mo-Mn 粉末（粒度为 $3\sim5\mu m$）同有机溶剂混合成膏剂作钎料，涂于陶瓷表面，在水蒸气气氛中加热进行钎焊	陶瓷 - 金属连接	广泛用于 Al_2O_3 等氧化物陶瓷与金属的连接，如各种电子管和电气机械中陶瓷与金属连接部位的密封
活性金属化法	对氧化性的金属（Ti、Zr、Nb、Ta 等）添加某些金属（如 Ag、Cu、Ni 等）配置成低熔点合金作钎料（这种钎料熔融金属的表面张力和黏度小、润湿性好），加到被连接的陶瓷与金属的间隙中，在真空或 Ar 等惰性气氛炉内加热钎焊	陶瓷 - 金属连接	所连接的工件形状可任意，适合于产量大的场合。Al_2O_3 与金属连接时，钎料可用 Ti-Cu、Ti-Ni、Ti-Ni-Cu、Ti-Ag-Cu、Ti-Au-Cu 等合金；要求高温强度的场合，钎料可用 Ti-V 系 和 Ti-Zr 系添加 Ta、Cr、Mo、Nb 等的合金，钎焊温度 $1300\sim1650℃$
陶瓷熔接法	采用熔点比所连接的陶瓷和金属低的混合型氧化物玻璃质钎料，用有机黏结剂调成膏状，嵌入接头中，在氢气中加热熔接	陶瓷 - 金属连接	Al_2O_3-CaO-MgO-SiO_2 钎料用于陶瓷与耐热金属的连接，加热温度 1200 ℃ 以上。Al_2O_3-MnO-SiO_2 钎料用于陶瓷与铁系合金、耐热金属的连接，加热温度在 1400℃ 以上
一氧化铜法	用一氧化铜（CuO）粉末（粒度 $2\sim5\mu m$）作中间材料，在真空或氧化性气氛中加热，借熔融铜在 Al_2O_3 陶瓷面上的良好润湿性与氧化物反应进行钎焊	氧化物陶瓷（Al_2O_3、MgO、ZrO_2）之间的连接，氧化物与金属的连接	通常的钎接条件是：在真空度 $6.67\times10^{-5}Pa$ 的真空炉中，约 500℃温度下加热 20min

分类	原理	适用材料	说明
非晶体合金法	用厚约 40～50μm、宽约 10μm 的非晶二元合金（Ti-Cu、Ti-Ni 或 Zr-Cu、Zr-Ni）箔作钎料，置于结合面中，然后在真空或 Ar 气氛炉中加热钎焊	Si$_3$N$_4$、SiC 等陶瓷 - 陶瓷连接，Si$_3$N$_4$ 或 SiC 与金属连接	活性金属化法的变种。用 Cu-Ti 合金箔作钎料连接 Si$_3$N$_4$-Si$_3$N$_4$ 或 SiC-SiC 等非氧化物陶瓷，可获得较高的接头强度
超声波钎焊法	利用超声波振动的表面摩擦功能和搅拌作用，同时用 Sn-Pb 合金软钎料（通常添加 Zn、Sb 等）进行浸渍钎焊	玻璃、Al$_2$O$_3$ 陶瓷等的连接	纯度（质量分数）为 99.6% 的 Al$_2$O$_3$ 难以用本法钎接。纯度（质量分数）为 96% 的 Al$_2$O$_3$ 用 Sn-Pb 钎料加 Zn 进行钎焊，可大大提高接头强度
激光活化钎焊法	用氢氧化物系耐热玻璃作中间层置于接头中，在 Ar 或 N$_2$ 气氛下边加热边用激光照射，使之活化，进行钎焊	玻璃、Al$_2$O$_3$ 陶瓷等的连接	—

陶瓷与金属钎焊采取的工艺措施有下述几种。

1）陶瓷表面金属化法

主要适用于氧化物陶瓷。首先将陶瓷表面金属化，然后再与金属连接。金属化法的方法很多，最常用的是 Mo-Mn 法，主要是将纯金属粉末（Mo、Mn）与金属氧化物粉末组成的膏状混合物涂于陶瓷表面，再在炉中高温加热，形成金属层。也可在陶瓷表面镀镍以形成金属层；采用 CVD 或 PVD 法进行气相沉积，也可在陶瓷表面形成金属层。

2）活性金属化法

适用于氧化物和非氧化物陶瓷。Ti、Zr、Hf 等过渡金属的化学活泼性很强，被称为活性金属，它们对陶瓷有较强的亲和力。在 Au、Ag、Cu、Ni 等系统的钎料中加入这类活性金属后，形成所谓活性钎料。活性钎料在液态下极易与陶瓷发生化学反应而形成陶瓷与金属的连接。因为活性金属的化学活泼性很强，所以钎焊一般要在真空中或极高纯度的惰性气氛中进行。

3）氧化物钎料法

多用于电子产品的功能陶瓷与金属的连接。这种方法是利用氧化物熔化后形成的玻璃相，它一方面向陶瓷渗透，另一方面同时向金属浸润来形成连接。氧化物钎料分高温、低温两大类，高温氧化物钎料的软化温度高达 1200～2000℃，低温氧化物钎料的软化温度低于 300～400℃。陶瓷与金属连接时常用的是高温类氧化物钎料。

4）氟化物钎焊法

利用卤族元素化合物作钎料进行一些非氧化物陶瓷的钎焊，可以获得具有较高抗拉强度而又耐热抗氧化的接头。这类钎料的主要成分是 CaF$_2$ 和 NaF

等，钎焊时的加热温度都比较高。这种方法多应用于电子产品。

8.1.3 钎料

陶瓷金属化后再进行钎焊，使用最广泛的一种钎料是 BAg72Cu。也可以根据需要，选用其他的钎料。陶瓷与金属连接常用的钎料见表 8.2。

表 8.2 陶瓷与金属连接常用的钎料

钎料	成分 /%	熔点 /℃	流点 /℃
Cu	100	1083	1083
Ag	＞99.99	960.5	960.5
Au-Ni	Au 82.5, Ni 17.5	950	950
Cu-Ge	Ge 12, Ni 0.25, Cu 余量	850	965
Ag-Cu-Pd	Ag 65, Cu 20, Pd 15	852	898
Au-Cu	Au 80, Cu 20	889	889
Ag-Cu	Ag 50, Cu 50	779	850
Ag-Cu-Pd	Ag 58, Cu 32, Pd 10	824	852
Au-Ag-Cu	Au 60, Ag 20, Cu 20	835	845
Ag-Cu	Ag 72, Cu 28	779	779
Ag-Cu-In	Ag 63, Cu 27, In 10	685	710

直接钎焊陶瓷的关键是使用活性钎料，在钎料能够润湿陶瓷的前提下，还要考虑高温钎焊时陶瓷与金属线膨胀系数差异会引起的裂纹，以及夹具定位等问题。

用于直接钎焊陶瓷的高温活性钎料见表 8.3。其中二元系钎料以 Ti-Cu、Ti-Ni 为主，这类钎料蒸气压较低，700℃时小于 1.33×10^{-3}Pa，可在 1200～1800℃ 范围使用。三元系钎料为 Ti-Cu-Be 或 Ti-V-Cr，其中 49Ti-49Cu-2Be 具有与不锈钢相近的耐腐蚀性，并且蒸气压较低，在防泄漏、防氧化的真空密封接头中使用。不含 Cr 的 Ti-Zr-Ta 系钎料，也可以直接钎焊 MgO 和 Al_2O_3 陶瓷，这种钎料获得的接头能够在温度高于 1000℃ 的条件下工作。国内研制的 Ag-Cu-Ti 系钎料，能够直接钎焊陶瓷与无氧铜，接头抗剪强度可达 70MPa。

表 8.3 用于直接钎焊陶瓷与金属的高温活性钎料

钎料	熔化温度 /℃	钎焊温度 /℃	用途及接头性能
92Ti-8Cu	790	820～900	陶瓷-金属
75Ti-25Cu	870	900～950	陶瓷-金属
72Ti-28Ni	942	1140	陶瓷-陶瓷，陶瓷-石墨，陶瓷-金属
68Ti-28Ag-4Be	—	1040	陶瓷-金属
54Ti-25Cr-21V	—	1550～1650	陶瓷-陶瓷，陶瓷-石墨，陶瓷-金属

钎料	熔化温度/℃	钎焊温度/℃	用途及接头性能
50Ti-50Cu	960	980～1050	陶瓷-金属
50Ti-50Cu（原子比）	1210～1310	1300～1500	陶瓷-蓝宝石，陶瓷-锂
49Ti-49Cu-2Be	—	980	陶瓷-金属
48Ti-48Zr-4Be	—	1050	陶瓷-金属
47.5Ti-47.5Zr-5Ta	—	1650～2100	陶瓷-钽
7Ti-93（BAg72Cu）	779	820～850	陶瓷-钛
6Ti-68Cu-26Ag	779	820～850	陶瓷-钛
100Ge	937	1180	自粘接碳化硅-金属（σ_b=400MPa）
85Nb-15Ni	—	1500～1675	陶瓷-铌（σ_b=145MPa）
75Zr-19Nb-6Be	—	1050	陶瓷-金属
56Zr-28V-16Ti	—	1250	陶瓷-金属
83Ni-17Fe	—	1500～1675	陶瓷-钽（σ_b=140MPa）
66Ag-27Cu-7Ti	779	820～850	陶瓷-钛

由于陶瓷与金属连接多是在氢气炉或真空炉中进行，当用陶瓷金属化法对真空电子器件钎焊时，对钎料的要求是：

① 钎料中不含有饱和蒸气压高的化学元素，如 Zn、Cd、Mg 等，以免在钎焊过程中这些化学元素污染电子器件或造成电介质漏电；

② 钎料的含氧量不能超过 0.001%，以免在氢气中钎焊时生成水蒸气；

③ 钎焊接头要有良好的松弛性，能最大限度地减小由陶瓷与金属线膨胀系数差异而引起的热应力。

在选择陶瓷与金属连接的钎料时，为了最大限度地减小焊接应力，有时也不得不选用一些塑性好、屈服强度低的钎料，如纯 Ag、Au 或 Ag-Cu 共晶钎料等。

玻璃化法是利用毛细作用实现连接，这种方法不加金属钎料而加无机钎料（玻璃体），如氧化物、氟化物的钎料。氧化物钎料熔化后形成的玻璃相能向陶瓷渗透，浸润金属表面，最后形成连接。典型的玻璃化法氧化物钎料配方见表8.4。

表8.4 典型的玻璃化法氧化物钎料配方

系列	配方组成/%	熔制温度/℃	线膨胀系数/($10^{-6}\cdot K^{-1}$)
Al-Y-Si	Al_2O_3 15，Y_2O_3 65，SiO_2 20	—	7.6～8.2
Al-Ca-Mg-Ba	Al_2O_3 49，CaO 36，MgO 11，BaO 4 Al_2O_3 45，CaO 36.4，MgO 4.7，BaO 13.9	1550 1410	— 8.8
Al-Ca-Ba-B	Al_2O_3 46，CaO 36，BaO 16，B_2O_3 2	(1320)	9.4～9.8

系列	配方组成 /%	熔制温度 /℃	线膨胀系数 /(10⁻⁶·K⁻¹)
Al-Ca-Ba-Sr	Al_2O_3 44～50, CaO 35～40, BaO 12～16, SrO 1.5～5 Al_2O_3 40, CaO 35, BaO 15, SrO 10	1500 (1310) 1500	7.7～9.1 9.5
Al-Ca-Ta-Y	Al_2O_3 45, CaO 49, Ta_2O_3 3, Y_2O_3 3	(1380)	7.5～8.5
Al-Ca-Mg-Ba-Y	Al_2O_3 40～50, CaO 30～40, MgO 10～20 BaO 3～8, Y_2O_3 0.5～5	1480～1560	6.7～7.6
Zn-B-Si-Al-Li	ZnO 29～57, B_2O_3 19～56, SiO_2 4～26, Li_2O 3～5, Al_2O_3 0～6	(1000)	4.9
Si-Ba-Al-Li-Co-P	SiO_2 55～65, BaO 25～32, Al_2O_3 0～5, Li_2O 6～11, CaO 0.5～1, P_2O_5 1.5～3.5	(950～1100)	10.4
Si-Al-K-Na-Ba-Sr-Ca	SiO_2 43～68, Al_2O_3 3～6, K_2O 8～9, Na_2O 5～6, BaO 2～4, SrO 5～7, CaO 2～4, 另含少量 Li_2O、MgO、 TiO_2、B_2O_3	(1000)	8.5～9.3

注：括号中的数据为参考温度。

玻璃体固化后没有韧性，无法承受陶瓷的收缩，只能靠配制成分使其线膨胀系数尽量与陶瓷的线膨胀系数接近。这种方法的实际应用也是相当严格的。

调整钎料配方可以获得不同熔点和线膨胀系数的钎料，以便适用于不同的陶瓷和金属的连接。这种玻璃体中间材料实际上是 Si_3N_4 陶瓷晶粒间的黏结相（如 Al_2O_3、Y_2O_3、MgO 等）以及杂质 SiO_2，是烧结时就有的。连接在超过 1530℃的高温下（相当于 Y-Si-Al-O-N 的共晶点）进行，不需加压，通常用氮气保护。

8.1.4 陶瓷与金属的钎焊工艺

（1）接头设计

1）合理选择钎接匹配材料

选择线膨胀系数相近的陶瓷与金属相互匹配，如 Ti 与镁橄榄石陶瓷和 Ni 与 95%Al_2O_3 陶瓷，在室温至 800℃范围内，它们的线膨胀系数基本一致。利用金属的塑性减小钎接应力，如用无氧铜与 95%Al_2O_3 陶瓷钎接，虽然金属与陶瓷的线膨胀系数差别很大，但由于充分利用了软金属的塑性与延展性，仍能获得良好的连接。选择高强度、高热导率陶瓷，如 BeO、AlN 等，可以减小钎焊接头处的热应力，提高钎缝结合强度。

2）利用金属件的弹性变形减小应力

利用金属零件的非钎接部位薄壁弹性变形，设计成"挠性钎接结构"以释放应力。典型的挠性钎接接头形式见图 8.1。

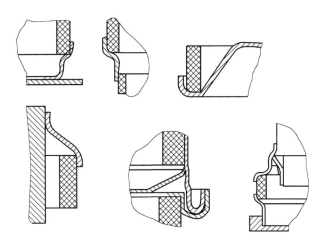

图 8.1 典型的挠性钎接接头形式

3）避免应力集中

陶瓷件设计应避免尖角或厚薄相差悬殊，尽量采用圆形或圆弧过渡。套封时改变金属件端部形状，使封口处金属端减薄，可增加塑性，减小应力集中。

控制钎焊件加热温度，防止产生焊瘤。钎料的线膨胀系数一般都比较大，如果钎料堆积，会造成局部应力集中，导致陶瓷炸裂。

4）重视钎料的影响

尽量选用强度低、塑性好的钎料，如 Ag-Cu 共晶，纯 Ag、Cu、Au 等，以最大限度地释放应力。在保证密封的前提下，钎料层尽可能薄。选择适宜的焊脚长度，套封时焊脚长度对接头强度影响很大，一般以 0.3～0.6mm 为宜。

（2）金属化钎焊工艺

以 Mo-Mn 金属化法为例，陶瓷金属化钎焊连接的工艺流程见图 8.2。

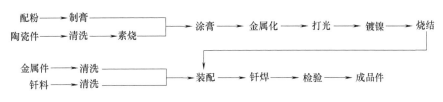

图 8.2 Mo-Mn 法陶瓷金属化钎焊连接的工艺流程

金属化膏剂的制备和涂覆工艺如下。

① 零件的清洗 陶瓷件可以在超声波清洗机中用清洗剂清洗，然后用去

离子水清洗并烘干。金属件则要通过碱洗、酸洗的办法去除金属表面的油污、氧化膜等,并用流动水清洗、烘干。清洗过的零件应立即进入下一道工序,中间不得用裸手接触。

② 涂膏剂　将各种原料的粉末按比例称好,加入适量的硝棉溶液、醋酸丁酯、草酸二乙酯等。这是陶瓷金属化的重要工序,膏剂多由纯金属粉末加适量的金属氧化物组成,粉末粒度为 $1 \sim 5\mu m$,用有机黏结剂调成糊状,用毛笔或其他一些喷涂的方法均匀地涂刷在需要金属化的陶瓷表面上。涂层厚度 $30 \sim 60\mu m$。

③ 陶瓷金属化　将涂好的陶瓷件放入氢气炉中,在 $1300 \sim 1500℃$ 温度下保温 $0.5 \sim 1h$。

④ 镀镍　金属化层多为 Mo-Mn 层,难与钎料浸润,须再镀上一层厚度 $4 \sim 5\mu m$ 的镍。

⑤ 装架　将处理好的金属件和陶瓷件装配在一起,在接缝处装上钎料。

⑥ 钎焊　在氢气炉或真空炉中进行,钎焊温度由钎料而定。在钎焊过程中加热和冷却速度都不能过快,以防止陶瓷件炸裂。

⑦ 检验　对一些有特殊要求的陶瓷封接件,如真空器件或电器件,要进行泄漏、热冲击、热烘烤和绝缘强度等检验。

(3) 活性金属化法钎焊工艺

过渡族金属(如 Ti、Zr、Nb 等)具有很强的化学活性,这些元素对氧化物、硅酸盐等有较大的亲和力,可通过化学反应在陶瓷表面形成反应层。在 Au、Ag、Cu、Ni 等系统的钎料中加入这类活性金属后,形成所谓活性钎料。活性钎料在液态下极易与陶瓷发生化学反应而形成陶瓷与金属的连接。

反应层主要由金属与陶瓷的复合物组成(表现出与金属相同的微观结构,可被熔化金属润湿),达到与金属连接的目的。活性金属的化学活性很强,钎焊时活性元素的保护是很重要的,这些元素一旦被氧化后就不能再与陶瓷发生反应。因此活性金属化法钎焊一般是在 $10^{-2}Pa$ 以上的真空或惰性保护气氛中进行,一次完成钎焊连接。

活性金属化法钎焊用活性钎料通常以 Ti 作为活性元素。可适用于钎焊氧化物陶瓷、非氧化物陶瓷以及各种无机介质材料。由于是用活性金属与陶瓷直接钎接,工序简单,所以发展很快。表 8.5 是常用的几种活性金属化法钎焊的比较。

以活性金属 Ti-Ag-Cu 法为例,陶瓷与金属的活性钎焊连接的工艺流程见图 8.3。

表8.5 几种常用的活性金属化法钎焊的比较

钎料	钎料加入方式	钎焊温度/℃	保温时间/min	陶瓷材料	金属材料	特点及应用
Ag-Cu-Ti	在陶瓷表面预涂厚度为20～40μm的Ti粉，然后用厚度为0.2mm的Ag69Cu26Ti5钎料施焊	850～880	3～5	高氧化铝、蓝宝石、透明氧化铝、镁橄榄石、微晶玻璃、云母、石墨以及非氧化物陶瓷	Cu, Ti, Nb	对陶瓷润湿性良好，接头气密性好，应用广泛。常用于大件匹配性钎接和软金属与高强度陶瓷钎接。缺点是钎料含Ag量大，蒸气压高，易沉积于陶瓷表面，使其绝缘性能下降
Ti-Ni	用厚度为10～20μm的Ti71.5Ni28.5箔作钎料施焊	990±10	3～5	高氧化铝、镁橄榄石陶瓷	Ti	钎焊温度较高，蒸气压较低，对陶瓷润湿性良好，特别适用于Ti与镁橄榄石陶瓷的匹配钎接。缺点是钎焊温度范围窄，零件表面清理要求严格
Cu-Ti	Ti 25%～30%，Cu余量，用符合上述匹配的Ti（Cu）箔或粉作钎料施焊	900～1000	2～5	高氧化铝、镁橄榄石以及非氧化物陶瓷	Cu, Ti, Ta, Nb, Ni-Cu	钎焊温度较高，蒸气压低，对陶瓷润湿性良好，合金脆硬，适用于匹配钎接或高强度陶瓷钎接

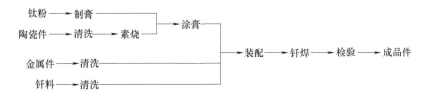

图8.3 陶瓷与金属的活性钎焊连接工艺流程

活性金属化法钎焊工艺要点如下。

① 零件清洗 陶瓷件可在超声波清洗机中清洗，金属件通过碱洗、酸洗去除金属表面的油污、氧化膜等。清洗过的零件立即进入下一道工序。

② 制膏剂 制膏所用的钛粉纯度应在99.7%以上，粒度在270～360目范围。制膏剂时取重量为钛粉一半的硝棉溶液，加上少量的草酸二乙酯稀释，调成膏状。

③ 涂膏剂 用毛笔或其他喷涂的方法将活性钎料膏剂均匀地涂覆在陶瓷的钎接面上。涂层要均匀，厚度一般为25～40mm。

④ 装配 陶瓷表面的膏剂晾干后与金属件及BAg72Cu钎料装配在一起。

⑤ 钎接 在真空或惰性气氛中进行钎接连接。当真空度达到5×10^{-3}Pa时，逐渐升温到779℃使钎料熔化，然后再升温至820～840℃，保温3～5min

后（温度过高或保温时间过长都会使得活性元素与陶瓷件反应强烈，引起钎缝组织疏松，形成漏气）降温冷却。在加热或冷却过程中，注意加热、冷却速度，以避免因加热、冷却过快而造成陶瓷开裂。

⑥ 检验　对钎接件要进行耐烘烤性能检验和气密性检验。对真空器件或电器件，要进行漏气、热冲击、热烘烤和电绝缘强度等检验。

8.2
硬质合金与钢的钎焊

8.2.1　硬质合金与钢的钎焊特点

硬质合金是碳化钨粉末与钴或碳化钨及碳化钛粉末与钴的混合物，经压制成形后烧结而成。工具钢和硬质合金的钎焊主要用于刀具、量具、模具、采掘工具以及整体刀具的连接。

这类工件在工作时受到相当大的应力，特别是压缩弯曲、冲击或交变载荷，因此要求接头强度高、质量可靠。对于硬质合金，它的线膨胀系数与普通钢相比差别很大，硬质合金约为 $6 \times 10^{-6} °C^{-1}$，钢材为 $12 \times 10^{-6} °C^{-1}$。线膨胀系数的不同，使钎焊后冷却产生很大的应力，成为硬质合金产生裂纹的重要原因，这是硬质合金刀具钎焊的主要问题之一。所以必须采取措施减少钎焊应力。

8.2.2　硬质合金用钎料与钎剂

（1）钎料选择

对硬质合金钎料的主要要求是：

① 钎料应对被钎焊的硬质合金和钢基体有良好的润湿性，保证钎料具有良好的流动性与渗透性；

② 硬质合金的使用特点之一是有较高的热硬性，所以要保证钎焊焊缝在常温和高温下有足够高的强度；

③ 钎料的熔点要尽可能低，以减小钎焊应力，防止发生裂纹，但钎料的熔点要高于钎缝的工作温度300℃，以保证刀具在高速切削时能正常工作；

④ 钎料中不应含有低蒸发点的元素，以免在钎焊加热时因钎料中的元素蒸发而影响接头质量或有害人体健康。

硬质合金与钢的钎焊通常用铜基及银基钎料，常用钎料及配用的钎剂见表 8.6。

表 8.6　硬质合金与钢钎焊时用的钎料和钎剂

钎料		钎剂及其配方（质量分数）/%
型号	熔化温度 /℃	
B-Cu62Zn	900 ～ 905	200（苏联）：硼酐 66，硼砂 19，氟化钙 15
B-Cu60ZnMn	890 ～ 905	YJ-6：硼酸 80，硼砂 14.5，氟化钙 5.5
801	890 ～ 911	
B-Cu47ZnMnNiCo（841）	855 ～ 865	
B-Ag45CuZn（HL303）	660 ～ 725	QJ102：脱水氟化钾 42，氟硼酸钾 23，硼酐 35
B-Ag50ZnCuCdNi（HL315）	632 ～ 688	

硬质合金与钢钎焊的钎料根据其熔点和钎焊温度分为高温钎料、中温钎料和低温钎料三大类。钎焊温度在 1000℃以上的钎料称为高温钎料，如紫铜和 106 钎料等；中温钎料的钎焊温度为 850 ～ 1000℃，如 H62、H68 黄铜钎料等；低温钎料是指钎焊温度为 650 ～ 850℃的钎料，如 B-Ag-1 和 L-Ag-49等含银钎料。表 8.7 所示是常见硬质合金与钢钎焊用钎料的成分、性能及使用范围。

表 8.7　常见硬质合金与钢钎焊用钎料的成分、性能和使用范围

钎料名称	化 学 成 分 /%									熔点 /℃	使用范围
	Cu	Fe	Ni	Mn	Si	Al	Zn	Sn	Ag		
铜铁镍合金	72	12	10	4.2	1.8	—	—	—	—	1200	适于大负荷及切削刃温度在 900℃以下的切削加工
铜镍合金	70	—	30	—	—	—	—	—	—	1220	
铜锌镍合金（白铜）	68.7	—	27.5	—	—	0.8	3.0	—	—	1170	
电解铜	99.9	—	—	—	—	—	—	—	—	1083	适于大负荷及切削刃温度在 700℃以下的切削加工
含镍黄铜	68	—	5	—	—	—	27	—	—	1000	
H68 黄铜	68	—	—	—	—	—	32	—	—	950	适于中负荷切削加工，工作温度在 600℃以下者
锰黄铜	60	1.2	—	1.2	—	—	37.6	—	—	920	
105 焊料	58	—	—	4	—	—	38	—	—	909	
H62 黄铜	62	—	—	—	—	—	38	—	—	900	
银基焊料	30	—	—	—	—	—	24.7	0.3	45	820	适于钎焊低钴和高钛合金，如 YG3、YG2、YG3X 及 YT30 等
106 焊料	—	—	—	20	—	—	—	—	80	970	
107 焊料	58	—	—	4	—	—	38	—	—	909	
B-Ag-1	18	—	5	8	—	—	20	—	49	615	
L-Ag-49	15	—	—	—	—	—	16	—	45	700	

注：L-Ag-49 钎料还含有 24%Cd。

紫铜钎料的钎焊温度高而焊缝强度低，多用于真空钎焊。纯铜钎料属单相组织，比较容易控制钎焊温度，对各类硬质合金都有良好的润湿性，塑性

好、价格最便宜。紫铜钎焊焊缝的剪切应力在150MPa左右，可在400℃以下使用。

H68黄铜的钎焊温度比紫铜低得多，但因焊缝强度过低，不经常使用。H62黄铜的熔点和钎焊温度比较低，焊缝具有一定的室温强度，是比较常用的硬质合金钎料。一般用于钎焊在中、小负荷条件下使用的硬质合金工具。需要高温强度的焊缝或焊接面较小的情况下，应采用105钎料。

L-Ag-49低温银钎料在国外使用比较普遍，因为它的熔点较低（690～710℃），对硬质合金有较好的润湿性，有钎焊方便和钎焊应力小等优点。必要时还可以使用紫铜片做补偿垫片，几乎可以完全消除钎焊应力，避免钎焊裂纹。钎焊一些易裂的硬质合金或一些大钎焊面的硬质合金工具，可以采用L-Ag-49低温银钎料。

由于用L-Ag-49银钎料钎焊的工件随着使用温度的提高，焊缝强度迅速下降，所以用L-Ag-49银钎料的工件工作温度应限制在200℃以下。与L-Ag-49银钎料配合使用的钎剂中含有较多的氟化物和氯化物，对焊后清理要求较高，否则会因清洗不干净而导致工件表面腐蚀。

B-Ag-1钎料是一种超低温银钎料，熔点在600～620℃，能使硬质合金接头区的应力进一步降低，也可用紫铜片做补偿垫片来钎焊一些易裂的工件。由于B-Ag-1银钎料的超低熔点以及对碳化钨有良好的润湿性，也适用于金刚石大锯片等某些金刚石工具的钎焊。但B-Ag-1银钎料的价格高，高温强度低，只适宜在低于150℃的温度下使用。该钎料中镉含量为24%，钎焊温度比较高时容易蒸发，有害人体健康。在钎焊时除了必须控制钎焊温度外，还应在钎焊操作处安装排气装置。钎焊后也应注意将工件上的钎剂残渣清洗干净，以免工件腐蚀。

（2）钎剂的选择

钎剂的作用是使刀杆和硬质合金钎焊表面的氧化物还原，使钎料能很好地润湿被钎焊的金属表面。一般钎剂的熔点要低于钎料熔点100℃以上，并有较好的流动性和较低的黏度。钎焊加热过程中熔化了的钎剂能保护钎料和钎焊面，同时起到对氧化物的还原作用。表8.8是常用的硬质合金与钢钎焊用钎剂的化学成分和适用范围。

表8.8　常用硬质合金钎剂的化学成分和适用范围

$Na_2B_4O_7$	B_2O_3	$H_2B_4O_7$	KF	$LiCl_2$	NaF/CaF_2	适用范围
100	—	—	—	—	—	适于熔点在850℃以上的硬焊料钎焊
70	—	30	—	—	—	适于熔点在1000℃以下的焊料钎焊

Na$_2$B$_4$O$_7$	B$_2$O$_3$	H$_2$B$_4$O$_7$	KF	LiCl$_2$	NaF/CaF$_2$	适用范围
85	—	—	15	—	—	适于高碳化钛类硬质合金钎焊
80	20	—	—	—	—	适于熔点在1000℃以上的焊料钎焊
55	15	—	20	—	10	适于高碳化钛类硬质合金钎焊
60	30	—	—	—	10	适于钨钴和钨钛钴类硬质合金钎焊
70	—	10	20	—	—	适于钨钛钴类硬质合金钎焊
50	—	35	15	—	—	适于低温银钎料
—	70	—	—	30	—	适于低温银钎料

硼砂是硬质合金与钢钎焊时最常用的钎剂，使用中应注意各种硼砂的适用范围。

① 工业硼砂（生硼砂）在使用前应先进行脱水处理，因为工业硼砂内含有10份结晶水（Na$_2$B$_4$O$_7$·10H$_2$O），再加上它在空气中吸收了大量水分，在钎焊加热过程中会产生大量泡沫，不但使钎焊操作困难，而且也影响焊缝的质量，最好不采用。

② 脱水硼砂（Na$_2$B$_4$O$_7$）可用于钎焊各种牌号的硬质合金工件，钎焊温度范围为850～1150℃，适合作为紫铜、黄铜、Cu-Zn、银钎料等的钎焊熔剂，但不适于熔点低于800℃的钎料钎焊用。脱水硼砂存放时必须注意防潮，若受潮应烘干后再使用。

硼砂的脱水处理是将工业硼砂盛在钢制坩埚内，将坩埚放入850℃的电阻炉或焦炭炉内加热，加热过程中坩埚内的硼砂冒出大量的白色泡沫。随着加热温度的升高，泡沫逐渐减少，直至泡沫消失。等硼砂全部熔化成液体时即可停止加热，将坩埚内绿色透明的液态硼砂倒在铁盒内，冷却后即自动裂碎成绿色玻璃状碎块。脱水后的硼砂颜色与熔炼时间长短有关，熔炼时间越长硼砂的颜色越深，但对钎焊的质量没有影响。将熔炼后的硼砂块捣碎，用60～80目筛子过筛后装入瓶内待用。

③ 脱水硼砂85%～90%+氟化钾10%～15%的混合熔剂主要用于YT60、YT30等牌号硬质合金的钎焊。因氟化钾有毒性，钎焊时在加热设备附近必须装有强力通风设备，及时将有害气体排出。

氟化物和氯化物有较强的吸水性，在配制含有氟化物和氯化物的熔剂时，也应对其进行脱水处理。脱水时将氟化物和氯化物放在陶瓷或不锈钢的坩埚中加热至270℃左右，保温3～4h，直到不冒烟为止。脱水后的氟化物和氯化物应储存在密闭的玻璃容器内。使用含氟化物或氯化物的熔剂时应注意通风，及时排除有害气体。钎焊后应及时清洗焊件，以免残余的熔剂腐蚀焊缝和基体金属。

　　大多数钎剂都容易吸潮，要注意密封保存，做到随用随取。也可以将钎剂预先调制成糊状，糊状熔剂是将配制好的钎剂加少量酒精、松香油、凡士林油等调成糊状，涂抹在待焊的工件表面。使用低温银钎料时，也可用水将钎剂调成糊状使用，糊状钎剂应现配现用。

8.2.3　硬质合金与钢的钎焊工艺

（1）焊前准备

　　① 焊前应先检查硬质合金是否有裂纹、弯曲或凹凸不平等缺陷。钎焊面必须平整，如果是球形或矩形的硬质合金钎焊面也应符合一定的几何形状，保证合金与基体之间有良好的接触，才能保证钎焊质量。

　　② 对硬质合金进行喷砂处理，没有喷砂设备的情况下，可用手拿住硬质合金，在旋转着的绿色碳化硅砂轮上磨去钎焊面上的氧化层和黑色牌号字母。如不去除硬质合金钎焊面上的氧化层，钎料不易润湿硬质合金。经验证明，钎焊面上若有氧化层或黑色牌号字母，应进行喷砂处理，否则钎料不易润湿硬质合金，钎缝中仍会出现明显的黑色字母，使钎焊面积减少，发生脱焊现象。

　　③ 在清理硬质合金钎焊面时，最好不用化学机械研磨或电解磨削等方法处理，因为它们都是靠腐蚀硬质合金表面层的黏结剂钴来加快研磨或提高磨削效率的，而硬质合金表面的钴被腐蚀掉后，钎料就很难再润湿硬质合金，容易造成脱焊。特殊情况下，硬质合金钎焊面必须用上述方法或电火花线切割处理时，可将处理后的硬质合金再进行喷砂处理或用碳化硅砂轮磨去表面层。喷砂后的硬质合金可用汽油、酒精清洗，以去除油污。

　　④ 钎焊前应仔细检查钢基体上的槽形是否合理，尤其是对易裂牌号的硬质合金和大钎焊面的硬质合金工件，更应严格检查。刀槽也应进行喷砂处理和清洗去除油污。清洗量大时，可采用碱性溶液煮沸 10 ～ 45min。用高频或浸铜钎焊的多刃刀具及复杂量具，最好用饱和硼砂水溶液煮沸 20 ～ 30min，取出烘干后再进行焊接。

　　⑤ 钎料使用前用酒精或汽油擦净，并根据钎焊面裁剪成形。钎焊一般硬质合金刀具或模具时，钎料厚度 0.4 ～ 0.5mm 比较合适，大小与钎焊面相似即可。当用焦炭炉加热时，钎料可适当增加。在钎焊硬质合金多刃刀具、量具等工件时，应尽量缩小钎焊片的面积，一般可将钎料片剪成钎焊面的 1/2 左右，当钎焊技术熟练时，可将钎料片减少至钎焊面的 1/3 或更小。减少钎

料可使焊后工件外形美观、刃磨更方便。

（2）钎焊过程控制

硬质合金工具的钎焊工艺是否正确对焊接质量有至关重要的影响。加热速度对钎焊接头质量有明显的影响。快速加热会使硬质合金片产生裂纹和温度不均；但加热过慢，又会引起表面氧化，使接头强度降低。表 8.9 是部分硬质合金允许的加热速度。

表 8.9　不同牌号硬质合金焊接时允许的加热速度

硬质合金片长度 /mm	YG8	YT5	YT15	YT30
	钎焊时允许的加热速度 / （℃·s^{-1}）			
20 以下	80 ～ 100	60 ～ 80	50 ～ 60	30 ～ 40
20 ～ 40	20 ～ 30	15 ～ 20	12 ～ 15	10 ～ 12

钎焊硬质合金工具时，均匀加热刀杆和硬质合金片是保证接头质量的基本条件。如果硬质合金片加热温度高于刀杆，熔化后的钎料润湿了硬质合金片而不能润湿刀杆。这时接头强度就会降低，在沿钎缝剪切合金片时，钎料不破坏，而随合金片脱开。在焊层上还可看到刀杆支撑面铣刀痕迹。如加热速度过快，刀杆温度高于硬质合金片时，会出现相反的现象。

钎剂、钎料和硬质合金安放顺序和相互位置对钎焊质量有直接的影响。正确地安放钎剂、钎料和硬质合金的方法是：将钎料放在刀槽上，撒上钎剂，再放硬质合金，在硬质合金顶面沿侧面钎缝处再撒上一层钎剂。这样在钎焊时便于掌握钎焊温度，减少焊缝外黏附的多余钎料。

钎焊过程中要正确地控制工件的钎焊温度。钎焊温度过高，会造成钎缝氧化和含锌钎料中锌元素的蒸发；钎焊温度过低，钎缝会因钎料的流动性不好而偏厚，钎缝内有大量的气孔和夹渣，这是造成脱焊的主要原因。钎焊温度应比钎料熔点高 30 ～ 50℃，这时钎料的流动性、渗透性好，易于渗透布满整个钎缝。钎料熔化后用紫铜加压棒将硬质合金沿槽窝往复移动 2 ～ 3 次，以排除钎缝中的熔渣。移动距离约为硬质合金长度的 1/5 ～ 1/3。

钎焊后的冷却速度是影响钎焊裂纹的主要因素之一。冷却时硬质合金片表面产生瞬时拉应力，硬质合金的抗拉应力大大低于其抗压应力。尤其是 YT60、YT30、YG3X 等硬质合金，钎焊面积较大和基体小而硬质合金较大的工件，更应注意钎焊后的冷却速度。通常是将焊后工件立即插入石灰槽或木炭粉槽中，使工件缓慢冷却。这种方法操作简单，但是无法控制回火温度。有条件的可在钎焊后立即将工件放入 220 ～ 250℃ 的炉内回火 6 ～ 8h。采用低温回火处理能消除部分钎焊应力，减少裂纹和延长硬质合金工具的使用寿命。

要对焊好的硬质合金工件进行焊后清理，以便将钎缝周围的熔剂残渣清除干净，否则在刀具刃磨时多余的熔剂残渣会将砂轮堵塞，使磨削困难。焊后的熔剂残渣也会腐蚀钎缝和基体。常用的清除方法如下：

① 将焊后已冷却的工件放入沸水中煮 1 ～ 2h，然后再进行喷砂处理，即可清除钎缝四周黏附的残余钎剂及氧化物等；

② 将工件放入酸洗槽中进行酸洗（盐酸与水浓度为 1：1），酸洗时间大约 1 ～ 4min，然后放入冷水槽和热水槽中反复清洗干净。

（3）常用的钎焊方法

硬质合金与钢的钎焊方法主要有：氧 - 乙炔火焰钎焊、高频感应钎焊、接触钎焊、浸铜钎焊、加热炉中钎焊和真空钎焊等。

1）氧 - 乙炔火焰钎焊

氧 - 乙炔火焰钎焊是最常用的钎焊方法之一。硬质合金钎焊可用一般的氧 - 乙炔气焊设备，不需要增加其他的专用设备。根据氧 - 乙炔火焰的特点，采用合理的加热方式和选用正确的工艺，能焊出优质的硬质合金工具。

氧 - 乙炔焰的焰心温度高达 3000℃左右，在钎焊加热时应避免用焰心直接喷射硬质合金，以免温度过高产生裂纹。钎焊前先将钎剂、钎料和硬质合金依次放好，用还原火焰在靠近硬质合金的底部基体部分进行预热。当预热温度达到 700 ～ 800℃钎剂开始熔化时，再从上面加热硬质合金片及周围的焊缝，直到钎料熔化呈晶亮的液态，并沿侧面焊缝渗至表面。此时应抬高火焰，使焰尾继续沿焊缝四周加热，以保持钎焊温度。同时用金属棒拨动刀片沿刀槽往复移动 2 ～ 3 次，调整并压紧刀片，把多余的钎料及熔渣排出。排渣后，即停止加热并用加压棒在硬质合金顶面的中心部分加压，停留 2 ～ 3s，待钎料凝固后，即可送入保温箱或保温介质中保温 2 ～ 3h，使之缓慢冷却。缓冷后的硬质合金刀具，如再经过消除应力的回火处理，能收到更好的效果。回火温度约 300℃，保温 6h 后随炉冷至室温。

硬质合金与钢氧 - 乙炔火焰钎焊的操作技术要点如下。

① 为了防止硬质合金刀片在钎焊过程中脱碳或过烧，要选用碳化焰。

② 钎焊温度 1000℃左右为宜，从实际经验看，硬质合金刀片加热呈亮红色。如果刀片呈暗红色或白亮色时不能钎焊，因为前者温度过低，后者温度过高，已出现过烧现象。

③ 焊炬由左向右、由右向左、由上向下反复对刀体进行加热，使刀体和刀片受热均匀一致。

④ 钎焊时焊嘴与刀杆的间距约为 50mm，焊嘴与刀杆端倾斜角度为 110°，这样可有效地利用火焰热量和加热平衡。钎焊过程中，要使火焰始终覆盖在

整个钎焊部位，使之与空气隔离，以防止氧化或产生气孔。

⑤ 钎焊速度应按刀片的大小来确定。钎焊40钢与YT15硬质合金的车刀应尽量在1min内完成，这样能有效地防止硬质合金过烧或脱碳。

⑥ 钎焊之后，需用火焰对刀片部位进行加热，然后慢慢地将焊嘴拿开，使焊件缓慢冷却，以防止裂纹。

氧-乙炔火焰钎焊适用于批量比较小的中小型硬质合金刀具、模具和量具，也适于野外修复损坏的硬质合金采掘工具。

2）高频感应钎焊

高频感应钎焊是利用频率为600kHz，功率在10～100kW之间的高频感应加热电源，产生高频电流。当高频电流穿过感应器时产生高频交变磁场，在感应器的被焊金属中产生感应电流。高频加热速度很快，可以在很短时间内加热到很高的温度，使钎料熔化。

高频感应钎焊使用的感应器大多是用直径5～10mm的紫铜管绕制而成。感应器的几何形状和尺寸选择是否合适，是决定高频感应钎焊的加热速度、温度均匀性、生产效率及钎焊质量的重要因素。

在焊接前，应根据被焊刀具的大小调节高频感应设备的输出功率，使工件加热速度适中，温度均匀。功率过大使工件局部过热和钎料熔化不完全，易使硬质合金产生裂纹；功率太小，则加热时间过长，容易造成刀体氧化，影响生产效率。一般焊接加热速度为30～60℃/s，钨钛钴合金的加热速度应为10～40℃/s。

高频感应钎焊加热速度快，钎焊效率高，操作简单，劳动条件比较好。适用于大批量的自动或半自动钎焊。但是设备投资大，耗电量大。

3）接触钎焊

接触钎焊是在专门用于钎焊硬质合金刀具的钎焊机或对焊机上进行，焊接变压器的次级线圈电压小于36V，电流在1000A以上。钎焊时将工件夹在两个紫铜电极之间，当次级线圈输出的强大电流通过焊接工件时，利用硬质合金和钢基体之间的接触电阻产生的热量作为焊接热源使钎料熔化。

接触钎焊常用于钎焊硬质合金车刀、刨刀等工具。接触钎焊的焊接效率高，大截面的硬质合金车刀、刨刀只需4～5min即可焊一把。在加热过程中断电1～2次，直至晶亮的液态钎料布满整个钎缝。由于加热时间短，氧化和热变形小，并且操作方便。但是加热过程中电极容易烧伤工件表面，有时也会因电极或硬质合金表面未清理干净，或接触面的电阻过大而无法导电加热。

4）浸铜钎焊

浸铜钎焊是将被焊工件的钎焊部分浸入熔化的液态钎料中，利用毛细作用使液态钎料沿工件的钎缝渗入，从而达到钎焊的目的。浸铜钎焊通常以盐浴炉、焦炭炉或油炉做热源，钎料和钎剂都置于石墨或耐热不锈钢坩埚中加热至液态。这种钎焊方法适用于成批生产各种硬质合金刀具和钻探用的硬质合金钻头等。可以一次加热完成多刃硬质合金刀具的钎焊，有较高的钎焊效率。

采用浸铜钎焊的硬质合金多刃刀具要求刀片槽有高度 0.3～0.4mm 的夹持刀片用的工艺墙，并且刀片与刀槽配合要好。装配前用四氯化碳仔细清洗刀片和刀槽，用尖片将刀片铆紧，然后在刀具离钎缝 2mm 外的非焊接面上涂上厚度为 1～3mm 的保护涂料层。待阴干后，放入 250～300℃的烘箱内烘烤 30min，即可进行钎焊。

硬质合金钎焊中常用的保护涂料有以下几种：

① 印刷用的黑色油墨和 240 号粒度的石英粉，按 1：2 的比例混合均匀，调成糊状，即可使用；

② 用 Al_2O_3 粉 20%，石墨粉 80% 混合均匀后，再与 50% 的水和 50% 的水玻璃调配而成，氧化铝越多，涂层的强度越高。

当浸铜钎焊的坩埚升温至 450～550℃时开始放入硼砂，加热至 750～780℃时加入钎料。在加热过程中，硼砂首先熔化，然后是钎料。当钎料熔化后，硼砂浮在钎料上。硼砂既可以防止钎料氧化，又避免了钎料中的金属挥发，并使温度均匀。

钎焊前可以用铁丝检查钎料的温度是否适中。将铁丝插入铜液中再抽出来，若铁丝上均匀地粘上一层薄铜，即表明钎料的温度合适，可以进行焊接；如果铁丝上粘的铜太多太厚，表明钎料温度过低；如果铁丝上粘的铜太少，并且铁丝取出后铜液不断地往下滴，表明钎料的温度过高。

浸铜钎焊前要对工件先进行预热，预热温度为 400～500℃，然后再放入硼砂溶液中进行第二次预热，当温度达到 700℃时，即可沉入铜液中浸焊。浸焊的时间随刀具形状和尺寸大小不同而异，按截面最小的尺寸计算，每毫米需 12s。为了防止工件表面的涂料脱落，在铜液中浸焊时，不能来回摆动工件。浸焊到规定的时间后，应缓缓提起工件，防止焊料因来不及冷凝而流失。焊接好后，应对工件进行保温缓冷，以减小应力。一些基体需要淬硬的工件，可在加热钎焊的同时进行淬火处理。

（4）钎焊质量检验

主要检查硬质合金与钢钎焊接头质量以及硬质合金有无裂纹存在。正常的钎缝应均匀无黑斑，钎料未填满的钎缝不大于钎缝总长度的 10%，钎缝宽度应小于 0.15mm。刀片钎焊歪斜，不符合图纸要求者应重焊。

硬质合金刀片的裂纹倾向可用下列方法检查。

① 刀具经喷砂清理后，先用煤油清洗，然后用肉眼或放大镜观察。当刀片上有裂纹时，表面上会出现明显的黑线。

② 用 65% 的煤油、30% 的变压器油及 5% 的松节油调成溶液，加入少量苏丹红，将刀具放入该溶液中浸泡 10 ~ 15min。取出并用清水洗净，涂上一层高岭土，烘干后检查表面。如刀具上有微裂纹，溶液的颜色便在白土上显示出来，用肉眼可明显地看到。

（5）硬质合金钎焊接头的缺陷及防止

1）硬质合金钎焊裂纹产生的原因

导致硬质合金钎焊工件上产生裂纹的因素是多方面的，如槽形设计、钎焊工艺、加热过程及冷却条件等。

① 一些硬度高、强度低的硬质合金，如 YT60、YT30、YG2 和 YG3X 等，容易产生钎焊裂纹。尤其是这些牌号的硬质合金的钎焊面积比较大时更应当引起重视。

② 封闭式或半封闭式的槽形，是增加钎焊应力促使造成裂纹的重要原因。应在满足钎缝强度使用要求的情况下，尽可能采用自由开口式槽形，减少钎焊面积，以减小钎焊应力。

③ 焊接加热速度太快或焊后冷却速度过快会造成热量分布不均，产生较大应力引起裂纹。快速加热时，硬质合金外层受压应力，中间受拉应力，超过允许的加热速度时，可能产生可见的裂纹和内部裂纹。钎焊后快速冷却时，外层上会出现拉应力，而引起合金中出现裂纹。应避免将工件放在潮湿的地面上，或放在潮湿的石灰槽中，这会使硬质合金因剧冷而产生裂纹。

④ 硬质合金本身有缺陷，在焊前检查时未能发现而导致钎焊后发生裂纹。对于大面积或特殊形状的硬质合金，钎焊前必须逐块进行严格检查。硬质合金在烧结过程中的缺陷，如小裂纹、崩角、疏松等，加热和钎焊后可能扩大而形成大裂纹。

⑤ 钎焊后刃磨不当也会产生裂纹，如砂轮的材料、硬度和粒度等选用不合适，磨削时用水冷却、磨削余量留得过大、磨削工艺不当等也易造成裂纹。

2）减少硬质合金钎焊裂纹的措施

① 在钎缝中加补偿垫片是减小焊接应力的有效措施之一。在钎缝中加补偿垫片的方法很多，如用铁丝网、冲孔垫片、镍铁合金垫片和在硬质合金上电镀纯铁等。由于这些补偿物的熔点高于钎料熔点 200℃ 以上，钎焊时垫片不熔化而夹在钎缝中间。钎缝冷却时，硬质合金和基体金属之间的钎缝各层有充分塑性变形，使钎缝各部分能比较自由地收缩，减小了钎焊应力。但是加补偿垫片会导致钎缝强度大幅度下降，见表 8.10。

表 8.10 钎缝中垫放附加材料对钎缝强度的影响

附加材料	硬质合金	基体材料	钎料	熔剂	钎缝平均抗剪强度/MPa
铁丝网	YT15	45 钢	62 黄铜	脱水硼砂	121
镀镍铁	YT15	45 钢	62 黄铜	脱水硼砂	186
硬质合金镀铁	YT15	45 钢	62 黄铜	脱水硼砂	77

其中采用附加铁丝网或冲孔垫片的钎缝强度降低约 60%。由 50%Ni 和 50%Fe 所组成的 Ni-Fe 合金补偿垫片虽然能较好地消除应力和不降低钎缝强度，但因其中 Ni 含量过多不宜在生产中大量使用。生产中用厚度为 0.4～0.5mm 的低碳钢片或镀镍铁片作补偿垫片，可取得很好的效果。

② 采用双层硬质合金钎焊法是一种防止裂纹的有效措施。这种方法不需要特殊材料，便于推广使用。它能消除 YT30、YT60、YG2、YG3X 等高硬度硬质合金的钎焊裂纹。它是将高强度的 YG8 硬质合金作垫片与基体焊在一起，然后将强度低硬度高的硬质合金再焊在它的上面。它的优点在于使钎焊应力集中在作为垫片的高强度硬质合金上，而上面容易发生裂纹的硬质合金因与 YG8 焊在一起，线膨胀系数比较接近，钎焊后应力小，不会产生裂纹。由于有两层硬质合金叠焊在一起，整个硬质合金的抗压强度提高，增加了刀具的使用寿命。

③ 用紫铜片作补偿垫片时虽然可以有效地减小钎焊应力和防止产生裂纹，但须使用熔点低于 850℃ 的钎料，如 L-AG-49 银钎料，否则在钎焊时容易使紫铜片熔化而失去作用。用紫铜做垫片时，因紫铜本身比较软，不适于在冲击或重载荷和高温情况下使用。

④ 当钎焊狭长条形的硬质合金工件时，为了减小钎焊应力和防止产生裂纹，可采用双层硬质合金钎焊，下面的一层是由小块硬质合金拼成，成为预制"裂纹"形式。这种方法对消除裂纹特别有效，可在大型硬质合金刀具和特殊硬质合金的模具上使用。

3）硬质合金钎焊发生脱焊的原因

① 硬质合金的钎焊面在焊前未经过喷砂或磨光处理，钎焊面上的氧化层降低了钎料的润湿作用，削弱了钎缝的结合强度。

② 钎剂选择不当也会发生脱焊，例如采用生硼砂作为钎剂时，因生硼砂含水分较多而不能有效地起到脱氧作用，结果钎料不能很好地润湿被钎焊面，而发生脱焊现象。

③ 正确的钎焊温度应在钎料熔点以上 30～50℃ 时最为合适，温度过高或过低都可能发生脱焊。加热温度过高会使钎缝中产生氧化现象。用含锌的钎料会使钎缝呈蓝色或白色。当钎焊温度过低时，会形成比较厚的钎缝，钎缝内部布满了气孔和夹渣。以上两种情况会使钎缝的强度下降，当刃磨或使

用时容易发生脱焊。

④ 钎焊过程中没有及时地排渣或排渣不充分，使大量的钎剂熔渣残留在钎缝中，降低了钎缝的强度，从而造成脱焊。

8.3
其他异种材料的钎焊

8.3.1 石墨与金属的钎焊

（1）钎焊特点

石墨零件与金属结构件都是设备或仪器结构中所组成的构件或组合部件。例如机器结构中的某些导电装置、化学工业中的石墨阳极件、电解槽中电极连接以及发热体、核工业反应堆的连接件等。这些石墨与金属的连接大多数情况下都是采用钎焊方法实现的。石墨钎焊工艺中的技术关键是如何正确地选择易与石墨产生润湿的钎料，即这些钎料液态的流动性和铺展性，并能渗入石墨内气孔和毛细管作用的可能性程度。

石墨钎焊主要是通过钎料对石墨产生良好的润湿并能渗入石墨内部气孔和毛细通道，形成了牢固的焊缝。与此同时，液态钎料还可渗透到较深的微细状气孔中。它除了与石墨形成化学键接合外，还可以起到机械镶合作用，进一步加强了接头的牢固性。因此，石墨中的气孔率和尺寸的大小对接头的连接强度有较大的影响。

石墨钎焊一般可在大气条件下进行，但当温度超过400℃，就可迅速地产生氧化，往往得不到良好的接头质量。为保证获得良好的接头，在钎焊过程中应在保护气条件下进行，或在真空炉内施焊。保护气体一般都是采用氩气和氦气。

石墨材料也可采用电阻焊加热，并在真空（133.32×10^{-3}Pa）和氦气保护下完成石墨件的连接。但这种连接件的接头质量较差，性脆而强度低，在工程上很少得到应用。另外，采用热压成形高密度、气孔率极低的石墨件与金属的钎焊连接十分困难或缺陷严重。这主要是由于液态金属对石墨难以润湿且达不到渗入气孔隙的一定深度。在这种条件下，必须采用其他焊接方法。

（2）钎料

当石墨与某种金属钎料连接时，其关键是要根据石墨与金属的钎焊性和构件的工作技术条件，正确选择既对石墨和金属具有良好的润湿性，又能产生金属碳化物（TiC、WC、MoC、VC 等）形成界面反应而结合的钎料。这就要求钎料中应含有形成碳化物的元素，如 Ti、W、Mo、Zr、V、Ta 等。此外，铜基和银基等活性钎料对石墨也具有较好的润湿性和流动性，但钎焊接头的使用温度一般不超过 400℃。如果钎焊接头构件的使用温度超过 400℃（如 400 ～ 800℃），应选择 Au 基、Pd 基或 Ti 基钎料；如使用温度范围 800 ～ 1000℃，一般可选用 Ni 基、Co 基钎料；在 1000℃以上时，可选用纯金属的 Au、Pd、Ti 等钎料。

（3）钎焊工艺

1）石墨与钛的钎焊

由于石墨具有良好的耐腐蚀性能，工业中电解槽结构中的石墨电极板和其他金属件都是由石墨＋钛用钎焊连接而成的。这种电解槽的工作温度虽低，但必须具有耐蚀性，尤其具有耐碱性更为重要。电解槽石墨电极板结构示意图见图 8.4。

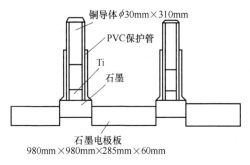

铜导体 ϕ30mm×310mm
PVC保护管
Ti
石墨
石墨电极板
980mm×980mm×285mm×60mm

图 8.4　电解槽石墨电极板结构示意图

石墨与金属钛钎焊连接关键问题是如何较为准确地选择合适的钎料。实际上钛本身和含 Ti、Zr 系统钎料都具有活性。因此，含 Ti、Zr 等活性元素的钎料是首选之列。当然对润湿性较好的高温钎料（如含 Au、Pd 等）也可以选用。表 8.11 列出了适用于石墨与钛及其合金钎焊时的钎料成分。

表 8.11　石墨与钛钎焊用钎料

连接材料	钎料成分 /%	钎焊气氛	钎焊温度 /℃	实例
石墨＋钛	40 ～ 70Ti；30 ～ 60Cu；Si	Ar	950 ～ 1000	电解槽
石墨＋钛	35Au-35Ni-30Mo	真空	1300	发热体
石墨＋钛	49Ti-49Cu-2Be	真空	1900	反应堆
石墨＋钛	71.5Ti-28.5Ni	真空	955 ～ 1200	核工业

2) 石墨与钼的钎焊

石墨与钼难熔金属件进行钎焊连接时，一般情况下，需要在真空条件中进行钎焊。但需要注意的是，在钼一侧的界面尽可能减少金属间化合物产生，因为金属间化合物具有脆性，可使接头产生裂纹。为此，一般是在焊前对金属 Mo 件清理之后，先实行镀 Cr 或镀 Cu，而且必须选择具有活性（Ti 或 Zr）元素的钎料。另外，在钎焊过程中要保持高的真空度，并采取有效措施，避免氧、氮、氢的污染。

在放射性钯蒸气中的结构件采用石墨与钼管组合件并采用钎焊方法完成了连接。其钎料的选择为活性钎料 47.5Ti-47.5Zr-5Nb，钎焊温度为 1600 ～ 1700℃。钎焊后的组合件进行 1000℃放射性钯金属蒸气的侵扰试验。其试验结果，没发现任何异常，说明接头质量是良好的。

采用 72Ni-16Mo-7Cr-5Fe 钎料对石墨与金属钼件进行高频真空炉内钎焊，也可获得良好的接头质量。经 X 射线衍射分析，这种条件下获得的接头中，在石墨与钎料的界面上仍存在着少量的石墨，同时还有少量的 MoC、MoC_2 以及 $MoNi_4$ 等中间金属化合物相，不影响接头的性能。石墨与钼钎焊适用的钎料见表 8.12。

表 8.12　石墨与钼钎焊适用的钎料

连接材料	钎料成分 /%	钎焊气氛	钎焊温度 /℃	实例
石墨 +Mo	47.5Ti-47.5Zr-5Nb	真空	1600 ～ 1700	原子反应堆
石墨 +Mo	72Ni-16Mo-7Cr-5Fe	真空	—	核工业
石墨 +Mo	49Ti-49Cu-2Be	真空	1900	核工业
石墨 +Mo	71.5Ti-28.5Ni	真空	955 ～ 1150	核工业

3) 石墨与钨的钎焊

金属钨及其合金属于难熔金属，熔点比较高。它与石墨的钎焊性质与金属钼差不多。为了改善钎焊性，在焊前可对钨件表面（指连接部位）进行镀 Ni 或镀 Cr、Cu 等金属层，可获得更高质量的连接接头。

钎料可选择 Ti-V-Cr（1550 ～ 1650℃）、Ti-Zr-Ta（1650 ～ 2100℃）、Ti-Zr-Ge（1300 ～ 1600℃）、Ti-Zr-Nb（1600 ～ 1700℃）等活性高温钎料。表 8.13 中列出了石墨与钨钎焊适用的高温钎料。

表 8.13　石墨与钨钎焊适用的高温钎料

连接材料	钎料成分 /%	钎料熔点 /℃	实例
石墨 +W	80Ni-10Ta-10Cr	1650 ～ 1750	核工业
石墨 +W	85Ti-10Ta-5Cr	1600 ～ 1700	核工业
石墨 +W	70Ti-20Cr-7Mn-3Ni	1320 ～ 1350	核工业
石墨 +W	60Ti-20Cr-10Ta-7Mn-3Ni	1330 ～ 1450	核工业

4）石墨与不锈钢的钎焊

石墨与不锈钢钎焊连接也属于高温钎焊。通常是惰性气体保护或在真空条件下实现其钎焊连接。在工艺上与上述的 W、Mo 件处理类似，但在选用钎料时可参考表 8.14 中的钎料成分。

表 8.14　石墨与不锈钢高温钎焊用钎料

连接材料	钎料成分 /%	钎料熔点 /℃	实例
石墨 + 不锈钢	4Ti-70Ni-18Cr-8Si	1125 ～ 1175	原子能工业
石墨 + 不锈钢	9Ti-65Ni-18Cr-8Si	1125 ～ 1175	电子器件

8.3.2　金刚石与金属的钎焊

金刚石是目前世界上发现并在工业上能够大量使用的最硬的材料。它除了具有超硬特性外，还具有独特的力学、光学、声学、热学及电学性质，很难找到一种能像金刚石这样集多种优异性能于一身的材料。它既是一种重要的超硬材料，同时也是一种具有特殊用途的新型功能材料。

金刚石有天然金刚石和人造金刚石两大类，其具体分类方式比较多。天然金刚石常分为宝石级和工业级，其中工业级常根据产地分类。天然金刚石一般为单晶晶体。人造金刚石按使用要求可制成单晶晶体和多晶晶体。其中应用多晶制成的金刚石刀具包括聚晶金刚石（PCD）刀具和化学气相沉积（CVD）金刚石刀具。金刚石的性能特点如下。

① 极高的硬度和耐磨性。天然金刚石的显微硬度高达 10000HV，比硬质合金、陶瓷的硬度高几倍，耐磨性为硬质合金的 80 ～ 120 倍。

② 具有锋利的切削刃。人造金刚石的切削刃钝圆半径很小，可达 0.1 ～ 0.5μm。

③ 摩擦系数低。金刚石与黄铜、铝和纯铜之间的摩擦系数之比分别为 0.1、0.3 和 0.25，约为硬质合金刀具的 1/2，因此加工变形小。

④ 高的导热性及低的线膨胀系数。金刚石的热导率约为硬质合金的 2 ～ 7 倍，而线膨胀系数只有硬质合金的 1/11 和陶瓷的 1/8。

⑤ 热稳定性较差。当温度超过 800℃时，人造金刚石就会被还原碳化而丧失切削能力，且在高温时金刚石中的碳元素与铁产生较强的化学亲和力，碳元素会很快扩散到铁中去，而使刃口"破裂"。因此，金刚石刀具一般不适于加工铁系金属。

（1）钎焊特点

金刚石的钎焊性较差，其难点主要在于大多数常用钎料对它难以润湿或不能润湿，并且金刚石的线膨胀系数低于大多数金属材料，容易在钎焊热应力和周围介质作用下改变性能。

由于单晶金刚石的直接钎焊极其困难，工业生产中选择了将金刚石与其他金属粉末预先制造成粉末冶金复合体，这些复合材料的钎焊相对容易得多。应用最为广泛的是用粉末冶金方式压制烧结的金刚石"刀头"，这类复合体的钎焊较为容易。刀头与基体的钎焊性主要取决于刀头底层的组成元素。目前，刀头配方主要有钴基、钨基、铜基、铁基、碳化钨基等几类，但是刀头底层主要由 Fe、Cu、Zn、Sn、Cd、WC、Al、Pb、P、C、特殊铜合金等组成。

在上述组分中，Pb 容易引发钎缝热裂纹；Sn、P 和 Cd 容易产生脆性疲劳源；强碳化物形成元素影响钎着率；Pb 和 C 影响润湿性。应当指出，Pb 和游离 C 对钎缝强度有致命影响：在钎焊过程中它们形成钎焊粘渣严重破坏润湿性及钎料流动，导致刀头焊不上；另一方面，当铅含量达到 3%～5%（质量分数）时，铅形成的脆性相和晶界效应产生的热裂纹源大大降低钎缝强度，甚至破坏刀头。

聚晶金刚石（简称 PCD）是由许多细颗粒单晶在高温高压下烧结而成。聚晶中的晶粒呈无序排列，其硬度、耐磨性在各方向相对接近，同时具有良好的断裂韧度。因此，可根据不同的使用条件制成不同的形状。为了更好地发挥 PCD 的性能，人们将聚晶金刚石薄层与硬质合金基体烧结在一起形成复合体，这就是聚晶金刚石复合片。聚晶金刚石复合片已广泛用于制造金属切削刀具、石油钻头、地质钻探钻头、石材加工工具等。

聚晶金刚石钎焊的主要问题是润湿性、钎缝强度和钎焊温度。由于金刚石工具中的金刚石烧结体的材料千差万别，甚至同一个制造商的同一个配方也存在变动，给钎料和钎剂的选用带来极大困难。经常有不同批次的刀头的钎焊性存在很大差异的现象发生。

由于刀头的烧结温度仅仅比钎焊温度高几十摄氏度，再加上刀头的孔隙度比较高，钎焊过程中钎料与刀头的相互作用极为显著。研究表明：不到 20s 的钎焊时间内，钎料可以因毛细作用渗透到刀头内部 8～12mm，而刀头内的 Sn、Pb、Zn 等低熔点金属可以从刀头内部 5～8mm 处扩散到钎缝中。

（2）钎焊方法

火焰钎焊和盐浴钎焊主要在金刚石锯片生产早期得到应用。随着电力电子技术的飞速发展，高频焊机的技术性和经济性已占据垄断地位。但火焰钎焊的低投入和盐浴钎焊的微变形的突出特点，使这两种钎焊工艺仍有一席之地。

电阻钎焊时，刀头温度较高，影响金刚石的使用寿命。但电阻钎焊的焊缝耐高温，焊接的锯片可以干切，目前有少数企业采用这种工艺。炉中钎焊和真空钎焊是近几年开始应用于金刚石工具制造的，在小锯片生产、单层金刚石工具的制造中有不可替代的优势。

氩弧钎焊和电阻钎焊的工艺性优于高频感应钎焊，但由于其设备开发滞后，这几种工艺没有得到大面积应用。激光焊接和电子束焊接是近几年发展起来的高新技术。激光焊接的能量密度高；电子束焊接的能量输出大，可焊透深度大。虽然激光焊接和电子束焊接方法已有20多年的历史，但高能束流焊接在金刚石锯片生产中的应用仍处于起步阶段，这主要是因为设备投资较大，限制了这两项技术的发展。

（3）钎料与钎剂

1）钎料

金刚石工具工作过程钎缝受力状态以交变剪切应力为主，并且钎缝区温度场不稳定；并且部分产品使用寿命长，要求钎缝抗疲劳能力强；有时工作温度较高，要求钎缝耐热。因此钎焊金刚石常用的钎料有四大类：

① 银基钎料，通用性最强，几乎可以用于所有的金刚石工具；

② 镍基钎料，主要用于单层金刚石工具的真空钎焊；

③软钎料，主要用于珩磨模具；

④ 铜基钎料，主要用于高温下工作工具的氩弧钎焊、激光钎焊和石油钻头的浸渍钎焊。

银基钎料应该满足下列条件：

① 钎料熔化温度不高于850℃，以600～750℃最好；

② 钎料塑性好、耐冲击；

③ 抗高温蠕变能力强；

④ 流铺性适中，适宜通用的感应钎焊、火焰钎焊、电阻钎焊、炉中钎焊或浸渍钎焊；

⑤ 对以Fe或Cu为主的粉末冶金材料、聚晶金刚石、合金钢和硬质合金的润湿性好；

⑥ 性能稳定、可靠性高。

金刚石钎焊常用钎料见表8.15。可以根据工件承受载荷的性质以及其他使用要求选择。金刚石磨具钎焊常用的软钎料见表8.16。

表 8.15　金刚石钎焊常用钎料

牌号	化学组成	熔化温度范围/°C	抗拉强度/MPa	主要特性
BAg611	AgCuZnCdNi	620～630	410	流动性好、塑性好，焊接强度高
BAg612	AgCuZnCdNi	630～685	440	填缝性好、抗疲劳能力强，综合性能优，适用于高档金刚石的自动焊接
5009	AgCuZnCdNi	630～680	440	
DIA44N	AgCuZnNi	660～780	410	强度高、耐高温，但焊接温度较高
LAg40Cd	Ag40CuZnCd	595～630	390	流动性好、塑性较好，综合性能优
L303	Ag45Cu30Zn	665～745	390	流动性好、塑性较好、钎缝表面光洁
L304	Ag50Cu34Zn	690～775	410	塑性好、钎缝耐振动、钎缝表面洁白
L312	Ag40CuZnCd	595～605	390	熔点最低、综合性能优
L322	Ag40CuZnSn	630～640	390	流动性好、钎缝表面洁白，无镉环保
L301	Ag10CuZn	710～850	451	强度高、耐高温，但焊接温度较高
905	Ag40CuZnSn	665～750	360	流动性好、钎缝表面光洁，无镉环保
BAg-2	Ag35CuZnCd	610～710	390	适用于石材行业金刚石锯片、组合锯片、金刚磨盘、陶瓷行业滚筒磨轮等的焊接
Z21	AgCuZnCd	602～725	370～410	
Z31	AgCuZnCd	605～730	360～390	适用于石材行业金刚石锯片、组合锯片、金刚磨盘、陶瓷行业滚筒磨轮等的焊接
Z35	AgCuZnCd	610～740	360～390	
Z12	AgCuZnCd	605～756	370～390	适用于金刚石锯片、组合锯片、金刚磨盘等的焊接
Z41	AgCuZnCd	610～765	360～390	
Z45	AgCuZnCd	615～775	360～380	
Z46	AgCuZnCd	620～785	340～360	适用于金刚石锯片、金刚磨盘等的焊接，经济性好
CT715	AgCuZnCdNi	620～795	340～360	
Z51	AgCuZnCd	620～820	368～390	适用于金刚石锯片、金刚磨盘等的焊接，经济性好
Z53	AgCuZnCd	630～830	340～360	
Z55	AgCuZnCd	630～840	340～360	
Z59	AgCuZnCd	630～850	340～360	
CT643	AgCuZnNi	670～780	400～415	强度高、耐高温，但焊接温度较高
CT639	AgCuZnNiMn	660～785	414～427	

表 8.16　金刚石磨具钎焊常用的软钎料

牌号	化学组成	熔化温度范围/°C	抗拉强度/MPa	主要特性
HL605	SnAg3.5	221～232	54	流动性和润湿性较好
HL607	Sn32PbZnCd	150～210	45～55	温度低，稳定性优于黏结剂
HL501	Zn58Sn40Cu	198～355	88	通用性好
HL502	Zn60Cd	266～335	50～70	适宜于铝基底料
HL505	Zn72.5Al	430～500	190～220	流动性差，对钎剂要求高
HL506	Cd83Zn	266～270	80～90	价格低，适宜于铁基底料
Degussa	Zn88Ag	431～525	100～120	润湿性差，适宜铜基底料，要求特种钎剂
HLAgCd96-1	Cd96AgZn	300～325	110	适宜于铁基底料

牌号	化学组成	熔化温度范围/℃	抗拉强度/MPa	主要特性
Cd84AgZnNi	Cd84AgZnNi	360～380	160～190	适宜于铁基底料
Cd79ZnAg	Cd79ZnAg	278～288	90～100	适宜于铁基底料
CT760	CdZnAgCuSn	285～325	180～210	强度高、耐热性好，适宜于铜基、铁基、锡基等各种底料
CT780	CdZnAgCu	298～355	220～260	

2）钎剂

金刚石钎焊使用钎剂的目的主要有三个：

① 去除基体、刀头和钎料表面的氧化物，为液态钎料在基体、刀头上的铺展和钎料向刀头渗透创造必要条件；

② 液态钎剂薄层覆盖基体、刀头和钎料表面，避免它们二次氧化，阻止金刚石碳化；

③ 起界面活性作用，改善钎料对钎焊面的润湿，促进钎料流动、填充间隙，形成光滑致密的钎缝。

金刚石钎焊所用的硬钎剂主要以硼酸、硼砂为基体，再添加某些碱金属（或碱土金属）的氟化物、氟硼酸盐，硼单质混合成的混合物；软钎剂以氯化物的水或酒精溶液为主。钎剂的配用主要参考钎焊温度和刀头组成成分。当刀头中含有钛、铬、铝、锆、锌、铅时，需要选用高活性的钎剂；以铁、铜、镍为主烧结的刀头，选用 FB102 或 FB104 钎剂。金刚石钎焊常用钎剂见表 8.17。

表 8.17　金刚石钎焊常用钎剂

牌号	化学组成（质量分数）/%	作用温度范围/℃	主要特性
QJ205	ZnCl₂ 50，NH₄Cl 15，CdCl₂ 30，NaF 5	300～450	桁磨条钎焊
	ZnCl₂ 50，NH₄Cl 20，CdCl₂ 25，其他 5	400～550	
FB102	氟化钾 42，氟硼酸钾 23，硼酐 35	600～850	应用广泛
FB104	氟化钾，硼酸，硼砂	650～850	应用于低银钎料
FB105	硼酸，氟化钙，硼砂	800～980	应用于含镍锰的无镉钎料
气态钎剂	硼酸三甲酯	750～900	火焰钎焊用，保护金刚石
膏状钎剂	FB102，单质硼，载体	780～980	自动钎焊用，活性强

（4）钎焊工艺参数对接头性能的影响

金刚石工具的钎缝强度主要取决于钎料、钎焊工艺和刀头材料。所用钎料的力学性能是决定钎缝强度的主要因素。一般情况下，银铜锌钎料的强度高于银铜锌镉钎料；银铜锌镍钎料的强度又高于银铜锌钎料；银铜锌镍锰钴钎料的强度最高。但是银铜锌镉钎料的钎焊温度低、钎焊工艺性好、经济性好。

钎焊工艺主要通过润湿性、气孔率、夹杂率、钎缝厚度及钎焊热影响区的残余应力等参数影响钎焊接头的力学性能。这些参数主要由焊前处理、焊后处理、加热时间、保温时间、加热频率决定。在工艺评定中，抗剪强度是主要技术参数；在生产实践中，润湿面积、流动性、钎着率、夹杂率及气孔率可以作为焊接质量的主要考察对象。

钎焊接头的力学性能主要取决于钎料成分和钎焊工艺，但片状钎料的厚度也影响接头的抗剪强度和疲劳强度，即钎缝性能还与焊前添加的钎料厚度相关。实验研究表明：当钎料成分和钎焊工艺一定时，焊片厚度在 0.20～0.28mm 之间时，钎缝的综合力学性能最高。当钎料厚度过小时，钎料不能充分润湿结合面，钎着率不高，钎缝强度较低。钎焊过程中刀头中的 Sn、Pb、Fe、W、Ti 等元素向钎缝扩散、溶解，促使钎缝组织脆化，降低接头强度。当钎缝厚度过大时，钎缝中容易产生气孔，减小有效钎接面积，降低抗剪强度。

在钎焊加热过程中，与钎焊接头力学性能相关的主要因素有：加热速度、钎焊温度、保温时间、冷却速度等。这些因素通过影响润湿性、气孔率改变接头力学性能。为了追求生产效率，经常使用很高的速率加热；当加热速率太高时，钎焊后的残余应力较大。这是因为刀头中各组元的线膨胀系数相差很大，例如 Zn、Pb、Sn、Mn、Co 等元素的线膨胀系数是 WC、W、Cr 的几倍，不同组元的热变形差异产生内应力。过低的加热速度不仅降低生产率，也加剧钎缝金属的氧化。两级加热工艺能较好地解决这个矛盾，第一阶段加热到 400～500℃，保温一段时间后再继续升温焊接。

钎焊温度影响润湿性、气孔率，最终决定连接强度。当钎焊温度过低时，钎料的流动性差，易产生夹渣，造成假焊，使接头强度降低；当温度过高时，钎料氧化严重，造成夹渣，锌急剧蒸发，引发气孔，从另一方面导致接头强度降低。

保温时间对接头力学性能的影响较大。保温的目的有三个：促进钎料对基体和刀头充分润湿与扩散；排除钎缝中的气体；给钎剂充分的时间使之还原氧化膜并以渣的形式排出。保温时间短时，钎料与刀头不能很好地润湿，不足以形成扩散下的晶间结合；而且钎剂还原物和钎剂结晶水形成的蒸气不易排出，造成夹渣和气孔，甚至未焊透。过长时间的保温，使钎料氧化、锌镉挥发、钎料流失，导致钎缝强度大大降低。

8.3.3　铜与铝的钎焊

铜和铝都是制造导电体的材料，由于铝的密度是铜的1/3，因此，铝与铜形成连接件可以降低成本，减轻机械构件的重量以及发挥各自的优点。但由于铝表面极易氧化，所形成的氧化膜十分牢固，且电阻性很大，采用机械连接是不可靠的，常采用钎焊工艺进行连接。

（1）铜与铝的钎焊特点

铜和铝在液态下可以无限相互溶解，但在钎焊固态下互相溶解度十分小，在高温下易形成多种金属间化合物，主要有 Cu_2Al、$CuAl_2$、$CuAl$ 等。铜-铝合金状态图如图8.5所示。铜和铝元素在化学元素周期表中相距较远，其物理化学性能差异较大，特别是熔点相差424℃，线膨胀系数相差40%以上，电导率也相差70%以上。其中铝与氧易形成 Al_2O_3 氧化膜，熔点高达2050℃；而铜与氧以及 Pb、Bi、S 等杂质易形成多种低熔点共晶组织。铜与铝的物理性能比较见表8.18。

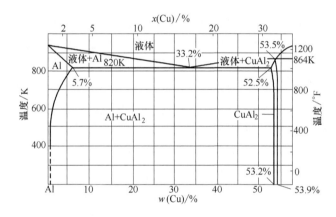

图8.5　铜-铝合金状态图

表8.18　铜与铝及铝合金的物理性能比较

	材料	熔点/℃	沸点/℃	密度/(g·cm⁻³)	热导率/[W·(m·K)⁻¹]	线膨胀系数/(10⁻⁶·K⁻¹)	弹性模量/GPa
铝及铝合金	纯铝	660	2327	2.7	206.9	24	61.74
	1070A	640～660	—	2.7	217.7	23.8	61.70
	1060	658	—	2.7	146.6	24	61.68
	5A03	616	—	2.67	117.3	23.5	—
	5A06	580	—	2.64	117.4	24.7	—
	3A21	643	—	2.73	163.3	23.2	—
	2A12	502	—	2.78	117.2	22.7	—
	6A20	593	—	2.70	175.8	23.5	—

材料		熔点/℃	沸点/℃	密度/ (g·cm⁻³)	热导率/ [W·(m·K)⁻¹]	线膨胀系数/ (10⁻⁶·K⁻¹)	弹性模量/GPa
铜及铜合金	纯铜	1083	2578	8.92	359.2	16.6	107.78
	T1	1083	2578	8.92	359.2	16.6	108.30
	T2	1083	2578	8.9	385.2	16.4	108.50
	黄铜	905	—	8.6	108.9	16.4	—
	锡青铜	995	—	8.8	75.36	17.8	—
	铝青铜	1060	—	7.6	71.18	17	—
	硅青铜	1025	—	7.6	41.90	15.8	—
	铍青铜	955	—	8.2	92.10	16.6	—

铜与铝及铝合金的焊接主要存在以下问题。

1）焊接接头脆性大，易产生裂纹

铜与铝钎焊时，当钎料与母材反应形成脆性化合物时，会使钎缝的强度和塑性都降低，甚至会使钎缝产生晶间腐蚀。从钎焊工艺方面考虑主要是以下三个因素造成的：一是铜铝异种有色金属进行钎焊时，选择的钎焊间隙太大；二是钎料选择不当；三是钎焊后，钎缝的高温扩散处理时间太短。在铜铝异种金属钎焊时，选择的间隙过大，需要填充的钎料就会增多，在这种情况下，大量的钎料与母材反应。在选择钎料时，如果选用的钎料与母材的合金化作用比较强烈，将在钎缝中生成一种或几种金属间化合物。钎焊后，如果钎缝的高温扩散处理时间过短，钎缝中的铜原子没来得及扩散或者扩散的时间不充分，会导致钎缝中产生大量的金属间化合物。

2）母材的溶蚀

铜铝异种有色金属钎焊过程中，在液态钎料流入钎焊缝隙的同时，在一定的温度和时间条件下，会与母材发生合金化作用，即一方面母材向液态钎料溶解；另一方面，钎料组分向母材扩散。溶蚀是铜铝钎焊时由于母材向钎料过度溶解而造成的一种缺陷。铜铝异种有色金属钎焊过程中母材出现的溶蚀常在靠近钎料的部位出现。其原因有三方面：一是选择的钎焊温度过高。钎焊温度过高时，母材向钎料的溶解量会随温度的升高而逐渐加大，最终导致靠近钎料的部位出现溶蚀现象。二是在钎焊温度下保温的时间太长。在一定的钎焊温度下，保温时间的加长也会导致母材的大量溶解，进而导致母材出现溶蚀。三是钎料选择不当，母材与钎料的合金化作用太猛烈。母材与钎料之间的相互作用强弱主要取决于钎料的合金化作用，如果选择的钎料合金化作用过于猛烈，会导致钎料与母材之间发生强烈的物理化学变化，导致母材出现溶蚀。

3）腐蚀

铜铝异种有色金属在钎焊过程中出现的腐蚀有两种，一种是点蚀，另一种是晶间腐蚀。晶间腐蚀是沿金属的晶粒边界或晶界邻近区域发展的腐蚀。晶间腐蚀时，金属表面只见轻微腐蚀，而内部腐蚀已造成沿晶界的网络状裂纹，金属强度明显降低。由于腐蚀介质中存在大量 Cl^-，Cl^- 吸附在表面膜中某些缺陷处，从而促进了阳极反应，在阴极反应物（氧）存在的情况下，金属被迅速极化，达到或超过它的点蚀电位，此时表面膜最薄弱部分的电场较高，使氯化物的阴离子穿透薄膜而形成氯化物 - 氧化物。随后氧化膜发生局部溶解迅速形成点蚀源，从而在钎焊接头中产生点蚀。

铜铝异种有色金属钎焊时，钎焊接头出现腐蚀现象的原因有：一是在钎焊过程中使用了腐蚀性强的钎剂，或者是在焊前去除工件氧化膜后没有及时清理干净残留在工件表面的钎剂；二是在铜铝异种金属钎焊的过程中选用了腐蚀性强的钎料。铜铝异种金属钎焊时，首先要去除铜铝金属表面的氧化膜，这就要使用腐蚀性强的钎剂，而钎剂的残渣在钎焊过程中就会形成电解液，加之铜铝的电位差相差很大，极易对接头造成电化学腐蚀。在同一环境中，电位愈负的金属愈易成为电偶的阴极而被腐蚀，电位愈正的金属愈易成为电偶的阳极而不易被腐蚀。因此，在钎焊过程中，冷却时焊缝中会有大量的脆性相 $CuAl_2$ 沿晶界析出，$CuAl_2$ 的电极电位比铝的电位高得多，易产生晶间腐蚀。

（2）钎料的选用

从铜与铝及铝合金的钎焊性来看，一般采用锌基钎料，并通过加入 Sn、Cu、Ca 等元素来调整铜与铝的接头性能。在 Sn 中加入 10% ~ 20% 的 Zn 作为铜与铝钎焊的钎料，可提高钎焊接头的力学性能和抗腐蚀性能。目前用于钎焊铝与铜的钎料主要有两大类：一是锌基钎料，二是锡基钎料。铜与铝钎焊的钎料成分见表 8.19。

表 8.19　铜与铝钎焊的钎料成分

化学成分 /%						熔点或工作温度/°C	应用情况及钎剂	钎料代号
Zn	Al	Cu	Sn	Pb	Cd			
50	—	—	29	—	21	335	Cu-Al 导线配合 QJ203	—
58	—	2	40	—		200 ~ 350		501
60	—	—	—	—	40	266 ~ 335	配合 QJ203	502
95	5	—	—	—	—	382，工作温度 460	Cu-Al 钎剂	—
92	4.8	3.2	—	—	—	380 ~ 450	Cu-Al 钎剂	—
10	—	—	90	—	—	270 ~ 290	Cu-Al 钎剂	—
20	—	—	80	—	—	270 ~ 290	Cu-Al 钎剂	—
99	—	—	—	1	—	417	Cu-Al 钎剂	—

（3）钎剂的选用

铜与铝钎焊除刮擦钎焊和超声波钎焊外，其他的钎焊过程都需要有钎剂的配合。一般情况下，钎剂的熔点要低于钎料的熔点，并易脱渣清除。钎剂分为无机盐类和有机盐类两大类，并应根据钎料及钎焊件的要求适当选择。铜与铝钎焊常用的钎剂见表 8.20。而钎焊熔剂一般都应根据钎料来配合选择使用。

表 8.20　铜与铝钎焊常用钎剂成分

主要成分 /%								熔点 /℃
LiCl	KCl	NaCl	LiF	KF	NaF	$ZnCl_2$	NH_4Cl	
35～25	余量	—	—	8～12	—	8～15	—	420
—	—	—	—	5	95	—	—	390
16	31	6	—	5	37	—	5	470
—	—	$SnCl_2$ 28	—	2	55	—	NH_4Br 15	160
—	—	—	—	2	88	—	10	200～220
—	—	10	—	—	—	65	25	220～230

8.3.4　有色金属与钢的钎焊

（1）铝及铝合金与钢的焊接

由于铝及铝合金的密度小、比强度高，且具有良好的导电性、导热性和耐腐蚀性，因此，近年来采用铝 - 钢双金属焊接结构的产品越来越多，并在航空、造船、石油化工、原子能和车辆制造工业生产中显示出独特的优势和良好的经济效益。

焊接时，铝与钢中的铁既可以形成固溶体、金属间化合物，又可以形成共晶体。由于铁在固态铝中的溶解度极小。Fe-Al 二元合金状态图如图 8.6 所示。室温下，铁几乎不溶于铝，所以含微量铁的铝合金在冷却过程中会产生金属间化合物 $FeAl_3$。随着含铁量的增加，相继出现 Fe_2Al、Fe_2Al_7、Fe_2Al_5、$FeAl_2$ 和 FeAl 等，其中 Fe_2Al_5 的脆性最大。因此，铝合金的力学性能和焊接性受铁含量的影响较大。

铝中加入铁尽管会提高强度和硬度，但同时也降低铝合金的塑性，使脆性增大，对焊接性影响严重；并且铝在铁中的溶解度比铁在铝中的溶解度大很多倍，含大量铝的钢，具有某些良好的性能（如抗氧化性），但含铝量超过 5% 时具有较大的脆性，也会严重影响其焊接性。

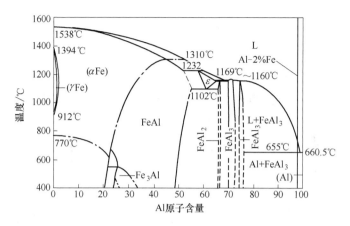

图 8.6　Fe-Al 二元合金状态图

　　采用不同成分的钎料可以有效地控制铝钢界面金属间化合物的形成，获得良好的接头。采用 Zn-Al 系钎料，通过提高 Al 元素含量，使钎料中锌向铝基板中的溶解度降低，钎料的铺展性能增强，由于铝和铁之间很容易形成新的相，钎料和母材之间适量的金属间化合物有利于钎料在母材表面的铺

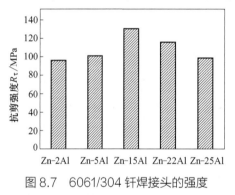

图 8.7　6061/304 钎焊接头的强度

展；并且随着钎料中 Al 元素含量的增加，钎料的密度随之降低，钎料的质量相同，体积增加，铺展面积也会增大。因此增加钎料中 Al 元素的含量到 15%，提高钎料在基板上的铺展性和填缝性，并配以 CsF-RbF-AlF$_3$ 钎剂，可以获得强度较高的 6061 铝合金与 304 不锈钢火焰钎焊接头。6061/304 钎焊接头强度如图 8.7 所示。

　　铝与钢钎焊时，钎剂的腐蚀作用也易引起钎焊接头强度的降低。采用真空钎焊，选用 Al-7Si-20Cu 钎料，不添加钎剂条件下，通过在钢表面镀 Ni 后可以改善铝与钢的钎焊质量。如在 570℃温度下保温 5min 时，通过对比 Q235 钢表面是否镀 Ni 获得接头的强度表明，1060 铝合金与表面镀 Ni 的 Q235 钢真空钎焊后可以改善 Q235 钢侧界面的显微组织，Ni 层的存在可抑制 Fe-Al 金属间化合物的生成，钢侧界面生成 Ni$_2$Al$_3$ 与 NiAl$_3$ 金属间化合物层，接头力学性能明显提高。随着钎焊保温时间延长，Ni$_2$Al$_3$ 层逐渐变薄，而 NiAl$_3$ 层变厚，接头的抗剪强度略有提高；进一步提高钎焊时间至 15min，则 Ni 层消失，再次出现 Fe-Al 金属间化合物层，1060/Q235 接头抗剪强度下降。

用金属离子注入技术在不锈钢表面制备铝层作为过渡层，钎料的润湿性得以明显改善，注入剂量、注入电压升高可明显提高钎料润湿性。采用 AlSi 钎料对注铝后的工业纯铝与不锈钢进行炉中钎焊，铝注入剂量和注入电压越大，金属间化合物层厚度越薄，接头抗剪强度则越高。但随钎焊温度的提高和保温时间的延长，会导致金属间化合物层变厚，接头抗剪强度降低。

接触反应钎焊是一种依靠材料间的共晶反应所产生的液相合金来实现连接的"自钎料"钎焊技术，它避免了钎料的宏观填缝行为，可以提高钎缝致密性，同时，依靠反应液相层的阻隔延迟效应，可以解决铝与不锈钢钎焊缝的脆性层问题。通过在纯铝板与 1Cr18Ni9Ti 不锈钢板两板材间预置硅焊膏作为钎料进行炉中接触反应钎焊，钎焊过程中 Si 元素在连接界面处富集，形成隔层，阻碍了金属间化合物向铝侧的生长，当金属间化合物脆性层厚度较小（低于 $10\mu m$）时，接头由脆性断裂向韧性断裂转变，其强度明显提高。

（2）铜及铜合金与钢的钎焊

铜及铜合金与钢采用火焰钎焊、中频钎焊等也可以获得优质的焊接接头，并在生产中获得应用。图 8.8 是双水内冷汽轮发电机引水管不锈钢与纯铜接头的结构。

引水管与引导线的焊接即是 1Cr18Ni9Ti 不锈钢与 T1 纯铜的钎焊。钎焊时选用升温速度快、钎焊温度高以及保温时间短的强规范。采用中频钎焊方法，钎料为 HL311。将清洗好的零件套上玻璃罩，罩内预通氩气 1 ～ 2min，氩气流量 3 ～ 5L/min，然后通电加热。在第一阶段用大功率（8 ～ 10kW）加热，待钎料熔化后（约 10s），功率可降到 5 ～ 6kW，保温 10s，使接头充分合金化，最后切断电源，自然冷却 3 ～ 5min 后，即可取出工件。

（3）钛及钛合金与钢的钎焊

钛及钛合金与钢钎焊时也同样要防止高温时受氢、氧、氮气的侵害，钎焊过程必须在氩气或氦气保护下的炉中进行，可以获得优质的焊接接头。图 8.9 是 TA2 钛环与 Q235 钢的钎焊接头实例。上环为钛环（TA2），下环为 Q235 钢并加工成凸台，上环加工成凹槽。钎焊时，在凸台和凹槽之间的空隙中放置钎料 HL313。

焊前将焊件表面清理干净，不能有油污和氧化膜等。放置钎料厚度为 0.1mm，可放置两层箔片，再用直径为 $\phi 4mm$ 丝状钎料，放置于凸台之上，最后装配好并固定。将装配好的钎焊组合体放入充氩气的箱中，并装入 H-75 型电气炉中加热进行钎焊，TA2 钛环与 Q235 钢钎焊的工艺参数见表 8.21。

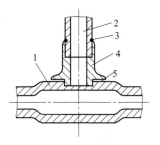

图 8.8　引水管不锈钢与纯铜接头的
焊接结构

1—引导线（T1）；2—引水管（1Cr18Ni9Ti）；
3—钎料（HL311）；4—过渡接头（1Cr18Ni9Ti）；
5—箔片钎料（HL311）

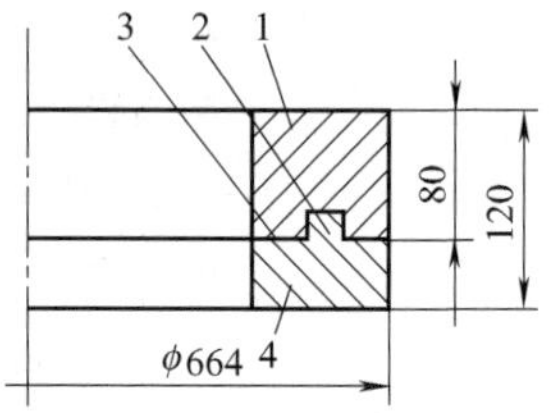

图 8.9　TA2 钛环与 Q235 钢的钎焊接头

1—钛环（TA2）；2—钢凸台；3—钎料；4—钢

表 8.21　TA2 钛环与 Q235 钢钎焊的工艺参数

被焊材料	钎料	焊接温度/℃	保温时间/min	保护气体	加热方式	接头力学性能
TA2+Q235	HL303（ϕ4）	900	20	氩气	H-75 箱式电气炉 75W	接头强度 σ_b=98MPa 核验后，合格品

TiAl 与 40Cr 钢真空钎焊时，采用 Ti 含量为 4%，熔化温度为 800℃、厚度为 0.2mm 的 Ag-Cu-Ti 合金作为钎料，以改善 TiAl 与 40Cr 钢钎焊接头的焊接性和增加接头强度。焊前将 TiAl 与 40Cr 钢待焊表面经过平磨处理，然后用 10%HF+40%HNO$_3$+50% 蒸馏水溶液对 TiAl 的待焊表面浸泡 1～2min，以去除氧化膜，然后再用清水漂洗干净，吹干。最后将 TiAl 与 40Cr 钢置于丙酮溶液中，去除表面油污后再进行吹干。TiAl 与 40Cr 钢的钎焊工艺参数为钎焊温度 900℃，保温 10～15min，真空度为 10^{-2}Pa。力学性能实验表明，获得的以 Ag-Cu-Ti 合金作为钎料的 TiAl 与 40Cr 钢钎焊接头抗拉强度高达 400MPa，接近于母材 TiAl 的抗拉强度。

TiAl 与 40Cr 钢真空钎焊后，接头的 Ag 元素主要是沿 TiAl 晶界渗透并略有些 Ag 从 Ag-Cu-Ti 钎料中扩散到 40Cr 钢中，同时 Ag-Cu-Ti 钎料中又有较多的 Cu 元素扩散到 TiAl 金属间化合物中，并集中在 TiAl 与 Ag-Cu-Ti 钎料的界面上，因此 Cu 元素的浓度分布会出现一定的稳定值，形成 Cu 的化合物。在 TiAl 与 Ag-Cu-Ti 钎料界面，TiAl 中的 Ti 元素向 Ag-Cu-Ti 钎料中扩散，形成 Ti 的化合物，但是研究发现在整个钎焊接头中，Fe 元素扩散距离较小，无化合物形成。

TiAl 与 40Cr 钢钎焊时，Ag-Cu-Ti 钎料熔化后，除了 Ag、Cu、Ti 元素向 TiAl 金属间化合物中扩散外，还有大量的 Ag、Cu、Ti 元素沿晶界发生迁移，与晶界处的 Ti、Al 元素进行原子交换，实现 Ag-Cu-Ti 钎料向 TiAl 金属间化合物的迁移。通过 X 射线衍射分析，在 TiAl 与 40Cr 钢钎焊接头主要形成 Ag 与 AlCu$_2$Ti 相。

（4）镍及镍合金与钢的钎焊

镍及镍合金与钢可以进行钎焊，常用的有气体保护钎焊和真空钎焊。钎焊时钎料及钎剂的选用十分重要，最为常用的是镍基钎料。钎焊接头的形式常采用搭接接头，接头间隙一般为 0.02 ～ 0.15mm。镍及镍合金与钢钎焊时钎料及钎剂的选用见表 8.22。

表 8.22　镍及镍合金与钢钎焊时钎料及钎剂的选用

类别	钎料型号	AWS 钎料牌号	熔化温度范围 /℃	钎剂	钎焊方法	简要说明
镍基钎料	BNi71CrSi BNi89P BNi76CrP BNi74CrSiB BNi75CrSiB	BNi-5 BNi-6 BNi-7 BNi-1 BNi-1a	1080 ～ 1135 875 890 975 ～ 1040 975 ～ 1075	惰性气体保护钎焊，可通入活性气体（BF$_3$）或加硼砂做钎剂	气体保护钎焊和真空钎焊	镍基钎料最为常用，一般均具有良好的高温性能，可利用钎料和钎焊金属的相互扩散来提高钎焊接头的性能。 银-铅、铜-铅、镍-锰的高温性能虽没有镍基钎料高，但塑性好，可制成各种形状，对间隙的敏感性小，适于薄件钎焊。 焊前应严格进行清洗，包括脱脂、酸洗、中和、清洗等工序
银-铅钎料	Ag75Pb20Mn5	—	1000 ～ 1120			
	Ag64Pb33Mn3	—	1180 ～ 1200			
铜-铅钎料	Cu55Pb20Mn10Ni15	—	1060 ～ 1100			
镍-锰钎料	Ni48Mn31Pb21	—	1120			

（5）铍及铍合金与钢的钎焊

铍及铍合金易于氧化和易被气体所污染，采用一般的钎焊方法时，接头强度不高。例如，铍与不锈钢焊接即使采用塑性较好的银钎料，接头强度也只能达到 166.6MPa。因此铍及铍合金与钢焊接必须采取真空钎焊和气体保护钎焊。同时，选择润湿能力强的银基钎料或塑性较好的镍基钎料，才能获得良好的钎焊接头。

铍与不锈钢真空钎焊时，应选择铝-硅钎料、铝-银钎料、银及银基钎料和银-铜共晶（28%Cu）钎料等。也可以选用铜钎料，但不如银及银基钎料或银-铜钎料效果好。采用 Al-Si 钎料时（含 7.5% 或 12%Si），要注意这种钎料的流动性较差，如不填满间隙会形成钎缝缺口，影响接头强度。所以，应当采取预置钎料的方法。采用银及银基钎料（Ag-Cu7%-Li0.2%）时，由于加入少量锂，可提高流动性和润湿性。采用 Ag-Cu 共晶钎料时，可减少晶界渗透对铍的合金化作用。为减少铜与铍形成脆性相，可加快升温速度，缩短时间，以提高接头质量。

目前，在电气元件生产中有许多连接件是铍与不锈钢的焊接接头，有的接头形式不是装置钎料的，而是先通过蒸发沉淀技术将银基钎料（BAg72Cu）薄膜镀覆在不锈钢表面，然后组装并置于真空（10^{-1}Pa）中，加热到 800℃，保温 30min，进行高温真空扩散钎焊，获得了良好的接头质量，接头抗剪强度可达 138MPa。

表 8.23 列出铍与不锈钢、蒙乃尔合金钎焊的工艺参数及接头性能。

表 8.23　铍与不锈钢、蒙乃尔合金钎焊的工艺参数及接头性能

被焊材料	介质	钎焊温度 /℃	钎焊时间 /min	接头强度 / MPa
铍 + 不锈钢	真空	820	3	45.08
铍 + 不锈钢	真空	835	3	20.58
铍 + 不锈钢	氢	980	1	165.62
铍 + 蒙乃尔合金	真空	825	3	274.4
铍 + 蒙乃尔合金	真空	1012	3	75.46

（6）铅及铅合金与钢的钎焊

铅具有很强的耐腐蚀性，密度大，强度不高，塑性好，在石油化工、制药、冶炼等工业管道和容器中得到广泛的应用。钢与铅的焊接尤其是不锈钢与铅的焊接应用比较多。

铅的熔点很低，比不锈钢（1Cr18Ni9Ti）的熔点低 1073℃（熔点为328℃），且导热性差，所以，铅与钢焊接时，在加热过程中铅先熔化，而钢仍处于固态，铅液易于流失，只能在平焊位置施焊。

铅的线膨胀系数比钢大，约为 $12.6×10^{-6}K^{-1}$，所以铅塑性特别好，与钢焊后，铅母材一侧能够产生应力松弛，铅的液体与固态钢接触并浸润而形成钎焊连接。这个焊接过程对铅来说，是进行了熔化焊接，对钢来说则是进行了钎焊，即属于熔焊 - 钎焊工艺。因此，可以采用氩弧焊和气焊对铅与钢进行焊接，焊丝可以用 Sn-Pb 合金和纯 Pb 焊丝。铅与 1Cr18Ni9Ti 不锈钢钎焊的工艺参数见表 8.24。

铅与不锈钢钎焊时，焊前首先应对铅和不锈钢表面进行机械加工（可用刮刀），去掉氧化膜与油污等杂质。铅板厚度小于 5mm 时，可在坡口两侧的焊件表面 20 ～ 25mm 的范围内刮净氧化膜；铅板厚度 5 ～ 8mm 时，刮净范围为 30 ～ 35mm；板厚达 9mm 时，刮净范围为 35 ～ 40mm。钎料应选用50%Sn+50%Pb 的合金焊丝，也可选用纯 Pb，再配合钎焊熔剂 QJ102（成分

表 8.24 铅与 1Cr18Ni9Ti 不锈钢钎焊的工艺参数

被焊材料	板厚/mm	钎料直径/mm	钎料成分	加热方法	
				氢 - 氧火焰焊嘴直径 /mm	氧 - 乙炔火焰焊嘴直径 /mm
Pb+1Cr18Ni9Ti	1+1	2	Sn-Pb 焊丝或纯 Pb 焊丝	0.5	0.5
	2+2	2		0.5	0.5
	3+3	3		0.5	0.5
	4+4	3		0.8	0.5
	5+5	4		1.1	0.75
	6+6	5		1.5	0.75
	7+7	5		1.5	0.75
	8+8	5		1.5	0.75
	9+9	5		1.5	0.75
	12+12	7		1.9	1.25
	16+16	8		2.0	1.25
	20+20	10		2.3	1.5
	30+30	14		2.5	2.0
	40+40	16		2.5	2.5

为：氟化钾42%，硼酐35%，氟硼酸钾23%），能有效地清除氧化膜，增加钎料的流动性。加热方法可选用氧-乙炔焰或氢氧火焰加热，也可以用液化气火焰加热。焊接过程中还应注意采取保护措施，除掉铅的化合物粉尘和烟雾，避免中毒。

复习思考题

① 陶瓷与金属钎焊时，容易产生的问题是什么？

② 陶瓷与金属钎焊用活性钎料有哪些？钎焊过程中活性元素的作用是什么？

③ 陶瓷与金属常用钎焊方法有哪些？为减小应力集中，应如何设计合理的接头？

④ 陶瓷表面金属化法常采用的工艺是什么？如何实施？

⑤ 硬质合金与钢的钎焊特点是什么？

⑥ 简述硬质合金与钢常见钎焊缺陷及其防止措施。

⑦ 金刚石的类型有哪些？它们的钎焊特点各是什么？

⑧ 金刚石常用的钎焊方法有哪些？简述工艺参数对接头性能的影响。

⑨ 铜与铝及铝合金的焊接主要存在的问题有哪些？如何防止？

⑩ 铝合金与钢的钎焊特点是什么？常用钎焊工艺有哪些？

⑪ 钛合金与钢常用的钎焊方法有哪些？

第 **9** 章

微信扫描封底二维码
即可获取教学视频、配套课件

典型材料的扩散焊

　　由于扩散焊的接头质量较好且稳定，几乎适合于各种材料，特别是适于一些脆性材料、特殊结构的焊接。虽然扩散焊的生产成本稍高一些，但在航空航天、电子和核工业等焊接质量更为重要的场合，仍得到相当成功的应用。许多零部件的使用环境苛刻，加之产品结构要求特殊（如为减轻重量而采用空心结构），设计者不得不采用特种材料，而且要求接头与母材成分、性能匹配。在这种情况下，扩散焊成为优先考虑的焊接方法。

9.1
同种材料的扩散焊

　　在大多数情况下，碳钢较易于用熔焊方法焊接，所以通常不采用扩散连接。但要在大平面形成高质量接头的产品时，则可采用扩散连接。各种高碳钢、高合金钢也能顺利进行扩散连接。

9.1.1　钛及钛合金的扩散焊

　　钛是一种强度高、重量轻、耐腐蚀、耐高温的高性能材料，目前被广泛地应用在航空、航天工业中。多数钛结构要求减轻重量，接头质量比制造成本更重要。因此，较多地应用扩散焊方法。

钛合金不需要特殊的表面准备和特殊的控制就可容易地进行扩散焊。常用焊接工艺参数为：加热温度 855 ~ 957℃，保温时间 1 ~ 4h，压力 2 ~ 5MPa，真空度 1.33×10⁻³Pa 以上。应注意，钛能大量吸收 O_2、H_2 和 N_2 等气体，因此不宜在 H_2、N_2 气氛中焊接。

钛及钛合金的超塑性成形扩散焊目前应用较为成功。钛及钛合金在 760 ~ 927℃温度范围内具有超塑性，即在高温和非常小的载荷下，钛合金具有达到极大的拉伸长度而不产生缩颈或断裂的特征。

超塑性成形扩散连接是一种两阶段加工方法，用这种方法连接钛及钛合金时不发生熔化。第一阶段主要是机械作用，包括加压使粗糙表面产生塑性变形，从而达到金属与金属之间的紧密接触。第二阶段是通过穿越接头界面的原子扩散和晶粒长大进一步提高强度，这是置换原子迁移的作用，通过将材料在高温下按所需时间保温来完成。因为钛及钛合金的超塑性成形和扩散连接是在相同温度下进行的，所以可将这两个阶段组合在一个制造循环中。对于同样的钛合金材料，超塑性扩散连接的压力（2MPa）比常规扩散连接所需压力（14MPa）低得多。

超塑性扩散焊的工艺参数直接影响钛合金接头性能。超塑性成形扩散焊的加热温度与常规扩散连接的温度一致。例如 TC4 钛合金的加热温度范围为 870 ~ 940℃，达到了该合金的相变温度。超过 940℃，α 相开始转变为 β 相，将使晶粒粗大，降低接头的性能。超塑性成形扩散连接与一般的扩散连接不一样，必须使变形速率小于一定的数值，所加的压力比较小，同时压力与时间有一定的联系。为了达到 100% 的界面结合，必须保证连接界面可靠接触，接头连接质量与压力和时间的关系如图 9.1 所示。图中实线以上为质量保证区域，在虚线以下不能获得良好的连接质量，接头界面结合率小于 50%。

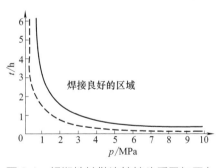

图 9.1 超塑性扩散连接接头质量与压力和时间的关系

（T=940℃，真空度小于 1.33×10⁻³Pa）

钛及钛合金的原始晶粒度对扩散连接质量也有影响。原始晶粒越细小，获得良好扩散连接接头所需要的时间越短、压力越小，在超塑性成形过程中也希望晶粒越细越好，如图 9.2 所示。所以，对于钛及钛合金超塑性成形扩散焊，要求必须是细晶组织。

钛铝金属间化合物是替代高温合金的新型轻质耐高温高强材料，在航空航天领域极具应用前景，但要实现钛铝合金扩散连接，应在非常苛刻的条件下进行。通过采用厚度为 0.1mm 的 TC4 钛合金作为中间层，在温度 900℃、压力 2.5MPa 条件下，可以实现 Ti_3Al 合金 100% 的扩散焊合率，界面抗剪强度最高达到 627MPa。而相同条件下不采用中间层直接扩散连接焊合率 < 20%，抗剪强度只有 42MPa。这是由于在 Ti_3Al 合金和 TC4 钛合金中间层发生了明显的元素扩散，元素扩散导致在扩散过渡区内的相发生了长大和相变现象。而不采用 TC4 钛合金作为中间层，Ti_3Al 合金中稳定元素 Nb 原子半径较大，会影响元素的扩散速度。

采用 Ni 箔作为中间层的 TC4 液相扩散焊时，基于 Ni-Ti 共晶点及 TC4 材料的相变温度点选择焊接温度。当焊接温度低于共晶点 942℃时，界面以固相扩散为主，接头处存在较大孔隙，中间层 Ni 箔残留；当焊接温度高于共晶点 942℃时，界面出现固液扩散过程；当焊接温度为 970℃，保温时间为 120min，焊接压力为 0.1MPa 时，TC4 钛合金加 Ni 箔中间层能实现有效连接，焊接接头抗拉强度达到 946MPa，接近母材抗拉强度。不同扩散焊温度下 TC4 扩散焊接头的抗拉强度如图 9.3 所示。

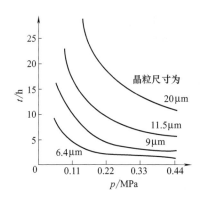

图9.2　钛合金超塑性扩散连接时晶粒度与压力和时间的关系

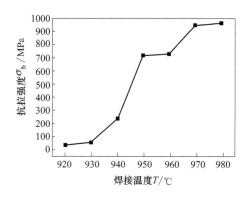

图9.3　不同扩散焊温度下 TC4 扩散焊接头的抗拉强度

采用在 TC4 表面电沉积镍钴中间层也可以实现低温扩散连接。通过控制电沉积液中 Co 元素含量 20g/L，电流密度 $2A/dm^2$，钛合金基体用 1500 目砂纸打磨，电沉积时间 7.5min，扩散连接压力 3MPa，扩散连接时间 1h，电沉积镍钴中间层厚度为 2.5μm，在 800℃条件下可获得扩散连接接头的抗剪强度为 664MPa。

9.1.2　高温合金的扩散焊

固相扩散焊几乎可以焊接各类高温合金，如机械化型高温合金，含高Al、Ti 的铸造高温合金等。高温合金中含有 Cr、Al 等元素，表面氧化膜很稳定，难以去除，焊前必须严格加工和清理，甚至要求表面镀层后才能进行固相扩散连接。几种高温合金真空扩散焊的工艺参数见表 9.1。

表 9.1　几种高温合金真空扩散焊的工艺参数

合金牌号	加热温度 /℃	保温时间 /min	压力 /MPa	真空度 /Pa
GH3039	1175	6 ~ 10	29.4 ~ 19.6	
GH3044	1000	10	19.6	1.33×10^{-2}
GH99	1150 ~ 1175	10	39.2 ~ 29.4	
K403	1000	10	19.6	

高温合金的热强性高，变形困难，同时又对过热敏感，因此必须严格控制焊接参数，才能获得与母材匹配的焊接接头。高温合金扩散焊时，需要较高的焊接温度和压力，焊接温度约为 $0.8 \sim 0.85 T_m$（T_m 是合金的熔化温度）。

焊接压力通常略低于相应温度下合金的屈服应力。其他参数不变时，焊接压力越大，界面变形越大，有效接触面积越大，接头性能越好；但焊接压力过高，会使设备结构复杂，造价昂贵。焊接温度较高时，接头性能提高，但过高会引起晶粒长大，塑性降低。

Al、Ti 含量高的沉淀强化高温合金固态扩散焊时，由于结合面上会形成 Ti（CN）、$NiTiO_3$ 等析出物，造成接头性能降低。若加入较薄的 Ni-35%Co 中间层合金，则可以获得组织性能均匀的接头，同时可以降低工艺参数变化对接头质量的影响。压力和温度对高温合金扩散焊接头力学性能的影响如图 9.4 所示。

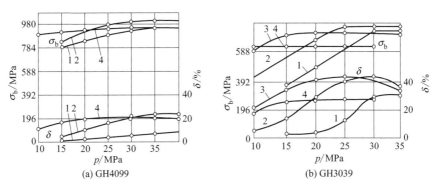

图 9.4　压力和温度对高温合金扩散焊接头力学性能的影响

1—1000℃；2—1150℃；3—1175℃；4—1200℃

添加纯镍中间层扩散焊 GH4099 高温合金时，由于中间层的填充，接头无明显微观孔洞存在，中间层厚度由 10μm 减薄至 2μm 时，室温抗拉强度增加，但塑性降低，厚度 10μm 的中间层获得接头抗拉强度大于 1000MPa，厚度 2μm 的中间层接头在较短的时间内就能充分合金化，抗拉强度最接近母材，适用于短时高效、对塑性要求不高的服役条件；而厚度 10μm 的中间层接头塑性接近于母材，则更适合在较高塑性并具有一定强度要求的环境下工作。

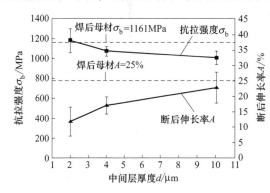

图 9.5　中间层 Ni 厚度对 GH4099 扩散焊接头强度的影响

中间层 Ni 厚度对 GH4099 扩散焊接头强度的影响见图 9.5。

纯镍中间层厚度对 GH4099 高温合金接头组织性能演变有显著影响。中间层减薄，合金化程度增高，强化相粗化，对位错迁移有明显的阻碍作用，表现为接头强度的提高；但是，界面处析出碳化物颗粒呈条带状分布，在轴向拉应力的作用下产生应力集中，且变形过程中母材对中间层产生拘束作用，裂纹在此形核起裂，沿着界面扩展路径随层厚减小而缩短，整体表现为接头断后伸长率的下降。此外，较薄中间层对于表面粗糙度敏感，未填实的粗糙点演变为裂纹源，也降低了接头塑性。

采用 SBM-3（Cr 12.5%，Co 7.0%，Mo 1.0%，W 4.5%，Al 3.0%，Ti 4.8%，Nb 0.3%，Ta 3.5%，RE 2.6%，B 1.1%，Ni 余量）作为中间层，焊缝间隙尺寸为 80μm 时，在瞬间液相扩散焊温度 1250℃，压力 5MPa，保温 6h 的焊接工艺条件下，IC10 高温合金焊缝组织与母材组织形貌成分相近。经过 1180℃保温 2h+1265℃保温 2h，空冷 +1050℃保温 4h 的热处理后，IC10 高温合金扩散焊接头在 1100℃的温度下，抗拉强度可达 268MPa，高于母材（275MPa）的 97.5%；在温度 1100℃，应力为 36MPa 的条件下，焊缝高温持久寿命大于 117h，高于母材 90%。在接头结构中，较大体积浓度的 $\gamma+\gamma'$ 相存在于焊缝中，接头结构由母材平稳过渡到焊接接头，高温拉伸及高温持久试验中裂纹从硼化物和碳化物的边缘以及 $\gamma+\gamma'$ 共晶边缘处的微孔扩展。热处理提高了母材弹性模量的同时降低了焊缝的弹性模量，接头弹性模量的降低提高了瞬间液相扩散焊接头的高温力学强度。热处理对接头高温强度和持久寿命的影响如图 9.6 所示。

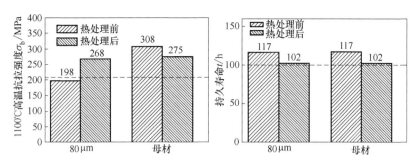

图 9.6   热处理对接头高温强度和持久寿命的影响

瞬间液相扩散焊钴基高温合金 DZ40M，可以 Ni 基合金作为中间层，是因为 Ni 元素是 Co 的面心立方结构稳定元素，抑制 Co 从面心立方向密排六方转变；另外 Ni 有着良好的高温稳定性，熔点比 Co 稍低，能够保证较低的焊接温度，同时促进液相中间层的流动性。添加 25%（质量分数）的 Cr 可以提高合金抗氧化和抗腐蚀的性能，另外 Cr 还能在时效过程中析出二次碳化物，起到固溶强化的作用。添加 8%（质量分数）的 W 元素目的是提高接头高温性能，能在焊接或者时效过程中析出 M_6C 型碳化物，同样可以起到固溶强化的作用。而 B 作为中间层的降熔元素，使得中间层能在焊接温度下熔化，B 元素在液相中间层与固相母材之间的扩散使液相发生等温凝固，并主导接头界面的形成。

在 1160℃液相扩散焊接钴基高温合金 DZ40M 时，随着保温时间的增加，接头等温凝固程度升高，并在 30min 时实现完全等温凝固。接头由于完全消除了共晶相，且扩散过渡区中的针状硼化物数量较少，接头强度达到 487MPa，为钴基高温合金 DZ40M 母材强度的 88.6%。

单晶高温合金以单个晶体为单位，因其合金化程度高，弥补了传统的铸锻高温合金铸锭偏析严重、热加工性能差、成形困难等难点，可用于涡轮盘、压气机盘、鼓筒轴、封严盘、导风轮以及涡轮盘高压挡板等高温承力转动部件。但采用常规的熔焊、钎焊、线性摩擦焊和储能焊等焊接技术对单晶高温合金进行连接时，由于结晶的不可控性，很难满足单晶生长条件，接头内不可避免地形成等轴晶组织、脆化相与缺陷，从而降低接头的高温力学性能。而过渡液相扩散焊技术，结合了固态扩散连接和高温钎焊的特点，是实现复杂冷却单晶合金结构连接制造的有效方法。

单晶高温合金过渡液相扩散焊中间层合金设计常选用 B 作为降熔元素，以改善界面接触，降低待焊件表面制备质量的要求和焊接压力，同时改善扩散条件、加快扩散速率，达到降低焊接温度、促进等温凝固过程顺利进行、缩短焊接时间等。使用含降熔元素 B、与母材成分接近的中间层合金对 PWA1480 单晶合金进行过渡液相扩散焊,在 1232℃保温 24h 条件下,连接后经固溶处理和时效处理,接头在 982℃时的持久强度和等温低疲劳性能与母材相当,焊接的叶片已经在 F100 发动机及其他新型发动机(F120、EJ200)上试用。采用降熔元素 B 配制 Ni-15Cr-3.5B 中间层合金对 DD98 镍基单晶合金进行过渡液相扩散焊,在 1250℃保温 6h 条件下,焊缝熔化区与母材金属区晶体取向相同,连接过程中保持了单晶的完整性。

过渡液相扩散焊接单晶高温合金时,设计优良的中间层合金成分能提高润湿性,改善扩散性能,同时减少因被焊材料之间的物理化学性能差异带来的危害,如扩散孔洞、热应力过大等问题,目前常采用与母材相同的元素,如 Co、Cr、Mo、W、Al、Ti、Ni 等诸多元素。Co 起固溶强化作用,并能够显著提高接头的抗热腐蚀性能,同时 Co 是强硼化合物形成元素,可根据母材含量添加。Cr 起固溶强化作用,可提高接头的抗氧化和抗腐蚀性能,但焊缝中会因 Cr 含量过高而形成稳定的硼化物。W、Mo 的作用类似,都能强化焊缝,提高中间层的抗氧化性及润湿性,但 W、Mo 的原子半径较大,熔点高,不利于在母材中快速扩散。Al 和 Ti 是 γ' 相的主要形成元素,而 γ' 相是镍基单晶高温合金的主要强化相,但 Al、Ti 在焊接过程中容易通过扩散从母材进入焊缝,易在焊接界面处形成稳定的有害相。中间层合金各元素的物理参数见表 9.2。

表9.2 中间层合金各元素的物理参数

合金元素	熔点 /℃	原子半径 /pm	电负性	与 B 元素 电负性差	与 B 元素 共晶温度 /℃	与 B 元素 生成相
Co	1495	126	1.8828	0.1632	1100	Co3B
Cr	1850	127	1.6625	0.3825	1630	Cr3B
Mo	2623	140	2.1643	0.1183	2175	Mo2B
Al	660	143	1.6114	0.4346	980	AlB12
Ti	1670	145	1.5423	0.5037	1540	TiB
W	3422	141	2.3675	0.3215	2600	W2B

镍基单晶高温合金因不具有晶界,在过渡液相扩散焊过程中要避免产生晶界,因此就要保证对接焊件晶体取向一致,以防止在接头中形成杂晶与晶界。对同一种镍基单晶高温合金在 1200℃下进行过渡液相扩散焊,非等温凝固区宽度与不同取向角度及等温凝固时间之间的关系如图 9.7 所示。

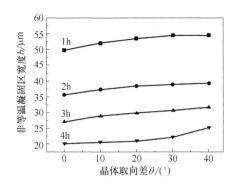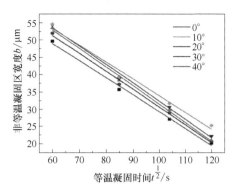

图 9.7　非等温凝固区宽度与晶体取向差及等温凝固时间的关系

镍基单晶高温合金非等温凝固区宽度随着角度偏差的增大而增宽,过渡液相扩散焊结合所需的等温凝固时间随着两个基体之间的晶体取向偏差的增加而增加。DD6 单晶合金过渡液相扩散焊,当晶体取向一致时,单晶化的 DD6 合金接头 980℃持久性能达到与母材相当;当晶体取向存在较小偏差(10°以内)时,会在接头局部区域形成晶界,980℃持久性能仅能达到母材的80%。此外,不同等温凝固时间条件下,非等温凝固区宽度与等温凝固时间的平方根呈线性关系。

同种材料扩散连接的压力常在 $0.5 \sim 50$MPa 之间选择。实际生产中,工艺参数的确定应根据试焊所得接头性能选出一个最佳值(或最佳范围)。表9.3 列出了一些常用同种材料直接扩散焊的工艺参数。同种材料加中间层扩散焊的工艺参数如表 9.4 所示。

表 9.3　常用同种材料扩散焊的工艺参数

序号	材料	加热温度 /℃	保温时间 /min	压力 /MPa	真空度 /Pa
1	20 钢	950	6	16	$1.33×10^{-5}$
2	30CrMnSiA	$1150 \sim 1180$	12	10	$1.33×10^{-5}$
3	W18Cr4V	1100	5	10	$1.33×10^{-4}$
4	12Cr18Ni10Ti	1000	10	20	$2.67×10^{-5}$
5	1Cr13 不锈钢	1050	20	15	$1.33×10^{-5}$
6	2Al4 铝合金	540	180	4	—
7	TC4 钛合金	$900 \sim 930$	$60 \sim 90$	$1 \sim 2$	$1.33×10^{-3}$
8	Ti3Al 合金	$960 \sim 980$	60	$8 \sim 10$	$1.33×10^{-5}$
9	Cu	800	20	6.9	还原性气氛
10	H72 黄铜	750	5	8	—
11	Mo	1050	5	$16 \sim 40$	$1.33×10^{-2}$
12	Nb	1200	180	$70 \sim 100$	$1.33×10^{-3}$

表 9.4　同种材料加中间层扩散焊的工艺参数

序号	被焊材料	中间层	加热温度/℃	保温时间/min	压力/MPa	真空度 /Pa（或保护气氛）
1	5A06 铝合金	5A02	500	60	3	50×10^{-3}
2	Al	Si	580	1	9.8	—
3	H62 黄铜	Ag+Au	400 ～ 500	20 ～ 30	0.5	—
4	1Cr18Ni9Ti	Ni	1000	60 ～ 90	17.3	1.33×10^{-2}
5	1Cr13 不锈钢	Ni+Be9% ～ 10%	931	5	0.07	—
6	K18Ni 基高温合金	Ni-Cr-B-Mo	1100	120	—	真空
7	GH141	Ni-Fe	1178	120	10.3	—
8	GH22	Ni	1158	240	0.7 ～ 3.5	—
9	GH188 钴基合金	97Ni-3Be	1100	30	10	—
10	Al_2O_3	Pt	1550	100	0.03	空气
11	95 陶瓷	Cu	1020	10	14 ～ 16	5×10^{-3}
12	SiC	Nb	1123 ～ 1790	600	7.26	真空
13	Mo	Ti	900	10 ～ 20	68 ～ 86	—
14	Mo	Ta	915	20	68.6	—
15	W	Nb	915	20	70	—
16	Nb	Zr	598	—	—	—
17	Ta	Zr	598	—	—	—
18	Zr2	Cu	767	30 ～ 120	0.21	—

9.2
异种材料的扩散焊

　　当两种材料的物理化学性能相差很大时，采用熔焊方法很难进行焊接，采用扩散连接有时可以获得满意的接头性能。确定某个异种金属组合的扩散焊条件时，应考虑到两种材料之间相互扩散的可能性及出现的问题。这些问题及防止措施如下。

　　① 界面形成中间相或脆性金属间化合物，通过选择合适的中间合金层来避免或防止。

　　② 由于扩散产生的元素迁移速度不同，而在紧邻扩散界面处造成接头的多孔性。选择合适的连接条件、工艺参数或适宜的中间层，可以解决这个问题。

　　③ 两种材料的线膨胀系数差异大，在加热和冷却过程中产生较大的收缩应力，产生工件变形或内应力过大，甚至开裂。可根据具体被连接件的材质、

使用要求，采用焊后缓冷的工艺措施等。

一些材料异种组合的扩散焊工艺参数见表9.5。

表9.5　一些材料异种组合的扩散焊工艺参数

序号	焊接材料	中间层合金	加热温度/℃	保温时间/min	压力/MPa	真空度/Pa
1	Al+Cu	—	500	10	9.8	6.67×10^{-3}
2	5A06 防锈铝 + 不锈钢	—	550	15	13.7	1.33×10^{-2}
3	Al+ 钢	—	460	1.5	1.9	1.33×10^{-2}
4	Al+Ni	—	450	4	$15.4 \sim 36.2$	
5	Al+Zr	—	490	15	15.435	
6	Mo+0.5Ti	Ti	915	20	70	
7	Mo+Cu	—	900	10	72	
8	Ti+Cu	—	860	15	4.9	
9	Ti+ 不锈钢	—	770	10	—	
10	Cu+ 低碳钢	—	850	10	4.9	
11	可伐合金 + 铜	—	$850 \sim 950$	10	$4.9 \sim 6.8$	1.33×10^{-3}
12	硬质合金 + 钢	—	1100	6	9.8	1.33×10^{-2}
13	不锈钢 + 铜	—	970	20	13.7	
14	TA1（钛）+Al$_2$O$_3$ 陶瓷	Al	900	$20 \sim 30$	9.8	$> 1.33 \times 10^{-2}$
15	TC4 钛合金 +10Cr18Ni9Ti	V+Cu	$900 \sim 950$	$20 \sim 30$	$5 \sim 10$	1.33×10^{-3}
16	Al$_2$O$_3$ 陶瓷 +Cu	—	$950 \sim 970$	$15 \sim 20$	$7.8 \sim 11.8$	6.67×10^{-3}
17	Al$_2$O$_3$ 陶瓷 +Cu	Al	580	10	19.6	—
18	Al$_2$O$_3$+ZrO$_2$	Pt	1459	240	1	
19	Al$_2$O$_3$+ 不锈钢	Al	550	30	$50 \sim 100$	
20	Si$_3$N$_4$+ 钢	Al-Si	550	30	60	
21	Cu + Cr18-Ni13 不锈钢	Cu	982	2	①	
22	Cu+（Nb-1%Zr）	Nb-1%Zr	982	240	①	
23	铁素体不锈钢 + Inconel 718	—	943	240	200	
24	Ni200 + Inconel 600	—	927	180	6.9	
25	（Nb-1%Zr）+ Cr18-Ni13 不锈钢	Nb-1%Zr	982	240	①	
26	Zr2+ 奥氏体不锈钢	—	$1021 \sim 1038$	30	①	
27	ZrO$_2$+ 不锈钢	Pt	1130	240	1	
28	QCr0.8（铬青铜）+ 高 Cr-Ni 合金	—	900	10	1	
29	QSn10-1（锡青铜）+ 低碳钢	—	720	10	4.9	

① 焊接压力借助差动热膨胀夹具施加。

9.2.1　金属间化合物异种材料的扩散焊

金属间化合物的成分可以在一定范围内偏离化学计量而仍保持其结构的

稳定性，在合金状态图上表现为有序固溶体。金属间化合物的长程有序超点阵结构保持很强的金属键结合，使其具有许多特殊的物理、化学性能和力学性能，如特殊的电学性能、磁学性能和高温性能等，是一种很有发展前景的新型高温结构材料。

（1）TiAl 金属间化合物异种材料的焊接

TiAl 金属间化合物力学性能对显微组织非常敏感，含有较多合金元素时，热膨胀系数较低，与异种材料焊接时，容易产生较大的内应力。采用熔焊方法，接头成分复杂，热裂倾向严重且极易生成脆性金属间化合物，因此，TiAl 金属间化合物异种材料的焊接较多采用扩散焊方法。

1）TiAl 与 40Cr 钢的扩散焊

TiAl 金属间化合物与 40Cr 钢之间化学成分差别较大，相容性较差，扩散焊时选用纯 Ti 箔、V 箔和 Cu 箔作为中间层。

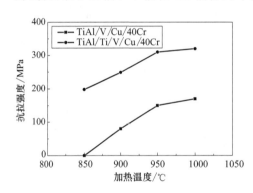

图 9.8　加热温度和合金层成分对 TiAl 与
40Cr 钢扩散焊接头拉伸性能的影响

焊前将 TiAl 金属间化合物与 40Cr 钢的待焊端面油污、铁锈采用机械法或化学法去除，然后按 TiAl/Ti/V/Cu/Cr 的顺序立即放入真空炉中。扩散焊工艺参数为加热温度 950～1000 ℃，焊接压力 20MPa，保温时间 20min。中间层纯 Ti 箔、V 箔和 Cu 箔的厚度分别为 30μm、100μm、20μm。加热温度和合金层成分对 TiAl 与 40Cr 钢扩散焊接头拉伸性能的影响见图 9.8。

在相同的扩散焊工艺参数条件下，选用 Ti、V、Cu 中间层获得的 TiAl 与 40Cr 钢扩散焊接头抗拉强度均高于以 V、Cu 作为中间层时接头的抗拉强度；并且随着加热温度的升高，扩散焊接头的抗拉强度逐渐升高。因为当温度较低时，焊接材料基体的强度仍然很高，在同等压力条件下，塑性变形不足，被焊表面之间的物理接触形成得不够充分，在扩散焊界面处可能存在大量的缺陷，没有形成很好的冶金结合。随着温度的升高，被焊材料的屈服强度急剧下降，被焊表面之间物理接触的面积迅速增加，焊合率提高。

通过对 TiAl 与 40Cr 钢扩散焊接头的断口的成分（见表 9.6）分析发现，以 Ti、V、Cu 作为中间层的 TiAl 与 40Cr 钢扩散焊接头的断裂位置在 TiAl 与中间层 Ti 箔界面处。而以 V、Cu 作为中间层的 TiAl 与 40Cr 钢扩散焊接头的断裂发生在 TiAl 与中间层 V 箔界面位置。

表9.6　TiAl 与 40Cr 钢扩散焊接头断口的成分分析 /%

接头	Ti	Al	Cr	Nb	V	Cu	Fe
Ti、V、Cu 为中间层	50.19	45.96	2.02	1.83	—	—	—
	67.90	25.31	3.19	3.61	—	—	—
V、Cu 为中间层	39.25	38.97	0.00	2.07	19.71	—	—

在以 Ti、V、Cu 作为中间层的 TiAl 与 40Cr 钢扩散焊接头的能谱分析（表9.7）和 X 射线衍射结果（图9.9）中发现，采用 Ti、V、Cu 作为中间层进行扩散焊接后，接头靠近 TiAl 一侧生成 Ti₃Al 金属间化合物，在 Ti 一侧生成 α-(Ti) 固溶体，并且这些生成物不随温度的变化而发生改变，只是随加热温度的升高，元素扩散比较充分，扩散反应层的厚度逐渐增加。

表9.7　TiAl 与 40Cr 钢扩散焊接头的能谱分析 /%

接头	位置	Ti	Al	Cr	Nb	V
Ti、V、Cu 为中间层	近 TiAl 侧	74.3	25.3	0.30	0.10	—
	近 Ti 侧	95.5	4.24	0.09	0.17	—
V、Cu 为中间层	近 TiAl 侧	61.48	21.34	—	—	17.18
	近 V 侧	16.62	68.89	—	—	14.49

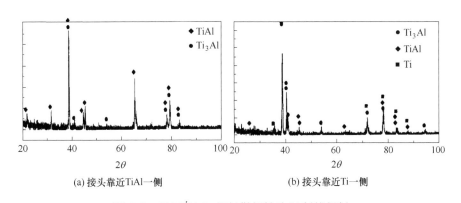

(a) 接头靠近TiAl一侧　　　　　(b) 接头靠近Ti一侧

图9.9　TiAl/40Cr 钢扩散焊接头 X 射线衍射

在 Cu 箔与 40Cr 钢的接触界面上，没有明显的金属间化合物形成过渡层，元素浓度没有出现稳定的过渡平台。这也是以 Ti、V、Cu 作为中间层的 TiAl 与 40Cr 钢扩散焊接头断裂发生在 TiAl 与 Ti 箔界面上的主要原因。而选用 V、Cu 作为中间层时，TiAl 与 40Cr 钢扩散焊接头的能谱分析（见表9.7）发现在接头靠近 TiAl 一侧生成 Ti₃Al 金属间化合物，在 V 一侧生成 Al₃V，增加 TiAl 与 V 箔界面处的脆性，容易引起 TiAl 与 40Cr 钢扩散焊接头的脆性断裂。

2）TiAl 与 SiC 的扩散焊

TiAl 与 SiC 陶瓷扩散焊前，将含 Al 量 53% 的 TiAl 与含有 2% ~ 3% Al_2O_3 烧结剂的 SiC 陶瓷的待焊表面用丙酮擦洗干净，再用清水冲洗并进行风干。然后由下至上按照 SiC/TiAl/SiC 的顺序将焊接件组装好，同时在上下两个 SiC 的不连接表面各放置一片云母，以防止 SiC 与加压棒连接在一起。

扩散焊接过程中采用电阻辐射加热方式进行加热。TiAl 与 SiC 陶瓷的扩散焊的工艺参数为：加热温度 1300℃，焊接压力 35MPa，保温时间 30 ~ 45min，真空度 6.6×10⁻³Pa。

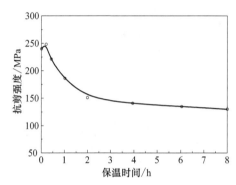

图 9.10　不同保温时间下 TiAl 与 SiC 扩散焊接头的抗剪强度

扩散焊后，TiAl 与 SiC 扩散焊接头出现三个反应层，各反应层内化学成分见表 9.8。反应层内元素化学成分差别较大，使 TiAl 与 SiC 扩散焊接头形成的组织结构不同，并且随着保温时间延长，各扩散焊接头中反应层厚度增加，在一定时间内能够达到稳定状态，使接头具有一定的强度，不同保温时间下 TiAl 与 SiC 扩散焊接头的抗剪强度见图 9.10。

表 9.8　TiAl 与 SiC 扩散焊接头反应层的化学成分 /%

反应层	Ti	Al	Si	C	Cr
1	33.5	62.4	0.8	2.1	1.2
2	54.2	4.4	28.8	12.3	0.3
3	44.3	10.2	5.3	40.1	0.1

TiAl 与 SiC 扩散焊接头的抗剪强度结果表明，加热温度 1300℃时，随着保温时间的增加，TiAl 与 SiC 接头的抗剪强度开始迅速降低，而后缓减，并在 4h 后趋于稳定。在保温时间为 30min 时，接头强度达到 240MPa。通过电子探针分析 TiAl 与 SiC 扩散焊接头剪切断口的化学成分见表 9.9。

表 9.9　电子探针分析 TiAl 与 SiC 扩散焊接头剪切断口的化学成分 /%

保温时间 /h	Ti	Al	C	Si	表面相
0.5	53.6	5.4	11.1	29.9	$Ti_5Si_3C_x$
	53.1	5.8	10.8	30.3	$Ti_5Si_3C_x$
	46.2	47.8	5.6	0.4	TiAl
	54.1	6.2	10.2	29.5	$Ti_5Si_3C_x$

保温时间 /h	Ti	Al	C	Si	表面相
8	43.1	8.2	44.2	4.5	TiC
	43.8	8.7	43.4	4.1	TiC
	44.1	7.9	45.6	2.4	TiC
	44.5	8.1	44.8	2.6	TiC

TiAl 与 SiC 扩散焊接头的剪切断裂位置随着保温时间的变化而发生改变。保温时间为 30min 时，所形成的 TiC 层很薄（0.58μm），接头的强度取决于 TiC+Ti$_5$Si$_3$C$_x$ 层，断裂发生在（TiAl$_2$+TiAl）与（TiC+Ti$_5$Si$_3$C$_x$）的界面上。

TiC 虽然属于高强度相，并且与 SiC 晶格相容性好，但当厚度较大且溶解了一定数量的 Al 原子后，其强度会降低，并成为容易断裂层。结果表明保温时间为 8h 时，TiC 层增加到一定的厚度（2.75μm），并且溶解了较多的 Al 原子，接头的断裂强度取决于 TiC 层，因而断裂发生在相应的 TiC 单相层内。

TiAl 与 SiC 扩散焊接头有时处于高温工作环境中，这就要求接头必须具有一定的高温强度，而 TiAl 与 SiC 扩散焊接头的高温抗剪强度对测试温度也存在一定的敏感性。加热温度 1300℃、保温时间为 30min 时，测试温度对 TiAl 与 SiC 扩散焊接头高温抗剪强度的影响如图 9.11 所示。

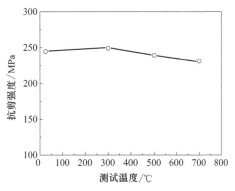

图 9.11 测试温度对 TiAl 与 SiC 扩散焊接头高温抗剪强度的影响

随着测试温度的增加，TiAl 与 SiC 扩散焊接头强度只是稍有降低，在 700℃的测试温度下，接头抗剪强度能够维持在 230MPa。当测试温度高于 700℃时，TiAl 与 SiC 扩散焊接头的高温抗剪强度对测试温度的敏感性也会降低，因此，只要 700℃时 TiAl 与 SiC 扩散焊接头具有足够的抗剪强度时，整个接头就能够满足强度的使用要求。

TiAl 与 SiC 扩散焊接头的强度以及在使用过程中的破坏位置主要取决于接头扩散焊接后形成的组织结构。TiAl 与 SiC 扩散焊接头的 X 射线衍射分析见图 9.12。

在 TiAl 与 SiC 扩散焊接头靠近 TiAl 一侧的反应层 1 主要形成（TiAl$_2$+TiAl），靠近 SiC 陶瓷一侧反应层 3 形成单相 TiC，中间反应层形成（TiC+

$Ti_5Si_3C_x$）的混合相。因此 TiAl 与 SiC 扩散焊接头组织结构从 TiAl 到 SiC 依次由（$TiAl_2$+TiAl）、（TiC+$Ti_5Si_3C_x$）过渡到 TiC。

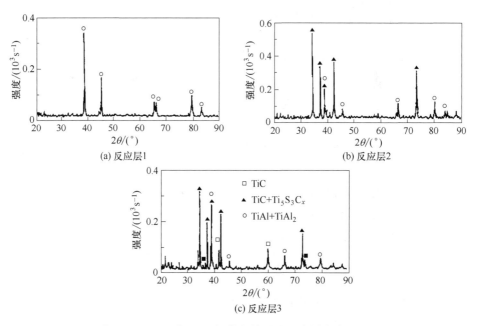

图 9.12　TiAl 与 SiC 扩散焊接头的 X 射线衍射分析

　　TiAl 金属间化合物除了采用扩散焊能够实现与 SiC 陶瓷的焊接，还能成功实现 Ti-6Al-4V 钛合金与 Al_2O_3 陶瓷的扩散焊接。Ti-6Al-4V 与 Al_2O_3 陶瓷扩散焊接时，选用强化相为 TiB_2、基体为具有 $\gamma+\alpha_2$ 全层片状组织的 Ti-48Al 复合材料作为中间层。相互匹配的扩散焊接工艺参数为加热温度 1300℃、保温 1h，加热温度 1250℃、保温 10h 或者加热温度 1200℃、保温 100h。

　　加热温度 1200℃保温 100h 时，在 Ti-6-Al-4V 与 Ti-48Al 界面处形成 $\gamma+\alpha_2$ 全层片状组织区、富 Al 的 α 相区和 Ti-B 化合物区；在加热温度 1250℃保温 10h 时，在 Ti-48Al 与 Al_2O_3 陶瓷界面处，由于陶瓷中杂质的存在而使界面附近发生瞬时的熔化现象，没有形成具有明显特征的界面组织。但是这种局部的熔化现象造成了接头中残余应力的形成，使界面处容易发生破坏，成为接头的薄弱区。

　　采用热等静压法对 Ti-6Al-4V 合金与 TiAl 金属间化合物直接进行扩散焊接，接头力学性能测试表明，接头抗拉强度可达 Ti-6Al-4V 母材的 70%。界面微观组织显示，靠近 Ti-6Al-4V 一侧是由细小的 α 板条状晶粒及残留的 β 相组成。

TiAl 与结构钢的焊接，可以直接进行扩散焊接，也可以采用银基钎料作为中间层合金。直接扩散焊接的工艺参数为加热温度 1010℃，保温时间 1h，焊接压力为 18 ～ 20MPa。接头的抗拉强度达 280MPa。采用银基钎料作为中间层进行扩散焊接时，由于银基钎料与结构钢之间发生扩散反应可以生成固溶体，因此室温下接头的抗拉强度可达 TiAl 金属间化合物母材的 60%，500℃高温下的接头抗拉强度可达 310MPa。

（2）NiAl 金属间化合物异种材料的扩散焊

通过加入 B、Fe、Mn、Cr、Ti、V 等合金元素，NiAl 金属间化合物具有良好的室温塑性和高温强度。与异种材料焊接时，采用熔焊方法焊缝及焊接热影响区容易产生裂纹，目前 NiAl 金属间化合物异种材料的焊接大多数采用扩散焊。

1）Ni_3Al 与碳钢的焊接

碳钢中合金元素含量较少，Ni_3Al 与碳钢可以不加中间层，直接进行真空扩散焊。焊接工艺参数见表 9.10。

表 9.10　Ni_3Al 与碳钢扩散焊接的工艺参数

加热温度 /℃	保温时间 /min	加热速度 / (℃·min⁻¹)	冷却速度 / (℃·min⁻¹)	焊接压力 /MPa	真空度 /Pa
1200 ～ 1400	30 ～ 60	5	10	2	$3×10^{-3}$

Ni_3Al 与碳钢之间润湿性及相容性良好，在扩散界面处，母材之间能够结合紧密，形成的扩散接头厚度约为 20 ～ 40μm。加热温度 1400℃、保温 30min 与加热温度 1200℃、保温 60min 时 Ni_3Al 与碳钢扩散焊接头的显微硬度分布见图 9.13。

Ni_3Al 金属间化合物显微硬度约为 MH 400，越接近 Ni_3Al 与碳钢扩散焊界面，由于扩散

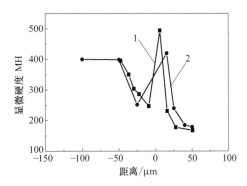

图 9.13　Ni_3Al 与碳钢扩散焊接头的显微硬度分布
1—1400℃/30min；2—1200℃/60min

显微空洞的存在以及扩散元素含量不同，导致 Ni_3Al 金属间化合物晶体结构发生了无序化转变，显微硬度开始下降至 MH 230。而在 Ni_3Al 与碳钢扩散焊接头中间部位，由于扩散焊时经过一定的焊接热循环，因此组织细小，显微

硬度升高至MH 500，随后显微硬度开始下降至扩散焊接后碳钢母材的显微硬度MH 200。

Ni₃Al与碳钢扩散焊接头能否满足在工作条件下的使用性能，主要取决于扩散焊母材中的各种元素在界面附近的分布情况。在加热1200℃、保温60min与加热1000℃、保温60min，施加焊接压力为2MPa条件下，Ni₃Al与碳钢扩散焊接头的元素浓度分布见图9.14。

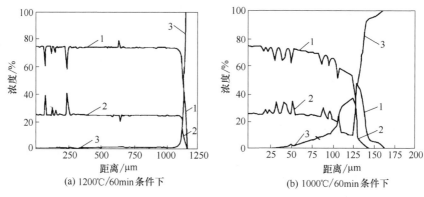

图9.14　Ni₃Al与碳钢扩散焊接头元素浓度分布（2MPa）

1—Ni；2—Al；3—Fe

加热1200℃、保温60min时，Ni₃Al与碳钢扩散焊接头的Ni、Al、Fe元素浓度变化主要体现在晶粒边界处，晶粒边界的扩散起主要作用。在扩散界面上，重结晶后的晶粒较大，元素浓度波动较小，只是在接头靠近碳钢一侧的微小区域内，Ni、Al、Fe元素浓度骤然变化到碳钢母材中各元素的初始浓度值。加热1000℃、保温60min、焊接压力为2MPa时，温度较低，重结晶现象较少发生，晶粒生长较慢，而压力的作用使Ni₃Al与碳钢晶粒之间的体积扩散占主导，浓度变化起伏较大。

2）Ni₃Al与不锈钢的焊接

Ni₃Al金属间化合物具有比不锈钢更高的耐高温和抗腐蚀性能，因此在一些对零部件抗高温腐蚀性能要求较高的场合，有必要将Ni₃Al金属间化合物与不锈钢进行焊接。研究表明Ni₃Al金属间化合物与不锈钢也可以采用不添加中间层而直接进行真空扩散焊工艺。其工艺参数见表9.11。

表9.11　Ni₃Al与不锈钢扩散焊接的工艺参数

加热温度 /℃	保温时间 /min	加热速度 /(℃·min⁻¹)	冷却速度 /(℃·min⁻¹)	焊接压力 /MPa	真空度 /Pa
1200～1380	30～60	20	30	0	3.4×10^{-3}

加热 1380℃、保温 30min 与加热 1200℃、保温 60min 时 Ni_3Al 与不锈钢扩散焊接头的显微硬度分布见图 9.15。Ni_3Al 与不锈钢扩散焊接头的显微硬度最大升高至 MH 450，越靠近不锈钢母材一侧，显微硬度开始下降至不锈钢母材的显微硬度值 MH 220。整个 Ni_3Al 与不锈钢扩散焊接头的显微硬度连续变化，这主要与接头处微观组织的连续性、晶粒的不断生长及元素浓度的变化有关。

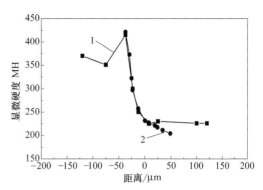

图 9.15 Ni_3Al 与不锈钢扩散焊接头的显微硬度分布

1—1380℃/30min；2—1200℃/60min

不锈钢中合金元素含量较多，Ni_3Al 与不锈钢扩散焊接过程中，元素的扩散途径较为复杂，元素之间的相互影响比较大，因此 Ni_3Al 与不锈钢扩散焊接接头元素浓度变化起伏较大，波动频繁，形成的中间化合物结构也较为复杂。

3）Ni_3Al 与工具钢的焊接

Ni_3Al 与工具钢（化学成分：C 0.32%，Si 0.3%，Mn 0.3%，Cr 3%，Mo 2.8%，V 0.5%）的焊接也常采用扩散焊方法。焊前，用机械法或化学清洗等方法将待焊零件表面的铁锈和油污去除，然后迅速放入真空炉中。焊接工艺参数为加热温度 1200～1400℃，保温 30～60min，加热和冷却速度均为 30℃/min，扩散焊接时最大真空度为 $4.0×10^{-3}$Pa。加热 1400℃、保温 30min 与加热 1200℃、保温 60min 条件下获得的 Ni_3Al 与工具钢扩散焊接头的显微硬度分布见图 9.16。

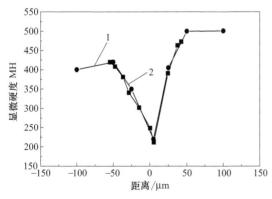

图 9.16 Ni_3Al 与工具钢扩散焊接头的显微硬度分布

1—1400℃/30min；2—1200℃/60min

Ni_3Al 与工具钢扩散焊接头的显微硬度比 Ni_3Al 与工具钢母材都低，最小显微硬度只有 MH 240，因此，在 Ni_3Al 与工具钢扩散焊接头中不会存在脆性较大的化合物结构。因为工具钢中含有大量的合金元素，在焊接过程中互相发生一系列复杂的扩散反应，导致在 Ni_3Al

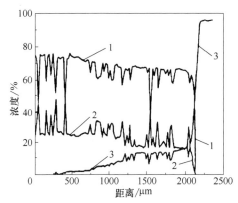

图 9.17　1200℃/60min 时 Ni₃Al 与工具
钢接头的元素浓度分布

1—Ni；2—Al；3—Fe

与工具钢扩散焊接头中元素浓度分布起伏变化较大。加热 1200℃、保温 60min 条件下，Ni₃Al 与工具钢扩散焊接头的元素浓度分布见图 9.17。

（3）FeAl 金属间化合物异种材料的扩散焊

FeAl 金属间化合物脆性较大，在水蒸气环境中的氢脆敏感性易导致焊接冷裂纹，采用常规的熔焊方法难以实现与异种材料的焊接，而采用真空扩散焊，合理选择工艺参数可以较为成功地焊接异种材料。

1）Fe₃Al 与 Q235 低碳钢的焊接

焊前采用机械法将 Fe₃Al 与 Q235 低碳钢表面加工平整，用砂纸进行打磨去除焊件表面的油污和铁锈，然后放入丙酮中浸泡 30min 后，用酒精擦洗、冷水冲洗后吹干。

将清洗干净的 Fe₃Al 金属间化合物与 Q235 低碳钢焊件迅速放入真空炉中进行扩散焊，工艺参数见表 9.12。

表 9.12　Fe₃Al 与 Q235 低碳钢扩散焊的工艺参数

加热温度 /℃	保温时间 /min	加热速度 / (℃·min⁻¹)	冷却速度 / (℃·min⁻¹)	焊接压力 /MPa	真空度 /Pa
1040～1060	45～60	15	30	15～17.5	10⁻⁴

Fe₃Al 与 Q235 低碳钢扩散焊接头的结合强度、断裂位置和断口形态主要取决于扩散焊接过程中的加热温度、保温时间和所施加的压力。其中加热温度决定元素的扩散活性；压力的作用是使 Fe₃Al 与 Q235 接触界面发生微观塑性变形，促进材料间的紧密接触，防止界面空洞的产生并控制焊接件的变形；保温时间决定着 Fe₃Al 与 Q235 低碳钢扩散焊接头处各元素在焊接过程中扩散的均匀化程度。

Fe₃Al 与 Q235 低碳钢扩散焊接头的室温抗剪强度见表 9.13。

由表 9.13 可见，保温时间 60min，压力从 17.5MPa 降低到 12MPa（为了保持焊接接头不发生变形）时，加热温度由 1000℃升高到 1060℃，Fe₃Al 与 Q235 低碳钢扩散焊接头的抗剪强度逐渐从 39.9MPa 增加到 95.8MPa。但当加热温度升高到1080℃时，Fe₃Al与Q235低碳钢扩散焊接头的抗剪强度降低到82.1MPa。因此在保持扩散焊接头不变形的条件下，加热温度不宜过高，因为温度过高时，Fe₃Al与Q235低碳钢扩散焊接头的组织晶粒会发生严重长大，不利于保证接头的抗剪强度。

表9.13 Fe₃Al与Q235低碳钢扩散焊接头的室温抗剪强度

序号	工艺参数	截面积 /mm²	剪切力 /N	抗剪强度 /MPa	平均抗剪强度 /MPa
01	1000℃/60min，17.5MPa	9.98×8.02	3346	40.8	39.9
02	1000℃/60min，17.5MPa	9.97×7.99	3115	39.1	
03	1020℃/60min，17.5MPa	9.97×7.98	5370	67.5	67.5
04	1020℃/60min，17.5MPa	9.98×8.00	5395	67.6	
05	1040℃/60min，15.0MPa	9.95×7.96	5582	70.5	71.0
06	1040℃/60min，15.0MPa	9.98×8.02	5712	71.4	
07	1060℃/30min，15.0MPa	9.98×8.00	3377	42.3	43.4
08	1060℃/30min，15.0MPa	10.00×7.98	3551	44.5	
09	1060℃/45min，15.0MPa	9.97×7.96	5301	66.8	67.0
10	1060℃/45min，15.0MPa	9.96×7.98	5341	67.2	
11	1060℃/60min，12.0MPa	9.93×7.96	7762	98.2	95.8
12	1060℃/60min，12.0MPa	10.00×7.93	7406	93.4	
13	1080℃/60min，12.0MPa	9.95×7.98	6392	80.5	82.1
14	1080℃/60min，12.0MPa	10.02×7.96	6668	83.6	

加热温度1060℃时，随着保温时间的增加，扩散焊接头附近的原子得到均匀而充分的相互扩散，并且发生一定的原子反应，形成致密的中间扩散反应层，因此Fe₃Al与Q235低碳钢扩散焊接头的抗剪强度明显提高。但通过在加热温度1060℃、压力12MPa，将保温时间增加到80min时进行扩散焊接试验发现接头发生了变形。

Fe₃Al基体、扩散反应层及Q235基体扩散焊接头不同区域显微硬度测定结果（见图9.18）表明，Fe₃Al母材真空扩散焊接后显微硬度约为MH 490，Q235钢显微硬度为MH 350，而中间扩散焊接头的显微硬度随工艺参

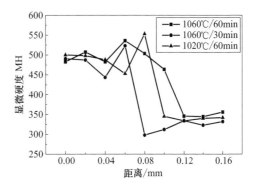

图9.18 Fe₃Al与Q235低碳钢扩散焊接头的显微硬度

数的变化有所不同。

保温 60min 条件下，温度为 1020℃时，由 Fe_3Al 过渡到 Q235 低碳钢扩散焊接头的显微硬度先降低后升高，并且在扩散焊界面处出现了峰值（MH 550）。这主要是在接头近 Fe_3Al 一侧由于元素的扩散反应使 Fe_3Al 晶体结构发生无序化转变，因此，在接头近 Fe_3Al 一侧显微硬度有所降低，而随着反应的进行，生成新的物相结构，但由于加热温度较低，元素来不及充分扩散，Al 元素浓度有所聚集，形成的物相结构具有较高的显微硬度，在扩散焊界面出现了较高的峰值。而加热温度较高（1060℃），元素充分扩散，形成的物相结构显微硬度大约为 MH 520。当保温时间较短（30min）时，即使在 1060℃下，在接头近两侧母材处，都出现了显微硬度下降的现象，这也是由元素的不充分扩散，使 Kirkendall 效应扩散空洞没有完全消失所致。

根据表 9.14 中 FeAl 金属间化合物的显微硬度值比较，Fe_3Al 与 Q235 界面扩散反应层中无明显的高硬度脆性相（如 $FeAl_2$、Fe_2Al_5、$FeAl_3$、Fe_2Al_7 等）存在。

表 9.14　FeAl 金属间化合物的显微硬度和铝含量

化合物	铝含量 /%		显微硬度 MH
	相图中数据	化学分析数据	
Fe_3Al	13.87	14.04	350
FeAl	32.57	33.64	640
$FeAl_2$	49.13	49.32	1030
Fe_2Al_5	54.71	54.92	820
$FeAl_3$	59.18	59.40	990
Fe_2Al_7	62.93	63.32	1080

扫描电镜（SEM）观察表明，整个 Fe_3Al 与 Q235 低碳钢扩散焊接头主要包括基体部分、扩散反应层和反应层近基体处三部分。Fe_3Al 一侧的显微组织越过扩散反应层向 Q235 一侧连续地延展，扩散界面呈镶嵌状互相交错。在扩散反应层靠 Fe_3Al 一侧，柱状晶晶粒较粗大，显微组织大多为等轴晶。在 Q235 钢一侧，由于 Al 元素的扩散过渡，使扩散层靠 Q235 一侧的铁素体晶粒也较粗大，并且由于 Al 为铁素体化元素，扩散反应层附近几乎全部为铁素体。

在靠近 Fe_3Al 侧的扩散反应层中有第二相析出，析出物的分布形态各异，大多沿晶界呈不连续状分布。经电子探针分析（见表 9.15），这些白色第二相粒子中碳与铬含量较高，铁铝含量低于基体，可能形成碳铬化合物。这主要是因为 Fe_3Al 金属间化合物在焊接过程中，冷却速度快，溶质来不及充分扩散，凝固后在晶体内部使 C、Cr 元素发生偏聚。

表 9.15　Fe₃Al 与 Q235 扩散反应层的电子探针成分分析

位置	序号	Fe	Al	C	Cr	Mn	Si
Fe₃Al 基体	1	82.6	16.6	0.14	1.02	0.15	0.18
	2	82.7	16.3	0.13	0.99	0.15	0.22
	3	81.9	17.2	0.13	1.01	0.13	0.20
	4	82.0	16.9	0.13	0.94	0.18	0.20
第二相析出物	5	74.66	14.31	0.65	1.18	0.21	0.07
	6	77.90	15.90	0.61	1.18	0.23	0.10
	7	77.04	15.45	0.50	1.32	0.23	0.10
	8	78.77	13.10	0.22	1.26	0.20	0.06

Fe₃Al 与 Q235 低碳钢扩散焊接头的相组成结果（见图 9.19）表明，Fe₃Al/Q235 钢扩散焊接头主要由 Fe₃Al 相和 α-Fe（Al）固溶体构成，存在少量的 FeAl 相，但不存在含铝更多的 Fe-Al 脆性相，有利于提高接头的韧性和抗裂能力，保证焊接接头的质量。

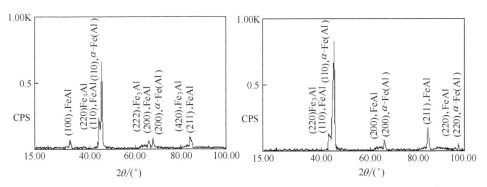

图 9.19　Fe₃Al 与 Q235 扩散界面 X 射线衍射：近 Fe₃Al 侧和近 Q235 侧

沿 [110] 取向拍摄的 Fe₃Al 与 Q235 扩散反应层近 Fe₃Al 侧物相的 TEM 形貌、选区电子衍射图及指数标定结果表明，在反应层近 Fe₃Al 一侧存在的 Fe₃Al 和 FeAl 物相之间的位向关系是 $(110)_{Fe_3Al}$ ∥ $(011)_{FeAl}$。靠近 Q235 钢一侧的扩散反应层中存在体心立方结构的 α-Fe（Al）固溶体，晶格常数为 0.287nm；在 α-Fe（Al）板条之间分布有 [010] 晶向的渗碳体（Fe₃C）。在 FeAl 相和 α-Fe（Al）固溶体之间分别存在着 $(110)_{\alpha\text{-}Fe（Al）}$ ∥ $(011)_{FeAl}$ 和 $[001]_{\alpha\text{-}Fe（Al）}$ ∥ $[100]_{FeAl}$ 的晶体取向关系。

Fe₃Al 与 Q235 钢的扩散焊接中主要存在着铝、铁元素的扩散，Fe₃Al 与 Q235 低碳钢扩散焊接头元素的浓度分布见图 9.20。从 Fe₃Al 基体经过 Fe₃Al

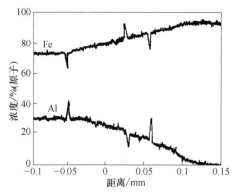

图 9.20　Fe_3Al 与 Q235 低碳钢扩散焊接头元素的浓度分布

与 Q235 扩散反应层然后过渡到 Q235 碳钢，铝元素原子含量从 27% 连续下降到 1%，而铁元素原子含量从 73% 增加到 96%。

2）Fe_3Al 与 18-8 不锈钢的焊接

Fe_3Al 金属间化合物的抗氧化和耐腐蚀性能都优于 18-8 不锈钢，并且价格便宜，因此 Fe_3Al 与 18-8 不锈钢的焊接件在生产中应用日渐广泛。Fe_3Al 与 18-8 不锈钢的焊接可以采用直接扩散焊工艺。

Fe_3Al 与 18-8 不锈钢扩散焊前必须将整个焊接件表面的油污和铁锈去除，并将待焊表面用粗砂纸打磨至出现金属光泽。然后立即放入真空炉中，进行扩散焊接。扩散焊接工艺参数为加热温度 1040 ~ 1060℃、保温时间 45 ~ 60min、焊接压力为 12 ~ 15MPa。

Fe_3Al 与 18-8 界面的结合状况及接头的抗剪强度见表 9.16。

表 9.16　Fe_3Al 与 18-8 界面的结合状况及接头的抗剪强度

序号	加热温度 /℃	保温时间 /min	压力 /MPa	界面结合状况	抗剪强度 /MPa
01	980	60	17.5	未结合，未变形	150
02	1000	60	17.5	结合稍差，未变形	220
03	1020	60	17.5	结合良好，未变形	235
04		15	17.5	结合稍差，未变形	50
05	1040	30	17.5	结合良好，未变形	151
06		45	17.5	结合良好，未变形	180
07		60	17.5	结合良好，未变形	246
08		45	10.0	结合良好，未变形	175
09		45	12.0	结合良好，未变形	182
10	1060	45	15.0	结合良好，未变形	186
11		45	17.5	结合良好，轻微变形	190
12		60	17.5	结合良好，轻微变形	195

扩散焊接头的界面组织结构及应力分布主要体现在扩散焊接头的强度、断裂位置和断口形貌。Fe_3Al 与 18-8 不锈钢扩散焊接头的抗剪强度随加热温度的变化见图 9.21。

在 980 ~ 1040℃，随着加热温度的不断升高，Fe_3Al 与 18-8 不锈钢扩散焊接头的抗剪强度逐渐从150MPa增加到246MPa。但是温度低于1000℃时，接头抗剪强度随加热温度的增加升高很快；在1000～1040℃范围内，随着加热温度的升高，接头抗剪强度增加较为缓慢。当温度超过1040℃并且不断上升时，Fe_3Al 与18-8不锈钢扩散焊接头的抗剪强度随之下降，因此加热温度过高，接头处晶粒会明显粗大，降低接头的抗剪强度。

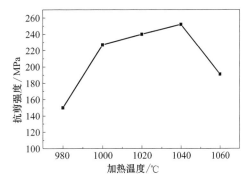

图9.21　Fe_3Al 与18-8不锈钢扩散焊
接头的抗剪强度随加热温度的变化

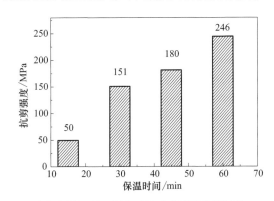

图9.22　Fe_3Al 与18-8不锈钢扩散焊
接头的抗剪强度随保温时间的变化

Fe_3Al 与18-8不锈钢扩散焊接头元素扩散的程度以及扩散反应层的形成主要取决于保温时间。加热温度1040℃时，Fe_3Al 与18-8不锈钢扩散焊接头的抗剪强度随保温时间的变化见图9.22。

较长的保温时间能够使界面附近的原子充分扩散，并且发生一定的原子反应，形成致密的中间反应层，Fe_3Al 与18-8不锈钢扩散焊接头的抗剪强度随保温时间的增加明显提高，保温60min时，抗剪强度高达246MPa。但当加热温度1040℃、保温时间大于60min时，Fe_3Al 与18-8不锈钢扩散焊接头的变形逐渐增大会导致整个焊接件的变形。因此，应该严格控制保温时间在45～60min。

Fe_3Al 与18-8不锈钢扩散焊接头的显微硬度分布见图9.23。

加热温度越低，元素扩散越不充分，使中间扩散反应层内元

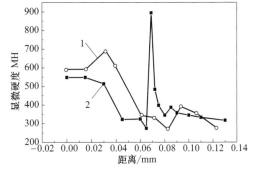

图9.23　Fe_3Al 与18-8不锈钢扩散焊
接头的显微硬度分布

1—1000℃/60min；2—1040℃/60min

素聚集，浓度升高，导致形成显微硬度高于 Fe_3Al 基体的相结构，在 Fe_3Al 与

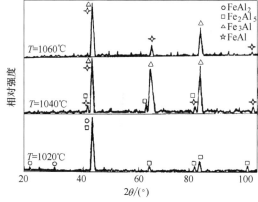

图 9.24　Fe_3Al 与 18-8 扩散反应层近 Fe_3Al 一侧形成的化合物 X 射线衍射图样

18-8 不锈钢扩散焊接头中存在显微硬度较高的峰值点。

在 Fe_3Al 与 18-8 不锈钢扩散反应层近 Fe_3Al 一侧，Al 元素含量较高，主要存在 Fe_3Al 金属间化合物中 Al 的扩散，与 Fe 元素发生反应，能够形成不同类型的 FeAl 金属间化合物。X 射线（XRD）结果（见图 9.24）表明，随着加热温度（T）由 1020℃升高到 1060℃，Fe_3Al 与 18-8 不锈

钢扩散反应层近 Fe_3Al 一侧形成的化合物分别是：$FeAl_2+Fe_2Al_5$（1020℃），$Fe_3Al+FeAl+Fe_2Al_5$（1040℃），$Fe_3Al+FeAl$（1060℃）。

加热温度较低时，Al 元素获得的能量低，扩散活性差，只是聚集在近 Fe_3Al 的边缘区，还没有来得及向 18-8 中进行扩散，因此在 Fe_3Al 一侧 Al 元素浓度较高，与 Fe_3Al 基体中的 Fe 元素化合形成 $FeAl_2$ 和 Fe_2Al_5 新相。$FeAl_2$ 和 Fe_2Al_5 中由于 Al 含量较高，脆性较大，其显微硬度值高达 MH 1000，并且这两种新相在加热过程中容易引起热空位，导致点缺陷，具有较低的室温塑韧性，容易发生解理断裂。

18-8 不锈钢中含有 Ni、Cr 和 Ti 等合金元素，在扩散焊接过程中获得一定的能量而向 Fe_3Al 与 18-8 不锈钢接触界面扩散，与 Fe_3Al 金属间化合物中的 Fe、Al 元素形成各种化合物。Fe_3Al 与 18-8 扩散反应层近 18-8 一侧不同加热温度下形成的化合物 X 射线衍射图样见图 9.25。

加热温度为 1020℃时，Fe_3Al 与 18-8 不锈钢扩散焊接头形成的化合物主要有

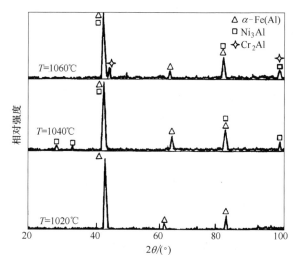

图 9.25　Fe_3Al 与 18-8 扩散反应层近 18-8 一侧形成的化合物 X 射线衍射图样

α-Fe（Al）固溶体；而温度升高至1040℃时，不仅包括α-Fe（Al）固溶体，还包括Ni_3Al金属间化合物；当温度高达1060℃时，扩散层中出现少量的Cr_2Al相，影响Fe_3Al与18-8不锈钢扩散焊接头的塑韧性。

9.2.2　陶瓷与金属的扩散焊

陶瓷与金属可以采用扩散焊的方法实现连接，其中陶瓷与铜的扩散连接研究得比较多，应用也比较广泛。陶瓷材料扩散焊的方法有：同种陶瓷材料直接连接；用另一种薄层材料连接同种陶瓷材料；异种陶瓷材料直接连接；用第三种薄层材料连接异种陶瓷材料。

陶瓷材料扩散连接的主要优点是：连接强度高，尺寸容易控制，适合于连接异种材料。主要不足是扩散温度高、时间长且在真空下连接，成本高，试件尺寸和形状受到限制。

（1）主要工艺参数

陶瓷与金属的扩散连接既可在真空中，也可在氢气气氛中进行。金属表面有氧化膜时更易产生陶瓷/金属相互间的化学作用。因此在真空室中充以还原性的活性介质（使金属表面仍保持一层薄的氧化膜）会使扩散焊接头具有更高的强度。

氧化铝陶瓷与无氧铜之间的扩散连接温度只要达到900℃就可得到满意的接头强度。更高的强度指标要在1030～1050℃温度下才能获得，因为此时铜具有很大的塑性，易在压力下产生变形，使界面接触面积增大。影响陶瓷与金属扩散焊接头强度的因素是加热温度、保温时间、施加的压力、环境介质、被连接面的表面状态以及被连接材料之间的化学反应和物理性能（如线膨胀系数）的匹配等。

1）加热温度

加热温度对扩散过程的影响最显著，连接金属与陶瓷时温度一般达到金属熔点的90%以上。固相扩散焊时，元素之间相互扩散引起的化学反应层可以促使形成界面结合。反应层的厚度（X）可以通过式（9.1）估算：

$$X=D_0t^n\exp(-Q/RT) \tag{9.1}$$

式中，D_0为扩散因子；t为连接时间，s；n为时间指数；Q为扩散激活能，kJ/mol，取决于扩散机制；T为热力学温度，K；R为波尔兹曼常数。

加热温度对陶瓷/金属接头强度的影响也有同样的趋势。根据拉伸试验得到的加热温度对接头抗拉强度（σ_b）的影响可以用式（9.2）表示：

$$\sigma_b = B_0 \exp(-Q_{app}/RT) \tag{9.2}$$

式中，B_0 为系数；Q_{app} 为表观激活能，kJ/mol，可以是各种激活能的总和。

用厚度 0.5mm 的铝作中间层连接钢与氧化铝陶瓷时，扩散焊接头的抗拉强度随着加热温度的升高而提高，如图 9.26 所示。但是，连接温度升高会使陶瓷的性能发生变化，或在界面附近出现脆性相而使接头性能降低。

陶瓷与金属扩散焊接头的抗拉强度与金属的熔点有关，在氧化铝陶瓷与金属的接头中，金属熔点提高，接头抗拉强度增大。

2）保温时间

保温时间对扩散焊接头强度的影响也有同样的趋势，抗拉强度（σ_b）与保温时间（t）的关系为 $\sigma_b = B_0 t^{1/2}$，其中 B_0 为常数。但是，在一定试验温度下，保温时间存在一个最佳值。SiC 陶瓷 /Nb 扩散焊接头中反应层厚度与保温时间的关系如图 9.27 所示。

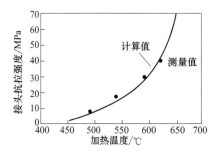

图 9.26　Al_2O_3/ 钢扩散焊接头抗拉强度与加热温度的关系

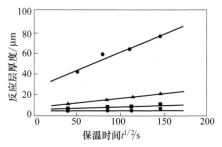

图 9.27　SiC 陶瓷 /Nb 扩散焊接头中反应层厚度与保温时间的关系

Al_2O_3/Al 接头中，保温时间对接头抗拉强度的影响如图 9.28 所示。用 Nb 作中间层扩散连接 SiC/10Cr8Ni9Ti 不锈钢时，保温时间过长后出现了线膨胀系数与 SiC 相差很大的 $NbSi_2$ 相，而使接头抗剪强度降低（见图 9.29）。

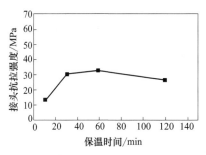

图 9.28　保温时间对 Al_2O_3/Al 接头抗拉强度的影响

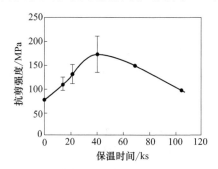

图 9.29　保温时间对 SiC/10Cr8Ni9Ti 接头抗剪强度的影响

用V作中间层连接AlN时，保温时间过长后也由于V_5Al_8脆性相的出现而使接头抗剪强度降低。

3）压力

扩散焊过程中施加压力是为了使接触界面处产生塑性变形，减小表面不平度和破坏表面氧化膜，增加表面接触，为原子扩散提供条件。为了防止构件发生大的变形，陶瓷与金属扩散焊时所加的压力一般较小，约为 0.1～20MPa，这一压力范围通常足以减小表面不平度和破坏表面氧化膜，增加表面接触。

压力较小时，增大压力可以使接头强度提高，如用 Cu 或 Ag 连接 Al_2O_3 陶瓷、用 Al 连接 SiC 时，施加的压力对接头抗剪强度的影响如图9.30所示。与加热温度和保温时间的影响一样，压力提高后也存在最佳压力以获得最佳强度，如用 Al 连接 Si_3N_4 陶瓷、用 Ni 连接 Al_2O_3 陶瓷时，最佳压力分别为 4MPa 和 15～20MPa。

压力的影响还与材料的类型、厚度以及表面氧化状态有关。用贵金属（如 Au、Pt）连接氧化铝陶瓷时，金属表面的氧化膜非常薄，随着压力的提高，接头强度提高直到一个稳定值。Al_2O_3/Pt 扩散连接时压力对接头抗弯强度的影响如图9.31所示。

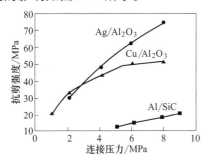

图9.30　压力对接头抗剪强度的影响

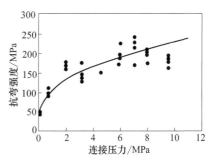

图9.31　Al_2O_3/Pt 扩散焊时压力对接头抗弯强度的影响

（2）界面结合状态

表面粗糙度对扩散焊接头强度的影响十分显著，表面粗糙会在陶瓷／金属界面产生局部应力集中而易引起脆性破坏。Si_3N_4/Al 接头表面粗糙度对接头抗弯强度的影响如图9.32所示，表面粗糙度由 0.1μm 变为 0.3μm 时，接头抗弯强度从 470MPa 降低到 270MPa。

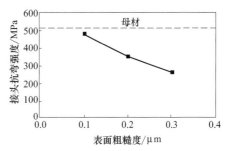

图9.32　Si_3N_4/Al 接头表面粗糙度对抗弯强度的影响

固相扩散连接陶瓷与金属时，陶瓷与金属界面会发生反应形成化合物，所形成的化合物种类与连接条件（如温度、表面状态、杂质类型与含量等）有关。几种陶瓷/金属接头中可能出现的化合物见表9.17。

表9.17　几种陶瓷/金属接头中可能出现的化合物

接头组合	界面反应产物	接头组合	界面反应产物
Al_2O_3/Cu	$CuAlO_2$, $CuAl_2O_4$	Si_3N_4-Al	AlN
Al_2O_3/Ti	$NiO \cdot Al_2O_3$, $NiO \cdot SiAl_2O_3$	Si_3N_4-Ni	Ni_3Si, Ni（Si）
SiC/Nb	Nb_5Si_3, $NbSi_2$, Nb_2C, $Nb_5Si_3C_x$, NbC	Si_3N_4-Fe-Cr 合金	Fe_3Si, Fe_4N, Cr_2N, CrN, Fe_xN
SiC/Ni	Ni_2Si	AlN-V	V（Al），V_2N, V_5Al_8, V_3Al
SiC/Ti	Ti_5Si_3, Ti_3SiC_2, TiC	ZrO_2-Ni、ZrO_2-Cu	未发现有新相出现

扩散条件不同，反应产物不同，接头性能有很大差别。一般情况下，真空扩散焊的接头强度高于在氩气和空气中连接的接头强度。用 Al 作中间层连接 Si_3N_4 时，环境条件对其接头强度的影响如图9.33所示。真空扩散焊接头的强度最高，抗弯强度超过 500MPa。而在大气中连接强度最低，接头沿 Al/Si_3N_4 界面脆性断裂，可能是氧化产生 Al_2O_3 的缘故。虽然加压能够破坏氧化膜，但当氧分压较高时会形成新的金属氧化物层，而使接头强度降低。

在高温（1500℃）下直接扩散连接 Si_3N_4 陶瓷时，由于高温下 Si_3N_4 陶瓷容易分解形成孔洞，但在 N_2 气氛中连接可以限制陶瓷的分解，N_2 分压高时接头抗弯强度较高。在 1MPa 氮气中连接的接头抗弯强度（380MPa）比在 0.1MPa 氮气中连接的接头抗弯强度（220MPa）高 30% 左右。

扩散焊时采用中间层是为了降低扩散温度，减小压力和减少保温时间，以促进扩散和去除杂质元素，同时也为了降低界面产生的残余应力。06Cr13 不锈钢与氧化铝陶瓷扩散焊时，中间层降低残余应力的作用如图9.34所示。

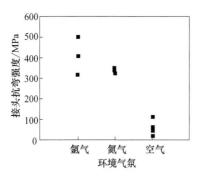

图9.33　环境条件对 Si_3N_4/Al/Si_3N_4 抗弯强度的影响

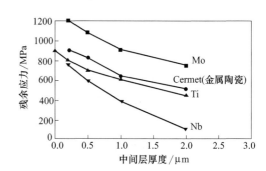

图9.34　中间层厚度对 Al_2O_3/06Cr13 接头残余应力的影响（1300℃，100MPa，30min）

中间层厚度增大,残余应力降低,Nb与氧化铝陶瓷的线膨胀系数最接近,作用最明显。但中间层的影响有时比较复杂,如果界面有反应产生,中间层的作用会因反应物类型与厚度的不同而有所不同。

中间层的选择很关键,选择不当会引起接头性能的恶化。如由于化学反应激烈形成脆性反应物而使接头抗弯强度降低,或由于线膨胀系数的不匹配而增大残余应力,或使接头耐腐蚀性能降低。中间层可以不同形式加入,通常以粉末、箔状或通过金属化加入。

(3)陶瓷扩散焊的应用

Al_2O_3、SiC、Si_3N_4 及 WC 等陶瓷的焊接研究和开发较早,而 AlN、ZrO_2 陶瓷发展得相对较晚。有关陶瓷扩散焊接头的性能试验,以往主要以四点或三点弯曲及剪切或拉伸试验来检验,但陶瓷属于脆性材料,只有强度指标不够完全,测量接头的断裂韧度是有必要的。

陶瓷的硬度与强度较高,不易发生变形,所以陶瓷与金属的扩散连接除了要求被连接的表面非常平整和洁净外,扩散连接时还须施加压力(压力为 $0.1 \sim 15MPa$),温度高(通常为金属熔点 T_m 的 90%),焊接时间也比其他焊接方法长得多。陶瓷与金属的扩散连接中,最常用的陶瓷材料为氧化铝陶瓷和氧化锆陶瓷。与此类陶瓷焊接的金属有铜(无氧铜)、钛(TA1)、钛钽合金(Ti-5Ta)等。

氧化铝陶瓷材料具有硬度高塑性低的特性,在扩散焊时仍将保持这种特性。即使氧化铝陶瓷内存在玻璃相(多半是散布在刚玉晶粒的周围),陶瓷也要加热到 $1100 \sim 1300℃$ 以上才会出现蠕变行为,陶瓷与大多数金属扩散焊时的实际接触首先是在金属的塑性变形过程中形成的。

陶瓷与金属直接用扩散焊连接有困难时,可以采用中间层的方法,而且金属中间层的塑性变形可以降低对陶瓷表面的加工精度。例如在陶瓷与 Fe-Ni-Co 合金之间,加入厚度 $20\mu m$ 的 Cu 箔作为中间过渡层,在加热温度 1050℃、压力 15MPa、保温时间为 10min 的工艺下可得到抗拉强度 72MPa 的扩散焊接头。

中间过渡层可以直接使用金属箔片,也可以采用真空蒸发、离子溅射、化学气相沉积(CVD)、喷涂、电镀等。还可以采用烧结金属粉末法、活性金属化法,金属粉末或钎料等均可实现扩散连接。此外,扩散焊工艺不仅用于金属与陶瓷的焊接,也可用于微晶玻璃、半导体陶瓷、石英、石墨等与金属的连接。

9.2.3　有色金属异种材料的扩散焊

（1）铝及铝合金与钢的扩散焊

铝及铝合金与钢真空扩散焊时，在接合面上能够形成铁铝金属间化合物，使接头强度下降。为了获得良好的扩散焊接头，必须采用中间过渡层的焊接方法。中间过渡层可用电镀方法获得很薄的金属层，一般选用铜和镍。因为铜与镍能形成无限固溶体，而镍与铁、镍与铝均能形成连续固溶体。这样就能有效地防止焊缝中出现铁铝金属间化合物，显著提高焊接接头性能。铝及铝合金与碳钢、不锈钢真空扩散焊的工艺参数见表9.18。

表9.18　铝及铝合金与碳钢、不锈钢真空扩散焊的工艺参数

被焊材料	中间层	工艺参数			
		焊接温度 /℃	保温时间 /min	压力 /MPa	真空度 /Pa
3A21+ 镀镍 15 钢	Ni	550	2	13.72	1.333×10^{-2}
1035+15 钢	Ni	550	2	12.25	1.333×10^{-2}
1070A+Q235	Ni	350	5	2.19	1.333×10^{-2}
1070A+Q235	Ni	350	5	2.45	1.333×10^{-2}
1070A+Q235	Ni	400	10	4.9	1.333×10^{-2}
1070A+Q235	Ni	450	15	9.8	1.333×10^{-2}
1070A+Q235	Cu	450	15	19.5	1.333×10^{-2}
1070A+Q235	Cu	500	20	29.4	1.333×10^{-2}
1035+12Cr18Ni10Ti	Ag	500	30	27.35	6.666×10^{-2}
1070A+10Cr18Ni9Ti	Ag	500	30	38.11	6.666×10^{-2}

3A21 铝合金与低碳钢真空扩散焊时，可在低碳钢上先镀一层铜，再镀一层镍。在焊接温度 550℃，焊接压力 13.72MPa，焊接时间 2min，真空度 1.333×10^{-2}Pa 的工艺条件下，能获得良好的焊接接头。15 钢与 1035 纯铝扩散焊时，可在 15 钢上镀上铜、镍复合镀层，能够获得良好的接头。焊接工艺参数：焊接温度 550℃，焊接压力 12.25MPa，焊接时间 2min，真空度 1.333×10^{-2}Pa。

合金元素 Mg、Si 及 Cu 对钢与铝扩散焊接头的强度影响很大。Mg 增加接头中形成金属间化合物的倾向。随着铝合金中 Mg 含量的增加，接头强度明显降低。当铝合金中 w_{Cu}=0.5% 且 w_{Si} < 3% 时，对 1Cr18Ni9Ti 钢与铝合金的扩散焊有利。由于铝合金中 Si 含量较高，能提高抗蠕变能力，所以扩散焊时须延长保温时间才能获得较高的接头强度。

铝合金中 w_{Cu}=3% 时，可以明显提高接头的强度性能，这时在接头区域没有

脆性相。1Cr18Ni9Ti 不锈钢与 Al-Cu 系合金扩散焊时，加热温度不应超过 525℃。

（2）钛及钛合金与钢的扩散焊

采用真空扩散焊方法焊接钛及钛合金与钢，一般情况下，多是采用中间扩散层或复合填充材料。这些中间扩散层材料一般采用 V、Nb、Ta、Mo、Cu 等，复合层有 V+Cu、Cu+Ni、V+Cu+Ni 以及 Ta 和青铜等，最常用的中间扩散层金属是 Cu。在高温下，Cu 与 Ti 之间产生扩散，而且铜在钛中具有一定的溶解度。此外，加入铜还可以控制碳向钛中扩散，并且铜具有良好的塑性，有助于形成良好的界面。

TA7 钛合金与纯铁真空扩散焊的工艺参数见表 9.19。TA7 钛合金与不锈钢扩散焊的工艺参数见表 9.20。TC4 钛合金与 1Cr18Ni9Ti 不锈钢扩散焊的工艺参数见表 9.21。

表 9.19　TA7 钛合金与纯铁真空扩散焊的工艺参数

被焊材料	中间扩散层材料	工艺参数				备注
		焊接温度/℃	保温时间/min	压力/MPa	真空度/Pa	
TA7+ 纯铁	Mo	800	10	10.39	$1.333×10^{-2}$	铁钼熔合线开裂
TA7+ 纯铁	Mo	1000	20	17.25	$1.333×10^{-2}$	铁钼熔合线开裂
TA7+ 纯铁	无	700	10	17.25	$1.333×10^{-2}$	接触面上硬度增加
TA7+ 纯铁	无	1000	10	10.39	$1.333×10^{-2}$	纯铁侧硬度增加

表 9.20　TA7 钛合金与不锈钢真空扩散焊的工艺参数

被焊材料	中间扩散层材料	工艺参数				备注
		焊接温度/℃	保温时间/min	压力/MPa	真空度/Pa	
TA7+Cr25Ni15	无	500	10	6.86	$1.333×10^{-2}$	接头有裂纹
TA7+Cr25Ni15	无	500	20	17.64	$1.333×10^{-2}$	接头有裂纹
TA7+Cr25Ni15	无	700	10	6.86	$1.333×10^{-2}$	钢与钛有 α 相
TA7+Cr25Ni15	无	700	20	17.64	$1.333×10^{-2}$	—
TA7+Cr25Ni15	Ta	900	10	8.82	$1.333×10^{-2}$	接头 σ_b=292.4MPa
TA7+Cr25Ni15	Ta	1100	10	11.07	$1.333×10^{-2}$	有 $TaFe_2$、NiTa
TA7+12Cr18Ni10Ti	V	900	15	0.98	$1.333×10^{-3}$	σ_b=274.4～323.4MPa
TA7+12Cr18Ni10Ti	V+Cu	900	15	0.98	$1.333×10^{-3}$	有化合物
TA7+12Cr18Ni10Ti	V+Cu+Ni	1000	15	4.9	$1.333×10^{-3}$	有化合物
TA7+12Cr18Ni10Ti	V+Cu+Ni	1000	10	4.9	$1.333×10^{-3}$	有化合物
TA7+12Cr18Ni10Ti	Cu+Ni	1000	15	4.9	$1.333×10^{-3}$	有化合物
TA7+12Cr18Ni10Ti	Cu+Ni	1000	10	4.9	$1.333×10^{-3}$	有化合物

表 9.21　TC4 钛合金与 1Cr18Ni9Ti 不锈钢真空扩散焊的工艺参数

被焊材料	工艺参数			中间层及厚度		抗拉强度 σ_b /MPa	断裂位置
	焊接温度 /℃	保温时间 /min	压力 /MPa	Cu d_1 /mm	Ni d_2 /mm		
TC4+1Cr18Ni9Ti	750	80	1.0	0.01	0.02	—	界面
TC4+1Cr18Ni9Ti	850	30	1.0	0.01	0.02	—	
TC4+1Cr18Ni9Ti	880	120	1.0	0.01	0.02	—	
TC4+1Cr18Ni9Ti	880	120	1.0	0.01	0.02	42	
TC4+1Cr18Ni9Ti	880	240	1.0	0.01	0.02	146	
TC4+1Cr18Ni9Ti	880	120	1.0	电镀	电镀	88	
TC4+1Cr18Ni9Ti	900	30	1.0	0.01	0.05	—	
TC4+1Cr18Ni9Ti	900	60	1.0	0.01	0.05	104	
TC4+1Cr18Ni9Ti	950	15	1.0	0.01	0.05	101	

（3）铜及铜合金与钢的扩散焊

铜及铜合金与钢扩散连接时，由于 Cu 溶于 Fe 中的 α 固溶体及 Fe 溶于 Cu 固溶体的混合物（共晶体）结晶而促使形成接头。加热温度 750℃，保温时间 20～30min 的扩散焊条件下，通过金相分析可观察到共晶体。因此，钢与铜采用扩散焊时要严格控制温度、时间等工艺参数，使界面处形成的共晶脆性相的厚度不超过 2～3μm，否则整个连接界面将变脆。

铜与钢扩散焊的工艺参数为：加热温度 900℃，保温时间 20min，压力 5MPa，真空度 $1.33×10^{-2}$～$1.33×10^{-3}$Pa。

为了提高铜及铜合金与钢扩散焊接头的强度，可采用 Ni 作中间过渡层。Ni 与 Fe、Cu 形成无限连续固溶体。根据 Fe-Ni-Cu 状态图，Ni 能大大提高 Fe 在 Cu 中或 Cu 在 Fe 中的溶解度，随后在低于 910℃时在 α-Fe 中形成有限溶解度的固溶体。当温度超过 910℃时，形成 Cu 在 γ-Fe 中的连续固溶体。在 750～850℃温度区间，在 Fe 与 Ni 的接触面上形成共晶体膜，共晶体的组成为：Cu 在 α-Fe 中和 Ni 与 Fe 在铜中固溶体的混合物。当温度为 900～950℃时，扩散过渡区形成无限连续的固溶体。当加热温度大于 900℃，保温时间大于 15min 时，形成与铜等强度的扩散焊接头。

（4）钼合金与钢的扩散焊

钼与不锈钢（10Cr18Ni9Ti 和 1Cr13）扩散连接能获得质量稳定的接头。钼与不锈钢扩散焊时，为了提高接头性能，可采用中间扩散层，中间扩散层材料一般为 Ni 或 Cu。采用 Ni 或 Cu 作为中间层的扩散焊接头不产生金属间化合物，塑性好、强度高。Mo 与 10Cr18Ni9Ti、12Cr13 扩散焊的工艺参数见表 9.22。

表 9.22　Mo 与 10Cr18Ni9Ti、12Cr13 扩散焊的工艺参数

异种金属	中间层材料	工艺参数			
		加热温度/℃	保温时间/min	压力/MPa	真空度/Pa
Mo + 12Cr13	—	900 ～ 950	5 ～ 10	5 ～ 10	$1.33×10^{-4}$
	Ni	1000 ～ 1200	15 ～ 25	10 ～ 15	$1.33×10^{-4}$
	Cu	1200	5	5	$1.33×10^{-4}$
Mo+10Cr18Ni9Ti	—	900 ～ 950	5	5	$1.33×10^{-4}$
	Ni	1000 ～ 1200	5 ～ 30	5 ～ 20	$1.33×10^{-4}$
	Cu	1200	30	19	$1.33×10^{-4}$

（5）铍及铍合金与钢的扩散焊

铍（Be）的密度小，比强度大，属于轻金属元素，也是稀有金属，在热核反应堆中作中子慢化剂材料和中子反射材料。铍具导热性好、高温强度高且稳定等优点。但铍在室温时脆性较大，容易氧化生成难熔的氧化物，塑性很差。铍的机械强度比较大，但在常温下塑韧性不高且很脆，难于机械加工或压力加工，并有一定的毒性。

铍及铍合金与不锈钢真空扩散焊时，由于靠铍一侧易产生脆性层，接头强度较低，通常选择铜与镍作为中间扩散层。采用银箔作为中间扩散层，其接头强度也可大大提高，抗拉强度可达 352.8MPa。

铍及铍合金与不锈钢真空扩散焊前，首先对不锈钢和铍的焊接面作 2 ～ 3min 的电抛光处理（酸洗液为 $Cr_2O_3$240g，$H_3PO_4$900mL，H_2O200mL，电流密度为 100A·μm^{-2})，焊接温度为 650 ～ 750℃，接头强度随温度升高而增加，但超过 750℃时接头强度反而会下降。铍与不锈钢真空扩散焊的工艺参数见表 9.23。

表 9.23　铍与不锈钢真空扩散焊的工艺参数

被焊材料	中间层	工艺参数			
		焊接温度/℃	保温时间/min	压力/MPa	真空度/Pa
铍＋不锈钢	Cu	650	40	19.6	$1.333×10^{-3}$
铍＋不锈钢	Ni	650	40	19.6	$1.333×10^{-3}$
铍＋不锈钢	Ag	750	35	19.6	$1.333×10^{-3}$
铍＋不锈钢	Ag	750	45	19.6	$1.333×10^{-3}$
铍＋不锈钢	Ag	750	40	19.6	$1.333×10^{-3}$

由于铍的挥发物和铍的化合物粉尘等均具有一定的毒性，有害于焊接操作者的身体健康，所以焊接时必须加强劳动保护，加强通风设施，以防中毒。

（6）锆及锆合金与钢的扩散焊

锆（Zr）在地壳中含量并不多，属于稀有元素。常温下，锆在酸、碱和各种介质中均有良好的耐蚀性和强韧性。但锆及锆合金的力学性能和耐蚀性随温度的升高而下降，在500℃以上时就会失去耐蚀性，力学性能也降低。所以，锆与钢的焊接件仅能应用于500℃以下的工作环境。

锆是一种化学性质极活泼的元素，很容易被气体所污染，尤其是在氮气和氢气气氛中。锆及锆合金与钢焊接时，温度低于400～500℃，锆与氮作用很弱；在800～900℃范围内，锆与氮作用很强，接头表面形成氮化锆；当温度升高到900～1000℃时，锆能强烈地吸收氢而在表面形成ZrH_2，而且很容易产生氢气孔。

锆与钢焊缝金属大多是由60%Zr和40%Fe构成的合金，焊缝中易出现$ZrFe_4$、$ZrFe_4+Zr$的共晶体，这种组织结构较脆，既降低塑性，又易引起裂纹。尤其是在靠近锆母材一侧的熔合线附近，由于锆的组织结构转变而引起相变硬化，出现脆硬层，容易产生裂纹。

锆及锆合金与钢真空扩散焊时，首先应控制脆性层的厚度和晶粒粗化，脆性层的厚度应控制在3μm以内，否则接头塑性将大大降低。在选择中间层合金方面，合金必须与钢和锆产生无限连续固溶体或有限固溶体，而且要具有活化性能，能够加速扩散过程。

真空扩散焊的温度可低于共晶温度，以避免焊缝金属产生共晶体和脆性组织；也可在共晶温度以上，利用共晶扩散而形成接头。锆及锆合金与不锈钢真空扩散焊时，一般选用Ni及Ta作为中间扩散层。因为Ta与Zr、Ni与钢的物理性能较为接近，原子半径相差较小，有利于焊接过程原子的相互扩散。

（7）异种有色金属的扩散焊

铜和铝扩散焊时，焊前焊件表面须进行精细加工、磨平和清洗去油，使其表面尽可能洁净和无任何杂质。焊前须先去除铝材表面的氧化膜，真空度达到1.33×10^{-4}Pa。受铝熔点的限制，加热温度不能太高，否则母材晶粒长大，使接头强韧性降低。在540℃以下Cu/Al扩散焊接头强度随加热温度的提高而增加，继续提高温度则使接头强韧性降低，因为在565℃附近时形成Al与Cu的共晶体。

受铝的热物理性能的影响，压力不能太大。Cu/Al 扩散焊压力为 11.5MPa 可避免界面扩散孔洞的产生。在加热温度和压力不变的情况下，延长保温时间到 25 ~ 30min 时，接头强度有显著的提高。

若保温时间太短，Cu、Al 原子来不及充分扩散，无法形成牢固结合的扩散焊接头。但时间过长使 Cu/Al 界面过渡层晶粒长大，金属间化合物增厚，致使接头强韧性下降。在 510 ~ 530℃的加热温度下，扩散时间为 40 ~ 60min 时，压力 11.5MPa，扩散焊接头界面结合较好。

用电子探针（EPMA）对 Cu/Al 扩散焊接头区的元素进行分析，结果表明，Al 和 Cu 在加热温度 510 ~ 530℃的扩散焊温度范围内互扩散较为顺利，扩散过渡区宽度约为 40μm，其中铜侧扩散区较厚（约为 28.8μm），铝侧扩散区约 11.8μm。这是因为 Al 原子活性比 Cu 强，Al 向铜侧扩散进行得较充分。

根据铜与铝扩散焊接头的显微硬度测定结果，铜侧过渡区中可能产生了金属间化合物。在高温下 Al 和 Cu 形成多种脆性的金属间化合物，在温度为 150℃时，在反应扩散的起始就形成 $CuAl_2$；在 350℃时出现化合物 Cu_9Al_4 的附加层；在 400℃时，在 $CuAl_2$ 与 Cu_9Al_4 之间出现 CuAl 层。当金属间化合物层的厚度达到 3 ~ 5μm 以上时，扩散焊接头的强度性能明显降低。

熔化焊时，在 Cu/Al 接头的靠铜一侧易形成厚度约 3 ~ 10μm 的金属间化合物（$CuAl_2$）层，存在这样一个区域会使接头强韧性降低。只有在金属间化合物层的厚度小于 1μm 的情况下，才不会影响接头的强韧性。扩散层具有细化的晶粒组织并夹带有金属间化合物层，因此显微硬度明显增高，但只要控制脆性区宽度不超过某一限度，仍然可以满足扩散焊接头的使用要求。

铜和铝扩散焊的工艺参数应根据实际情况确定。对于电真空器件的零件，其工艺参数为：加热温度 500 ~ 520℃，保温时间 10 ~ 15min，压力 6.8 ~ 9.8MPa，真空度 $6.66×10^{-5}Pa$。当压力为 9.8MPa 时，扩散焊接头的界面结合率可达到 100%。

铜与钛的扩散连接可采用直接扩散焊和加中间层的扩散焊方法，前者接头强度低，后者强度高，并有一定塑性。铜与钛之间不加中间层直接扩散焊时，为了避免金属间化合物的生成，焊接过程应在短时间内完成。铜与 TA2 纯钛直接扩散焊的工艺参数是：加热温度 850℃，保温时间 10min，压力 4.9MPa，真空度 $1.33×10^{-5}Pa$。此温度虽低于产生共晶体的温度，但接头的强度并不高，低于铜的强度。

表面洁净度对扩散焊的质量影响较大。焊前对铜件用三氯乙烯进行清洗，清除油脂，然后在 10% 的 H_2SO_4 溶液中浸蚀 1min，再用蒸馏水洗涤。随后进行退火处理，退火温度为 820～830℃，时间为 10min。钛母材用三氯乙烯清洗后，在 2%HF+50%HNO$_3$ 的水溶液中，用超声波振动浸蚀 4min，以便清除氧化膜，然后再用水和酒精清洗干净。

在铜（T2）与钛（TC2）之间加入中间过渡层 Mo 和 Nb，抑制被焊金属间的界面反应，使被焊金属间既不产生低熔点共晶，也不产生脆性的金属间化合物，接头性能会得到很大的提高。铜与钛加中间层的扩散焊参数及接头抗拉强度见表 9.24。此外，采用扩散焊方法焊接铜与镍的零件，是真空器件制造中应用较为广泛的焊接工艺。铜与镍及镍合金的真空扩散焊工艺参数见表 9.25。

表 9.24　铜（T2）与钛（TC2）扩散焊参数及接头抗拉强度

中间材料	工艺参数				抗拉强度 /MPa	加热方式
	加热温度 /℃	保温时间 /min	压力 /MPa	真空度 /Pa		
不加中间层	800	30	4.9	$1.33×10^{-4}$	62.7	高频感应加热
	800	300	3.4	$1.33×10^{-4}$	144.1～156.8	电炉加热
Mo（喷涂）	950	30	4.9	$1.33×10^{-4}$	78.4～112.7	高频感应加热
	980	300	3.4	$1.33×10^{-4}$	186.2～215.6	电炉加热
Nb（喷涂）	950	30	4.9	$1.33×10^{-4}$	70.6～102.9	高频感应加热
	980	300	3.4	$1.33×10^{-4}$	186.2～215.6	电炉加热
Nb（0.1mm 箔片）	950	30	4.9	$1.33×10^{-4}$	94.2	高频感应加热
	980	300	3.4	$1.33×10^{-4}$	215.6～266.6	电炉加热

表 9.25　铜与镍及镍合金扩散焊的工艺参数

异种金属	接头形式	工艺参数			
		加热温度 /℃	保温时间 /min	压力 /MPa	真空度 /Pa
Cu + Ni	对接	400	20	9.8	$1.33×10^{-4}$
	对接	900	20～30	12.7～14.7	$6.67×10^{-5}$
Cu+ 镍合金	对接	900	15～20	11.76	$1.33×10^{-5}$
Cu+ 可伐合金	对接	950	10	1.9～6.9	$1.33×10^{-4}$

铜与钼之间不能互溶，铜 - 钼难以进行熔化焊。铜与钼的线膨胀系数相差悬殊，在加热和冷却过程中会产生较大的热应力，焊接时容易产生裂纹。采用加入中间层金属 Ni 的扩散连接，便可缓解热应力，同时 Ni 与 Cu 互溶，可获得质量良好的扩散焊接头。

填加中间层 Ni 的铜与钼扩散焊的工艺参数为：加热温度 800 ~ 950℃，保温时间 10 ~ 15min，压力 19 ~ 23MPa，真空度 $1.33×10^{-4}$Pa。铜与钼扩散焊还可以采用镀层的方法，在钼表面镀上一层厚度为 7 ~ 14μm 的镍层，然后再进行真空扩散焊，能获得强度较高的扩散焊接头。

复习思考题

① 影响钛合金扩散焊接头质量的因素有哪些?

② 高温合金扩散焊常用中间层有哪些? 其作用是什么?

③ 简述异种材料扩散连接时可能出现的问题和解决的措施。

④ TiAl 金属间化合物异种材料扩散焊优点有哪些?

⑤ 影响 TiAl 与 SiC 扩散焊接头性能的因素有哪些?

⑥ FeAl 金属间化合物与钢扩散焊时存在的问题有哪些?

⑦ FeAl 金属间化合物与钢扩散焊接头的性能如何?

⑧ 简述陶瓷与金属部分瞬间液相扩散连接的特点，举例说明。

⑨ 典型有色金属与钢扩散焊时存在的问题有哪些? 其防止措施是什么?

⑩ 如何控制铜与铝扩散焊接头形成的金属间化合物?

二维码
见封底

**微信扫码
立即获取**

教学视频

配套课件

参 考 文 献

[1] 张启运，庄鸿寿. 钎焊手册. 3版. 北京：机械工业出版社，2018.

[2] 杜则裕. 材料连接原理. 北京：机械工业出版社，2011.

[3] 赵越. 钎焊技术及应用. 北京：化学工业出版社，2021.

[4] 邹僖. 钎焊（修订本）. 北京：机械工业出版社，1981.

[5] 王娟，李亚江. 钎焊与扩散焊. 北京：化学工业出版社，2016.

[6] 李亚江. 轻质材料焊接技术. 北京：化学工业出版社，2019.

[7] 薛松柏，栗卓新，朱颖，等. 焊接材料手册. 北京：机械工业出版社，2006.

[8] 黄明亮，任婧. 低温无铅钎料合金系研究进展. 电子元件与材料，2020，39(10)：1-10.

[9] 李亚江. 焊接材料选用. 北京：化学工业出版社，2015.

[10] 李玲妹，黄惠珍，张青环. P对Sn-9Zn-0.1S无铅钎料性能的影响. 材料研究学报，2021，35(8)：615-622.

[11] 王博，龙伟民，钟素娟，等. 钎料钎剂复合型绿色钎料研究进展. 电焊机，2021，51(2)：1-9.

[12] 黄俊兰，龙伟民，潘建军. 金刚石钻头用钎料的研究. 焊接，2016(3)：26-29.

[13] 李亚江. 先进材料连接技术及应用. 北京：化学工业出版社，2018.

[14] 曾鹏，易杰，王艳，等. Ag对新型钎焊工艺下6063铝合金/纯铜接头性能的影响. 焊接技术，2021，50(11)：60-63.

[15] 李亚江. 轻金属焊接技术. 北京：国防工业出版社，2011.

[16] 李亮，盖力民，王旭. 铝与钢异种金属材料焊接的发展. 焊接技术，2021，50(10)：1-7.

[17] 于得水，张岩，周建平，等. 钛合金与铝合金异种金属焊接的研究现状. 焊接，2020(11)：37-45.

[18] 刘鹏，李亚江，王娟. Mg/Al异种金属的焊接研究现状. 焊接技术，2006，35(2)：1-3.

[19] 马天军，康慧，曲平. TC4合金真空钎焊的发展. 焊接技术，2004，33(5)：4-6.

[20] 薛松柏，何鹏. 微电子焊接技术. 北京：机械工业出版社，2008.

[21] 陈建民. BNi-2真空钎焊不锈钢钎缝的相变规律研究. 石油大学学报，2000，24(5)：80-83.

[22] 郭万林，刘昌星. GH188合金的扩散钎焊. 材料工程，2001：211-212，203.

[23] 毛唯，李晓红，周媛，等. DD3单晶合金TLP扩散焊接头的高温拉伸性能和持久

性能. 焊接, 2008(3): 28-31.

[24] 刘武猛, 郭纯, 吴随松. 高温合金焊接研究现状及发展趋势. 金属加工(热加工), 2022(1): 44-48.

[25] 冯洪亮, 陈波, 任海水, 等. 钎焊热循环对DD6单晶合金微观组织的影响. 航空材料学报, 2021, 41(6): 51-58.

[26] 姜虹, 张礼敬, 杨静. 不锈钢真空钎焊. 真空, 2004, 41(3): 65-68.

[27] 冯祥轶, 王新彦. 硬质合金刀具的钎焊. 热加工工艺, 2009, 38(5): 138-139.

[28] 杨炯, 岳建岭, 陶贤成, 等. 溅射Ni和Ni/Al对SiC陶瓷真空钎焊性能的影响. 真空科学与技术学报, 2021, 41(10): 935-940.

[29] 龙伟民. 超硬工具钎焊技术. 郑州: 河南科学技术出版社, 2016.

[30] 刘斌. 金属焊接技术基础. 北京: 国防工业出版社, 2012.

[31] 任耀文. 真空钎焊工艺. 北京: 机械工业出版社, 1993.

[32] 原靖, 王娟, 李亚江. 钎料对真空钎焊YG8/DC53接头微观组织的影响. 电焊机, 2020, 50(11): 16-22.

[33] 张学军. 航空钎焊技术. 北京: 航空工业出版社, 2008.

[34] 程建平, 张红梅. 高温真空钎焊设备的研制. 电子工艺技术, 2010, 31(1): 48-50.

[35] 王晓军. 聚晶金刚石车刀钎焊工艺研究. 制造技术与机床, 2005(8): 94-95.

[36] 李亚江. 特种连接技术. 北京: 机械工业出版社, 2007.

[37] 沈惠塘. 焊接技术与高招. 北京: 机械工业出版社, 2003.

[38] 刘秀芬, 蒲一民, 首鸿燕. 扩压器钎焊工艺. 航天制造技术, 2007(2): 24-26.

[39] 岳喜山, 欧阳小龙, 侯金保, 等. 钛合金蜂窝壁板结构钎焊工艺. 航空制造技术, 2009(10): 96-98.

[40] 韩国明. 焊接工艺理论与技术. 2版. 北京: 机械工业出版社, 2007.

[41] 熊江涛, 李京龙, 杨思乾, 等. TA3多层板及TA3 + TC4真空扩散焊. 航天制造技术, 2002(4): 10-13.

[42] 中国机械工程学会焊接学会. 焊接手册: 材料的焊接. 3版. 北京: 机械工业出版社, 2008.

[43] 刘黎明, 高振坤, 董长富, 等. 亚微米级Al_2O_3p/6061Al铝基复合材料扩散焊接工艺. 焊接学报, 2004, 25(5): 85-88.

[44] 张以忱. 真空工程用焊接技术. 真空, 2007, 44(2): 62-64.

[45] 王磊, 俞建荣, 董晓慧, 等. 瞬时液相扩散焊技术的研究进展. 机械设计与自动化, 2015, 44(4): 7-9.

[46] 周彦彬, 陈春焕, 潘金芝, 等. 冷作模具钢与弹簧钢的真空扩散焊. 焊接技术,

2008，37(2)：27-29.

[47] 李亚江，吴会强，陈茂爱，等．Cu/Al真空扩散焊接头显微组织分析．中国有色金属学报，2001，11(3)：424-427.

[48] LI Y，WANG J，LIU P，et al．Microstructure and XRD analysis near the interface of Ti/Al diffusion bonding．Journal for the Joining of Materials，2005，17(2)：53-57.

[49] 谢吉林，黄永德，陈玉华，等．扩散时间对BNi5钎料和DD407镍基合金界面组织的影响．稀有金属材料与工程，2020，49(12)：4348-4353.

[50] 代野，李忠盛，戴明辉，等．钨铜合金与铜扩散连接界面结构及性能研究．兵器装备工程学报，2020，41(10)：170-173.

[51] 史耀武．焊接技术手册(上)．北京：化学工业出版社，2009.

[52] NAIMON E R，DOLYE J H，RICE C R，et al．Diffusion welding of aluminium to stainless steel．Welding Journal，1981，60 (11)：17-20.

[53] REN J，LI Y，FENG T．Microstructure characteristics in the interface zone of Ti/Al diffusion bonding．Materials Letters，2002，56 (5)：647-652.

[54] ORBAN N，KHAN T I，EROGLU M．Diffusion bonding of a microduplex stainless steel to Ti-6Al-4V．Scripta Materialia，2001，45(3)：441-446.

[55] 中国机械工程学会，中国材料研究学会．中国材料工程大典：第22～23卷（史耀武主编．材料焊接工程）．北京：化学工业出版社，2006.

[56] 邹家生．材料连接原理与工艺．哈尔滨：哈尔滨工业大学出版社，2005.

[57] 孙国平，程全文，张小奇，等．陶瓷与金属钛的真空扩散焊工艺．焊接技术，2005，34(6)：31-32.

[58] 朱源，张昊，程晓曈，等．镍箔中间层厚度对GH4099合金固相扩散焊质量的影响．焊接学报，2018，39(4)：93-98.

二维码
见封底

微信扫码
立即获取

教学视频
配套课件